U0120779

> 华为ICT认证系列丛书

华为技术认证

HCIP-Datacom-Core Technology

实验指南

华为技术有限公司 主编

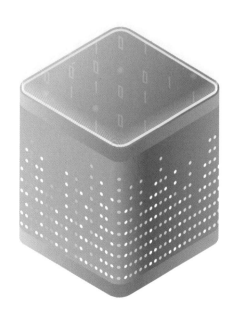

人民邮电出版社
北　京

图书在版编目（ＣＩＰ）数据

HCIP-Datacom-Core Technology实验指南 / 华为技
术有限公司主编. -- 北京 ： 人民邮电出版社，2024.3
（华为ICT认证系列丛书）
ISBN 978-7-115-63420-7

Ⅰ．①H… Ⅱ．①华… Ⅲ．①企业内联网—指南
Ⅳ．①TP393.18-62

中国国家版本馆CIP数据核字(2024)第000346号

内 容 提 要

本书是《HCIP-Datacom-Core Technology 学习指南》的配套实验手册。本书参考华为认证考试大纲设计并搭建多个实验场景，共包含 10 个 HCIP-Datacom-Core Technology 实验，每个实验都专注于一项网络技术或主题，其中包括 OSPF 基础实验、IS-IS 基础实验、BGP 实验、路由策略与路由控制实验、RSTP 与 MSTP 实验、组播实验、防火墙技术实验、VRRP 实验、DHCP 实验和 WLAN 实验。每个实验不仅提供清晰的组网介绍和实验任务，还逐步展示并解析完成实验所需的步骤和命令，最后通过 display 命令验证实验结果。

本书适合正在准备考取华为 HCIP-Datacom 认证的人员、从事网络技术工作的专业人员阅读，也可作为高等院校相关专业的师生的参考书。

◆ 主 编 华为技术有限公司
   责任编辑 李 静
   责任印制 马振武
◆ 人民邮电出版社出版发行 北京市丰台区成寿寺路 11 号
   邮编 100164 电子邮件 315@ptpress.com.cn
   网址 https://www.ptpress.com.cn
   北京隆昌伟业印刷有限公司印刷
◆ 开本：775×1092 1/16
   印张：22.5   2024 年 3 月第 1 版
   字数：533 千字   2024 年 3 月北京第 1 次印刷

定价：139.80 元

读者服务热线：(010)81055493 印装质量热线：(010)81055316
反盗版热线：(010)81055315

编 委 会

序　言

乘"数"破浪　智驭未来

当前，数字化、智能化成为经济社会发展的关键驱动力，引领新一轮产业变革。以5G、云、AI 为代表的数字技术，不断突破边界，实现跨越式发展，数字化、智能化的世界正在加速到来。

数字化的快速发展，带来了数字化人才需求的激增。《中国 ICT 人才生态白皮书》预计，到 2025 年，中国 ICT 人才缺口将超过 2000 万人。此外，社会急迫需要大批云计算、人工智能、大数据等领域的新兴技术人才；伴随技术融入场景，兼具 ICT 技能和行业知识的复合型人才将备受企业追捧。

在日新月异的数字化时代中，技能成为匹配人才与岗位的最基本元素，终身学习逐渐成为全民共识及职场人保持与社会同频共振的必要途径。联合国教科文组织发布的《教育 2030 行动框架》指出，全球教育需迈向全纳、公平、有质量的教育和终身学习。

如何为大众提供多元化、普适性的数字技术教程，形成方式更灵活、资源更丰富、学习更便捷的终身学习推进机制？如何提升全民的数字素养和 ICT 从业者的数字能力？这些已成为社会关注的重点。

作为全球 ICT 领域的领导者，华为积极构建良性的 ICT 人才生态，将多年来在 ICT 行业中积累的经验、技术、人才培养标准贡献出来，联合教育主管部门、高等院校、教育机构和合作伙伴等各方生态角色，通过建设人才联盟、融入人才标准、提升人才能力、传播人才价值，构建教师与学生人才生态、终身教育人才生态、行业从业者人才生态，加速数字化人才培养，持续推进数字包容，实现技术普惠，缩小数字鸿沟。

为满足公众终身学习、提升数字化技能的需求，华为推出了"华为职业认证"，这是围绕"云-管-端"协同的新 ICT 技术架构打造的覆盖 ICT 领域、符合 ICT 融合技术发展趋势的人才培养体系和认证标准。目前，华为职业认证内容已融入全国计算机等级考试。

教材是教学内容的主要载体、人才培养的重要保障，华为汇聚技术专家、高校教师、培训名师等，倾心打造"华为 ICT 认证系列丛书"，丛书内容匹配华为相关技术方向认证考试大纲，涵盖云、大数据、5G 等前沿技术方向；包含大量基于真实工作场景的行业案例和实操案例，注重动手能力和实际问题解决能力的培养，实操性强；巧妙串联各知识点，并按照由浅入深的顺序进行知识扩充，使读者思路清晰地掌握知识；配备丰富的学习资源，如 PPT 课件、练习题等，便于读者学习，巩固提升。

在丛书编写过程中，编委会成员、作者、出版社付出了大量心血和智慧，对此表示诚挚的敬意和感谢！

千里之行，始于足下，行胜于言，行而致远。让我们一起从"华为 ICT 认证系列丛书"出发，探索日新月异的 ICT 技术，乘"数"破浪，奔赴前景广阔的美好未来！

前　言

华为《HCIP-Datacom-Core Technology 学习指南》是华为 HCIP-Datacom-Core Technology 认证考试的官方教材，本书作为其配套实验手册，由华为技术有限公司联合 YESLAB 培训中心参照华为《HCIP-Datacom-Core Technology V1.0 考试大纲》和《HCIP-Datacom-Core Technology V1.0 实验手册》，经过精心编写、详细审校，最终创作而成，旨在帮助读者迅速掌握华为 HCIP-Datacom-Core Technology 认证考试所要求的实验知识和技能。本书通过 10 个实验提供了与 HCIP-Datacom-Core Technology 认证考试相关的网络技术的配置示例。

在网络技术的学习过程中，实验练习是必不可少的环节。读者不仅要掌握每项网络技术的原理，还要熟悉它在网络设备上的配置方法，进而还应该具备快速定位并解决问题的能力。这种能力与日积月累的经验分不开，读者可以从现在开始，一边学习网络基础知识，一边进行配置练习。

本书主要内容

本书共包含 10 个 HCIP-Datacom-Core Technology 实验，每个实验都专注于一项网络技术或主题。

第 1 章：OSPF 基础实验

OSPF（开放最短路径优先）是适用于各种规模网络环境的动态路由协议，被广泛应用在各种网络中。在这个实验中，我们会解读 OSPF 邻居状态机和各种类型的 LSA（链路状态公告），展示 OSPF 各种区域的特点及其配置，以及配置其他 OSPF 功能：更改 OSPF 接口网络类型、配置 OSPF 静默接口、更改 OSPF 接口开销值，以及更改 OSPF 路由协议优先级。

第 2 章：IS-IS 基础实验

IS-IS（中间系统到中间系统）是一种域内路由信息交换协议。我们会在这个实验中描绘 IS-IS 的各种术语，解析 IS-IS 路由器建立邻居关系的原则，展示 IS-IS 的基本配置和认证配置，更改 IS-IS 的网络类型，控制 IS-IS 路由信息的交互，以及控制 IS-IS 的选路。

第 3 章：BGP 实验

BGP（边界网关协议）是一种外部网关协议，用来实现 AS 之间的连通性。这个实验展示了 BGP 的基本配置以及 BGP 路由反射器的配置，并且对 BGP 选路规则进行了详细的分析和展示。

第 4 章：路由策略与路由控制实验

本实验将介绍两种路由控制工具：Route-Policy 和 Filter-Policy，并且在结合了 OSPF 网络和 IS-IS 网络的部署中，通过应用 Route-Policy 和 Filter-Policy 实现各种控制目的。

第 5 章：RSTP 与 MSTP 实验

在本实验中，我们对比了 STP（生成树协议）、RSTP（快速生成树协议）和 MSTP（多生成树协议）的特点和适用场景，并且针对 RSTP 和 MSTP 分别设计了实验环境和实验需求，展示了 RSTP 和 MSTP 的配置，以及如何通过不同参数影响根端口的选举。

第 6 章：组播实验

一个组播网络可以被分为源端网络、组播转发网络和成员端网络，依赖 PIM（协议无关组播）协议构建组播分发树。本实验对比了各个 PIM 协议模型的适用场景和工作机制，并在不同的实验中分别通过 PIM-DM（PIM 密集模式）、PIM-SM（PIM 稀疏模式）满足实验需求，展示 PIM-DM 和 PIM-SM 的基本配置。

第 7 章：防火墙技术实验

防火墙是一种专用于实施隔离技术的网络设备，用来将内网与外网分开，也可以用于内网不同区域之间的隔离，比如将保存重要资料的服务器隔离在安全等级最高的区域中，并且有选择地控制其他区域对其的访问。本实验展示了安全区域和安全策略的配置，以及如何查看防火墙会话信息。

第 8 章：VRRP 实验

VRRP（虚拟路由器冗余协议）可以将几台路由设备组成一台虚拟路由设备，并将后者作为默认网关提供给终端用户。本实验展示了 VRRP 的基本配置、VRRP 与 MSTP 的协同工作，以及 BFD（双向转发检测）与 VRRP 的联动。

第 9 章：DHCP 实验

DHCP（动态主机配置协议）可以为网络中的主机提供 IP 地址、子网掩码、默认网关地址、DNS（域名系统）服务器地址等信息。本实验展示了 DHCP 服务器的配置、DHCP 中继的配置，以及使用 DHCP 实现静态 IP 地址分配的配置。

第 10 章：WLAN 实验

中大型 WLAN 中往往需要部署多台 AP（无线访问接入点），甚至部署多台 AC（接入控制器），为了不影响用户的通信体验，我们需要对 WLAN 配置漫游。本实验在一个场景中设计了二层漫游和三层漫游，使用多台 AC 对多台 AP 进行配置和管理，并在 STA 上进行漫游测试。

特别说明：本书的实验命令的示例中存在单词不完整的回行的情况，不是排版的问题，而是为了与实验的实际输出结果的格式保持一致。

本书常用图标

通用路由器　　接入交换机　　汇聚交换机　　核心交换机　　无线接入点

无线控制器　　个人计算机　　网络云

本书配套资源可通过扫描封底的"信通社区"二维码，回复数字"634207"获取。

关于华为认证的更多精彩内容，请扫码进入华为人才在线官网了解。

华为人才在线官网

目　录

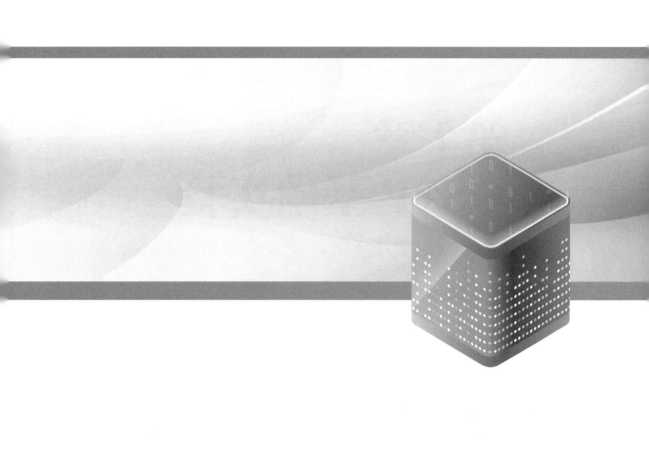

第1章
OSPF 基础实验

本章主要内容

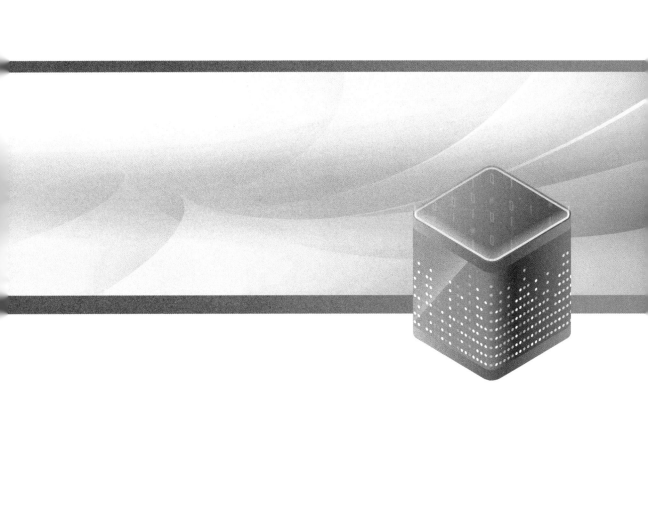

OSPF 协议使用 SPF（最短路径优先）算法来计算路由，在单个 AS（自治系统）中运行，属于 IGP（内部网关协议）。在单个 OSPF 域中，OSPF 会使用区域的概念，每个 OSPF 域中都有一个骨干区域，骨干区域以 Area 0 表示，所有其他区域都要与骨干区域直接相连，并且其他区域通过骨干区域进行路由交互。

在 OSPF 域中，两台邻接的 OSPF 路由器之间会建立邻居关系或邻接关系，只有建立了邻接关系的 OSPF 邻居之间才会交互路由信息。在建立邻接关系的过程中，两台路由器之间会经历以下状态过渡：

① 失效状态（Down）；

② 尝试状态（Attempt）；

③ 初始状态（Init）；

④ 双向通信状态（2-Way）；

⑤ 信息交换初始状态（ExStart）；

⑥ 信息交换状态（ExChange）；

⑦ 信息加载状态（Loading）；

⑧ 完全邻接状态（Full）。

并不是所有 OSPF 邻居都会进入 Full 状态，比如在广播网络中，参与 OSPF 进程的多台路由器之间会选举 DR（指定路由器）和 BDR（备份指定路由器）。当某两台路由器通过广播类型的网络相连，并且它们最终都没有被选举为这个广播网络中的 DR 或 BDR 时，那么这两台路由器的 OSPF 邻居关系就会停留在 2-Way 状态。本实验中会包含这部分内容，并且展示如何控制 DR 和 BDR 的选举结果。

在一个 OSPF 域中，网络会被划分为 OSPF 区域。每台路由器会为每个 OSPF 区域维护一个单独的链路状态数据库，并且可以向网络的其他区域汇总本区域中的路由。OSPF 定义了以下几种常见的区域类型。

- **普通区域**：包括标准区域和骨干区域。标准区域是最普通的区域，能够传输区域内路由、区域间路由和外部路由。骨干区域是连接所有其他 OSPF 区域的中央区域，用 Area 0 表示。

- **Stub 区域**：也称为末端区域。该区域不允许发布 AS 外部路由，只允许发布区域内路由和区域间路由。如果有外部网络访问需求，可以通过该区域 ABR（区域边界路由器）下发的默认路由与外部网络通信。

- **Totally Stub 区域**：也称为绝对末端区域。该区域不允许发布 AS 外部路由和区域间路由，只允许发布区域内路由。如果有外部网络和其他区域的访问需求，可以通过该区域 ABR 下发的默认路由与外部网络和其他区域通信。

- **NSSA 区域**：也称为次末端区域。该区域保留了 Stub 区域的特征，但允许引入 AS 外部路由。该区域的 ASBR（自治系统边界路由器）会发布类型 7 LSA，将 AS 外部路由通告到本区域中。该区域的 ABR 会将这些类型 7 LSA 转换为类型 5 LSA，从而将 AS 外部路由泛洪到整个 OSPF 域中。

- **Totally NSSA 区域**：也称为绝对次末端区域。该区域保留了 Totally Stub 区域的特征，但允许引入 AS 外部路由。与 NSSA 区域相同，该区域的 ASBR 会发布类型 7 LSA，将 AS 外部路由通告到本区域中。该区域的 ABR 会将这些类型 7 LSA 转换为类型 5 LSA，从而将 AS 外部路由泛洪到整个 OSPF 域中。

OSPF 定义了以下路由器类型。

- **IR（区域内路由器）**：IR 的所有 OSPF 接口都属于同一个区域。
- **ABR（区域边界路由器）**：ABR 可以同时属于两个或两个以上的区域，但其中一个必须是骨干区域，即 ABR 用来连接骨干区域和非骨干区域。
- **BR（骨干路由器）**：BR 至少有一个 OSPF 接口属于骨干区域。所有 ABR 和位于 Area 0 内部的路由器都是 BR。
- **ASBR（自治系统边界路由器）**：ASBR 与其他 AS 交换路由信息，即 ASBR 是一台引入了外部路由的 OSPF 路由器。

OSPF 定义了以下几种常见的 LSA 类型。

- **类型 1 LSA（路由器 LSA）**：由 OSPF 域中的每台路由器生成类型 1 LSA，在其所属的区域内传播。它描述了路由器上所有 OSPF 接口的链路状态和开销。
- **类型 2 LSA（网络 LSA）**：在广播网络和 NBMA（非广播多路访问）网络中由 DR 生成类型 2 LSA，在其所属的区域内传播。它描述了连接到这个网络中的路由器。
- **类型 3 LSA（网络汇总 LSA）**：由 ABR 生成类型 3 LSA，用来向非 Totally Stub 区域或 NSSA 区域通告内部路由。它描述了区域内某个网段的路由。
- **类型 4 LSA（ASBR 汇总 LSA）**：当区域中有 ASBR 时，该区域的 ABR 生成类型 4 LSA。它描述了到 ASBR 的路由，通告给除 ASBR 所在区域的其他相关区域。
- **类型 5 LSA（自治系统外部 LSA）**：由 ASBR 生成类型 5 LSA。它描述了到 AS 外部的路由，通告给除 Stub 区域和 NSSA 区域之外的所有区域。
- **类型 7 LSA（NSSA-LSA）**：在 NSSA 区域中，由 ASBR 生成类型 7 LSA。它描述了到 AS 外部的路由。类型 7 LSA 与类型 5 LSA 具有相同的功能，但泛洪范围不同。类型 7 LSA 只能在其始发的 NSSA 区域内泛洪，并由 NSSA 区域的 ABR 将这个类型 7 LSA 转换为类型 5 LSA 并将其注入骨干区域中。

本实验会通过多区域 OSPF 的配置，为读者展示与 OSPF 相关的重要的基础知识点。

1.1　实验介绍

1.1.1　关于本实验

这个实验会通过多区域 OSPF 网络的部署，帮助读者更直观地理解 OSPF 的基础概念，以及如何在华为路由器上对多区域 OSPF 进行配置。

本实验会按照不同的 OSPF 区域设计，对相关路由器逐台进行配置，首先会完成骨干区域（Area 0）的部署，接着完成其他区域的部署，以及外部路由的引入。读者可以在自己的实验环境中，跟随本实验后文中具体的实验要求进行练习，逐步掌握 OSPF 的配置。

1.1.2　实验目的

- 掌握多区域 OSPF 的配置。
- 掌握 OSPF 区域间路由汇总的配置。
- 掌握 OSPF 引入外部路由的配置。
- 掌握 OSPF 中各类路由优先级的修改方法。
- 掌握控制 OSPF DR 选举的方法。
- 描述 LSA 及其作用。
- 掌握 OSPF 接口类型的修改。
- 掌握 OSPF 接口开销值的修改。
- 掌握 OSPF 静默接口的配置。

1.1.3　实验组网介绍

在图 1-1 所示的实验拓扑中，OSPF 域共分为 4 个区域，其中 AR1、AR2、AR3 和 AR4 的 G0/0/0 接口和 Loopback0 接口（未显示在图中）属于 Area 0；AR1 和 AR7 的 G0/0/1 接口属于 Area 1；AR4 和 AR5 的 G0/0/1 接口属于 Area 2；AR3 和 AR6 的 G0/0/1 接口属于 Area 3。

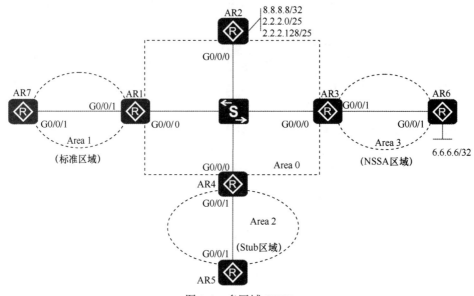

图 1-1　多区域 OSPF

在这个多区域 OSPF 域中，Area 0 为骨干区域，Area 1 为标准区域，Area 2 为 Stub 区域，Area 3 为 NSSA 区域。Area 0 中的 AR2 为 ASBR，它向 OSPF 域中引入了 3 条外部路由：8.8.8.8/32、2.2.2.0/25 和 2.2.2.128/25。Area 3 中的 AR6 为 ASBR，它向 OSPF 域中引入了一条外部路由：6.6.6.6/32。

表 1-1 中列出了本章实验使用的网络地址规划。

表 1-1 本章实验使用的网络地址规划

设备	接口	IP 地址	子网掩码	默认网关
AR1	G0/0/0	172.16.0.1	255.255.255.0	—
	G0/0/1	172.16.1.1	255.255.255.0	—
	Loopback0	10.0.0.1	255.255.255.255	—
AR2	G0/0/0	172.16.0.2	255.255.255.0	—
	Loopback0	10.0.0.2	255.255.255.255	—
AR3	G0/0/0	172.16.0.3	255.255.255.0	—
	G0/0/1	172.16.3.3	255.255.255.0	—
	Loopback0	10.0.0.3	255.255.255.255	—
AR4	G0/0/0	172.16.0.4	255.255.255.0	—
	G0/0/1	172.16.2.4	255.255.255.0	—
	Loopback0	10.0.0.4	255.255.255.255	—
AR5	G0/0/1	172.16.2.5	255.255.255.0	—
	Loopback0	10.0.0.5	255.255.255.255	—
AR6	G0/0/1	172.16.3.6	255.255.255.0	—
	Loopback0	10.0.0.6	255.255.255.255	—
AR7	G0/0/1	172.16.1.7	255.255.255.0	—
	Loopback0	10.0.0.7	255.255.255.255	—

1.1.4 实验任务列表

配置任务 1：配置 OSPF 骨干区域和区域认证
配置任务 2：配置 OSPF 引入外部路由
配置任务 3：配置 OSPF 标准区域
配置任务 4：配置 OSPF Stub 区域
配置任务 5：配置 OSPF NSSA 区域
配置任务 6：配置其他 OSPF 功能

1.2 配置 OSPF 骨干区域和区域认证

在这个实验任务中，网络工程师需要完成 OSPF 骨干区域（Area 0）的配置。根据实验组网介绍中的描述，本网络中的路由器 AR1、AR2、AR3 和 AR4 分别有 G0/0/0 接口和 Loopback0 接口加入 OSPF 骨干区域中。这 4 台路由器之间通过一台二层交换机相互连接，在实验环境中，交换机上不做任何设置，所有端口均默认处于 VLAN 1 中。在实际环境中，工程师需要在交换机上做一些额外的配置工作，来保障网络的效率和安全。比如，工程师可以在交换机上创建新的 VLAN，并将连接路由器的端口划分到这个新 VLAN 中，如此既可以隔离其他 VLAN 的流量，也保障了路由器之间的通信稳定。

以太网提供了一个支持广播的多路访问环境，这种环境中可以连接多台网络设备，为了预防有可能出现的安全隐患，比如恶意设备加入 OSPF 域并通告错误的路由，在本实验中，网络工程师需要为 OSPF Area 0 设置区域认证。

本实验使用以下参数对 OSPF 骨干区域进行配置：

- 所有路由器上的 OSPF 进程号均为 10；
- 每台 OSPF 路由器的 ID 为 Loopback0 接口 IP 地址；
- 路由器 AR1 为 DR，路由器 AR3 为 BDR；
- 采用 OSPF 区域认证，使用密码为 Huawei@123，在配置文件中隐藏密码。

本实验需要在以下设备上进行配置，如图 1-2 所示。

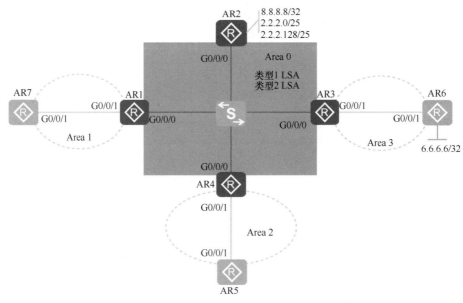

图 1-2　OSPF 骨干区域

1.2.1　基础配置

在全新的路由器上，工程师需要为其配置主机名，并在相关接口上配置正确的 IP 地址，路由器接口的 IP 地址可参考表 1-1。例 1-1～例 1-4 分别展示了路由器 AR1～AR4 上的基础配置。

例 1-1　路由器 AR1 的基础配置

```
<Huawei>system-view
Enter system view, return user view with Ctrl+Z.
[Huawei]sysname AR1
[AR1]interface GigabitEthernet 0/0/0
[AR1-GigabitEthernet0/0/0]ip address 172.16.0.1 24
[AR1-GigabitEthernet0/0/0]
Feb 10 2023 17:37:37-08:00 AR1 %%01IFNET/4/LINK_STATE(l)[0]:The line protocol IP
 on the interface GigabitEthernet0/0/0 has entered the UP state.
[AR1-GigabitEthernet0/0/0]quit
[AR1]interface LoopBack 0
[AR1-LoopBack0]ip address 10.0.0.1 32
```

例 1-2　路由器 AR2 的基础配置

```
<Huawei>system-view
Enter system view, return user view with Ctrl+Z.
[Huawei]sysname AR2
[AR2]interface GigabitEthernet 0/0/0
[AR2-GigabitEthernet0/0/0]ip address 172.16.0.2 24
[AR2-GigabitEthernet0/0/0]
Feb 10 2023 17:40:53-08:00 AR2 %%01IFNET/4/LINK_STATE(l)[0]:The line protocol IP
 on the interface GigabitEthernet0/0/0 has entered the UP state.
[AR2-GigabitEthernet0/0/0]quit
[AR2]interface LoopBack 0
[AR2-LoopBack0]ip address 10.0.0.2 32
```

例 1-3　路由器 AR3 的基础配置

```
<Huawei>system-view
Enter system view, return user view with Ctrl+Z.
[Huawei]sysname AR3
[AR3]interface GigabitEthernet 0/0/0
[AR3-GigabitEthernet0/0/0]ip address 172.16.0.3 24
[AR3-GigabitEthernet0/0/0]
Feb 10 2023 17:44:00-08:00 AR3 %%01IFNET/4/LINK_STATE(l)[0]:The line protocol IP
 on the interface GigabitEthernet0/0/0 has entered the UP state.
[AR3-GigabitEthernet0/0/0]quit
[AR3]interface LoopBack 0
[AR3-LoopBack0]ip address 10.0.0.3 32
```

例 1-4　路由器 AR4 的基础配置

```
<Huawei>system-view
Enter system view, return user view with Ctrl+Z.
[Huawei]sysname AR4
[AR4]interface GigabitEthernet 0/0/0
[AR4-GigabitEthernet0/0/0]ip address 172.16.0.4 24
[AR4-GigabitEthernet0/0/0]
Feb 10 2023 17:46:37-08:00 AR1 %%01IFNET/4/LINK_STATE(l)[0]:The line protocol IP
 on the interface GigabitEthernet0/0/0 has entered the UP state.
[AR4-GigabitEthernet0/0/0]quit
[AR4]interface LoopBack 0
[AR4-LoopBack0]ip address 10.0.0.4 32
```

　　配置完成后，4 台路由器的 G0/0/0 接口之间可以相互通信，读者可以使用 **ping** 命令进行验证。例 1-5 通过 AR1 ping AR2 的操作验证了 AR1 与 AR2 之间的连通性，本实验中不展示其他路由器之间的连通性验证结果，请读者在配置后续内容之前自行验证，以确保 IP 地址配置正确。

例 1-5　验证直连的连通性

```
[AR1]ping 172.16.0.2
  PING 172.16.0.2: 56  data bytes, press CTRL_C to break
    Reply from 172.16.0.2: bytes=56 Sequence=1 ttl=255 time=200 ms
    Reply from 172.16.0.2: bytes=56 Sequence=2 ttl=255 time=60 ms
    Reply from 172.16.0.2: bytes=56 Sequence=3 ttl=255 time=40 ms
    Reply from 172.16.0.2: bytes=56 Sequence=4 ttl=255 time=40 ms
    Reply from 172.16.0.2: bytes=56 Sequence=5 ttl=255 time=70 ms

  --- 172.16.0.2 ping statistics ---
    5 packet(s) transmitted
    5 packet(s) received
    0.00% packet loss
    round-trip min/avg/max = 40/82/200 ms
```

1.2.2　OSPF 基础配置

　　在这个步骤中，我们要配置 OSPF Area 0，其中涉及以下接口。

- AR1：G0/0/0、Loopback0。

- AR2：G0/0/0、Loopback0。
- AR3：G0/0/0、Loopback0。
- AR4：G0/0/0、Loopback0。

根据实验要求，工程师要为所有路由器使能 OSPF 进程号 10，并且使用每台路由器的 Loopback0 接口 IP 地址作为其路由器 ID。例 1-6～例 1-9 分别展示了路由器 AR1～AR4 上的 OSPF 配置。

例 1-6   路由器 AR1 的 OSPF 基础配置

```
[AR1]ospf 10 router-id 10.0.0.1
[AR1-ospf-10]area 0
[AR1-ospf-10-area-0.0.0.0]network 172.16.0.1 0.0.0.0
[AR1-ospf-10-area-0.0.0.0]network 10.0.0.1 0.0.0.0
```

例 1-7   路由器 AR2 的 OSPF 基础配置

```
[AR2]ospf 10 router-id 10.0.0.2
[AR2-ospf-10]area 0
[AR2-ospf-10-area-0.0.0.0]network 172.16.0.2 0.0.0.0
[AR2-ospf-10-area-0.0.0.0]network 10.0.0.2 0.0.0.0
```

例 1-8   路由器 AR3 的 OSPF 基础配置

```
[AR3]ospf 10 router-id 10.0.0.3
[AR3-ospf-10]area 0
[AR3-ospf-10-area-0.0.0.0]network 172.16.0.3 0.0.0.0
[AR3-ospf-10-area-0.0.0.0]network 10.0.0.3 0.0.0.0
```

例 1-9   路由器 AR4 的 OSPF 基础配置

```
[AR4]ospf 10 router-id 10.0.0.4
[AR4-ospf-10]area 0
[AR4-ospf-10-area-0.0.0.0]network 172.16.0.4 0.0.0.0
[AR4-ospf-10-area-0.0.0.0]network 10.0.0.4 0.0.0.0
```

配置完成后，4 台路由器之间会陆续建立起 OSPF 邻居关系。读者可以使用命令 **display ospf peer brief** 来确认它们之间的邻居关系是否已经成功建立，本实验以路由器 AR1 为例说明，详见例 1-10。

例 1-10   在路由器 AR1 上确认 OSPF 邻居关系

```
[AR1]display ospf peer brief

        OSPF Process 10 with Router ID 10.0.0.1
              Peer Statistic Information
-------------------------------------------------------------------
Area Id           Interface                    Neighbor id      State
0.0.0.0           GigabitEthernet0/0/0         10.0.0.2         Full
0.0.0.0           GigabitEthernet0/0/0         10.0.0.3         Full
0.0.0.0           GigabitEthernet0/0/0         10.0.0.4         Full
-------------------------------------------------------------------
```

根据例 1-10 的命令输出结果，我们可以确认路由器 AR1 通过本地的 G0/0/0 接口与 3 台路由器在 Area 0 中建立了 OSPF 邻居关系，这 3 台路由器的 OSPF 路由器 ID 分别是 10.0.0.2、10.0.0.3 和 10.0.0.4（显示在 Neighbor id 一列中）。最后，从 AR1 与每个邻居的状态（本例均为 Full）我们还可以判断出，AR1 是这个广播网络中的 DR 或 BDR，因为只有 DR 和 BDR 会与 OSPF 邻居建立完全邻接关系（Full）。

1.2.3   指定 DR 和 BDR

在广播网络类型的环境中，OSPF 路由器之间会选举 DR 和 BDR，其他未被选举为

DR 或 BDR 的 OSPF 路由器会自动成为 DROther。根据实验要求，工程师需要使路由器 AR1 成为这个广播类型网络中的 DR，使路由器 AR3 成为 BDR。现在，我们先通过命令 **display ospf peer** 确认当前环境中的 DR 和 BDR 分别是哪台路由器，详见例 1-11。

例 1-11　在路由器 AR1 上确认 DR 和 BDR

```
[AR1]display ospf peer

        OSPF Process 10 with Router ID 10.0.0.1
             Neighbors

Area 0.0.0.0 interface 172.16.0.1(GigabitEthernet0/0/0)'s neighbors
Router ID: 10.0.0.2        Address: 172.16.0.2
  State: Full  Mode:Nbr is  Master  Priority: 1
  DR: 172.16.0.1 BDR: 172.16.0.2  MTU: 0
  Dead timer due in 39  sec
  Retrans timer interval: 5
  Neighbor is up for 00:21:47
  Authentication Sequence: [ 0 ]

Router ID: 10.0.0.3        Address: 172.16.0.3
  State: Full  Mode:Nbr is  Master  Priority: 1
  DR: 172.16.0.1 BDR: 172.16.0.2  MTU: 0
  Dead timer due in 32  sec
  Retrans timer interval: 5
  Neighbor is up for 00:20:33
  Authentication Sequence: [ 0 ]

Router ID: 10.0.0.4        Address: 172.16.0.4
  State: Full  Mode:Nbr is  Master  Priority: 1
  DR: 172.16.0.1 BDR: 172.16.0.2  MTU: 0
  Dead timer due in 40  sec
  Retrans timer interval: 5
  Neighbor is up for 00:19:09
  Authentication Sequence: [ 0 ]
```

在例 1-11 的命令输出内容中，我们使用阴影突出显示了这个广播类型网络中的 DR 和 BDR，其中 DR 为路由器 AR1，BDR 为路由器 AR2。接下来，工程师需要通过命令将路由器 AR1 指定为 DR，将路由器 AR3 指定为 BDR，并且使路由器 AR2 和 AR4 无法成为 DR 或 BDR。

读者可以使用以下接口视图命令，指定该接口的 DR 优先级。

- **ospf dr-priority** *priority*：在选举 DR 或 BDR 时，接口的 DR 优先级值越大，优先级越高。如果一台设备的接口 DR 优先级值被设置为 0，则它不会参加 DR/BDR 选举。DR 优先级（*priority*）的取值范围是 0～255，默认值为 1。

为了满足实验要求，我们可以将路由器 AR1 G0/0/0 接口的 DR 优先级值设置为 200，将路由器 AR3 G0/0/0 接口的 DR 优先级值设置为 100。例 1-12 和例 1-13 展示了路由器 AR1 和 AR3 上的 DR 优先级配置。

例 1-12　路由器 AR1 的 DR 优先级配置

```
[AR1]interface GigabitEthernet 0/0/0
[AR1-GigabitEthernet0/0/0]ospf dr-priority 200
```

例 1-13　路由器 AR3 的 DR 优先级配置

```
[AR3]interface GigabitEthernet 0/0/0
[AR3-GigabitEthernet0/0/0]ospf dr-priority 100
```

按照本实验的步骤，重新配置路由器接口的 DR 优先级后，并不会改变网络中当前的 DR 和 BDR 的状态，因为 DR 和 BDR 的选举是非抢占的（见后文注释）。读者可以使用两种方法迫使路由器之间重新建立 OSPF 邻居关系：关闭（使用接口视图命令 **shutdown**）再启用（使用接口视图命令 **undo shutdown**）所有相关的接口，或重启所有设备上的 OSPF 进程（使用用户视图命令 **reset ospf 10 process**）。

> **注释**：当工程师将路由器接口的 DR 优先级值变更为 0 时，若该路由器已被选举为 DR 或 BDR，则该接口的所有 OSPF 邻居将会立即断开并重新建立邻居关系。在本实验中，若将当前的 BDR AR2 的 G0/0/0 接口 DR 优先级值变更为 0，则 AR2 会重新与所有邻居建立 OSPF 邻居关系，并且它无法再成为 DR 或 BDR。对此效果感兴趣的读者可以自行验证，本实验不做演示。

本实验使用关闭和启用接口的方式令路由器之间重新建立 OSPF 邻居关系，并且在启用接口之前开启调试命令 **debugging ospf 10 event**，该命令用来在路由器上 Debug OSPF 事件消息。

为了能够在用户终端连接上看到 Debug 信息，工程师还需要在路由器上启用一系列功能。

- **info-center enable**：系统视图命令，用来使能信息中心功能。信息中心会在路由器的运行过程中，实时记录路由器的运行情况。当网络工程师需要在用户终端连接中看到相关信息，或者需要路由器向日志服务器发送相关信息时，就需要使能信息中心功能。在默认情况下，该功能处于使能状态。

- **terminal monitor**：用户视图命令，使用户终端连接能够显示信息中心发送的信息。在默认情况下，该功能处于未使能状态。在启用了显示功能后，工程师还需要根据实际需求使用以下命令使用户终端能够显示 Debug/Log/Trap 信息。
  - **terminal debugging**：使终端连接能够显示 Debug 信息。在默认情况下，该功能处于未使能状态。
  - **terminal logging**：使终端连接能够显示 Log 信息。在默认情况下，该功能处于使能状态。
  - **terminal trapping**：使终端连接能够显示 Trap 信息。在默认情况下，该功能处于使能状态。

回到实验中，首先工程师使用接口命令 **shutdown** 关闭 4 台路由器的 G0/0/0 接口，关于这部分配置，本书不进行演示，读者在自己的实验环境中需要将上述接口关闭，接着使用接口命令 **undo shutdown** 启用路由器 AR1 和 AR3 的 G0/0/0 接口。为了简化路由器输出的消息，更清晰地展示 OSPF 事件消息，我们暂时只要求路由器 AR1 与 AR3 建立 OSPF 邻居关系，例 1-14 展示了在此过程中路由器 AR1 上的 OSPF 事件消息。

例 1-14　路由器 AR1 上的 OSPF 事件消息

```
<AR1>terminal monitor
Info: Current terminal monitor is on.
<AR1>terminal debugging
Info: Current terminal debugging is on.
<AR1>debugging ospf 10 event
<AR1>system-view
Enter system view, return user view with Ctrl+Z.
[AR1]interface GigabitEthernet 0/0/0
[AR1-GigabitEthernet0/0/0]undo shutdown
[AR1-GigabitEthernet0/0/0]quit
[AR1]quit
<AR1>
Feb 13 2023 11:09:11.754.7-08:00 AR1 RM/6/RMDEBUG:
```

```
   FileID: 0xd017802c Line: 1295 Level: 0x20

   OSPF 10: Intf 172.16.0.1 Rcv InterfaceUp State Down -> Waiting.
<AR1>
Feb 13 2023 11:09:11.754.8-08:00 AR1 RM/6/RMDEBUG:
   FileID: 0xd017802c Line: 1409 Level: 0x20

   OSPF 10 Send Hello Interface Up on 172.16.0.1
<AR1>
Feb 13 2023 11:09:48.924.2-08:00 AR1 RM/6/RMDEBUG:
   FileID: 0xd017802d Line: 1136 Level: 0x20

   OSPF 10: Nbr 172.16.0.3 Rcv HelloReceived State Down -> Init.
<AR1>
Feb 13 2023 11:09:50.754.2-08:00 AR1 RM/6/RMDEBUG:
   FileID: 0xd017802c Line: 2096 Level: 0x20

   OSPF 10 Send Hello Interface State Changed on 172.16.0.1
<AR1>
Feb 13 2023 11:09:50.754.3-08:00 AR1 RM/6/RMDEBUG:
   FileID: 0xd017802c Line: 2107 Level: 0x20

   OSPF 10: Intf 172.16.0.1 Rcv WaitTimer State Waiting -> DR.
<AR1>
Feb 13 2023 11:09:50.834.1-08:00 AR1 RM/6/RMDEBUG:
   FileID: 0xd017802d Line: 1732 Level: 0x20

   OSPF 10: Nbr 172.16.0.3 Rcv 2WayReceived State Init -> ExStart.
<AR1>
Feb 13 2023 11:09:50.834.2-08:00 AR1 RM/6/RMDEBUG:
   FileID: 0xd017802d Line: 1845 Level: 0x20

   OSPF 10: Nbr 172.16.0.3 Rcv NegotiationDone State ExStart -> Exchange.
<AR1>
Feb 13 2023 11:09:50.884.1-08:00 AR1 RM/6/RMDEBUG:
   FileID: 0xd017802d Line: 1957 Level: 0x20

   OSPF 10: Nbr 172.16.0.3 Rcv ExchangeDone State Exchange -> Loading.
<AR1>
Feb 13 2023 11:09:50.914.1-08:00 AR1 RM/6/RMDEBUG:
   FileID: 0xd017802d Line: 2356 Level: 0x20

   OSPF 10: Nbr 172.16.0.3 Rcv LoadingDone State Loading -> Full.
```

　　当路由器 AR1 的 G0/0/0 接口启用后，接口会立即进入 Waiting（等待）状态，在等待计时器超时之前，AR1 发送的 Hello 报文中不包含 DR 和 BDR 信息；等待计时器超时后，从例 1-14 中的阴影行可以看出，路由器 AR1 以自己作为 DR 参加 DR 和 BDR 的选举。由于工程师手动设置了 DR 优先级，因此 AR1 会最终成为这个广播类型网络中的 DR 设备。从例 1-14 的后续输出中可以看出，在 AR1 的 OSPF 状态进入 Full 状态之前，AR1 的 DR 角色没有发生变化，由此我们也可以确定 AR1 成为了 DR。

　　路由器 AR3 的 G0/0/0 接口启用后，也会经历类似的过程，并且 AR3 会成为这个广播类型网络中的 BDR，因此它会经历从 DR 到 BDR 的 OSPF 邻居角色变化，详见例 1-15。

　　例 1-15　路由器 AR3 上的 OSPF 事件消息

```
<AR3>terminal monitor
Info: Current terminal monitor is on.
<AR3>terminal debugging
Info: Current terminal debugging is on.
<AR3>debugging ospf 10 event
<AR3>system-view
```

```
Enter system view, return user view with Ctrl+Z.
[AR3]interface GigabitEthernet 0/0/0
[AR3-GigabitEthernet0/0/0]undo shutdown
[AR3-GigabitEthernet0/0/0]quit
[AR3]quit
<AR3>
Feb 13 2023 11:09:12.378.7-08:00 AR3 RM/6/RMDEBUG:
 FileID: 0xd017802c Line: 1295 Level: 0x20

 OSPF 10: Intf 172.16.0.3 Rcv InterfaceUp State Down -> Waiting.
<AR3>
Feb 13 2023 11:09:12.378.8-08:00 AR3 RM/6/RMDEBUG:
 FileID: 0xd017802c Line: 1409 Level: 0x20

 OSPF 10 Send Hello Interface Up on 172.16.0.3
<AR3>
Feb 13 2023 11:09:49.568.2-08:00 AR3 RM/6/RMDEBUG:
 FileID: 0xd017802c Line: 2096 Level: 0x20

 OSPF 10 Send Hello Interface State Changed on 172.16.0.3
<AR3>
Feb 13 2023 11:09:49.568.3-08:00 AR3 RM/6/RMDEBUG:
 FileID: 0xd017802c Line: 2107 Level: 0x20

 OSPF 10: Intf 172.16.0.3 Rcv WaitTimer State Waiting -> DR.
<AR3>
Feb 13 2023 11:09:51.438.1-08:00 AR3 RM/6/RMDEBUG:
 FileID: 0xd017802d Line: 1136 Level: 0x20

 OSPF 10: Nbr 172.16.0.1 Rcv HelloReceived State Down -> Init.
<AR3>
Feb 13 2023 11:09:51.438.2-08:00 AR3 RM/6/RMDEBUG:
 FileID: 0xd017802d Line: 1732 Level: 0x20

 OSPF 10: Nbr 172.16.0.1 Rcv 2WayReceived State Init -> ExStart.
<AR3>
Feb 13 2023 11:09:51.438.3-08:00 AR3 RM/6/RMDEBUG:
 FileID: 0xd017802c Line: 2536 Level: 0x20

 OSPF 10: Intf 172.16.0.3 Rcv NeighborChange State DR -> BackupDR.
<AR3>
Feb 13 2023 11:09:51.528.1-08:00 AR3 RM/6/RMDEBUG:
 FileID: 0xd017802d Line: 1845 Level: 0x20

 OSPF 10: Nbr 172.16.0.1 Rcv NegotiationDone State ExStart -> Exchange.
<AR3>
Feb 13 2023 11:09:51.588.1-08:00 AR3 RM/6/RMDEBUG:
 FileID: 0xd017802d Line: 1957 Level: 0x20

 OSPF 10: Nbr 172.16.0.1 Rcv ExchangeDone State Exchange -> Loading.
<AR3>
Feb 13 2023 11:09:51.588.2-08:00 AR3 RM/6/RMDEBUG:
 FileID: 0xd017802d Line: 2356 Level: 0x20

 OSPF 10: Nbr 172.16.0.1 Rcv LoadingDone State Loading -> Full.
```

从例 1-15 的阴影行我们可以看出 AR3 最终成为了这个广播类型网络中的 BDR。读者通过查看 OSPF 接口的状态也可以更直接地确认 DR 和 BDR 角色，例 1-16 和例 1-17 使用命令 **display ospf interface** 分别查看了路由器 AR1 和 AR3 的 OSPF 接口状态。

例 1-16　路由器 AR1 的 OSPF 接口状态

```
[AR1]display ospf interface

        OSPF Process 10 with Router ID 10.0.0.1
            Interfaces

Area: 0.0.0.0           (MPLS TE not enabled)
IP Address       Type        State      Cost    Pri   DR           BDR
172.16.0.1       Broadcast   DR         1       200   172.16.0.1   172.16.0.3
10.0.0.1         P2P         P-2-P      0       1     0.0.0.0      0.0.0.0
```

例 1-17　路由器 AR3 的 OSPF 接口状态

```
[AR3]display ospf interface
        OSPF Process 10 with Router ID 10.0.0.3
             Interfaces

Area: 0.0.0.0            (MPLS TE not enabled)
IP Address      Type        State     Cost   Pri   DR             BDR
172.16.0.3      Broadcast   BDR       1      100   172.16.0.1     172.16.0.3
10.0.0.3        P2P         P-2-P     0      1     0.0.0.0        0.0.0.0
```

从例 1-16 和例 1-17 的阴影部分可以确认该接口的角色。以路由器 AR1 为例，AR1 上目前有两个接口参与了 OSPF 进程，其中 IP 地址为 172.16.0.1 的接口是 G0/0/0，也是通过以太网连接了其他 3 台路由器的接口，以太网接口默认的 OSPF 类型为广播，当前该接口的角色为 DR，该接口的 OSPF 开销值为 1，DR 优先级为工程师手动配置的 200。最后两列参数分别指明了 DR 和 BDR 接口的 IP 地址，从中也可以确定 AR1 是 DR，AR3 是 BDR。

接下来，工程师启用路由器 AR2 和 AR4 的 G0/0/0 接口，并观察它们的角色。读者可以使用接口命令 **undo shutdown** 来启用接口，本实验不演示这部分配置。等待 OSPF 邻居关系稳定后，我们在路由器 AR2 和 AR4 上查看 OSPF 接口状态，详见例 1-18 和例 1-19。

例 1-18　路由器 AR2 的 OSPF 接口状态

```
[AR2]display ospf interface
        OSPF Process 10 with Router ID 10.0.0.2
             Interfaces

Area: 0.0.0.0            (MPLS TE not enabled)
IP Address      Type        State     Cost   Pri   DR             BDR
172.16.0.2      Broadcast   DROther   1      1     172.16.0.1     172.16.0.3
10.0.0.2        P2P         P-2-P     0      1     0.0.0.0        0.0.0.0
```

例 1-19　路由器 AR4 的 OSPF 接口状态

```
[AR4]display ospf interface
        OSPF Process 10 with Router ID 10.0.0.4
             Interfaces

Area: 0.0.0.0            (MPLS TE not enabled)
IP Address      Type        State     Cost   Pri   DR             BDR
172.16.0.4      Broadcast   DROther   1      1     172.16.0.1     172.16.0.3
10.0.0.4        P2P         P-2-P     0      1     0.0.0.0        0.0.0.0
```

从例 1-18 和例 1-19 的命令输出内容可以看出，路由器 AR2 和 AR4 的 G0/0/0 接口在这个广播类型网络中的 OSPF 角色都是 DROther。DROther 设备之间不会形成 Full 关系，而是会停留在 2-Way 状态。以 AR2 为例，它与 AR4 之间的 OSPF 邻居关系为 2-Way，读者可以使用命令 **display ospf peer brief** 来快速确认这一点，这条命令能够用来方便地查看 OSPF 邻居关系状态，详见例 1-20。

例 1-20　路由器 AR2 的 OSPF 邻居关系

```
[AR2]display ospf peer brief
        OSPF Process 10 with Router ID 10.0.0.2
             Peer Statistic Information
------------------------------------------------------------------------
Area Id         Interface               Neighbor id      State
0.0.0.0         GigabitEthernet0/0/0    10.0.0.1         Full
0.0.0.0         GigabitEthernet0/0/0    10.0.0.3         Full
0.0.0.0         GigabitEthernet0/0/0    10.0.0.4         2-Way
------------------------------------------------------------------------
```

通过例 1-20 的阴影部分，我们可以确认路由器 AR2 与 AR4 之间的 OSPF 邻居关系为 2-Way，这也是两台 DROther 路由器所能够形成的最终邻居关系状态。

OSPF 广播类型网络中的 DR 和 BDR 不具有抢占功能，一旦被选举出来就不会轻易变动，除非 DR 或 BDR 设备发生问题导致其与邻居的 OSPF 连接中断。因此在 OSPF 广播类型网络中的设备启动顺序也是决定 DR 和 BDR 角色的关键因素，为了使设备启动顺序不对 DR 和 BDR 的选举带来意料之外的影响，在本实验中，工程师可以将路由器 AR2 和 AR4 的 G0/0/0 接口的 DR 优先级设置为 0，使其不参与 DR 和 BDR 的选举。例 1-21 和例 1-22 展示了路由器 AR2 和 AR4 上的相关配置。

例 1-21　路由器 AR2 的 DR 优先级配置

```
[AR2]interface GigabitEthernet 0/0/0
[AR2-GigabitEthernet0/0/0]ospf dr-priority 0
```

例 1-22　路由器 AR4 的 DR 优先级配置

```
[AR4]interface GigabitEthernet 0/0/0
[AR4-GigabitEthernet0/0/0]ospf dr-priority 0
```

读者可以使用前文介绍的命令来确认变更结果，本实验不演示这部分的配置验证。

1.2.4　配置 OSPF 骨干区域认证

根据实验要求，为了提高 OSPF 骨干区域的安全性，工程师需要在骨干区域中以区域认证的方式启用 OSPF 邻居认证，并使用密码 Huawei@123。在配置认证的过程中，OSPF 路由器之间的邻居关系会中断并重新建立，因此在实际环境中，工程师最好在一开始就将认证参数包含在 OSPF 配置中。例 1-23～例 1-26 分别展示了路由器 AR1～AR4 上的 OSPF 区域认证配置。

例 1-23　路由器 AR1 的 OSPF 区域认证配置

```
[AR1]ospf 10
[AR1-ospf-10]area 0
[AR1-ospf-10-area-0.0.0.0]authentication-mode md5 1 cipher Huawei@123
```

例 1-24　路由器 AR2 的 OSPF 区域认证配置

```
[AR2]ospf 10
[AR2-ospf-10]area 0
[AR2-ospf-10-area-0.0.0.0]authentication-mode md5 1 cipher Huawei@123
```

例 1-25　路由器 AR3 的 OSPF 区域认证配置

```
[AR3]ospf 10
[AR3-ospf-10]area 0
[AR3-ospf-10-area-0.0.0.0]authentication-mode md5 1 cipher Huawei@123
```

例 1-26　路由器 AR4 的 OSPF 区域认证配置

```
[AR4]ospf 10
[AR4-ospf-10]area 0
[AR4-ospf-10-area-0.0.0.0]authentication-mode md5 1 cipher Huawei@123
```

由于实验要求在配置文件中隐藏密码，因此工程师使用了 MD5 对密码进行散列计算，并在配置文件中显示散列结果，这就起到了隐藏密码的作用。例 1-27 以路由器 AR1 为例，展示了配置文件中的密码。

例 1-27　查看路由器 AR1 中的 OSPF 区域认证密码

```
[AR1-ospf-10-area-0.0.0.0]display this
[V200R003C00]
#
 area 0.0.0.0
  authentication-mode md5 1 cipher %$%$@.2<VSjZW3@`lDK:kbDRc<zI%$%$
  network 10.0.0.1 0.0.0.0
  network 172.16.0.1 0.0.0.0
#
return
```

从例 1-27 所示的阴影部分可以看出，密码 Huawei@123 以"乱码"的形式显示在配置文件中。

1.2.5　验证 Area 0 配置结果

在按照实验要求完成了 OSPF 骨干区域的配置后，我们可以通过查看路由表和 ping 测试来验证配置结果。例 1-28 以路由器 AR1 为例展示了路由表中的 OSPF 路由。

例 1-28　查看路由器 AR1 中的 OSPF 路由

```
[AR1]display ip routing-table protocol ospf
Route Flags: R - relay, D - download to fib
------------------------------------------------------------------------------
Public routing table : OSPF
         Destinations : 3       Routes : 3

OSPF routing table status : <Active>
         Destinations : 3       Routes : 3

Destination/Mask     Proto   Pre  Cost       Flags NextHop         Interface

       10.0.0.2/32   OSPF    10   1           D    172.16.0.2      GigabitEthernet0/0/0
       10.0.0.3/32   OSPF    10   1           D    172.16.0.3      GigabitEthernet0/0/0
       10.0.0.4/32   OSPF    10   1           D    172.16.0.4      GigabitEthernet0/0/0

OSPF routing table status : <Inactive>
         Destinations : 0       Routes : 0
```

从例 1-28 中的阴影部分可以看出路由器 AR1 已经通过 OSPF 学习到了 AR2、AR3 和 AR4 的 Loopback0 接口 IP 地址，这也是目前 AR1 能够通过 OSPF 学习到的所有路由。我们可以通过 **ping** 命令来验证这些 Loopback0 接口之间的连通性，例 1-29 展示了 AR1 Loopback0 接口与 AR2 Loopback0 接口之间的连通性测试，读者可以使用**-a** 来添加 ping 测试的源 IP 地址。

例 1-29　验证路由器 AR1 Loopback0 与 AR2 Loopback0 接口的连通性

```
[AR1]ping -a 10.0.0.1 10.0.0.2
 PING 10.0.0.2: 56  data bytes, press CTRL_C to break
   Reply from 10.0.0.2: bytes=56 Sequence=1 ttl=255 time=190 ms
   Reply from 10.0.0.2: bytes=56 Sequence=2 ttl=255 time=40 ms
   Reply from 10.0.0.2: bytes=56 Sequence=3 ttl=255 time=40 ms
   Reply from 10.0.0.2: bytes=56 Sequence=4 ttl=255 time=40 ms
   Reply from 10.0.0.2: bytes=56 Sequence=5 ttl=255 time=40 ms

 --- 10.0.0.2 ping statistics ---
   5 packet(s) transmitted
   5 packet(s) received
   0.00% packet loss
   round-trip min/avg/max = 40/70/190 ms
```

例 1-29 的输出内容确认了 AR1 Loopback0 与 AR2 Loopback0 接口之间的连通性。其他 Loopback0 接口之间的连通性可由读者自行确认，本实验不演示。

1.2.6　LSA（类型 1 LSA 和类型 2 LSA）

在本小节中，我们详细展示 OSPF 域中的各类 LSA。目前在这个实验环境中，我们只建立了 OSPF 骨干区域，因此只能够观察到两种类型的 LSA：类型 1 LSA（路由器 LSA）和类型 2 LSA（网络 LSA）。由于同一个 OSPF 区域中的 LSA 都是相同的，因此本实验以路由器 AR1 为例来展示 Area 0 中的 LSA。读者可以使用 **display ospf lsdb** 来查看路由器中的 OSPF LSA 摘要信息，详见例 1-30。

例 1-30　查看 OSPF LSA 摘要信息

```
[AR1]display ospf lsdb
         OSPF Process 10 with Router ID 10.0.0.1
               Link State Database

                      Area: 0.0.0.0
Type       LinkState ID     AdvRouter        Age   Len   Sequence    Metric
Router     10.0.0.3         10.0.0.3         167   48    80000054    1
Router     10.0.0.2         10.0.0.2         157   48    80000054    1
Router     10.0.0.1         10.0.0.1         167   48    8000004D    1
Router     10.0.0.4         10.0.0.4         166   48    8000004B    1
Network    172.16.0.1       10.0.0.1         167   40    8000001F    0
```

例 1-30 中的阴影行（Area: 0.0.0.0）表示以下显示的是 Area 0 的 LSA。从中我们可以看出，当前 Area 0 中共有 5 个 LSA，其中包含 4 个类型 1 LSA 和 1 个类型 2 LSA。读者可以重点关注以下参数。

- **LinkState ID**：是对 LSA 的描述，也是 LSA 报头中的链路状态 ID 字段。不同类型的 LSA 的这个字段的含义不同，其中类型 1 LSA 的这个字段为生成这个 LSA 的 OSPF 路由器的 ID（以 AR3 所生成的类型 1 LSA 为例，它的 LinkState ID 为 AR3 的路由器 ID，即 10.0.0.3），类型 2 LSA 的这个字段为 DR 的接口 IP 地址（在本例中 AR1 为 DR，因此类型 2 LSA 的 LinkState ID 为 172.16.0.1）。

- **AdvRouter**：指明了生成这个 LSA 的 OSPF 路由器，比如第一个类型 1 的 LSA 的 LinkState ID 为 10.0.0.3，即这个 LSA 是由 10.0.0.3（AR3）生成的；命令输出最后一行的类型 2 LSA 是由 10.0.0.1（AR1）生成的。

下面，我们详细查看这两个类型的 LSA。仍以路由器 AR1 为例，我们可以使用命令 **display ospf lsdb router self-originate** 来查看 AR1 生成的类型 1 LSA（路由器 LSA），详见例 1-31。

例 1-31　查看 AR1 生成的类型 1 LSA

```
[AR1]display ospf lsdb router self-originate
          OSPF Process 10 with Router ID 10.0.0.1
                    Area: 0.0.0.0
                Link State Database


  Type     : Router
  Ls id    : 10.0.0.1
  Adv rtr  : 10.0.0.1
  Ls age   : 851
  Len      : 48
  Options  : E
  seq#     : 8000004e
  chksum   : 0x851
```

```
Link count: 2
 * Link ID: 172.16.0.1
   Data    : 172.16.0.1
   Link Type: TransNet
   Metric : 1
 * Link ID: 10.0.0.1
   Data    : 255.255.255.255
   Link Type: StubNet
   Metric : 0
   Priority : Medium
```

例 1-31 中阴影行上面的内容是这个 LSA 的摘要信息，也就是通过 **display ospf lsdb** 命令所能够查看的信息。阴影行指明了这个 LSA 中所包含的链路数量（本例为 2），这一行下面展示了每条链路的详细信息，读者可以重点关注以下参数。

- **Link ID**：根据 OSPF 链路类型的不同，Link ID 所代表的内容也有所不同。
  - 当链路类型是 TransNet 时，Link ID 表示 DR 的 IP 地址；
  - 当链路类型是 StubNet 时，Link ID 表示宣告该 LSA 的路由器的接口 IP 地址；
  - 当链路类型是 P2P 或 Virtual Link 时，Link ID 表示邻居的路由器 ID。
- **Data**：根据 OSPF 链路类型的不同，Data 所代表的内容也有所不同。
  - 当链路类型是 TransNet、P2P 或 Virtual Link 时，Data 表示宣告该 LSA 的路由器的接口 IP 地址；
  - 当链路类型是 StubNet 时，Data 表示宣告该 LSA 的路由器的接口 IP 地址掩码。
- **Link Type**：链路类型包含 TransNet、StubNet、P2P 和 Virtual。
- **Metric**：指明了这条 OSPF 链路的度量值。

根据上述参数描述，我们再次观察 AR1 生成的类型 1 LSA，其中包含两条链路信息：172.16.0.1（G0/0/0）和 10.0.0.1（Loopback0）。与 G0/0/0 接口相关的链路，其类型为 TransNet，因此 Link ID 为 DR 的 IP 地址（由于 AR1 本身就是 DR，因此 Link ID 为 172.16.0.1），Data 为本地 IP 地址（即 G0/0/0 接口的 IP 地址）；与 Loopback0 接口相关的链路，其类型为 StubNet，因此 Link ID 为 Loopback0 接口的 IP 地址，Data 为 Loopback0 接口的子网掩码。

为了更好地理解上述参数，例 1-32 以 AR2 为例，展示了 AR2 生成的类型 1 LSA。

例 1-32　查看 AR2 生成的类型 1 LSA

```
[AR2]display ospf lsdb router self-originate
        OSPF Process 10 with Router ID 10.0.0.2
                    Area: 0.0.0.0
            Link State Database


 Type     : Router
 Ls id    : 10.0.0.2
 Adv rtr  : 10.0.0.2
 Ls age   : 710
 Len      : 48
 Options  : E
 seq#     : 80000056
 chksum   : 0xc41
 Link count: 2
  * Link ID: 172.16.0.1
    Data   : 172.16.0.2
    Link Type: TransNet
    Metric : 1
  * Link ID: 10.0.0.2
```

```
Data   : 255.255.255.255
Link Type: StubNet
Metric : 0
Priority : Medium
```

读者可以重点观察例 1-32 中的第 1 条链路的详情，这条链路对应的是 AR2 G0/0/0 接口所连接的链路，它的类型为 TransNet，因此 Link ID 为 DR 的 IP 地址（即 AR1 G0/0/0 接口的 IP 地址 172.16.0.1），Data 为本地 IP 地址（即 AR2 G0/0/0 接口的 IP 地址 172.16.0.2）。

读者可以使用 **display ospf lsdb router self-originate** 命令分别在 AR3 和 AR4 上查看它们生成的类型 1 LSA，或者也可以在任意路由器上使用命令 **display ospf lsdb router** 来查看所有路由器生成的类型 1 LSA，本实验将不演示这条命令的输出结果，对此感兴趣的读者可以自行练习。

类型 2 LSA（网络 LSA）是由 DR 生成的，它列出了所有连接在这个网络中的路由器。我们可以使用命令 **display ospf lsdb network** 在任意路由器上查看，或者使用命令 **display ospf lsdb network self-originate** 在 DR（AR1）上查看。例 1-33 在 AR1 上查看了类型 2 LSA。

例 1-33　在 AR1 上查看类型 2 LSA

```
[AR1]display ospf lsdb network
        OSPF Process 10 with Router ID 10.0.0.1
                  Area: 0.0.0.0
              Link State Database


Type     : Network
Ls id    : 172.16.0.1
Adv rtr  : 10.0.0.1
Ls age   : 1294
Len      : 40
Options  :  E
seq#     : 80000021
chksum   : 0x2017
Net mask : 255.255.255.0
Priority : Low
    Attached Router      10.0.0.1
    Attached Router      10.0.0.2
    Attached Router      10.0.0.3
    Attached Router      10.0.0.4
```

以例 1-33 为例，读者可以重点关注以下参数。
- **Net mask**：描述了这个网络的子网掩码。
- **Attached Router**：列出了连接在这个网络中的路由器，以 OSPF 路由器 ID 表示。

1.3　配置 OSPF 引入外部路由

在这个配置任务中，我们要将路由器 AR2 作为这个 OSPF 域的 ASBR，通过它将几条外部路由引入 OSPF 域中。为了简化实验环境且突出重点，本实验不考虑 OSPF 域中的路由器与这些外部设备之间的连通性，仅考虑外部路由的引入操作和路由汇总操作，以及与外部路由相关的类型 5 LSA。

在本实验中，为了实现外部路由的引入，我们在路由器 AR2 上手动配置几条静态路由，并且将静态路由的下一跳指向空接口（null 0），以此模拟 AR2 所连接的外部子网。然后在 AR2 的 OSPF 配置中将静态路由引入 OSPF 域中。具体要求如下。

- 在 AR2 上添加一条静态路由，以 IP 地址 8.8.8.8/32 为目的地址，将其指向空接口（null 0）；在 OSPF 中将这条静态路由作为外部路由引入 OSPF 域中。
- 在 AR2 上添加两条静态路由，分别以 IP 子网 2.2.2.0/25 和 2.2.2.128/25 为目的地址，将这两条路由指向空接口（null 0）；在 OSPF 中将这两条静态路由作为外部路由引入 OSPF 域中，并将其聚合为 2.2.2.0/24。

如果读者想要在自己的实验环境中增加连通性验证，可以添加一台路由器（如 AR22），将其与 AR2 相连，在 AR2 与 AR22 相连的接口上配置 IP 地址，在 AR22 上创建多个 Loopback 接口来模拟 OSPF 外部目的 IP 网段。需要注意的是，读者在这个环境中为 AR2 添加静态路由时，需要将静态路由指向 AR22（即 AR22 用来连接 AR2 的接口 IP 地址），而不要指向空接口。

本实验需要在以下设备上进行配置，如图 1-3 所示。

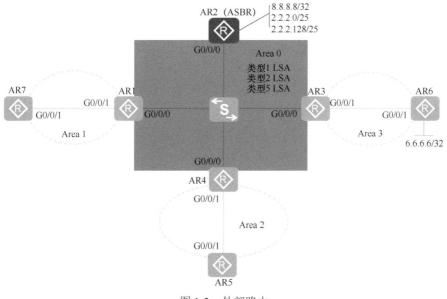

图 1-3　外部路由

1.3.1　引入外部路由

例 1-34 展示了 ASBR AR2 上的相关配置。工程师可以使用以下命令在 OSPF 域中引入外部路由（完整的配置命令请参考华为设备的命令参考）。

- **import-route** { **bgp** | **direct** | **rip** | **static** | **isis** | **ospf** } [**type** *type*]：OSPF 进程视图命令，用来引入从直连路由、静态路由以及其他路由协议学习到的路由信息。通过这条命令引入的路由为 OSPF 外部路由，是通过类型 5 LSA（外部 LSA）进行通告的。类型 5 LSA 是 LSDB（链路状态数据库）中唯一不与具体区域相关联的 LSA，因此在引入外部路由时不可以在 OSPF 区域视图中配置，而是需要在 OSPF 进程视图中进行配置。

例 1-34 使用关键字 **static** 将静态路由引入 OSPF 中，并将外部路由的类型指定为第一类外部路由。当外部路由的开销与 OSPF 内部的路由开销相当，并且和 OSPF 自身路由的开销具有可比性时，我们认为这类路由的可信程度较高，将其配置成第一类外部路由。当 ASBR 到 OSPF 外部的开销远远大于 OSPF 内部设备到达 ASBR 的开销时，我们认为这类路由的可信程度较低，将其配置成第二类外部路由，默认值是 type 2（第二类外部路由）。第一类外部路由的开销是内部开销与外部开销之和；第二类外部路由的开销只计算外部开销。

例 1-34　在 AR2 上引入外部路由

```
[AR2]ip route-static 8.8.8.8 255.255.255.255 null 0
[AR2]ip route-static 2.2.2.0 255.255.255.128 null 0
[AR2]ip route-static 2.2.2.128 255.255.255.128 null 0
[AR2]ospf 10
[AR2-ospf-10]import-route static type 1
```

在 ASBR AR2 上成功引入外部路由后，我们可以在 Area 0 中的其他路由器上观察这3 条 OSPF 路由。我们以路由器 AR1 为例，在例 1-35 中展示 AR1 的 OSPF 路由表。

例 1-35　在 AR1 上查看 OSPF 路由表

```
[AR1]display ospf routing
          OSPF Process 10 with Router ID 10.0.0.1
                  Routing Tables

Routing for Network
Destination       Cost    Type       NextHop        AdvRouter      Area
10.0.0.1/32       0       Stub       10.0.0.1       10.0.0.1       0.0.0.0
172.16.0.0/24     1       Transit    172.16.0.1     10.0.0.1       0.0.0.0
10.0.0.2/32       1       Stub       172.16.0.2     10.0.0.2       0.0.0.0
10.0.0.3/32       1       Stub       172.16.0.3     10.0.0.3       0.0.0.0
10.0.0.4/32       1       Stub       172.16.0.4     10.0.0.4       0.0.0.0

Routing for ASEs
Destination       Cost       Type       Tag       NextHop       AdvRouter
2.2.2.0/25        2          Type1      1         172.16.0.2    10.0.0.2
2.2.2.128/25      2          Type1      1         172.16.0.2    10.0.0.2
8.8.8.8/32        2          Type1      1         172.16.0.2    10.0.0.2

Total Nets: 8
Intra Area: 5   Inter Area: 0   ASE: 3   NSSA: 0
```

例 1-35 的阴影部分显示了 OSPF 外部路由，从中可以确认 ASBR AR2 已经将 3 条路由作为外部路由引入 OSPF 域中。

例 1-36 中展示了 AR1 路由表中的 OSPF 路由。

例 1-36　在 AR1 上查看 IP 路由表中的 OSPF 路由

```
[AR1]display ip routing-table protocol ospf
Route Flags: R - relay, D - download to fib
------------------------------------------------------------------
Public routing table : OSPF
        Destinations : 6      Routes : 6

OSPF routing table status : <Active>
        Destinations : 6      Routes : 6

Destination/Mask    Proto   Pre  Cost      Flags NextHop       Interface

      2.2.2.0/25    O_ASE   150  2         D     172.16.0.2    GigabitEthernet0/0/0
    2.2.2.128/25    O_ASE   150  2         D     172.16.0.2    GigabitEthernet0/0/0
      8.8.8.8/32    O_ASE   150  2         D     172.16.0.2    GigabitEthernet0/0/0
     10.0.0.2/32    OSPF    10   1         D     172.16.0.2    GigabitEthernet0/0/0
```

```
      10.0.0.3/32  OSPF   10    1           D  172.16.0.3   GigabitEthernet0/0/0
      10.0.0.4/32  OSPF   10    1           D  172.16.0.4   GigabitEthernet0/0/0

OSPF routing table status : <Inactive>
         Destinations : 0      Routes : 0
```

由例 1-36 所示的路由表中我们可以看到 3 条 Proto 标记为 O_ASE 路由，这表示路由是通过 OSPF 引入的外部路由，默认优先级为 150。

以第一条路由为例，读者可以通过命令 **display ip routing-table 2.2.2.0 verbose** 来查看这条路由的详细信息，详见例 1-37。

例 1-37　在 AR1 上查看 2.2.2.0 路由详情

```
[AR1]display ip routing-table 2.2.2.0 verbose
Route Flags: R - relay, D - download to fib
------------------------------------------------------------------------------
Routing Table : Public
Summary Count : 1

Destination: 2.2.2.0/25
     Protocol: O_ASE           Process ID: 10
   Preference: 150                   Cost: 2
      NextHop: 172.16.0.2      Neighbour: 0.0.0.0
        State: Active Adv            Age: 05h40m31s
          Tag: 1              Priority: low
        Label: NULL             QoSInfo: 0x0
   IndirectID: 0x0
 RelayNextHop: 0.0.0.0         Interface: GigabitEthernet0/0/0
     TunnelID: 0x0                 Flags:  D
```

在例 1-37 所示的命令输出中，读者可以重点关注 Process ID: 10，这部分标识了这条路由是由进程号为 10 的 OSPF 域引入的。

1.3.2　LSA（类型 5）

OSPF 外部路由是由 ASBR 产生的类型 5 LSA（自治系统外部 LSA）通告到 OSPF域中的。在这部分，我们可以通过一些 **display** 命令来查看并确认这些类型 5 LSA。

仍以路由器 AR1 为例，例 1-38 使用命令 **display ospf lsdb** 查看了 AR1 中的 LSA。

例 1-38　在 AR1 上查看 OSPF LSDB

```
[AR1]display ospf lsdb

        OSPF Process 10 with Router ID 10.0.0.1
             Link State Database

                     Area: 0.0.0.0
Type       LinkState ID    AdvRouter        Age   Len   Sequence     Metric
Router     10.0.0.3        10.0.0.3         1092  48    800000F9     1
Router     10.0.0.2        10.0.0.2         363   48    800000109    1
Router     10.0.0.1        10.0.0.1         17    48    800000F3     1
Router     10.0.0.4        10.0.0.4         1762  48    800000F0     1
Network    172.16.0.1      10.0.0.1         1092  40    800000C4     0


           AS External Database
Type       LinkState ID    AdvRouter        Age   Len   Sequence     Metric
External   8.8.8.8         10.0.0.2         1512  36    8000002A     1
External   2.2.2.128       10.0.0.2         1703  36    8000000C     1
External   2.2.2.0         10.0.0.2         1703  36    80000024     1
```

例 1-38 的阴影部分显示了类型 5 LSA，它的类型显示为 External，LinkState ID 为目的网络地址。

例 1-39 使用命令 **display ospf lsdb ase** 查看了类型 5 LSA 的详细信息，从中可以看出每个目的网络的掩码，比如 8.8.8.8 的子网掩码为 255.255.255.255，2.2.2.0 和 2.2.2.128 的子网掩码均为 255.255.255.128，详见阴影部分。

例 1-39　在 AR1 上查看类型 5 LSA

```
[AR1]display ospf lsdb ase
          OSPF Process 10 with Router ID 10.0.0.1
                Link State Database

  Type      : External
  Ls id     : 8.8.8.8
  Adv rtr   : 10.0.0.2
  Ls age    : 56
  Len       : 36
  Options   :  E
  seq#      : 8000002b
  chksum    : 0x4fab
  Net mask  : 255.255.255.255
  TOS 0  Metric: 1
  E type    : 1
  Forwarding Address : 0.0.0.0
  Tag       : 1
  Priority  : Medium

  Type      : External
  Ls id     : 2.2.2.128
  Adv rtr   : 10.0.0.2
  Ls age    : 247
  Len       : 36
  Options   :  E
  seq#      : 8000000d
  chksum    : 0xb27f
  Net mask  : 255.255.255.128
  TOS 0  Metric: 1
  E type    : 1
  Forwarding Address : 0.0.0.0
  Tag       : 1
  Priority  : Low

  Type      : External
  Ls id     : 2.2.2.0
  Adv rtr   : 10.0.0.2
  Ls age    : 248
  Len       : 36
  Options   :  E
  seq#      : 80000025
  chksum    : 0x8713
  Net mask  : 255.255.255.128
  TOS 0  Metric: 1
  E type    : 1
  Forwarding Address : 0.0.0.0
  Tag       : 1
  Priority  : Low
```

1.3.3　外部路由聚合

在默认情况下，ASBR 不对 OSPF 引入的路由进行路由聚合。在规模越大的 OSPF 网络中，OSPF 路由表的规模也越大，从而会降低路由设备的路由查找速度并导致转发性能下降。为了解决这个问题，我们可以使用路由聚合来缩减路由表的规模并降低管理上的复杂度。

在执行路由聚合时，工程师可以使用 **asbr-summary** 命令。

- **asbr-summary** *ip-address mask*：OSPF 进程视图命令，用来对 ASBR 引入的 OSPF 路由执行路由聚合。该命令还有一些其他可选参数，完整命令格式可以参考华为 设备的命令参考。

具体到本实验环境，ASBR AR2 引入了 3 条外部路由，其中 2.2.2.0/25 和 2.2.2.128/25 可以被聚合为 2.2.2.0/24，例 1-40 展示了工程师在 AR2 上执行的外部路由聚合配置。

例 1-40　在 ASBR AR2 上配置外部路由聚合

```
[AR2]ospf 10
[AR2-ospf-10]asbr-summary 2.2.2.0 255.255.255.0
```

配置完成后，我们可以在 AR2 上验证这条聚合后的外部路由，读者可以使用查看 OSPF ASBR 路由聚合信息的命令 **display ospf asbr-summary** 进行查看，详见例 1-41。

例 1-41　在 AR2 上查看 OSPF ASBR 聚合信息

```
[AR2]display ospf asbr-summary
        OSPF Process 10 with Router ID 10.0.0.2
                Summary Addresses

 Total summary address count: 1

                Summary Address

 net         : 2.2.2.0
 mask        : 255.255.255.0
 tag         : 0 (Not Configured)
 status      : Advertise
 Cost        : 0 (Not Configured)
 delay       : 0 (Not Configured)

 Destination      Net Mask        Proto      Process   Type    Metric

 2.2.2.0          255.255.255.128 Static     0         1       1
 2.2.2.128        255.255.255.128 Static     0         1       1

 The Count of Route is : 2
```

例 1-41 中的第一个阴影部分标识了汇总后的网络地址和掩码，第二个阴影部分详细 列出了汇总前的明细网络地址和掩码。

在 ASBR AR2 上执行了外部路由聚合后，我们可以在 Area 0 中的其他路由器上观察 聚合后的外部路由。我们以路由器 AR1 为例，在例 1-42 中展示 AR1 的 OSPF 路由表。

例 1-42　在 AR1 上查看 OSPF 路由表

```
[AR1]display ospf routing
        OSPF Process 10 with Router ID 10.0.0.1
                Routing Tables

 Routing for Network
 Destination        Cost    Type      NextHop         AdvRouter        Area
 10.0.0.1/32        0       Stub      10.0.0.1        10.0.0.1         0.0.0.0
 172.16.0.0/24      1       Transit   172.16.0.1      10.0.0.1         0.0.0.0
 10.0.0.2/32        1       Stub      172.16.0.2      10.0.0.2         0.0.0.0
 10.0.0.3/32        1       Stub      172.16.0.3      10.0.0.3         0.0.0.0
 10.0.0.4/32        1       Stub      172.16.0.4      10.0.0.4         0.0.0.0

 Routing for ASEs
 Destination        Cost    Type      Tag        NextHop         AdvRouter
 2.2.2.0/24         2       Type1     1          172.16.0.2      10.0.0.2
 8.8.8.8/32         2       Type1     1          172.16.0.2      10.0.0.2

 Total Nets: 7
 Intra Area: 5  Inter Area: 0  ASE: 2  NSSA: 0
```

例 1-42 的阴影部分显示了聚合后的 OSPF 外部路由，从中可以确认 ASBR AR2 已经将两条路由 2.2.2.0/25 和 2.2.2.128/25 聚合为一条路由 2.2.2.0/24，读者可以将例 1-42 中的命令输出内容与例 1-35 进行对比。

例 1-43 中展示了 AR1 路由表中的 OSPF 路由。

例 1-43　在 AR1 上查看 IP 路由表中的 OSPF 路由

```
[AR1]display ip routing-table protocol ospf
Route Flags: R - relay, D - download to fib
------------------------------------------------------------------------
Public routing table : OSPF
         Destinations : 5        Routes : 5

OSPF routing table status : <Active>
         Destinations : 5        Routes : 5

Destination/Mask     Proto   Pre  Cost       Flags NextHop        Interface

       2.2.2.0/24    O_ASE   150  2            D   172.16.0.2     GigabitEthernet0/0/0
       8.8.8.8/32    O_ASE   150  2            D   172.16.0.2     GigabitEthernet0/0/0
      10.0.0.2/32    OSPF    10   1            D   172.16.0.2     GigabitEthernet0/0/0
      10.0.0.3/32    OSPF    10   1            D   172.16.0.3     GigabitEthernet0/0/0
      10.0.0.4/32    OSPF    10   1            D   172.16.0.4     GigabitEthernet0/0/0

OSPF routing table status : <Inactive>
         Destinations : 0        Routes : 0
```

从例 1-43 所示的路由表中我们可以看到聚合后的 O_ASE 路由，以阴影行突出显示。

读者可以再次通过命令 **display ip routing-table 2.2.2.0 verbose** 来查看这条路由的详细信息，详见例 1-44。

例 1-44　在 AR1 上查看 2.2.2.0 路由详情

```
[AR1]display ip routing-table 2.2.2.0 verbose
Route Flags: R - relay, D - download to fib
------------------------------------------------------------------------
Routing Table : Public
Summary Count : 1

Destination: 2.2.2.0/24
     Protocol: O_ASE            Process ID: 10
   Preference: 150                    Cost: 2
      NextHop: 172.16.0.2        Neighbour: 0.0.0.0
        State: Active Adv              Age: 00h06m28s
          Tag: 1                  Priority: low
        Label: NULL               QoSInfo: 0x0
   IndirectID: 0x0
  RelayNextHop: 0.0.0.0          Interface: GigabitEthernet0/0/0
     TunnelID: 0x0                   Flags:  D
```

我们可以从 LSA 的角度对外部路由聚合进行验证，仍以路由器 AR1 为例，例 1-45 使用命令 **display ospf lsdb** 查看了 AR1 中的 LSA。

例 1-45　在 AR1 上查看 OSPF LSDB

```
[AR1]display ospf lsdb
        OSPF Process 10 with Router ID 10.0.0.1
              Link State Database

                    Area: 0.0.0.0
Type        LinkState ID    AdvRouter        Age   Len   Sequence     Metric
Router      10.0.0.3        10.0.0.3         1191  48    800000FA     1
Router      10.0.0.2        10.0.0.2         460   48    8000010A     1
Router      10.0.0.1        10.0.0.1         116   48    800000F4     1
Router      10.0.0.4        10.0.0.4         60    48    800000F2     1
```

```
Network     172.16.0.1      10.0.0.1          1189  40   800000C5      0


            AS External Database
Type        LinkState ID    AdvRouter         Age   Len  Sequence   Metric
External    8.8.8.8         10.0.0.2          1611  36   8000002B      1
External    2.2.2.0         10.0.0.2          548   36   80000026      1
```

例 1-45 的阴影部分显示了聚合后的类型 5 LSA，它的类型显示为 External，LinkState
ID 为目的网络地址。

例 1-46 使用命令 **display ospf lsdb ase** 查看了类型 5 LSA 的详细信息，从阴影部分
可以看出 2.2.2.0 的子网掩码为 255.255.255.0，也就是聚合后的外部路由。

例 1-46　在 AR1 上查看类型 5 LSA

```
[AR1]display ospf lsdb ase

         OSPF Process 10 with Router ID 10.0.0.1
               Link State Database

   Type      : External
   Ls id     : 8.8.8.8
   Adv rtr   : 10.0.0.2
   Ls age    : 59
   Len       : 36
   Options   : E
   seq#      : 8000002c
   chksum    : 0x4dac
   Net mask  : 255.255.255.255
   TOS 0  Metric: 1
   E type    : 1
   Forwarding Address : 0.0.0.0
   Tag       : 1
   Priority  : Medium

   Type      : External
   Ls id     : 2.2.2.0
   Adv rtr   : 10.0.0.2
   Ls age    : 796
   Len       : 36
   Options   : E
   seq#      : 80000026
   chksum    : 0x8297
   Net mask  : 255.255.255.0
   TOS 0  Metric: 1
   E type    : 1
   Forwarding Address : 0.0.0.0
   Tag       : 1
   Priority  : Low
```

1.4　配置 OSPF 标准区域

在这个配置任务中，我们需要对 OSPF Area 1 进行配置，实现 Area 1 与 Area 0 之间
的通信，并研究与 ABR（AR1）相关的内容。具体实验要求如下。

- Area 1 中包含路由器 AR1 的 G0/0/1 接口、AR7 的 G0/0/1 接口和 Loopback0 接口。
- AR1 是连接 Area 0 和 Area 1 的 ABR，AR7 是 Area 1 的内部路由器。
- AR7 需要使用 Loopback0 接口地址作为路由器 ID。

本实验需要在以下设备上进行配置，如图 1-4 所示。

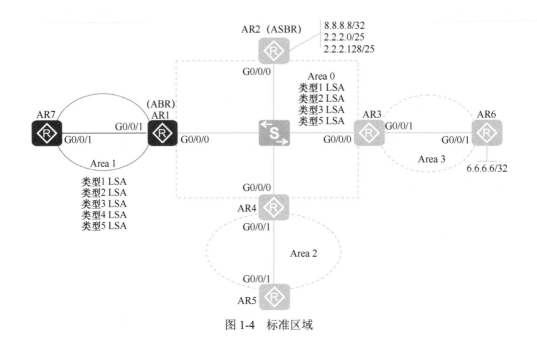

图1-4　标准区域

1.4.1　OSPF Area 1 的配置和验证

根据实验要求，例1-47和例1-48分别展示了路由器AR1和AR7上的相关配置。

例 1-47　在 AR1 上配置 OSPF Area 1

```
[AR1]interface GigabitEthernet 0/0/1
[AR1-GigabitEthernet0/0/1]ip address 172.16.1.1 24
[AR1-GigabitEthernet0/0/1]quit
[AR1]ospf 10
[AR1-ospf-10]area 1
[AR1-ospf-10-area-0.0.0.1]network 172.16.1.1 0.0.0.0
```

例 1-48　在 AR7 上配置 OSPF Area 1

```
<Huawei>system-view
Enter system view, return user view with Ctrl+Z.
[Huawei]sysname AR7
[AR7]interface GigabitEthernet 0/0/1
[AR7-GigabitEthernet0/0/1]ip address 172.16.1.7 24
[AR7-GigabitEthernet0/0/1]quit
[AR7]interface LoopBack 0
[AR7-LoopBack0]ip address 10.0.0.7 32
[AR7-LoopBack0]quit
[AR7]ospf 10 router-id 10.0.0.7
[AR7-ospf-10]area 1
[AR7-ospf-10-area-0.0.0.1]network 172.16.1.7 0.0.0.0
[AR7-ospf-10-area-0.0.0.1]network 10.0.0.7 0.0.0.0
```

配置完成后，我们可以通过一些命令对配置结果进行验证。我们可以在路由器AR7上查看OSPF邻居的状态。例1-49中使用命令**display ospf peer**进行了查看。

例 1-49　在 AR7 上查看 OSPF 邻居状态

```
[AR7]display ospf peer

         OSPF Process 10 with Router ID 10.0.0.7
```

```
                Neighbors
Area 0.0.0.1 interface 172.16.1.7(GigabitEthernet0/0/1)'s neighbors
Router ID: 10.0.0.1        Address: 172.16.1.1
  State: Full  Mode:Nbr is  Slave  Priority: 1
  DR: 172.16.1.7  BDR: 172.16.1.1  MTU: 0
  Dead timer due in 40  sec
  Retrans timer interval: 5
  Neighbor is up for 00:27:52
  Authentication Sequence: [ 0 ]
```

例 1-49 的阴影部分标识了区域 ID（Area 0.0.0.1，也就是 Area 1）。AR7 的 G0/0/1
接口连接在 Area 1 中，并且已与 AR1 建立了 OSPF 邻居。这条命令中显示出邻居（AR1）
的路由器 ID（10.0.0.1）、IP 地址（172.16.1.1）。由于以太网接口默认的 OSPF 类型为广
播，因此在 AR1 与 AR7 的直连链路上也需要选举 DR 和 BDR，从命令输出可以看到在
这个广播类型网络中，AR7 是 DR，AR1 是 BDR。这是通过对比两台路由器的 OSPF 路
由器 ID 得出的结论，即路由器 ID 值大的当选 DR。

例 1-50 使用命令 **display** 查看了 AR7 学习到的 OSPF 路由。

例 1-50　在 AR7 上查看 OSPF 路由

```
[AR7]display ip routing-table protocol ospf
Route Flags: R - relay, D - download to fib
------------------------------------------------------------------------
Public routing table : OSPF
        Destinations : 7         Routes : 7

OSPF routing table status : <Active>
        Destinations : 7         Routes : 7

Destination/Mask     Proto    Pre  Cost     Flags NextHop          Interface

        2.2.2.0/24   O_ASE    150  3           D  172.16.1.1       GigabitEthernet0/0/1
        8.8.8.8/32   O_ASE    150  3           D  172.16.1.1       GigabitEthernet0/0/1
      10.0.0.1/32    OSPF     10   1           D  172.16.1.1       GigabitEthernet0/0/1
      10.0.0.2/32    OSPF     10   2           D  172.16.1.1       GigabitEthernet0/0/1
      10.0.0.3/32    OSPF     10   2           D  172.16.1.1       GigabitEthernet0/0/1
      10.0.0.4/32    OSPF     10   2           D  172.16.1.1       GigabitEthernet0/0/1
    172.16.0.0/24    OSPF     10   2           D  172.16.1.1       GigabitEthernet0/0/1

OSPF routing table status : <Inactive>
        Destinations : 0         Routes : 0
```

AR7 学习到了 Area 0 中的所有路由，其中包括 Area 0 的互联网络（172.16.0.0/24）
和 AR1～AR4 的环回接口地址，以及 OSPF 外部路由。

读者可以使用例 1-29 中的相同命令来验证 AR7 的环回接口与其他路由器环回接口
之间的连通性，测试结果都可以 ping 通，本实验将不进行演示。

1.4.2　LSA（类型 3 和类型 4）

在这个实验中，我们可以观察到类型 3 LSA（网络汇总 LSA）和类型 4 LSA（ASBR
汇总 LSA）。

类型 3 LSA 是由 ABR 生成的，在当前的实验环境中，路由器 AR1 是连接 Area 0 和
Area 1 的 ABR 路由器，因此它会将自己从 Area 0 学习到的路由发送到 Area 1 中；反之
它也会将自己从 Area 1 学习到的路由发送到 Area 0 中。这些路由信息会以类型 3 LSA
出现在另一个区域中。每个类型 3 LSA 所描述的路由目的地都位于另一个区域中，但这
条路由仍是一条内部路由，因为目的地仍在 OSPF 路由域内。

类型 4 LSA 也是由 ABR 生成的，只有当 ABR 所连接的区域中有 ASBR 时，ABR 才会生成类型 4 LSA。在当前的实验环境中，Area 0 中有 ASBR（即 AR2），因此作为连接 Area 0 的 ABR，AR1 会生成类型 4 LSA 并将其通告到 Area 1 中，通过这个类型 4 LSA 标识 ASBR，并提供一条去往该 ASBR 的路由。

我们可以在 ABR 路由器 AR1 上使用命令 **display ospf lsdb** 来查看 AR1 中的 LSA，详见例 1-51。

例 1-51　在 ABR（AR1）上查看 LSA

```
[AR1]display ospf lsdb

          OSPF Process 10 with Router ID 10.0.0.1
                Link State Database

                      Area: 0.0.0.0
Type       LinkState ID    AdvRouter          Age   Len   Sequence    Metric
Router     10.0.0.3        10.0.0.3           354   48    800000FC    1
Router     10.0.0.2        10.0.0.2           1424  48    8000010B    1
Router     10.0.0.1        10.0.0.1           547   48    800000F6    1
Router     10.0.0.4        10.0.0.4           1023  48    800000F3    1
Network    172.16.0.1      10.0.0.1           353   40    800000C7    0
Sum-Net    172.16.1.0      10.0.0.1           414   28    80000003    1
Sum-Net    10.0.0.7        10.0.0.1           366   28    80000002    1


                      Area: 0.0.0.1
Type       LinkState ID    AdvRouter          Age   Len   Sequence    Metric
Router     10.0.0.1        10.0.0.1           366   36    80000008    1
Router     10.0.0.7        10.0.0.7           357   48    8000000A    1
Network    172.16.1.7      10.0.0.7           357   32    80000003    0
Sum-Net    172.16.0.0      10.0.0.1           414   28    80000002    1
Sum-Net    10.0.0.4        10.0.0.1           414   28    80000002    1
Sum-Net    10.0.0.1        10.0.0.1           414   28    80000002    0
Sum-Net    10.0.0.3        10.0.0.1           414   28    80000002    1
Sum-Net    10.0.0.2        10.0.0.1           414   28    80000002    1
Sum-Asbr   10.0.0.2        10.0.0.1           414   28    80000002    1


                 AS External Database
Type       LinkState ID    AdvRouter          Age   Len   Sequence    Metric
External   8.8.8.8         10.0.0.2           773   36    8000002D    1
External   2.2.2.0         10.0.0.2           1512  36    80000027    1
```

在例 1-51 的命令输出中我们可以看到，AR1 作为 ABR，拥有两个区域的 LSA：Area 0.0.0.0（Area 0）和 Area 0.0.0.1（Area 1）。我们先观察 Area 0 的 LSA，第一部分阴影行展示了 Area 0 中新出现的两条 LSA。这两条 LSA 都是类型 3 LSA，在命令输出中标识为 Sum-Net。类型 3 LSA 的 LinkState ID 字段为目的网络地址，但在这条命令中看不到具体的子网掩码。本例中这两条 LSA 描述的是 Area 1 中的网络，即 AR1 与 AR7 之间的互连链路（172.16.1.0）和 AR7 的环回接口（10.0.0.7）。从阴影部分还可以确认这两条 LSA 都是由 AR1（路由器 ID 为 10.0.0.1）生成的，因为 AR1 是 ABR，而类型 3 LSA 都是由 ABR 生成的。

接着，我们再看 Area 1 中的 LSA。首先第二部分阴影行上面列出了两个类型 1 LSA 和一个类型 2 LSA。区域中的所有 OSPF 路由器都会生成一个类型 1 LSA，从命令输出中我们可以确认路由器 AR1 和 AR7 都各自生成了一个类型 1 LSA。在广播类型的网络中，DR 负责生成类型 2 LSA，从命令输出中我们可以看到 AR7 作为 DR，生成了一个类型 2 LSA。类型 2 LSA 的 LinkState ID 字段为 DR 的接口 IP 地址，因此这个类型 2 LSA

的 LinkState ID 为 AR7 在这个广播类型网络中的接口 IP 地址 172.16.1.7。

　　第二部分阴影行展示了 Area 1 中的类型 3 LSA,其中描述了 AR1~AR4 之间的互连链路,以及 AR1~AR4 的 Loopback0 接口地址。同样,这些类型 3 LSA 都是由 ABR AR1 生成的。

　　在第二部分阴影的下一行,也就是 Area 1 中的最后一个 LSA 是类型 4 LSA,在命令输出中标识为 Sum-Asbr。类型 4 LSA 的 LinkState ID 字段为 ASBR AR2 的路由器 ID。

　　前文提到,在命令 **display ospf lsdb** 的输出内容中无法确认类型 3 LSA 的子网掩码,我们可以使用命令 **display ospf lsdb summary** *link-state-id* 来进一步查看类型 3 LSA 的详细信息。例 1-52 展示了 Area 0 中的两条类型 3 LSA 的详细信息,从阴影部分我们可以确认这两个目的网络的子网掩码:172.16.1.0 的子网掩码为 24 位(255.255.255.0),10.0.0.7 的子网掩码为 32 位(255.255.255.255)。

　　例 1-52　在 AR1 上查看类型 3 LSA 详情

```
[AR1]display ospf lsdb summary 172.16.1.0
        OSPF Process 10 with Router ID 10.0.0.1
                    Area: 0.0.0.0
                Link State Database

 Type      : Sum-Net
 Ls id     : 172.16.1.0
 Adv rtr   : 10.0.0.1
 Ls age    : 703
 Len       : 28
 Options   :  E
 seq#      : 80000003
 chksum    : 0x8011
 Net mask  : 255.255.255.0
 Tos 0  metric: 1
 Priority : Low
                    Area: 0.0.0.1
                Link State Database


[AR1]display ospf lsdb summary 10.0.0.7

        OSPF Process 10 with Router ID 10.0.0.1
                    Area: 0.0.0.0
                Link State Database


 Type      : Sum-Net
 Ls id     : 10.0.0.7
 Adv rtr   : 10.0.0.1
 Ls age    : 665
 Len       : 28
 Options   :  E
 seq#      : 80000002
 chksum    : 0x4af4
 Net mask  : 255.255.255.255
 Tos 0  metric: 1
 Priority : Low
                    Area: 0.0.0.1
                Link State Database
```

　　ABR 将一个区域的路由通告到另一个区域时,可以对这些被通告的路由执行汇总。在默认情况下,ABR 不会自动执行汇总,需要工程师手动配置汇总后的路由。

例 1-53 使用命令 **display ospf lsdb asbr** 在 AR1 上查看类型 4 LSA 的详细信息。

例 1-53　在 AR1 上查看类型 4 LSA 详情

```
[AR1]display ospf lsdb asbr
        OSPF Process 10 with Router ID 10.0.0.1
                    Area: 0.0.0.0
              Link State Database

                    Area: 0.0.0.1
              Link State Database


  Type     : Sum-Asbr
  Ls id    : 10.0.0.2
  Adv rtr  : 10.0.0.1
  Ls age   : 922
  Len      : 28
  Options  : E
  seq#     : 80000002
  chksum   : 0x6ed4
  Tos 0  metric: 1
```

类型 4 LSA 标识了 ASBR 的信息。从例 1-53 的输出内容可以看出，在 Area 1 中有一个类型为 Sum-Asbr 的类型 4 LSA，从阴影行可以看出它是由路由器 AR1 产生的。

接下来，我们通过命令 **display ospf routing** 来观察不同路由器的 OSPF 路由表，在这条命令的输出内容中，读者可以重点关注以下参数。

- **Type**：表示目的网络的类型，分为区域内路由和区域间路由。区域内路由又分为 Stub 和 Transit，其中 Stub 表示类型 1 SLA 中发布的路由，对应着非广播网络、非 NBMA 网络的直连路由；Transit 表示类型 2 LSA 中发布的路由。

例 1-54 展示了 AR1 上的命令输出信息。

例 1-54　在 AR1 上查看 OSPF 路由表

```
[AR1]display ospf routing
        OSPF Process 10 with Router ID 10.0.0.1
              Routing Tables

Routing for Network
Destination      Cost    Type     NextHop        AdvRouter      Area
10.0.0.1/32      0       Stub     10.0.0.1       10.0.0.1       0.0.0.0
172.16.0.0/24    1       Transit  172.16.0.1     10.0.0.1       0.0.0.0
172.16.1.0/24    1       Transit  172.16.1.1     10.0.0.1       0.0.0.1
10.0.0.2/32      1       Stub     172.16.0.2     10.0.0.2       0.0.0.0
10.0.0.3/32      1       Stub     172.16.0.3     10.0.0.3       0.0.0.0
10.0.0.4/32      1       Stub     172.16.0.4     10.0.0.4       0.0.0.0
10.0.0.7/32      1       Stub     172.16.1.7     10.0.0.7       0.0.0.1

Routing for ASEs
Destination      Cost     Type      Tag        NextHop        AdvRouter
2.2.2.0/24       2        Type1     1          172.16.0.2     10.0.0.2
8.8.8.8/32       2        Type1     1          172.16.0.2     10.0.0.2

Total Nets: 9
Intra Area: 7  Inter Area: 0  ASE: 2   NSSA: 0
```

从例 1-54 的命令输出可以看出，AR1 的 OSPF 路由表中包含了 5 条 Stub 类型的路由和 2 条 Transit 类型的路由，这些路由都是区域内路由，前者是由 AR1、AR2、AR3、AR4 和 AR7 通过类型 1 LSA 通告的，后者是由 AR1 通过类型 2 LSA 通告的。此外 AR1

的 OSPF 路由表中还包含了 2 条外部路由（ASE）。

例 1-55 展示了 AR7 上的 **display ospf routing** 命令输出信息。

例 1-55　在 AR7 上查看 OSPF 路由表

```
[AR7]display ospf routing

        OSPF Process 10 with Router ID 10.0.0.7
            Routing Tables

Routing for Network
Destination       Cost    Type        NextHop        AdvRouter       Area
10.0.0.7/32       0       Stub        10.0.0.7       10.0.0.7        0.0.0.1
172.16.1.0/24     1       Transit     172.16.1.7     10.0.0.7        0.0.0.1
10.0.0.1/32       1       Inter-area  172.16.1.1     10.0.0.1        0.0.0.1
10.0.0.2/32       2       Inter-area  172.16.1.1     10.0.0.1        0.0.0.1
10.0.0.3/32       2       Inter-area  172.16.1.1     10.0.0.1        0.0.0.1
10.0.0.4/32       2       Inter-area  172.16.1.1     10.0.0.1        0.0.0.1
172.16.0.0/24     2       Inter-area  172.16.1.1     10.0.0.1        0.0.0.1

Routing for ASEs
Destination       Cost      Type      Tag          NextHop         AdvRouter
2.2.2.0/24        3         Type1     1            172.16.1.1      10.0.0.2
8.8.8.8/32        3         Type1     1            172.16.1.1      10.0.0.2

Total Nets: 9
Intra Area: 2   Inter Area: 5   ASE: 2   NSSA: 0
```

从例 1-55 所示的命令输出中我们可以看出，AR7 的 OSPF 路由表中包含了与 AR1 相同的 7 条内部路由，但这些路由的类型有所不同。对于 AR7 来说，区域内路由只有 2 条，其中 Stub 类型的路由是通过类型 1 LSA 通告的，Transit 类型的路由是通过类型 2 LSA 通告的。其他 5 条路由对于 AR7 来说都是区域间路由，是由 ABR（AR1）通告的。此外，AR7 的 OSPF 路由表中还包含了 2 条外部路由。

读者可以考虑一下路由器 AR2、AR3 和 AR4 上的 **display ospf routing** 命令的输出内容。这 3 台路由器上的输出内容应该类似，都包含 5 条区域内路由、2 条区域间路由和 2 条外部路由。本实验将不演示这些路由器上的命令输出，感兴趣的读者可以自行验证。

1.5　配置 OSPF Stub 区域

OSPF Stub 区域中不允许出现类型 4 LSA 和类型 5 LSA。在这个配置任务中，我们的重点是对 OSPF Area 2 进行配置，实现 Area 2 与其他区域之间的通信，并观察 Stub 区域中的 LSA。具体要求如下。

- Area 2 中包含路由器 AR4 的 G0/0/1 接口、AR5 的 G0/0/1 接口和 Loopback0 接口。
- AR4 是连接 Area 0 和 Area 2 的 ABR，AR5 是 Area 2 的内部路由器。
- AR5 需要使用 Loopback0 接口地址作为路由器 ID。
- 将 Area 2 设置为 Stub 区域。

本实验需要在以下设备上进行配置，如图 1-5 所示。

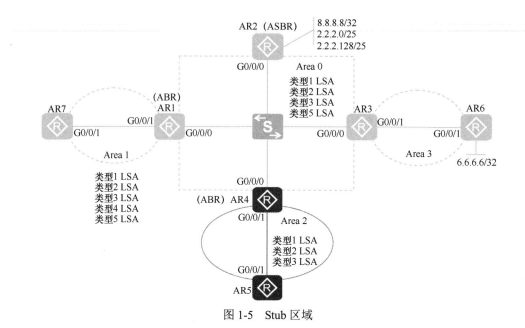

图 1-5   Stub 区域

1.5.1   配置 Area 2 为标准区域

根据实验要求，例 1-56 和例 1-57 分别展示了路由器 AR4 和 AR5 上的相关配置。我们先将 Area 2 配置为标准区域，再将其更改为 Stub 区域，以观察 LSDB 和路由表的变化。

例 1-56   在 AR4 上将 Area 2 配置为标准区域

```
[AR4]interface GigabitEthernet 0/0/1
[AR4-GigabitEthernet0/0/1]ip address 172.16.2.4 24
[AR4-GigabitEthernet0/0/1]quit
[AR4]ospf 10
[AR4-ospf-10]area 2
[AR4-ospf-10-area-0.0.0.2]network 172.16.2.4 0.0.0.0
```

例 1-57   在 AR5 上将 Area 2 配置为标准区域

```
<Huawei>system-view
Enter system view, return user view with Ctrl+Z.
[Huawei]sysname AR5
[AR5]interface GigabitEthernet 0/0/1
[AR5-GigabitEthernet0/0/1]ip address 172.16.2.5 24
[AR5-GigabitEthernet0/0/1]quit
[AR5]interface LoopBack 0
[AR5-LoopBack0]ip address 10.0.0.5 32
[AR5-LoopBack0]quit
[AR5]ospf 10 router-id 10.0.0.5
[AR5-ospf-10]area 2
[AR5-ospf-10-area-0.0.0.2]network 172.16.2.5 0.0.0.0
[AR5-ospf-10-area-0.0.0.2]network 10.0.0.5 0.0.0.0
```

等待 AR4 与 AR5 之间建立了稳定的 OSPF 邻居关系后，我们可以在 AR5 上依次查看 OSPF LSDB 和 OSPF 路由。例 1-58 是在 AR5 上查看 OSPF LSDB。

例 1-58   在 AR5 上查看 OSPF LSDB（标准区域）

```
[AR5]display ospf lsdb

          OSPF Process 10 with Router ID 10.0.0.5
               Link State Database
```

```
                        Area: 0.0.0.2
Type        LinkState ID      AdvRouter          Age   Len   Sequence    Metric
Router      10.0.0.5          10.0.0.5            25    48    80000004    1
Router      10.0.0.4          10.0.0.4            20    36    80000005    1
Network     172.16.2.4        10.0.0.4            20    32    80000002    0
Sum-Net     172.16.1.0        10.0.0.4            157   28    80000001    2
Sum-Net     172.16.0.0        10.0.0.4            157   28    80000001    1
Sum-Net     10.0.0.4          10.0.0.4            157   28    80000001    0
Sum-Net     10.0.0.7          10.0.0.4            157   28    80000001    2
Sum-Net     10.0.0.1          10.0.0.4            157   28    80000001    1
Sum-Net     10.0.0.3          10.0.0.4            157   28    80000001    1
Sum-Net     10.0.0.2          10.0.0.4            157   28    80000001    1
Sum-Asbr    10.0.0.2          10.0.0.4            157   28    80000001    1


                    AS External Database
Type        LinkState ID      AdvRouter          Age   Len   Sequence    Metric
External    8.8.8.8           10.0.0.2           1353   36    8000002E    1
External    2.2.2.0           10.0.0.2            290   36    80000029    1
```

例 1-58 的第一个阴影部分显示出类型 4 LSA（Sum-Asbr），第二个阴影部分显示出类型 5 LSA（External）。从命令输出的最后一行我们可以确认 ASBR（AR2）的外部路由汇总结果，只将汇总后的目的网络（2.2.2.0）通告到 OSPF 域中。

例 1-59 是在 AR5 上查看 OSPF 路由表，阴影部分显示出了 ASE（AS 外部）路由。

例 1-59　在 AR5 上查看 OSPF 路由表（标准区域）

```
[AR5]display ospf routing
          OSPF Process 10 with Router ID 10.0.0.5
                Routing Tables

Routing for Network
Destination       Cost   Type      NextHop       AdvRouter      Area
10.0.0.5/32       0      Stub      10.0.0.5      10.0.0.5       0.0.0.2
172.16.2.0/24     1      Transit   172.16.2.5    10.0.0.5       0.0.0.2
10.0.0.1/32       2      Inter-area 172.16.2.4   10.0.0.4       0.0.0.2
10.0.0.2/32       2      Inter-area 172.16.2.4   10.0.0.4       0.0.0.2
10.0.0.3/32       2      Inter-area 172.16.2.4   10.0.0.4       0.0.0.2
10.0.0.4/32       1      Inter-area 172.16.2.4   10.0.0.4       0.0.0.2
10.0.0.7/32       2      Inter-area 172.16.2.4   10.0.0.4       0.0.0.2
172.16.0.0/24     2      Inter-area 172.16.2.4   10.0.0.4       0.0.0.2
172.16.1.0/24     3      Inter-area 172.16.2.4   10.0.0.4       0.0.0.2

Routing for ASEs
Destination       Cost     Type      Tag        NextHop        AdvRouter
2.2.2.0/24        3        Type1     1          172.16.2.4     10.0.0.2
8.8.8.8/32        3        Type1     1          172.16.2.4     10.0.0.2

Total Nets: 11
Intra Area: 2  Inter Area: 7  ASE: 2  NSSA: 0
```

例 1-59 中命令输出的最后一行对各类路由进行了计数统计，从中我们可以快速确认路由的变化，当前 ASE 路由为 2 条。

例 1-60 是在 AR5 上查看 IP 路由表中通过 OSPF 学习到的路由。

例 1-60　在 AR5 上查看 IP 路由表中的 OSPF 路由（标准区域）

```
[AR5]display ip routing-table protocol ospf
Route Flags: R - relay, D - download to fib
------------------------------------------------------------------------
Public routing table : OSPF
        Destinations : 9        Routes : 9

OSPF routing table status : <Active>
        Destinations : 9        Routes : 9
```

```
Destination/Mask    Proto   Pre   Cost        Flags NextHop        Interface

        2.2.2.0/24  O_ASE   150   3             D   172.16.2.4     GigabitEthernet0/0/1
        8.8.8.8/32  O_ASE   150   3             D   172.16.2.4     GigabitEthernet0/0/1
       10.0.0.1/32  OSPF    10    2             D   172.16.2.4     GigabitEthernet0/0/1
       10.0.0.2/32  OSPF    10    2             D   172.16.2.4     GigabitEthernet0/0/1
       10.0.0.3/32  OSPF    10    2             D   172.16.2.4     GigabitEthernet0/0/1
       10.0.0.4/32  OSPF    10    1             D   172.16.2.4     GigabitEthernet0/0/1
       10.0.0.7/32  OSPF    10    3             D   172.16.2.4     GigabitEthernet0/0/1
      172.16.0.0/24 OSPF    10    2             D   172.16.2.4     GigabitEthernet0/0/1
      172.16.1.0/24 OSPF    10    3             D   172.16.2.4     GigabitEthernet0/0/1

OSPF routing table status : <Inactive>
         Destinations : 0          Routes : 0
```

请读者关注例 1-60 所示命令输出中的阴影部分路由，这两条路由的来源是 OSPF 外部路由（O_ASE），其优先级为 150，这也是 OSPF 外部路由的默认路由优先级。

1.5.2　更改 Area 2 为 Stub 区域

接下来，我们将 OSPF Area 2 更改为 Stub 区域，工程师需要在 Stub 区域中的所有 OSPF 路由器上执行以下配置命令。

- **stub [no-summary]**：OSPF 区域视图的命令，用来将这个区域设置为 Stub 区域。可选关键字 **no-summary** 只需要在 ABR 上进行配置，用来禁止 ABR 向 Stub 区域发送类型 3 LSA，即只发送一个描述默认路由的类型 3 LSA，而不发送其他描述明细网段路由的类型 3 LSA。这种只在区域内通告默认路由类型 3 LSA 的区域又称为 Totally Stub 区域。在下一个实验任务中，我们会进一步展示将 Area 2 设置为 Totally Stub 后的效果。

例 1-61 和例 1-62 分别展示了 AR4 和 AR5 中的相关配置命令，将 OSPF Area 2 更改为 Stub 区域。需要注意的是，更改 OSPF 区域类型会导致 OSPF 邻居之间重新建立邻居关系。

例 1-61　在 AR4 上更改 Area 2 为 Stub 区域

```
[AR4]ospf 10
[AR4-ospf-10]area 2
[AR4-ospf-10-area-0.0.0.2]stub
```

例 1-62　在 AR5 上更改 Area 2 为 Stub 区域

```
[AR5]ospf 10
[AR5-ospf-10]area 2
[AR5-ospf-10-area-0.0.0.2]stub
```

等待 AR4 与 AR5 重新建立 OSPF 邻居关系后，我们再次查看 AR5 的 LSDB，详见例 1-63。

例 1-63　在 AR5 上查看 OSPF LSDB（Sutb 区域）

```
[AR5]display ospf lsdb

        OSPF Process 10 with Router ID 10.0.0.5
               Link State Database

                       Area: 0.0.0.2
Type       LinkState ID    AdvRouter      Age   Len  Sequence    Metric
Router     10.0.0.5        10.0.0.5       3     48   80000005    1
Router     10.0.0.4        10.0.0.4       4     36   80000004    1
Network    172.16.2.5      10.0.0.5       3     32   80000001    0
Sum-Net    0.0.0.0         10.0.0.4       45    28   80000001    1
```

```
Sum-Net    172.16.1.0        10.0.0.4              45   28    80000001    2
Sum-Net    172.16.0.0        10.0.0.4              45   28    80000001    1
Sum-Net    10.0.0.4          10.0.0.4              45   28    80000001    0
Sum-Net    10.0.0.7          10.0.0.4              45   28    80000001    2
Sum-Net    10.0.0.1          10.0.0.4              45   28    80000001    1
Sum-Net    10.0.0.3          10.0.0.4              45   28    80000001    1
Sum-Net    10.0.0.2          10.0.0.4              45   28    80000001    1
```

根据 Stub 区域的定义，ABR（AR4）不会将类型 4 和类型 5 LSA 通告到 Stub 区域（Area 2）中，但它会将类型 3 LSA 通告到 Stub 区域，并且会产生一个新的类型 3 LSA，将一条默认路由通告到 Stub 区域中。

读者可以从例 1-63 的命令输出中确认上述定义。此时 AR5 的 LSDB 中没有了类型 4 LSA 和类型 5 LSA，并且多了一个表示默认路由的类型 3 LSA（阴影行），读者可以将例 1-63 与例 1-58 进行对比。

例 1-64 查看了 AR5 上的 OSPF 路由表，读者可以将其与例 1-59 进行对比。此时 AR5 中没有任何 ASE（外部）路由，多了一条区域间路由（0.0.0.0/0），以阴影突出显示。

例 1-64　在 AR5 上查看 OSPF 路由表（Stub 区域）

```
[AR5]display ospf routing
        OSPF Process 10 with Router ID 10.0.0.5
             Routing Tables

Routing for Network
Destination       Cost    Type        NextHop       AdvRouter      Area
10.0.0.5/32       0       Stub        10.0.0.5      10.0.0.5       0.0.0.2
172.16.2.0/24     1       Transit     172.16.2.5    10.0.0.5       0.0.0.2
0.0.0.0/0         2       Inter-area  172.16.2.4    10.0.0.4       0.0.0.2
10.0.0.1/32       2       Inter-area  172.16.2.4    10.0.0.4       0.0.0.2
10.0.0.2/32       2       Inter-area  172.16.2.4    10.0.0.4       0.0.0.2
10.0.0.3/32       2       Inter-area  172.16.2.4    10.0.0.4       0.0.0.2
10.0.0.4/32       1       Inter-area  172.16.2.4    10.0.0.4       0.0.0.2
10.0.0.7/32       3       Inter-area  172.16.2.4    10.0.0.4       0.0.0.2
172.16.0.0/24     2       Inter-area  172.16.2.4    10.0.0.4       0.0.0.2
172.16.1.0/24     3       Inter-area  172.16.2.4    10.0.0.4       0.0.0.2

Total Nets: 10
Intra Area: 2  Inter Area: 8  ASE: 0  NSSA: 0
```

例 1-65 在 AR5 上查看了 IP 路由表中通过 OSPF 学习到的路由，读者可以将其与例 1-60 进行对比。此时 AR5 的 IP 路由表中不再有 O_ASE（OSPF 外部）路由，多了一条默认路由（0.0.0.0/0），下一跳指向 AR4（172.16.2.4），阴影行突出显示了默认路由。

例 1-65　在 AR5 上查看 IP 路由表中的 OSPF 路由（Stub 区域）

```
[AR5]display ip routing-table protocol ospf
Route Flags: R - relay, D - download to fib
------------------------------------------------------------------------------
Public routing table : OSPF
        Destinations : 8        Routes : 8

OSPF routing table status : <Active>
        Destinations : 8        Routes : 8

Destination/Mask    Proto   Pre   Cost      Flags NextHop      Interface

        0.0.0.0/0   OSPF    10    2         D     172.16.2.4   GigabitEthernet0/0/1
       10.0.0.1/32  OSPF    10    2         D     172.16.2.4   GigabitEthernet0/0/1
       10.0.0.2/32  OSPF    10    2         D     172.16.2.4   GigabitEthernet0/0/1
       10.0.0.3/32  OSPF    10    2         D     172.16.2.4   GigabitEthernet0/0/1
       10.0.0.4/32  OSPF    10    1         D     172.16.2.4   GigabitEthernet0/0/1
       10.0.0.7/32  OSPF    10    3         D     172.16.2.4   GigabitEthernet0/0/1
```

```
           172.16.0.0/24   OSPF    10    2          D   172.16.2.4   GigabitEthernet0/0/1
           172.16.1.0/24   OSPF    10    3          D   172.16.2.4   GigabitEthernet0/0/1
OSPF routing table status : <Inactive>
         Destinations : 0        Routes : 0
```

1.5.3　更改 Area 2 为 Totally Stub 区域

对于只有单一 ABR 的非骨干区域来说，一条默认路由就可以满足这个区域的通信需求。本实验环境正是这种拓扑，OSPF Area 2 只有一个 ABR（AR4），将 Area 2 配置为 Stub 区域后，AR4 会生成默认路由并将其通告到 Stub 区域中。为了进一步缩小 Stub 区域内路由器的路由表，我们可以将 Stub 区域更改为 Totally Stub 区域。也就是说，ABR 只会向 Totally Stub 区域中通告一条自己生成的默认路由。

如前文所述，要想配置 Totally Stub 区域，工程师只需要在 ABR 上进行配置。例 1-66 展示了 ABR（AR4）上的配置。需要注意的是，更改 OSPF 区域类型会导致 OSPF 邻居之间重新建立邻居关系。

例 1-66　在 AR4 上更改 Area 2 为 Totally Stub 区域

```
[AR4]ospf 10
[AR4-ospf-10]area 2
[AR4-ospf-10-area-0.0.0.2]stub no-summary
```

等待 AR4 与 AR5 重新建立 OSPF 邻居关系后，我们再次查看 AR5 的 LSDB，详见例 1-67。

例 1-67　在 AR5 上查看 OSPF LSDB（Totally Sutb 区域）

```
[AR5]display ospf lsdb

        OSPF Process 10 with Router ID 10.0.0.5
             Link State Database

                     Area: 0.0.0.2
Type       LinkState ID     AdvRouter        Age   Len   Sequence     Metric
Router     10.0.0.5         10.0.0.5         17    48    8000000A     1
Router     10.0.0.4         10.0.0.4         18    36    80000005     1
Network    172.16.2.5       10.0.0.5         17    32    80000002     0
Sum-Net    0.0.0.0          10.0.0.4         218   28    80000001     1
```

将例 1-67 的命令输出与例 1-63 进行对比，我们可以发现当前 AR5 上只剩下一个类型 3 LSA，以阴影突出显示。

例 1-68 查看了 AR5 上的 OSPF 路由表，读者可以将其与例 1-64 进行对比。此时 AR5 中的区域间路由只剩下了一条默认路由（0.0.0.0/0），以阴影突出显示。

例 1-68　在 AR5 上查看 OSPF 路由表（Totally Stub 区域）

```
[AR5]display ospf routing

        OSPF Process 10 with Router ID 10.0.0.5
             Routing Tables

Routing for Network
Destination       Cost   Type     NextHop        AdvRouter      Area
10.0.0.5/32       0      Stub     10.0.0.5       10.0.0.5       0.0.0.2
172.16.2.0/24     1      Transit  172.16.2.5     10.0.0.5       0.0.0.2
0.0.0.0/0         2      Inter-area 172.16.2.4   10.0.0.4       0.0.0.2

Total Nets: 3
Intra Area: 2  Inter Area: 1  ASE: 0  NSSA: 0
```

例 1-69 在 AR5 上查看了 IP 路由表中通过 OSPF 学习到的路由，读者可以将其与例

1-65 进行对比。此时 AR5 的 IP 路由表中只剩下一条 OSPF 路由（0.0.0.0/0）。

例 1-69 在 AR5 上查看 IP 路由表中的 OSPF 路由（Totally Stub 区域）

```
[AR5]display ip routing-table protocol ospf
Route Flags: R - relay, D - download to fib
--------------------------------------------------------------------
Public routing table : OSPF
         Destinations : 1        Routes : 1

OSPF routing table status : <Active>
         Destinations : 1        Routes : 1

Destination/Mask    Proto    Pre  Cost       Flags NextHop        Interface

       0.0.0.0/0    OSPF     10   2          D     172.16.2.4     GigabitEthernet0/0/1

OSPF routing table status : <Inactive>
         Destinations : 0        Routes : 0
```

读者可以尝试着在 AR5 上对 OSPF 域中的其他路由器发起 ping 测试，以验证 Area 2 的连通性。我们以 AR5 的环回接口向 AR7 的环回接口发起 ping 测试，详见例 1-70。

例 1-70 检查 Area 2 的连通性

```
[AR5]ping -a 10.0.0.5 10.0.0.7
  PING 10.0.0.7: 56  data bytes, press CTRL_C to break
    Reply from 10.0.0.7: bytes=56 Sequence=1 ttl=253 time=190 ms
    Reply from 10.0.0.7: bytes=56 Sequence=2 ttl=253 time=60 ms
    Reply from 10.0.0.7: bytes=56 Sequence=3 ttl=253 time=50 ms
    Reply from 10.0.0.7: bytes=56 Sequence=4 ttl=253 time=60 ms
    Reply from 10.0.0.7: bytes=56 Sequence=5 ttl=253 time=50 ms

  --- 10.0.0.7 ping statistics ---
    5 packet(s) transmitted
    5 packet(s) received
    0.00% packet loss
    round-trip min/avg/max = 50/82/190 ms
```

通过将 Area 2 设置为 Stub 区域，并进一步设置为 Totally Stub 区域，Area 2 中路由器（AR5）上的 OSPF LSDB 和路由表大大缩小。在规模越大的网络中，这种做法的好处越明显。

1.6 配置 OSPF NSSA 区域

与 OSPF Stub 区域类似，NSSA 区域中不允许出现类型 4 LSA 和类型 5 LSA。但与 Stub 区域不同的是，NSSA 区域中可以引入外部路由，在 NSSA 区域中，引入的外部路由会以类型 7 LSA（NSSA LSA）的形式出现。本例以 AR6 所引入的外部路由为例进行观察，为了引入外部路由，我们需要在 AR6 上添加一条静态路由，以目的地址 6.6.6.6/32 为例，将其指向空接口（null 0）。在 OSPF 中将这条静态路由作为外部路由引入 OSPF 域中。在这个配置任务中，我们的重点是对 OSPF Area 3 进行配置，实现 Area 3 与其他区域之间的通信。具体要求为：

- Area 3 中包含路由器 AR3 的 G0/0/1 接口、AR6 的 G0/0/1 接口和 Loopback0 接口；
- AR3 是连接 Area 0 和 Area 3 的 ABR，AR6 是 ASBR；
- AR6 需要使用 Loopback0 地址作为路由器 ID；

- 将 Area 3 设置为 NSSA 区域。

本实验需要在以下设备上进行配置，如图 1-6 所示。

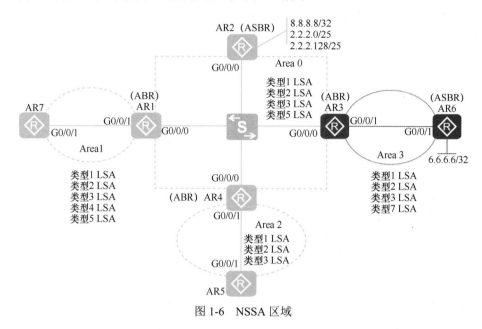

图 1-6　NSSA 区域

1.6.1　配置 Area 3 为标准区域

根据实验要求，例 1-71 和例 1-72 分别展示了路由器 AR3 和 AR6 上的相关配置。我们先将 Area 3 配置为标准区域，再引入外部路由并将其更改为 NSSA 区域，以观察 LSDB 和路由表的变化。

例 1-71　在 AR3 上将 Area 3 配置为标准区域

```
[AR3]interface GigabitEthernet 0/0/1
[AR3-GigabitEthernet0/0/1]ip address 172.16.3.3 24
[AR3-GigabitEthernet0/0/1]quit
[AR3]ospf 10
[AR3-ospf-10]area 3
[AR3-ospf-10-area-0.0.0.3]network 172.16.3.3 0.0.0.0
```

例 1-72　在 AR6 上将 Area 3 配置为标准区域

```
<Huawei>system-view
Enter system view, return user view with Ctrl+Z.
[Huawei]sysname AR6
[AR6]interface GigabitEthernet 0/0/1
[AR6-GigabitEthernet0/0/1]ip address 172.16.3.6 24
[AR6-GigabitEthernet0/0/1]quit
[AR6]interface LoopBack 0
[AR6-LoopBack0]ip address 10.0.0.6 32
[AR6-LoopBack0]quit
[AR6]ospf 10 router-id 10.0.0.6
[AR6-ospf-10]area 3
[AR6-ospf-10-area-0.0.0.3]network 172.16.3.6 0.0.0.0
[AR6-ospf-10-area-0.0.0.3]network 10.0.0.6 0.0.0.0
```

等待 AR3 与 AR6 之间建立了稳定的 OSPF 邻居关系后，我们可以在 AR6 上依次查看 OSPF LSDB 和 OSPF 路由。例 1-73 在 AR6 上查看了 OSPF LSDB。

例 1-73　在 AR6 上查看 OSPF LSDB（标准区域）

```
[AR6]display ospf lsdb
        OSPF Process 10 with Router ID 10.0.0.6
                Link State Database

                        Area: 0.0.0.3
Type        LinkState ID    AdvRouter       Age     Len     Sequence    Metric
Router      10.0.0.3        10.0.0.3        126     36      80000005    1
Router      10.0.0.6        10.0.0.6        126     48      80000004    1
Network     172.16.3.3      10.0.0.3        126     32      80000002    0
Sum-Net     172.16.2.0      10.0.0.3        243     28      80000001    2
Sum-Net     172.16.1.0      10.0.0.3        243     28      80000001    2
Sum-Net     172.16.0.0      10.0.0.3        243     28      80000001    1
Sum-Net     10.0.0.5        10.0.0.3        243     28      80000001    2
Sum-Net     10.0.0.4        10.0.0.3        243     28      80000001    1
Sum-Net     10.0.0.7        10.0.0.3        243     28      80000001    2
Sum-Net     10.0.0.1        10.0.0.3        243     28      80000001    1
Sum-Net     10.0.0.3        10.0.0.3        243     28      80000001    0
Sum-Net     10.0.0.2        10.0.0.3        243     28      80000001    1
Sum-Asbr    10.0.0.2        10.0.0.3        243     28      80000001    1


                AS External Database
Type        LinkState ID    AdvRouter       Age     Len     Sequence    Metric
External    8.8.8.8         10.0.0.2        1591    36      8000006E    1
External    2.2.2.0         10.0.0.2        530     36      80000069    1
```

例 1-73 的第一个阴影行显示出类型 4 LSA（Sum-Asbr），指明了 Area 0 中的 ASBR AR2 的位置；第二个阴影部分显示出类型 5 LSA（External），即 ASBR AR2 引入的外部路由。在将 Area 3 更改为 NSSA 区域后，就不会再出现这两个类型的 LSA。

例 1-74 在 AR6 上查看了 OSPF 路由表，阴影部分显示出了 ASE（AS 外部）路由。

例 1-74　在 AR6 上查看 OSPF 路由表（标准区域）

```
[AR6]display ospf routing
        OSPF Process 10 with Router ID 10.0.0.6
                Routing Tables

Routing for Network
Destination      Cost    Type       NextHop        AdvRouter      Area
10.0.0.6/32      0       Stub       10.0.0.6       10.0.0.6       0.0.0.3
172.16.3.0/24    1       Transit    172.16.3.6     10.0.0.6       0.0.0.3
10.0.0.1/32      2       Inter-area 172.16.3.3     10.0.0.3       0.0.0.3
10.0.0.2/32      2       Inter-area 172.16.3.3     10.0.0.3       0.0.0.3
10.0.0.3/32      1       Inter-area 172.16.3.3     10.0.0.3       0.0.0.3
10.0.0.4/32      2       Inter-area 172.16.3.3     10.0.0.3       0.0.0.3
10.0.0.5/32      3       Inter-area 172.16.3.3     10.0.0.3       0.0.0.3
10.0.0.7/32      3       Inter-area 172.16.3.3     10.0.0.3       0.0.0.3
172.16.0.0/24    2       Inter-area 172.16.3.3     10.0.0.3       0.0.0.3
172.16.1.0/24    3       Inter-area 172.16.3.3     10.0.0.3       0.0.0.3
172.16.2.0/24    3       Inter-area 172.16.3.3     10.0.0.3       0.0.0.3

Routing for ASEs
Destination      Cost    Type       Tag        NextHop        AdvRouter
2.2.2.0/24       3       Type1      1          172.16.3.3     10.0.0.2
8.8.8.8/32       3       Type1      1          172.16.3.3     10.0.0.2

Total Nets: 13
Intra Area: 2  Inter Area: 9  ASE: 2  NSSA: 0
```

例 1-74 中的阴影部分显示出了 OSPF 外部路由，这是通过 ASBR AR2 引入 OSPF 域中的。在标准区域中，外部路由是以类型 5 LSA 通告的。

例 1-75 在 AR6 上查看了 IP 路由表中通过 OSPF 学习到的路由。

例 1-75　在 AR6 上查看 IP 路由表中的 OSPF 路由（标准区域）

```
[AR6]display ip routing-table protocol ospf
Route Flags: R - relay, D - download to fib
------------------------------------------------------------------------
Public routing table : OSPF
        Destinations : 11       Routes : 11

OSPF routing table status : <Active>
        Destinations : 11       Routes : 11

Destination/Mask    Proto    Pre  Cost      Flags NextHop        Interface

      2.2.2.0/24    O_ASE    150  3         D     172.16.3.3     GigabitEthernet0/0/1
      8.8.8.8/32    O_ASE    150  3         D     172.16.3.3     GigabitEthernet0/0/1
     10.0.0.1/32    OSPF     10   2         D     172.16.3.3     GigabitEthernet0/0/1
     10.0.0.2/32    OSPF     10   2         D     172.16.3.3     GigabitEthernet0/0/1
     10.0.0.3/32    OSPF     10   1         D     172.16.3.3     GigabitEthernet0/0/1
     10.0.0.4/32    OSPF     10   2         D     172.16.3.3     GigabitEthernet0/0/1
     10.0.0.5/32    OSPF     10   3         D     172.16.3.3     GigabitEthernet0/0/1
     10.0.0.7/32    OSPF     10   3         D     172.16.3.3     GigabitEthernet0/0/1
   172.16.0.0/24    OSPF     10   2         D     172.16.3.3     GigabitEthernet0/0/1
   172.16.1.0/24    OSPF     10   3         D     172.16.3.3     GigabitEthernet0/0/1
   172.16.2.0/24    OSPF     10   3         D     172.16.3.3     GigabitEthernet0/0/1

OSPF routing table status : <Inactive>
        Destinations : 0        Routes : 0
```

请读者关注例 1-75 命令输出中的阴影部分路由，从 O_ASE 可以判断这两条路由都是 OSPF 外部路由。

1.6.2　引入外部路由

根据实验要求，我们需要在路由器 AR6 上引入外部路由 6.6.6.6/32，我们使用与例 1-34 相同的方法来引入外部路由，具体配置详见例 1-76。

例 1-76　在 AR6 上引入外部路由

```
[AR6]ip route-static 6.6.6.6 255.255.255.255 null 0
[AR6]ospf 10
[AR6-ospf-10]import-route static type 1
```

在 ASBR AR6 上成功引入外部路由后，我们可以在其他 OSPF 区域中的路由器上观察这条 OSPF 路由。我们以路由器 AR1 为例，例 1-77 展示了 AR1 的 OSPF 路由表。

例 1-77　在 AR1 上查看 OSPF 路由表

```
[AR1]display ospf routing

        OSPF Process 10 with Router ID 10.0.0.1
                Routing Tables

Routing for Network
Destination      Cost  Type     NextHop      AdvRouter    Area
10.0.0.1/32      0     Stub     10.0.0.1     10.0.0.1     0.0.0.0
172.16.0.0/24    1     Transit  172.16.0.1   10.0.0.1     0.0.0.0
172.16.1.0/24    1     Transit  172.16.1.1   10.0.0.1     0.0.0.1
10.0.0.2/32      1     Stub     172.16.0.2   10.0.0.2     0.0.0.0
10.0.0.3/32      1     Stub     172.16.0.3   10.0.0.3     0.0.0.0
10.0.0.4/32      1     Stub     172.16.0.4   10.0.0.4     0.0.0.0
10.0.0.5/32      2     Inter-area 172.16.0.4  10.0.0.4    0.0.0.0
10.0.0.6/32      2     Inter-area 172.16.0.3  10.0.0.3    0.0.0.0
10.0.0.7/32      1     Stub     172.16.1.7   10.0.0.7     0.0.0.1
172.16.2.0/24    2     Inter-area 172.16.0.4  10.0.0.4    0.0.0.0
172.16.3.0/24    2     Inter-area 172.16.0.3  10.0.0.3    0.0.0.0

Routing for ASEs
```

```
Destination       Cost      Type      Tag       NextHop        AdvRouter
2.2.2.0/24        2         Type1     1         172.16.0.2     10.0.0.2
6.6.6.6/32        3         Type1     1         172.16.0.3     10.0.0.6
8.8.8.8/32        2         Type1     1         172.16.0.2     10.0.0.2

Total Nets: 14
Intra Area: 7  Inter Area: 4  ASE: 3  NSSA: 0
```

例 1-77 的阴影部分显示了 ASBR AR6 引入的 OSPF 外部路由，也是以类型 5 LSA 通告的。

例 1-78 展示了 AR1 中的 OSPF LSDB，从中我们可以观察 Area 0 和 Area 1 中的 LSA。

例 1-78　在 AR1 上查看 OSPF LSDB

```
[AR1]display ospf lsdb

        OSPF Process 10 with Router ID 10.0.0.1
            Link State Database

                    Area: 0.0.0.0
Type      LinkState ID     AdvRouter          Age    Len   Sequence    Metric
Router    10.0.0.3         10.0.0.3           165    48    8000013F    1
Router    10.0.0.2         10.0.0.2           357    48    8000014E    1
Router    10.0.0.1         10.0.0.1           1281   48    80000138    1
Router    10.0.0.4         10.0.0.4           361    48    80000136    1
Network   172.16.0.1       10.0.0.1           1086   40    80000109    0
Sum-Net   172.16.3.0       10.0.0.3           159    28    80000002    1
Sum-Net   172.16.2.0       10.0.0.4           1591   28    80000043    1
Sum-Net   172.16.1.0       10.0.0.1           1147   28    80000045    1
Sum-Net   10.0.0.5         10.0.0.4           1582   28    80000041    1
Sum-Net   10.0.0.7         10.0.0.4           1099   28    80000044    1
Sum-Net   10.0.0.6         10.0.0.3           45     28    80000002    1
Sum-Asbr  10.0.0.6         10.0.0.3           1181   28    80000001    1

                    Area: 0.0.0.1
Type      LinkState ID     AdvRouter          Age    Len   Sequence    Metric
Router    10.0.0.1         10.0.0.1           1099   36    8000004A    1
Router    10.0.0.7         10.0.0.7           1090   48    8000004C    1
Network   172.16.1.7       10.0.0.7           1090   32    80000045    0
Sum-Net   172.16.3.0       10.0.0.1           158    28    80000002    2
Sum-Net   172.16.2.0       10.0.0.1           1589   28    80000043    2
Sum-Net   172.16.0.0       10.0.0.1           1147   28    80000041    1
Sum-Net   10.0.0.5         10.0.0.1           1580   28    80000041    2
Sum-Net   10.0.0.4         10.0.0.1           1147   28    80000044    1
Sum-Net   10.0.0.6         10.0.0.1           43     28    80000002    2
Sum-Net   10.0.0.1         10.0.0.1           1147   28    80000044    0
Sum-Net   10.0.0.3         10.0.0.1           1147   28    80000044    1
Sum-Net   10.0.0.2         10.0.0.1           1147   28    80000044    1
Sum-Asbr  10.0.0.2         10.0.0.1           1147   28    80000044    1
Sum-Asbr  10.0.0.6         10.0.0.1           1182   28    80000001    2


                AS External Database
Type      LinkState ID     AdvRouter          Age    Len   Sequence    Metric
External  6.6.6.6          10.0.0.6           1184   36    80000001    1
External  8.8.8.8          10.0.0.2           1510   36    8000006F    1
External  2.2.2.0          10.0.0.2           447    36    8000006A    1
```

读者可以关注例 1-78 中的阴影部分，第一个阴影行显示出在 Area 0 中的类型 4 LSA，指明了 ASBR AR6 的位置。第二个阴影部分显示出 Area 1 中的类型 4 LSA，此时 Area 1 中共有两条类型 4 LSA，分别指明了 ASBR AR2 和 AR6 的位置。最后一个阴影行显示出通过 AR6 引入的外部路由。

例 1-79 展示了 AR4 中的 OSPF LSDB，从中我们可以观察 Area 0 和 Area 2 中的 LSA。

例 1-79　在 AR4 上查看 OSPF LSDB

```
[AR4]display ospf lsdb

         OSPF Process 10 with Router ID 10.0.0.4
             Link State Database

                   Area: 0.0.0.0
Type      LinkState ID     AdvRouter        Age   Len   Sequence     Metric
Router    10.0.0.3         10.0.0.3         440   48    8000013F     1
Router    10.0.0.2         10.0.0.2         633   48    8000014E     1
Router    10.0.0.1         10.0.0.1         1557  48    80000138     1
Router    10.0.0.4         10.0.0.4         635   48    80000136     1
Network   172.16.0.1       10.0.0.1         1362  40    80000109     0
Sum-Net   172.16.3.0       10.0.0.3         434   28    80000002     1
Sum-Net   172.16.2.0       10.0.0.4         65    28    80000044     1
Sum-Net   172.16.1.0       10.0.0.1         1423  28    80000045     1
Sum-Net   10.0.0.5         10.0.0.4         56    28    80000042     1
Sum-Net   10.0.0.7         10.0.0.1         1375  28    80000044     1
Sum-Net   10.0.0.6         10.0.0.3         320   28    80000002     1
Sum-Asbr  10.0.0.6         10.0.0.3         1456  28    80000001     1

                   Area: 0.0.0.2
Type      LinkState ID     AdvRouter        Age   Len   Sequence     Metric
Router    10.0.0.5         10.0.0.5         56    48    8000004B     1
Router    10.0.0.4         10.0.0.4         55    36    80000046     1
Network   172.16.2.5       10.0.0.5         56    32    80000043     0
Sum-Net   0.0.0.0          10.0.0.4         65    28    80000042     1


                   AS External Database
Type      LinkState ID     AdvRouter        Age   Len   Sequence     Metric
External  6.6.6.6          10.0.0.6         1457  36    80000001     1
External  8.8.8.8          10.0.0.2         1784  36    8000006F     1
External  2.2.2.0          10.0.0.2         721   36    8000006A     1
```

在例 1-79 中，读者可以重点关注 Area 2 的 LSA，由于 Area 2 是 Totally Stub 区域，因此 OSPF 域中其他区域的拓扑和路由变化不会影响到 Area 2。

1.6.3　更改 Area 3 为 NSSA 区域（类型 7 LSA）

接着，我们将 Area 3 更改为 NSSA 区域，并观察 Area 3 以及其他区域的 LSA 变化。为了将 OSPF Area 3 更改为 NSSA 区域，工程师需要在 NSSA 区域中的所有 OSPF 路由器上执行以下配置命令。

- **nssa [no-summary]**：OSPF 区域视图的命令，用来将这个区域设置为 NSSA 区域。可选关键字 **no-summary** 只需要在 ABR 上进行配置，用来禁止 ABR 向 NSSA 区域发送类型 3 LSA，即只发送一个描述默认路由的类型 3 LSA，而不发送其他描述明细网段路由的类型 3 LSA。这种只发送默认路由类型 3 LSA 的区域又称为 Totally NSSA 区域，下一个实验任务中我们会进一步展示将 Area 3 设置为 Totally NSSA 后的效果。

例 1-80 和例 1-81 分别展示了 AR3 和 AR6 中的相关配置命令，将 OSPF Area 3 更改为 NSSA 区域。需要注意的是，更改 OSPF 区域类型会导致 OSPF 邻居之间重新建立邻居关系。

例 1-80　在 AR3 上更改 Area 3 为 NSSA 区域

```
[AR3]ospf 10
[AR3-ospf-10]area 3
[AR3-ospf-10-area-0.0.0.3]nssa
```

例 1-81　在 AR6 上更改 Area 3 为 NSSA 区域

```
[AR6]ospf 10
[AR6-ospf-10]area 3
[AR6-ospf-10-area-0.0.0.3]nssa
```

等待 AR3 与 AR6 重新建立 OSPF 邻居关系后，我们再次查看 AR6 的 LSDB，详见例 1-82。

例 1-82　在 AR6 上查看 OSPF LSDB（NSSA 区域）

```
[AR6]display ospf lsdb

        OSPF Process 10 with Router ID 10.0.0.6
            Link State Database

                    Area: 0.0.0.3
Type      LinkState ID     AdvRouter        Age  Len  Sequence    Metric
Router    10.0.0.3         10.0.0.3         29   36   80000005    1
Router    10.0.0.6         10.0.0.6         28   48   80000004    1
Network   172.16.3.6       10.0.0.6         29   32   80000002    0
Sum-Net   172.16.2.0       10.0.0.3         99   28   80000001    2
Sum-Net   172.16.1.0       10.0.0.3         99   28   80000001    2
Sum-Net   172.16.0.0       10.0.0.3         99   28   80000001    1
Sum-Net   10.0.0.5         10.0.0.3         99   28   80000001    2
Sum-Net   10.0.0.4         10.0.0.3         99   28   80000001    1
Sum-Net   10.0.0.7         10.0.0.3         99   28   80000001    2
Sum-Net   10.0.0.1         10.0.0.3         99   28   80000001    1
Sum-Net   10.0.0.3         10.0.0.3         99   28   80000001    0
Sum-Net   10.0.0.2         10.0.0.3         99   28   80000001    1
NSSA      6.6.6.6          10.0.0.6         70   36   80000001    1
NSSA      0.0.0.0          10.0.0.3         99   36   80000001    1
```

根据 NSSA 区域的定义，NSSA 区域不存在类型 4 LSA 和类型 5 LSA，ASBR AR6 所引入的外部路由（6.6.6.6）以类型 7 LSA（NSSA LSA）的形式存在，ABR AR3 新产生的默认路由（0.0.0.0）也以类型 7 LSA 的形式存在。读者可以将例 1-82 与例 1-73 进行对比。

例 1-83 查看了 AR6 上的 OSPF 路由表，读者可以将其与例 1-74 进行对比。此时 AR6 中没有任何 ASE（外部）类型的路由，多了一条 NSSA 路由（0.0.0.0/0），以阴影突出显示。

例 1-83　在 AR6 上查看 OSPF 路由表（NSSA 区域）

```
[AR6]display ospf routing

        OSPF Process 10 with Router ID 10.0.0.6
                Routing Tables

Routing for Network
Destination        Cost    Type        NextHop         AdvRouter       Area
10.0.0.6/32        0       Stub        10.0.0.6        10.0.0.6        0.0.0.3
172.16.3.0/24      1       Transit     172.16.3.6      10.0.0.6        0.0.0.3
10.0.0.1/32        2       Inter-area  172.16.3.3      10.0.0.3        0.0.0.3
10.0.0.2/32        2       Inter-area  172.16.3.3      10.0.0.3        0.0.0.3
10.0.0.3/32        1       Inter-area  172.16.3.3      10.0.0.3        0.0.0.3
10.0.0.4/32        2       Inter-area  172.16.3.3      10.0.0.3        0.0.0.3
10.0.0.5/32        3       Inter-area  172.16.3.3      10.0.0.3        0.0.0.3
10.0.0.7/32        3       Inter-area  172.16.3.3      10.0.0.3        0.0.0.3
172.16.0.0/24      2       Inter-area  172.16.3.3      10.0.0.3        0.0.0.3
172.16.1.0/24      3       Inter-area  172.16.3.3      10.0.0.3        0.0.0.3
172.16.2.0/24      3       Inter-area  172.16.3.3      10.0.0.3        0.0.0.3
```

```
Routing for NSSAs
Destination          Cost        Type        Tag        NextHop          AdvRouter
0.0.0.0/0            1           Type2       1          172.16.3.3       10.0.0.3

Total Nets: 12
Intra Area: 2   Inter Area: 9   ASE: 0   NSSA: 1
```

读者可以关注例 1-83 所示的 NSSA 路由，这条路由的度量类型为第二类（Type2），这是因为这条默认路由是由 ABR AR3 生成的，而度量类型的默认值就是第二类。

例 1-84 在 AR6 上查看了 IP 路由表中通过 OSPF 学习到的路由，读者可以将其与例 1-75 进行对比。此时 AR6 的 IP 路由表中不再有 O_ASE（OSPF 外部）路由，多了一条 O_NSSA 默认路由（0.0.0.0/0），下一跳指向 AR3（172.16.3.3），阴影行突出显示了默认路由。

例 1-84　在 AR6 上查看 IP 路由表中的 OSPF 路由（NSSA 区域）

```
[AR6]display ip routing-table protocol ospf
Route Flags: R - relay, D - download to fib
------------------------------------------------------------------------
Public routing table : OSPF
        Destinations : 10        Routes : 10

OSPF routing table status : <Active>
        Destinations : 10        Routes : 10

Destination/Mask      Proto    Pre   Cost      Flags NextHop        Interface
      0.0.0.0/0       O_NSSA   150   1         D     172.16.3.3     GigabitEthernet0/0/1
     10.0.0.1/32      OSPF     10    2         D     172.16.3.3     GigabitEthernet0/0/1
     10.0.0.2/32      OSPF     10    2         D     172.16.3.3     GigabitEthernet0/0/1
     10.0.0.3/32      OSPF     10    1         D     172.16.3.3     GigabitEthernet0/0/1
     10.0.0.4/32      OSPF     10    2         D     172.16.3.3     GigabitEthernet0/0/1
     10.0.0.5/32      OSPF     10    3         D     172.16.3.3     GigabitEthernet0/0/1
     10.0.0.7/32      OSPF     10    3         D     172.16.3.3     GigabitEthernet0/0/1
    172.16.0.0/24     OSPF     10    2         D     172.16.3.3     GigabitEthernet0/0/1
    172.16.1.0/24     OSPF     10    3         D     172.16.3.3     GigabitEthernet0/0/1
    172.16.2.0/24     OSPF     10    3         D     172.16.3.3     GigabitEthernet0/0/1

OSPF routing table status : <Inactive>
        Destinations : 0        Routes : 0
```

例 1-85 查看了 ABR AR3 上的 OSPF 路由表，读者可以将其与例 1-83 进行对比。

例 1-85　在 AR3 上查看 OSPF 路由表

```
[AR3]display ospf routing

        OSPF Process 10 with Router ID 10.0.0.3
              Routing Tables

Routing for Network
Destination         Cost   Type       NextHop         AdvRouter      Area
10.0.0.3/32         0      Stub       10.0.0.3        10.0.0.3       0.0.0.0
172.16.0.0/24       1      Transit    172.16.0.3      10.0.0.3       0.0.0.0
172.16.3.0/24       1      Transit    172.16.3.3      10.0.0.3       0.0.0.3
10.0.0.1/32         1      Stub       172.16.0.1      10.0.0.1       0.0.0.0
10.0.0.2/32         1      Stub       172.16.0.2      10.0.0.2       0.0.0.0
10.0.0.4/32         1      Stub       172.16.0.4      10.0.0.4       0.0.0.0
10.0.0.5/32         2      Inter-area 172.16.0.4      10.0.0.4       0.0.0.0
10.0.0.6/32         1      Stub       172.16.3.6      10.0.0.6       0.0.0.3
10.0.0.7/32         2      Inter-area 172.16.0.1      10.0.0.1       0.0.0.0
172.16.1.0/24       2      Inter-area 172.16.0.1      10.0.0.1       0.0.0.0
172.16.2.0/24       2      Inter-area 172.16.0.4      10.0.0.4       0.0.0.0

Routing for ASEs
Destination         Cost   Type       Tag             NextHop        AdvRouter
```

```
    2.2.2.0/24         2        Type1        1            172.16.0.2        10.0.0.2
    8.8.8.8/32         2        Type1        1            172.16.0.2        10.0.0.2

Routing for NSSAs
Destination          Cost      Type         Tag          NextHop           AdvRouter
6.6.6.6/32           2         Type1        1            172.16.3.6        10.0.0.6

Total Nets: 14
Intra Area: 7  Inter Area: 4  ASE: 2  NSSA: 1
```

例 1-86 在 AR3 上看到了 IP 路由表中通过 OSPF 学习到的路由，O_NSSA 路由同样标识的是 OSPF 域外部路由，因此它的路由优先级也是 150，详见阴影行所示。

例 1-86 在 AR3 上查看 IP 路由表中的 OSPF 路由

```
[AR3]display ip routing-table protocol ospf
Route Flags: R - relay, D - download to fib
------------------------------------------------------------------------
Public routing table : OSPF
        Destinations : 11      Routes : 11

OSPF routing table status : <Active>
        Destinations : 11      Routes : 11

Destination/Mask      Proto    Pre  Cost       Flags NextHop          Interface

      2.2.2.0/24      O_ASE    150  2          D     172.16.0.2       GigabitEthernet0/0/0
      6.6.6.6/32      O_NSSA   150  2          D     172.16.3.6       GigabitEthernet0/0/1
      8.8.8.8/32      O_ASE    150  2          D     172.16.0.2       GigabitEthernet0/0/0
      10.0.0.1/32     OSPF     10   1          D     172.16.0.1       GigabitEthernet0/0/0
      10.0.0.2/32     OSPF     10   1          D     172.16.0.2       GigabitEthernet0/0/0
      10.0.0.4/32     OSPF     10   1          D     172.16.0.4       GigabitEthernet0/0/0
      10.0.0.5/32     OSPF     10   2          D     172.16.0.4       GigabitEthernet0/0/0
      10.0.0.6/32     OSPF     10   1          D     172.16.3.6       GigabitEthernet0/0/1
      10.0.0.7/32     OSPF     10   2          D     172.16.0.1       GigabitEthernet0/0/0
    172.16.1.0/24     OSPF     10   2          D     172.16.0.1       GigabitEthernet0/0/0
    172.16.2.0/24     OSPF     10   2          D     172.16.0.4       GigabitEthernet0/0/0

OSPF routing table status : <Inactive>
        Destinations : 0       Routes : 0
```

路由器 AR3 作为 ABR，在将 NSSA 区域中的外部路由通告到其他区域之前，会将 NSSA 区域中的类型 7 LSA 转换为类型 5 LSA。读者可以使用命令 **display ospf lsdb nssa 6.6.6.6** 来查看 ABR 的行为，详见例 1-87。

例 1-87 在 AR3 上查看 NSSA LSA

```
[AR3]display ospf lsdb nssa 6.6.6.6

        OSPF Process 10 with Router ID 10.0.0.3
                    Area: 0.0.0.0
            Link State Database

                    Area: 0.0.0.3
            Link State Database


  Type     : NSSA
  Ls id    : 6.6.6.6
  Adv rtr  : 10.0.0.6
  Ls age   : 1205
  Len      : 36
  Options  : NP
  seq#     : 80000003
  chksum   : 0x30de
  Net mask : 255.255.255.255
  TOS 0  Metric: 1
  E type   : 1
  Forwarding Address : 10.0.0.6
  Tag      : 1
  Priority : Medium
```

在例 1-87 所示的命令输出内容中，读者可以重点关注 Options 参数，本例中的 NP 表示该 LSA 可以被 ABR 转换为类型 5 LSA。Options 还可以包括以下参数。

- **E**：允许泛洪 AS 外部 LSA。
- **MC**：转发 IP 组播报文。
- **NP**：处理类型 7 LSA。
- **DC**：处理按需链路。

我们可以在 ABR AR3 上使用命令 **display ospf brief** 来查看 AR3 的身份，详见例 1-88。

例 1-88　在 AR3 上查看 OSPF 概要信息

```
[AR3]display ospf brief

        OSPF Process 10 with Router ID 10.0.0.3
            OSPF Protocol Information

RouterID: 10.0.0.3        Border Router:  AREA  AS  NSSA
Multi-VPN-Instance is not enabled
Global DS-TE Mode: Non-Standard IETF Mode
Graceful-restart capability: disabled
Helper support capability  : not configured
Applications Supported: MPLS Traffic-Engineering
Spf-schedule-interval: max 10000ms, start 500ms, hold 1000ms
Default ASE parameters: Metric: 1 Tag: 1 Type: 2
Route Preference: 10
ASE Route Preference: 150
SPF Computation Count: 64
RFC 1583 Compatible
Retransmission limitation is disabled
Area Count: 2   Nssa Area Count: 1
ExChange/Loading Neighbors: 0
Process total up interface count: 3
Process valid up interface count: 2

Area: 0.0.0.0          (MPLS TE not enabled)
Authtype: MD5   Area flag: Normal
SPF scheduled Count: 64
ExChange/Loading Neighbors: 0
Router ID conflict state: Normal
Area interface up count: 2

Interface: 172.16.0.3 (GigabitEthernet0/0/0)
Cost: 1       State: BDR       Type: Broadcast     MTU: 1500
Priority: 100
Designated Router: 172.16.0.1
Backup Designated Router: 172.16.0.3
Timers: Hello 10 , Dead 40 , Poll  120 , Retransmit 5 , Transmit Delay 1

Interface: 10.0.0.3 (LoopBack0)
Cost: 0       State: P-2-P     Type: P2P        MTU: 1500
Timers: Hello 10 , Dead 40 , Poll  120 , Retransmit 5 , Transmit Delay 1
Silent interface, No hellos

Area: 0.0.0.3          (MPLS TE not enabled)
Authtype: None   Area flag:   NSSA
SPF scheduled Count: 5
ExChange/Loading Neighbors: 0
NSSA Translator State: Elected
Router ID conflict state: Normal
Area interface up count: 1
NSSA LSA count: 0

Interface: 172.16.3.3 (GigabitEthernet0/0/1)
Cost: 1       State: BDR       Type: Broadcast     MTU: 1500
Priority: 1
Designated Router: 172.16.3.6
Backup Designated Router: 172.16.3.3
Timers: Hello 10 , Dead 40 , Poll  120 , Retransmit 5 , Transmit Delay 1
```

在例 1-88 的阴影部分中，Border Router 字段显示了 AR3 当前的身份：AREA AS NSSA，也就是说 AR3 为 ABR、ASBR，并且 AR3 有接口属于 NSSA 区域。AR3 的身份中还包含 ASBR，这是因为 AR3 作为 NSSA 区域的 ABR，会将类型 7 LSA 转换为类型 5 LSA，并将这个类型 5 LSA 通告到其他 OSPF 区域中，以此通告外部路由。

例 1-89 中展示了 AR3 上用于描述 6.6.6.6 外部路由的类型 5 LSA。

例 1-89　在 AR3 上查看转换后的类型 5 LSA

```
[AR3]display ospf lsdb ase 6.6.6.6

        OSPF Process 10 with Router ID 10.0.0.3
              Link State Database


 Type      : External
 Ls id     : 6.6.6.6
 Adv rtr   : 10.0.0.3
 Ls age    : 1670
 Len       : 36
 Options   :  E
 seq#      : 80000007
 chksum    : 0xb065
 Net mask  : 255.255.255.255
 TOS 0  Metric: 1
 E type    : 1
 Forwarding Address : 10.0.0.6
 Tag       : 1
 Priority  : Low
```

将例 1-89 与例 1-87 进行对比，读者可以发现同样是 6.6.6.6/32 这条路由，本例的 LSA 类型为 External（类型 5），并且通告路由器（Adv rtr）为 AR3（10.0.0.3），如阴影行所示；例 1-87 中的 LSA 类型为 NSSA（类型 7），通告路由器为 AR6（10.0.0.6）。

现在，我们再去 OSPF 域中的其他路由器上查看与 6.6.6.6/32 相关的 LSA 和路由。以路由器 AR1 为例，我们可以观察 Area 0 和 Area 1 中的 LSA 变化，详见例 1-90。

例 1-90　在 AR1 上观察与 6.6.6.6 相关的 LSA

```
[AR1]display ospf lsdb

        OSPF Process 10 with Router ID 10.0.0.1
              Link State Database

                      Area: 0.0.0.0
Type     LinkState ID    AdvRouter         Age   Len   Sequence    Metric
Router   10.0.0.3        10.0.0.3          1341  48    8000014D    1
Router   10.0.0.2        10.0.0.2          571   48    8000015C    1
Router   10.0.0.1        10.0.0.1          1495  48    80000146    1
Router   10.0.0.4        10.0.0.4          575   48    80000144    1
Network  172.16.0.1      10.0.0.1          1300  40    80000117    0
Sum-Net  172.16.3.0      10.0.0.3          1341  28    80000010    1
Sum-Net  172.16.2.0      10.0.0.4          4     28    80000052    1
Sum-Net  172.16.1.0      10.0.0.1          1361  28    80000053    1
Sum-Net  10.0.0.5        10.0.0.4          1796  28    8000004F    1
Sum-Net  10.0.0.7        10.0.0.1          1313  28    80000052    1
Sum-Net  10.0.0.6        10.0.0.3          1270  28    8000000E    1

                      Area: 0.0.0.1
Type     LinkState ID    AdvRouter         Age   Len   Sequence    Metric
Router   10.0.0.1        10.0.0.1          1313  36    80000058    1
Router   10.0.0.7        10.0.0.7          1305  48    8000005A    1
Network  172.16.1.7      10.0.0.7          1305  32    80000053    0
Sum-Net  172.16.3.0      10.0.0.1          1339  28    80000010    2
Sum-Net  172.16.2.0      10.0.0.1          3     28    80000052    2
Sum-Net  172.16.0.0      10.0.0.1          1361  28    80000052    1
```

```
Sum-Net    10.0.0.5          10.0.0.1          1794   28   8000004F    2
Sum-Net    10.0.0.4          10.0.0.1          1361   28   80000052    1
Sum-Net    10.0.0.6          10.0.0.1          1268   28   8000000E    2
Sum-Net    10.0.0.1          10.0.0.1          1361   28   80000052    0
Sum-Net    10.0.0.3          10.0.0.1          1362   28   80000052    1
Sum-Net    10.0.0.2          10.0.0.1          1362   28   80000052    1
Sum-Asbr   10.0.0.3          10.0.0.1          1340   28   8000000E    1
Sum-Asbr   10.0.0.2          10.0.0.1          1362   28   80000052    1


                   AS External Database
Type       LinkState ID   AdvRouter         Age    Len  Sequence    Metric
External   6.6.6.6        10.0.0.3          1272   36   8000000E    1
External   8.8.8.8        10.0.0.2          1724   36   8000007D    1
External   2.2.2.0        10.0.0.2          661    36   80000078    1
```

　　从例 1-90 所示的命令输出中我们可以看出，Area 0 中没有类型 4 LSA，这是因为对于 Area 0 来说，这个 OSPF 域中的 3 条外部路由是由 AR2 和 AR3 引入的，因此无须为 Area 0 中的设备标识 ASBR 的位置。我们再看 Area 1 中的 LSA，如第一部分阴影所示，Area 1 中有两个类型 4 LSA，分别标识了 ASBR AR2 和 AR3 的位置。最后一个阴影行的类型 5 LSA 通告了 6.6.6.6 这条外部路由，这验证了 AR3 已经将类型 7 LSA 转换为类型 5 LSA，并将其通告到 OSPF 其他区域中。

　　例 1-91 查看了 AR1 上的 OSPF 路由表，从阴影行可以看出 6.6.6.6/32 这条路由是 ASE 路由（而不是 NSSA 路由），下一跳为 172.16.0.3（AR3），通告路由器为 10.0.0.3（也是 AR3）。

　　例 1-91　在 AR1 上查看 OSPF 路由表

```
[AR1]display ospf routing
        OSPF Process 10 with Router ID 10.0.0.1
                Routing Tables

Routing for Network
Destination       Cost    Type     NextHop       AdvRouter     Area
10.0.0.1/32       0       Stub     10.0.0.1      10.0.0.1      0.0.0.0
172.16.0.0/24     1       Transit  172.16.0.1    10.0.0.1      0.0.0.0
172.16.1.0/24     1       Transit  172.16.1.1    10.0.0.1      0.0.0.1
10.0.0.2/32       1       Stub     172.16.0.2    10.0.0.2      0.0.0.0
10.0.0.3/32       1       Stub     172.16.0.3    10.0.0.3      0.0.0.0
10.0.0.4/32       1       Stub     172.16.0.4    10.0.0.4      0.0.0.0
10.0.0.5/32       2       Inter-area 172.16.0.4  10.0.0.4      0.0.0.0
10.0.0.6/32       2       Inter-area 172.16.0.3  10.0.0.3      0.0.0.0
10.0.0.7/32       1       Stub     172.16.1.7    10.0.0.7      0.0.0.1
172.16.2.0/24     2       Inter-area 172.16.0.4  10.0.0.4      0.0.0.0
172.16.3.0/24     2       Inter-area 172.16.0.3  10.0.0.3      0.0.0.0

Routing for ASEs
Destination       Cost    Type     Tag      NextHop       AdvRouter
2.2.2.0/24        2       Type1    1        172.16.0.2    10.0.0.2
6.6.6.6/32        3       Type1    1        172.16.0.3    10.0.0.3
8.8.8.8/32        2       Type1    1        172.16.0.2    10.0.0.2

Total Nets: 14
Intra Area: 7  Inter Area: 4  ASE: 3  NSSA: 0
```

　　例 1-92 在 AR1 上查看了 IP 路由表中通过 OSPF 学习到的路由，从阴影行可以看出 6.6.6.6/32 这条路由是 O_ASE 路由（而不是 O_NSSA 路由）。

　　例 1-92　在 AR1 上查看 IP 路由表中的 OSPF 路由

```
[AR1]display ip routing-table protocol ospf
Route Flags: R - relay, D - download to fib
---------------------------------------------------------------------------
```

```
Public routing table : OSPF
        Destinations : 11        Routes : 11

OSPF routing table status : <Active>
        Destinations : 11        Routes : 11

Destination/Mask     Proto    Pre  Cost     Flags NextHop            Interface

        2.2.2.0/24   O_ASE    150  2          D   172.16.0.2         GigabitEthernet0/0/0
        6.6.6.6/32   O_ASE    150  3          D   172.16.0.3         GigabitEthernet0/0/0
        8.8.8.8/32   O_ASE    150  2          D   172.16.0.2         GigabitEthernet0/0/0
       10.0.0.2/32   OSPF     10   1          D   172.16.0.2         GigabitEthernet0/0/0
       10.0.0.3/32   OSPF     10   1          D   172.16.0.3         GigabitEthernet0/0/0
       10.0.0.4/32   OSPF     10   1          D   172.16.0.4         GigabitEthernet0/0/0
       10.0.0.5/32   OSPF     10   2          D   172.16.0.4         GigabitEthernet0/0/0
       10.0.0.6/32   OSPF     10   2          D   172.16.0.3         GigabitEthernet0/0/0
       10.0.0.7/32   OSPF     10   1          D   172.16.1.7         GigabitEthernet0/0/1
      172.16.2.0/24  OSPF     10   2          D   172.16.0.4         GigabitEthernet0/0/0
      172.16.3.0/24  OSPF     10   2          D   172.16.0.3         GigabitEthernet0/0/0

OSPF routing table status : <Inactive>
        Destinations : 0         Routes : 0
```

1.6.4 更改 Area 3 为 Totally NSSA 区域

我们可以进一步缩小 NSSA 区域内路由器的路由表，即，将 NSSA 区域更改为 Totally NSSA 区域。也就是说，ABR 只会向 Totally NSSA 区域中通告一条自己生成的默认路由，并且隐藏其他区域的 OSPF 路由。

与配置 Totally Stub 区域类似，要想配置 Totally NSSA 区域，工程师只需要在 ABR 上进行配置。例 1-93 展示了 ABR（AR3）上的配置。需要注意的是，更改 OSPF 区域类型会导致 OSPF 邻居之间重新建立邻居关系。

例 1-93 在 AR3 上更改 Area 3 为 Totally NSSA 区域

```
[AR3]ospf 10
[AR3-ospf-10]area 3
[AR3-ospf-10-area-0.0.0.3]nssa no-summary
```

等待 AR3 与 AR6 重新建立 OSPF 邻居关系后，我们再次查看 AR6 的 LSDB，详见例 1-94。

例 1-94 在 AR6 上查看 OSPF LSDB（Totally NSSA 区域）

```
[AR6]display ospf lsdb

          OSPF Process 10 with Router ID 10.0.0.6
                Link State Database

                    Area: 0.0.0.3
Type       LinkState ID    AdvRouter        Age    Len   Sequence    Metric
Router     10.0.0.3        10.0.0.3         56     36    80000015    1
Router     10.0.0.6        10.0.0.6         53     48    8000001B    1
Network    172.16.3.6      10.0.0.6         53     32    80000002    0
Sum-Net    0.0.0.0         10.0.0.3         65     28    80000001    1
NSSA       6.6.6.6         10.0.0.6         501    36    8000000F    1
NSSA       0.0.0.0         10.0.0.3         57     36    80000011    1
```

将例 1-94 的命令输出与例 1-82 进行对比，我们可以发现当前 AR6 上只剩下一个标识默认路由的类型 3 LSA，以阴影突出显示。AR3 不再向 NSSA 区域中通告其他明细类型 3 LSA。

例 1-95 查看了 AR6 上的 OSPF 路由表，读者可以将其与例 1-83 进行对比。此时 AR6

中的区域间路由只剩下了一条默认路由（0.0.0.0/0），以阴影突出显示。另外，这条默认路由是由类型 3 LSA 产生的，而不是类型 7 LSA，这是由 OSPF 路由的分级管理决定的：类型 3 默认路由的优先级高于类型 5 或类型 7 路由。

例 1-95　在 AR6 上查看 OSPF 路由表（Totally NSSA 区域）

```
[AR6]display ospf routing
         OSPF Process 10 with Router ID 10.0.0.6
                Routing Tables

Routing for Network
Destination       Cost   Type      NextHop        AdvRouter      Area
10.0.0.6/32       0      Stub      10.0.0.6       10.0.0.6       0.0.0.3
172.16.3.0/24     1      Transit   172.16.3.6     10.0.0.6       0.0.0.3
0.0.0.0/0         2      Inter-area 172.16.3.3     10.0.0.3       0.0.0.3

Total Nets: 3
Intra Area: 2  Inter Area: 1  ASE: 0   NSSA: 0
```

例 1-96 在 AR6 上查看了 IP 路由表中通过 OSPF 学习到的路由，读者可以将其与例 1-84 进行对比。此时 AR6 的 IP 路由表中只剩下一条 OSPF 路由（0.0.0.0/0）。

例 1-96　在 AR6 上查看 IP 路由表中的 OSPF 路由（Totally NSSA 区域）

```
[AR6]display ip routing-table protocol ospf
Route Flags: R - relay, D - download to fib
------------------------------------------------------------------------
Public routing table : OSPF
         Destinations : 1        Routes : 1

OSPF routing table status : <Active>
         Destinations : 1        Routes : 1

Destination/Mask     Proto   Pre  Cost       Flags NextHop       Interface

    0.0.0.0/0        OSPF    10   2          D     172.16.3.3    GigabitEthernet0/0/1

OSPF routing table status : <Inactive>
         Destinations : 0        Routes : 0
```

读者可以尝试着在 AR6 上对 OSPF 域中的其他路由器发起 ping 测试，以验证 Area 3 的连通性。我们以 AR6 的环回接口向 AR7 的环回接口发起 ping 测试，详见例 1-97。

例 1-97　检查 Area 3 的连通性

```
[AR6]ping -a 10.0.0.6 10.0.0.7
 PING 10.0.0.7: 56  data bytes, press CTRL_C to break
   Reply from 10.0.0.7: bytes=56 Sequence=1 ttl=253 time=170 ms
   Reply from 10.0.0.7: bytes=56 Sequence=2 ttl=253 time=80 ms
   Reply from 10.0.0.7: bytes=56 Sequence=3 ttl=253 time=60 ms
   Reply from 10.0.0.7: bytes=56 Sequence=4 ttl=253 time=60 ms
   Reply from 10.0.0.7: bytes=56 Sequence=5 ttl=253 time=50 ms

 --- 10.0.0.7 ping statistics ---
   5 packet(s) transmitted
   5 packet(s) received
   0.00% packet loss
   round-trip min/avg/max = 50/84/170 ms
```

通过将 Area 3 设置为 Totally NSSA 区域，Area 3 中的路由器（AR6）上的 OSPF LSDB 和路由表大大缩小。在规模越大的网络中，这种做法的好处越明显。

1.7　配置其他 OSPF 功能

1.7.1　更改 OSPF 接口网络类型

根据数据链路层协议的类型，OSPF 将网络分为 4 种类型：广播、P2P（点到点）、P2MP（点到多点）和 NBMA（非广播多路访问）。因此在默认情况下，不同类型的网络接口有其默认的 OSPF 接口网络类型，以下列接口为例。

- 以太网接口的 OSPF 网络类型为广播。
- 串行链路接口的 OSPF 网络类型为 P2P。
- ATM（异步传输模式）接口的 OSPF 网络类型为 NBMA。

需要注意的是，没有一种数据链路层协议默认对应着 P2MP 类型，因此 P2MP 类型只能是由网络工程师强制更改的。

工程师有时需要根据网络中的实际情况对接口的 OSPF 网络类型进行更改，如下。

- 如果接口的 OSPF 网络类型为 NBMA，但网络不是全互联的，那么工程师必须将接口的 OSPF 网络类型更改为 P2MP。这样一来，两台不能直接可达的路由器就可以通过它们都直接可达的一台路由器来交换路由信息。
- 当网络中的部分路由器不支持组播，或者根据网络规划中的安全规则不允许传播组播时，工程师可以将接口的 OSPF 网络类型更改为 NBMA。
- 当同一个网段内只有两台路由器参与 OSPF 的运行时，工程师可以将相应的接口 OSPF 网络类型更改为 P2P。

在更改接口的 OSPF 网络类型时，工程师要确保将建立邻居的两个接口配置为相同的类型，否则两台路由器之间无法建立 OSPF 邻居关系，或者无法交换路由信息。

本小节将展示以下两种场景。

- 将广播类型更改为 P2P 类型：以 AR1 与 AR7 之间建立 OSPF 邻居关系的接口为例。
- 将 P2P 类型更改为广播类型：在 AR7 上新创建 Loopback 1 接口，为其配置 IP 地址 10.7.7.7/24，以该接口为例。

我们可以先使用命令 **display ospf interface GigabitEthernet 0/0/1** 来确认 AR1 G0/0/1 接口的 OSPF 网络类型，详见例 1-98。

例 1-98　查看 AR1 G0/0/1 接口的 OSPF 网络类型

```
[AR1]display ospf interface GigabitEthernet 0/0/1

        OSPF Process 10 with Router ID 10.0.0.1
             Interfaces


Interface: 172.16.1.1 (GigabitEthernet0/0/1)
Cost: 1      State: BDR      Type: Broadcast      MTU: 1500
Priority: 1
Designated Router: 172.16.1.7
Backup Designated Router: 172.16.1.1
Timers: Hello 10 , Dead 40 , Poll  120 , Retransmit 5 , Transmit Delay 1
```

从例 1-98 的阴影部分可以看出该接口的 OSPF 类型为广播。前文提到过，当一个网段内只有两台路由器参与 OSPF 的运行时，工程师可以将这两个接口的 OSPF 网络类型设置为 P2P。要想更改接口的 OSPF 网络类型，工程师需要使用以下接口视图命令。

- **ospf network-type { broadcast | nbma | p2mp | p2p [peer-ip-ignore] }**：这条命令中的必选关键字分别可以将接口 OSPF 网络类型更改为广播、NBMA、P2MP 或 P2P。在将广播类型的接口更改为 P2P 类型后，OSPF 在建立邻居关系时会对网段进行检查，若双方 IP 地址属于同一个网段则可以建立邻居，否则不能建立邻居。**peer-ip-ignore** 参数的作用是让 OSPF 忽略网段检查，默认情况下未配置该参数。

例 1-99 和例 1-100 分别将 AR1 和 AR7 G0/0/1 接口的 OSPF 网络类型更改为 P2P。

例 1-99　更改 AR1 G0/0/1 接口的 OSPF 网络类型为 P2P

```
[AR1]interface GigabitEthernet 0/0/1
[AR1-GigabitEthernet0/0/1]ospf network-type p2p
```

例 1-100　更改 AR7 G0/0/1 接口的 OSPF 网络类型为 P2P

```
[AR7]interface GigabitEthernet 0/0/1
[AR7-GigabitEthernet0/0/1]ospf network-type p2p
```

更改接口的 OSPF 网络类型会导致 OSPF 邻居关系断开并重新建立，等待 AR1 与 AR7 之间的 OSPF 邻居关系重新建立后，再次查看 AR1 G0/0/1 接口的 OSPF 网络类型，详见例 1-101。

例 1-101　再次查看 AR1 G0/0/1 接口的 OSPF 网络类型

```
[AR1]display ospf interface GigabitEthernet 0/0/1

        OSPF Process 10 with Router ID 10.0.0.1
              Interfaces


Interface: 172.16.1.1 (GigabitEthernet0/0/1) --> 172.16.1.7
Cost: 1        State: P-2-P     Type: P2P        MTU: 1500
Timers: Hello 10 , Dead 40 , Poll  120 , Retransmit 5 , Transmit Delay 1
```

从例 1-101 的命令输出可以看出，AR1 G0/0/1 接口的 OSPF 网络类型已经被更改为 P2P，并且我们还可以从阴影部分看到它的邻居（AR7 G0/0/1 接口）的 IP 地址。

在更改接口的 OSPF 网络类型时，工程师必须同时对建立邻居的两个接口进行更改，使两台路由器以相同的 OSPF 网络类型建立邻居关系。在上述将广播类型更改为 P2P 类型的示例中，若我们只将 AR1 G0/0/1 接口的 OSPF 网络类型更改为 P2P，而将 AR7 G0/0/1 接口保留为广播，两台路由器仍可以建立邻居关系并进入 Full 状态，但它们无法学习到对方的 OSPF 路由信息。对此感兴趣的读者可以自行验证，本书不进行演示。例 1-102 展示了 AR1 通过 G0/0/1 接口学习到的 OSPF 路由。

例 1-102　查看 AR1 通过 G0/0/1 接口学习到的 OSPF 路由

```
[AR1]display ospf routing interface GigabitEthernet 0/0/1

        OSPF Process 10 with Router ID 10.0.0.1

Destination : 172.16.1.0/24
AdverRouter : 10.0.0.1                  Area       : 0.0.0.1
Cost        : 1                         Type       : Stub
NextHop     : 172.16.1.1               Interface  : GigabitEthernet0/0/1
Priority    : Low                       Age        : 00h00m00s
```

```
Destination : 10.0.0.7/32
AdverRouter : 10.0.0.7            Area     : 0.0.0.1
Cost        : 1                   Type     : Stub
NextHop     : 172.16.1.7          Interface : GigabitEthernet0/0/1
Priority    : Medium              Age      : 00h23m23s
```

从例 1-102 的阴影部分我们可以看出 AR1 在 G0/0/1 接口上通过 OSPF 学习到了两条路由：172.16.1.0/24（AR1 与 AR7 互连链路）和 10.0.0.7/32（AR7 的 Loopback 0 接口）。

下面，我们来研究环回接口在 OSPF 中的特殊性。本实验以 AR7 为例，我们可以使用命令 **display ospf interface LoopBack 0** 来观察 AR7 Loopback 0 接口的 OSPF 网络类型，详见例 1-103，环回接口的默认 OSPF 网络类型为 P2P。

例 1-103　查看 AR7 Loopback 0 接口的 OSPF 网络类型

```
[AR7]display ospf interface LoopBack 0

       OSPF Process 10 with Router ID 10.0.0.7
            Interfaces


Interface: 10.0.0.7 (LoopBack0)
Cost: 0      State: P-2-P    Type: P2P      MTU: 1500
Timers: Hello 10 , Dead 40 , Poll  120 , Retransmit 5 , Transmit Delay 1
```

我们在 AR7 上创建 Loopback 1 接口，为其配置 IP 地址 10.7.7.7/24，并将其通告到 OSPF Area 1 中，详见例 1-104。

例 1-104　在 AR7 上创建新接口并将其通告到 OSPF

```
[AR7]interface LoopBack 1
[AR7-LoopBack1]ip address 10.7.7.7 24
[AR7-LoopBack1]quit
[AR7]ospf 10
[AR7-ospf-10]area 1
[AR7-ospf-10-area-0.0.0.1]network 10.7.7.7 0.0.0.0
```

我们再回到 AR1 并查看 G0/0/1 接口学习到的 OSPF 路由，详见例 1-105。

例 1-105　再次查看 AR1 通过 G0/0/1 接口学习到的 OSPF 路由

```
[AR1]display ospf routing interface GigabitEthernet 0/0/1

       OSPF Process 10 with Router ID 10.0.0.1

Destination : 172.16.1.0/24
AdverRouter : 10.0.0.1            Area     : 0.0.0.1
Cost        : 1                   Type     : Stub
NextHop     : 172.16.1.1          Interface : GigabitEthernet0/0/1
Priority    : Low                 Age      : 00h00m00s

Destination : 10.0.0.7/32
AdverRouter : 10.0.0.7            Area     : 0.0.0.1
Cost        : 1                   Type     : Stub
NextHop     : 172.16.1.7          Interface : GigabitEthernet0/0/1
Priority    : Medium             Age      : 00h39m48s

Destination : 10.7.7.7/32
AdverRouter : 10.0.0.7            Area     : 0.0.0.1
Cost        : 1                   Type     : Stub
NextHop     : 172.16.1.7          Interface : GigabitEthernet0/0/1
Priority    : Medium             Age      : 00h01m23s
```

我们也可以通过查看 IP 路由表中的 OSPF 路由，来确认 10.7.7.7 的子网掩码，详见例 1-106 中的阴影行。

例 1-106　查看 AR1 的 IP 路由表中的 OSPF 路由

```
[AR1]display ip routing-table protocol ospf
Route Flags: R - relay, D - download to fib
------------------------------------------------------------------------
Public routing table : OSPF
        Destinations : 9        Routes : 9

OSPF routing table status : <Active>
        Destinations : 9        Routes : 9

Destination/Mask    Proto   Pre  Cost       Flags NextHop         Interface

      2.2.2.0/24    O_ASE   150  2          D     172.16.0.2      GigabitEthernet0/0/0
      6.6.6.6/32    O_ASE   150  3          D     172.16.0.3      GigabitEthernet0/0/0
      8.8.8.8/32    O_ASE   150  2          D     172.16.0.2      GigabitEthernet0/0/0
     10.0.0.2/32    OSPF    10   1          D     172.16.0.2      GigabitEthernet0/0/0
     10.0.0.3/32    OSPF    10   1          D     172.16.0.3      GigabitEthernet0/0/0
     10.0.0.6/32    OSPF    10   2          D     172.16.0.3      GigabitEthernet0/0/0
     10.0.0.7/32    OSPF    10   1          D     172.16.1.7      GigabitEthernet0/0/1
     10.7.7.7/32    OSPF    10   1          D     172.16.1.7      GigabitEthernet0/0/1
    172.16.3.0/24   OSPF    10   2          D     172.16.0.3      GigabitEthernet0/0/0

OSPF routing table status : <Inactive>
        Destinations : 0        Routes : 0
```

　　根据我们刚才的配置，Loopback 1 接口的子网掩码为 24 位，但通过观察两条环回接口的路由可以发现这两条都是主机路由，即子网掩码为 32 位（255.255.255.255）。这是因为 OSPF 默认将环回接口的 IP 地址以主机路由的方式发布出去，而忽略该接口真实的子网掩码。我们可以通过查看 LSA 来验证这一点，详见例 1-107。

例 1-107　在 AR1 上查看 10.7.7.7 相关的 LSA

```
[AR1]display ospf lsdb router 10.0.0.7

        OSPF Process 10 with Router ID 10.0.0.1
                 Area: 0.0.0.0
            Link State Database

                 Area: 0.0.0.1
            Link State Database


 Type    : Router
 Ls id   : 10.0.0.7
 Adv rtr : 10.0.0.7
 Ls age  : 298
 Len     : 72
 Options :   E
 seq#    : 80000004
 chksum  : 0xe15e
 Link count: 4
  * Link ID: 10.0.0.1
    Data   : 172.16.1.7
    Link Type: P-2-P
    Metric : 1
  * Link ID: 172.16.1.0
    Data   : 255.255.255.0
    Link Type: StubNet
    Metric : 1
    Priority : Low
  * Link ID: 10.0.0.7
    Data   : 255.255.255.255
    Link Type: StubNet
    Metric : 0
    Priority : Medium
  * Link ID: 10.7.7.7
```

```
     Data   : 255.255.255.255
     Link Type: StubNet
     Metric : 0
     Priority : Medium
```

从例 1-107 的阴影部分我们可以看出对于 10.7.7.7 来说，LSA 中发布的子网掩码为 255.255.255.255，即 32 位主机路由。读者也可以在 AR7 上使用命令 **display ospf lsdb router self-originate** 查看 AR7 本地生成的 LSA，其输出内容与本例相同，本书不再展示。

我们通过将 AR7 Loopback 1 接口的 OSPF 网络类型从 P2P 改为广播，使 OSPF 发布正确的子网掩码。我们需要确认 AR7 Loopback 1 接口的 OSPF 网络类型，详见例 1-108 中的阴影部分。

例 1-108　查看 AR7 Loopback 1 接口的 OSPF 网络类型

```
[AR7]display ospf interface LoopBack 1

        OSPF Process 10 with Router ID 10.0.0.7
             Interfaces


Interface: 10.7.7.7 (LoopBack1)
Cost: 0        State: P-2-P      Type: P2P        MTU: 1500
Timers: Hello 10 , Dead 40 , Poll  120 , Retransmit 5 , Transmit Delay 1
```

例 1-109 展示了将 AR7 Loopback 1 接口的 OSPF 网络类型更改为广播。

例 1-109　更改 AR7 Loopback 1 接口的 OSPF 网络类型为广播

```
[AR7]interface LoopBack 1
[AR7-LoopBack1]ospf network-type broadcast
```

现在，我们查看 LSA 是否发生了变化，详见例 1-110 中的阴影行。

例 1-110　在 AR7 上查看 10.7.7.7 相关的 LSA

```
[AR7]display ospf lsdb router self-originat

        OSPF Process 10 with Router ID 10.0.0.7
                   Area: 0.0.0.1
              Link State Database


Type      : Router
Ls id     : 10.0.0.7
Adv rtr   : 10.0.0.7
Ls age    : 190
Len       : 72
Options   : E
seq#      : 80000007
chksum    : 0x98ab
Link count: 4
 * Link ID: 10.0.0.1
   Data   : 172.16.1.7
   Link Type: P-2-P
   Metric : 1
 * Link ID: 172.16.1.0
   Data   : 255.255.255.0
   Link Type: StubNet
   Metric : 1
   Priority : Low
 * Link ID: 10.0.0.7
   Data   : 255.255.255.255
   Link Type: StubNet
   Metric : 0
   Priority : Medium
 * Link ID: 10.7.7.0
   Data   : 255.255.255.0
```

```
      Link Type: StubNet
      Metric : 0
      Priority : Low
```

从例 1-110 中的阴影行可以看出，对于这条路由，当前 OSPF 根据该接口真实的子网掩码发布了网络地址。

我们再看看 AR1 IP 路由表中的路由变化，详见例 1-111。

例 1-111　再次查看 AR1 的 IP 路由表中的 OSPF 路由

```
[AR1]display ip routing-table protocol ospf
Route Flags: R - relay, D - download to fib
----------------------------------------------------------------------------
Public routing table : OSPF
         Destinations : 9        Routes : 9

OSPF routing table status : <Active>
         Destinations : 9        Routes : 9

Destination/Mask    Proto   Pre  Cost      Flags NextHop      Interface
       2.2.2.0/24   O_ASE   150  2           D   172.16.0.2   GigabitEthernet0/0/0
       6.6.6.6/32   O_ASE   150  3           D   172.16.0.3   GigabitEthernet0/0/0
       8.8.8.8/32   O_ASE   150  2           D   172.16.0.2   GigabitEthernet0/0/0
      10.0.0.2/32   OSPF    10   1           D   172.16.0.2   GigabitEthernet0/0/0
      10.0.0.3/32   OSPF    10   1           D   172.16.0.3   GigabitEthernet0/0/0
      10.0.0.6/32   OSPF    10   2           D   172.16.0.3   GigabitEthernet0/0/0
      10.0.0.7/32   OSPF    10   1           D   172.16.1.7   GigabitEthernet0/0/1
      10.7.7.0/24   OSPF    10   1           D   172.16.1.7   GigabitEthernet0/0/1
    172.16.3.0/24   OSPF    10   2           D   172.16.0.3   GigabitEthernet0/0/0

OSPF routing table status : <Inactive>
         Destinations : 0        Routes : 0
```

从例 1-111 中的阴影行可以看出，该路由的子网掩码已变为 24 位。我们还可以在 AR1 上查看它从 G0/0/1 接口学习到的 OSPF 路由，对比 AR7 Loopback 0 和 Loopback 1 路由的区别，详见例 1-112。

例 1-112　在 AR1 上对比两条路由的区别

```
[AR1]display ospf routing interface GigabitEthernet 0/0/1

        OSPF Process 10 with Router ID 10.0.0.1

Destination : 172.16.1.0/24
AdverRouter : 10.0.0.1                  Area      : 0.0.0.1
Cost        : 1                         Type      : Stub
NextHop     : 172.16.1.1               Interface : GigabitEthernet0/0/1
Priority    : Low                       Age       : 00h00m00s

Destination : 10.0.0.7/32
AdverRouter : 10.0.0.7                  Area      : 0.0.0.1
Cost        : 1                         Type      : Stub
NextHop     : 172.16.1.7               Interface : GigabitEthernet0/0/1
Priority    : Medium                    Age       : 00h51m47s

Destination : 10.7.7.0/24
AdverRouter : 10.0.0.7                  Area      : 0.0.0.1
Cost        : 1                         Type      : Stub
NextHop     : 172.16.1.7               Interface : GigabitEthernet0/0/1
Priority    : Low                       Age       : 00h13m22s
```

从例 1-112 中的阴影行可以看出，AR7 Loopback 1 的路由已经从 32 位掩码的主机路由变为 24 位掩码。读者可以将本例的命令输出与例 1-105 进行对比。

1.7.2　配置 OSPF 静默接口

OSPF 的配置中有一个特性，其被称为静默接口，它能够在运行 OSPF 协议的接口上禁止其发送和接收 OSPF 报文。根据实际需求的不同，静默接口适用于多种情景，本实验仅以一种情景为例为读者展示静默接口的配置。

参考图 1-7，假设 AR7 下联终端设备，并作为网关为终端设备提供网络连通性。在这种环境中，我们需要将 AR7 G0/0/0 接口连接的网段发布到 OSPF 中，使网络的其他部分知道如何到达终端设备，同时出于安全保护和资源保护的目的，我们也希望禁止该接口发送和接收 OSPF 报文。

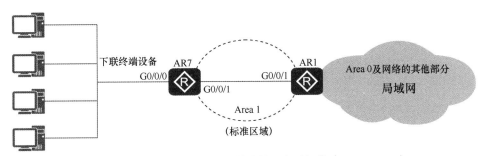

图 1-7　OSPF 静默接口实验拓扑

要想将 AR7 G0/0/0 接口所连接的网段发布到 OSPF 中，使 OSPF 域中的其他路由器能够知道如何到达这个网段，工程师可以在 OSPF 区域视图中使用命令 **network**。如此一来，AR7 G0/0/0 接口就加入了 OSPF 域并且开始发送和接收 OSPF 报文。

本实验将 AR7 G0/0/0 接口的 IP 地址设置为 192.168.7.7/24，将该接口设置为静默接口并将其发布到 OSPF 中。设置静默接口的命令如下所示，完整配置见例 1-113。

silent-interface { **all** | *interface-type interface-number* }：OSPF 视图命令，禁止全部接口或指定接口接收和发送 OSPF 报文。关键字 **all** 表示该命令对所有启用 OSPF 的接口生效，工程师也可以指定具体的接口，本例仅将 G0/0/0 接口设置为静默接口。

例 1-113　在 AR7 配置 OSPF 静默接口

```
[AR7]interface GigabitEthernet 0/0/0
[AR7-GigabitEthernet0/0/0]ip address 192.168.7.7 24
[AR7-GigabitEthernet0/0/0]quit
[AR7]ospf 10
[AR7-ospf-10]silent-interface GigabitEthernet 0/0/0
[AR7-ospf-10]area 1
[AR7-ospf-10-area-0.0.0.1]network 192.168.7.7 0.0.0.0
```

配置完成后，我们可以通过查看 OSPF 接口的命令来确认静默接口的配置，详见例 1-114。

例 1-114　查看 AR7 OSPF 接口 G0/0/0

```
[AR7]display ospf interface GigabitEthernet 0/0/0
        OSPF Process 10 with Router ID 10.0.0.7
             Interfaces
```

```
Interface: 192.168.7.7 (GigabitEthernet0/0/0)
Cost: 1        State: DR        Type: Broadcast    MTU: 1500
Priority: 1
Designated Router: 192.168.7.7
Backup Designated Router: 0.0.0.0
Timers: Hello 10 , Dead 40 , Poll  120 , Retransmit 5 , Transmit Delay 1
Silent interface, No hellos
```

例 1-114 命令输出的最后一行已用阴影突出显示，它清晰地标识出该接口为静默接口，不发送和接收 Hello 报文。

静默接口的配置并不会影响 OSPF 将该接口的路由信息发布到 OSPF 中，我们可以检查 AR7 本地生成的 LSA 来确认 192.168.7.0/24 网段的发布，详见例 1-115。

例 1-115   查看 AR7 的 OSPF LSDB

```
[AR7]display ospf lsdb router self-originate

        OSPF Process 10 with Router ID 10.0.0.7
                    Area: 0.0.0.1
             Link State Database


 Type     : Router
 Ls id    : 10.0.0.7
 Adv rtr  : 10.0.0.7
 Ls age   : 1319
 Len      : 84
 Options  :  ASBR  E
 seq#     : 8000001c
 chksum   : 0x713a
 Link count: 5
  * Link ID: 10.0.0.1
    Data   : 172.16.1.7
    Link Type: P-2-P
    Metric : 1
  * Link ID: 172.16.1.0
    Data   : 255.255.255.0
    Link Type: StubNet
    Metric : 1
    Priority : Low
  * Link ID: 10.0.0.7
    Data   : 255.255.255.255
    Link Type: StubNet
    Metric : 0
    Priority : Medium
  * Link ID: 10.7.7.0
    Data   : 255.255.255.0
    Link Type: StubNet
    Metric : 0
    Priority : Low
  * Link ID: 192.168.7.0
    Data   : 255.255.255.0
    Link Type: StubNet
    Metric : 1
    Priority : Low
```

如例 1-115 中的阴影部分所示，AR7 在 OSPF 中发布了 G0/0/0 接口所连接的网段。我们可以在其他 OSPF 路由器上查看这条路由，以 AR1 为例，详见例 1-116。

例 1-116   在 AR1 上查看 192.168.7.0/24 路由

```
[AR1]display ip routing-table protocol ospf
Route Flags: R - relay, D - download to fib
------------------------------------------------------------------------------
Public routing table : OSPF
```

```
        Destinations : 13      Routes : 13

OSPF routing table status : <Active>
        Destinations : 13      Routes : 13

Destination/Mask    Proto   Pre  Cost        Flags NextHop        Interface

      2.2.2.0/24    O_ASE   150  2           D     172.16.0.2     GigabitEthernet0/0/0
      6.6.6.6/32    O_ASE   150  3           D     172.16.0.3     GigabitEthernet0/0/0
      8.8.8.8/32    O_ASE   150  2           D     172.16.0.2     GigabitEthernet0/0/0
     10.0.0.2/32    OSPF    10   1           D     172.16.0.2     GigabitEthernet0/0/0
     10.0.0.3/32    OSPF    10   1           D     172.16.0.3     GigabitEthernet0/0/0
     10.0.0.4/32    OSPF    10   1           D     172.16.0.4     GigabitEthernet0/0/0
     10.0.0.5/32    OSPF    10   2           D     172.16.0.4     GigabitEthernet0/0/0
     10.0.0.6/32    OSPF    10   2           D     172.16.0.3     GigabitEthernet0/0/0
     10.0.0.7/32    OSPF    10   1           D     172.16.1.7     GigabitEthernet0/0/1
     10.7.7.0/24    OSPF    10   1           D     172.16.1.7     GigabitEthernet0/0/1
   172.16.2.0/24    OSPF    10   2           D     172.16.0.4     GigabitEthernet0/0/0
   172.16.3.0/24    OSPF    10   2           D     172.16.0.3     GigabitEthernet0/0/0
  192.168.7.0/24    OSPF    10   2           D     172.16.1.7     GigabitEthernet0/0/1

OSPF routing table status : <Inactive>
        Destinations : 0       Routes : 0
```

从例 1-116 命令输出的阴影行可以看到，192.168.7.0/24 网段的路由是通过 OSPF 学到的，下一跳 IP 地址是 AR7（172.16.1.7），下一跳接口是连接 AR7 的接口。

1.7.3　更改 OSPF 接口开销值

OSPF 会根据该接口的带宽来计算该接口的开销值，其计算公式为：带宽参考值/接口带宽=接口开销值，并且取计算结果的整数部分作为接口开销值，当结果小于 1 时取 1。由于带宽参考值默认为 100Mbit/s，而在当前的网络环境中接口带宽可能为 1Gbit/s、10Gbit/s，甚至更高，根据默认带宽参考值，100Mbit/s 接口、1Gbit/s 接口、10Gbit/s 接口计算出来的接口开销值都为 1，无法区分这些链路的优劣。因此在拥有多种高速率接口的网络环境中，工程师应该适当提高带宽参考值，比如在既有 1Gbit/s 接口又有 10Gbit/s 接口的网络环境中，建议将参考带宽值设置为 10Gbit/s。如此一来，10Gbit/s 接口的开销值为 1，1Gbit/s 接口的开销值为 10。

在更改 OSPF 带宽参考值时，必须保证 OSPF 进程中所有路由器的带宽参考值一致，否则 OSPF 无法正常工作，这种方法可以间接更改 OSPF 接口开销值。工程师可以使用 OSPF 视图命令更改带宽参考值。

- **bandwidth-reference** *value*：工程师可以配置的取值范围是 1～2147483648，单位是 Mbit/s，默认值是 100Mbit/s。在更改时，1000 表示 1Gbit/s，10000 表示 10Gbit/s，以此类推。

本书不演示使用带宽参考值更改开销值的配置，对此感兴趣的读者可以自行尝试。

另一种能够直接更改 OSPF 接口开销值的方法是在接口视图中配置 OSPF 开销值。本实验将在 AR1 G0/0/1 接口配置 OSPF 开销值为 10，以图 1-8 所示拓扑为例，路由器千兆以太网接口默认的 OSPF 开销值为 1，当我们将 AR1 G0/0/1 接口 OSPF 开销值更改为 10 后，AR1 从 G0/0/1 接口接收到 OSPF 路由后，会在路由的开销值上加上该接口的开销值（10）。

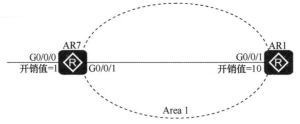

图 1-8　OSPF 接口开销实验拓扑

我们使用命令 **display ospf interface GigabitEthernet 0/0/1** 来查看 AR1 当前接口的 OSPF 开销值，详见例 1-117。

例 1-117　查看 AR1 G0/0/1 默认的 OSPF 开销值

```
[AR1]display ospf interface GigabitEthernet 0/0/1

        OSPF Process 10 with Router ID 10.0.0.1
               Interfaces


Interface: 172.16.1.1 (GigabitEthernet0/0/1) --> 172.16.1.7
Cost: 1       State: P-2-P    Type: P2P      MTU: 1500
Timers: Hello 10 , Dead 40 , Poll  120 , Retransmit 5 , Transmit Delay 1
```

从例 1-117 中的阴影部分可以看出当前 G0/0/1 接口的 OSPF 开销值为 1。

接着，我们查看 AR1 通过 G0/0/1 接口学到的 OSPF 路由，AR1 共学到 4 条路由：172.16.1.0/24（直连链路）、10.0.0.7/32（AR7 Loopback 0）、10.7.7.0/24（AR7 Loopback 1）和 192.168.7.0/24（AR7 G0/0/0），详见例 1-118。

例 1-118　查看 AR1 G0/0/1 接口学习到的 OSPF 路由

```
[AR1]display ospf routing interface GigabitEthernet 0/0/1

        OSPF Process 10 with Router ID 10.0.0.1

Destination : 172.16.1.0/24
AdverRouter : 10.0.0.1              Area      : 0.0.0.1
Cost        : 1                     Type      : Stub
NextHop     : 172.16.1.1            Interface : GigabitEthernet0/0/1
Priority    : Low                   Age       : 00h00m00s

Destination : 10.0.0.7/32
AdverRouter : 10.0.0.7              Area      : 0.0.0.1
Cost        : 1                     Type      : Stub
NextHop     : 172.16.1.7            Interface : GigabitEthernet0/0/1
Priority    : Medium                Age       : 00h02m15s

Destination : 10.7.7.0/24
AdverRouter : 10.0.0.7              Area      : 0.0.0.1
Cost        : 1                     Type      : Stub
NextHop     : 172.16.1.7            Interface : GigabitEthernet0/0/1
Priority    : Low                   Age       : 00h02m15s

Destination : 192.168.7.0/24
AdverRouter : 10.0.0.7              Area      : 0.0.0.1
Cost        : 2                     Type      : Stub
NextHop     : 172.16.1.7            Interface : GigabitEthernet0/0/1
Priority    : Low                   Age       : 00h02m15s
```

由于环回接口的开销值是 0，因此在 AR1 上，直连链路和两个环回接口的 OSPF 开销值都为 1。由于 AR7 G0/0/0 接口的 OSPF 开销值为 1，因此 192.168.7.0/24 这条路由的总开销值为 1+1=2。

现在，我们使用接口视图命令将 AR1 G0/0/1 接口的 OSPF 开销值更改为 10，工程师需要使用以下命令，配置详见例 1-119。

- **ospf cost** *cost*：工程师可以配置的取值范围是 1～65535。

例 1-119 更改 AR1 G0/0/1 接口的 OSPF 开销值

```
[AR1]interface GigabitEthernet 0/0/1
[AR1-GigabitEthernet0/0/1]ospf cost 10
```

配置完成后，我们再次查看 AR1 G0/0/1 接口的 OSPF 开销值，详见例 1-120。

例 1-120 再次查看 AR1 G0/0/1 接口的 OSPF 开销值

```
[AR1]display ospf interface GigabitEthernet 0/0/1

        OSPF Process 10 with Router ID 10.0.0.1
              Interfaces

Interface: 172.16.1.1 (GigabitEthernet0/0/1) --> 172.16.1.7
Cost: 10      State: P-2-P     Type: P2P      MTU: 1500
Timers: Hello 10 , Dead 40 , Poll  120 , Retransmit 5 , Transmit Delay 1
```

从例 1-120 中的阴影部分我们确认该接口的 OSPF 开销值已经变成了 10。接下来验证接口开销值对路由开销值的影响，详见例 1-121。

例 1-121 再次查看 AR1 G0/0/1 接口学习到的 OSPF 路由

```
[AR1]display ospf routing interface GigabitEthernet 0/0/1
        OSPF Process 10 with Router ID 10.0.0.1
Destination : 172.16.1.0/24
AdverRouter : 10.0.0.1               Area     : 0.0.0.1
Cost        : 10                     Type     : Stub
NextHop     : 172.16.1.1            Interface : GigabitEthernet0/0/1
Priority    : Low                    Age      : 00h00m00s

Destination : 10.0.0.7/32
AdverRouter : 10.0.0.7               Area     : 0.0.0.1
Cost        : 10                     Type     : Stub
NextHop     : 172.16.1.7            Interface : GigabitEthernet0/0/1
Priority    : Medium                 Age      : 00h04m25s

Destination : 10.7.7.0/24
AdverRouter : 10.0.0.7               Area     : 0.0.0.1
Cost        : 10                     Type     : Stub
NextHop     : 172.16.1.7            Interface : GigabitEthernet0/0/1
Priority    : Low                    Age      : 00h04m25s

Destination : 192.168.7.0/24
AdverRouter : 10.0.0.7               Area     : 0.0.0.1
Cost        : 11                     Type     : Stub
NextHop     : 172.16.1.7            Interface : GigabitEthernet0/0/1
Priority    : Low                    Age      : 00h04m25s
```

从例 1-121 中的阴影部分我们可以确认路由开销值的变化，其中 192.168.7.0/24 这条路由的开销值变为了 1+10=11。我们还可以从 AR2 上查看 OSPF 路由及其开销值，加深对接口 OSPF 开销值的理解，详见例 1-122。

例 1-122 在 AR2 上查看 OSPF 路由及其开销值

```
[AR2]display ip routing-table protocol ospf
Route Flags: R - relay, D - download to fib
------------------------------------------------------------------------
Public routing table : OSPF
        Destinations : 12        Routes : 12
```

```
OSPF routing table status : <Active>
         Destinations : 12       Routes : 12

Destination/Mask    Proto   Pre  Cost      Flags NextHop        Interface

       6.6.6.6/32   O_ASE   150  3          D    172.16.0.3     GigabitEthernet0/0/0
      10.0.0.1/32   OSPF    10   1          D    172.16.0.1     GigabitEthernet0/0/0
      10.0.0.3/32   OSPF    10   1          D    172.16.0.3     GigabitEthernet0/0/0
      10.0.0.4/32   OSPF    10   1          D    172.16.0.4     GigabitEthernet0/0/0
      10.0.0.5/32   OSPF    10   2          D    172.16.0.4     GigabitEthernet0/0/0
      10.0.0.6/32   OSPF    10   2          D    172.16.0.3     GigabitEthernet0/0/0
      10.0.0.7/32   OSPF    10   11         D    172.16.0.1     GigabitEthernet0/0/0
     10.7.7.0/24    OSPF    10   11         D    172.16.0.1     GigabitEthernet0/0/0
    172.16.1.0/24   OSPF    10   11         D    172.16.0.1     GigabitEthernet0/0/0
    172.16.2.0/24   OSPF    10   2          D    172.16.0.4     GigabitEthernet0/0/0
    172.16.3.0/24   OSPF    10   2          D    172.16.0.3     GigabitEthernet0/0/0
   192.168.7.0/24   OSPF    10   12         D    172.16.0.1     GigabitEthernet0/0/0

OSPF routing table status : <Inactive>
         Destinations : 0        Routes : 0
```

例 1-122 中的阴影行突出显示了与本实验相关的 4 条 OSPF 路由。仍以 192.168.7.0/24 为例，该路由的开销值为 12，这是通过 AR7 G0/0/0 接口开销值 1 + AR1 G0/0/1 接口开销值 10 + AR2 G0/0/0 接口开销值 1 计算出来的。

1.7.4 更改 OSPF 路由协议优先级

当路由器通过多种途径学习到了去往相同目的网络的路由时，它需要根据一些规则选择出最优路由。对于华为数通设备来说，华为设置了路由协议优先级。在选择最佳路由时，路由器会首先选择路由协议优先级高的路由；如果路由协议优先级相同，才会比较路由开销值。

华为定义了路由协议外部优先级和路由协议内部优先级。外部优先级是指工程师可以配置更改的优先级；内部优先级不能由工程师手动更改。在华为数通设备中，直连路由、静态路由和各种动态路由协议的默认路由优先级见表 1-2。

表 1-2　默认路由优先级

路由协议	外部优先级	内部优先级
直连路由	0	0
OSPF（区域内/区域间路由）	10	10
IS-IS Level-1	15	15
IS-IS Level-2	15	18
静态路由	60	60
OSPF（ASE/NSSA 外部路由）	150	150
IBGP	255	200
EBGP	255	20

路由协议优先级的取值范围为 0～255，数值越小表明优先级越高，0 表示直连路由，255 表示来自不可信源端的路由。除了直连路由的外部优先级值无法更改外，工程师可以更改静态路由和其他路由协议的外部优先级。另外，对于静态路由优先级来说，工程师可以针对每一条静态路由配置不同的优先级。

前文提到当存在多个路由信息源时，为了选择最优路由，路由器会先比较路由协议优先级，再比较路由开销值。具体说来，路由器会先比较路由的外部优先级，当外部优先级相同时，路由器会继续比较内部优先级，当内部优先级也相同时，路由器会比较路由开销值。

路由器可以同时运行多个 OSPF 进程，在这种情况下，工程师可以根据需求来调整每个 OSPF 进程的外部优先级值，以此来手动影响路由器的选路。比如在一个网络环境中，路由器上运行了 OSPF 10 和 OSPF 20，工程师希望在存在多个路由信息源时，路由器选择 OSPF 10 提供的路由，可以降低 OSPF 20 的优先级，比如将 OSPF 20 区域内和区域间路由的外部优先级更改为 20，将其 ASE 和 NSSA 外部路由的外部优先级更改为 160。

工程师需要使用以下命令来配置 OSPF 外部优先级。

- **preference** [**ase**] *preference*：OSPF 进程视图命令。**ase** 表示设置 AS-External 路由的优先级，包括 ASE 和 NSSA。*preference* 是工程师设置的 OSPF 协议优先级值，取值范围为 1～255。

本实验以 AR7 为例，将其 OSPF 10 的外部优先级值更改为 20 和 160，详见例 1-123。

例 1-123　更改 OSPF 的外部优先级值

```
[AR7]ospf 10
[AR7-ospf-10]preference 20
[AR7-ospf-10]preference ase 160
```

更改完成后，我们可以查看 IP 路由表中的 OSPF 路由进行确认，详见例 1-124。

例 1-124　查看更改后的 OSPF 优先级

```
[AR7]display ip routing-table protocol ospf
Route Flags: R - relay, D - download to fib
------------------------------------------------------------------------
Public routing table : OSPF
        Destinations : 12      Routes : 12

OSPF routing table status : <Active>
        Destinations : 12      Routes : 12

Destination/Mask    Proto   Pre  Cost       Flags NextHop          Interface

      2.2.2.0/24    O_ASE   160  3          D     172.16.1.1       GigabitEthernet0/0/1
      6.6.6.6/32    O_ASE   160  4          D     172.16.1.1       GigabitEthernet0/0/1
      8.8.8.8/32    O_ASE   160  3          D     172.16.1.1       GigabitEthernet0/0/1
     10.0.0.1/32    OSPF    20   1          D     172.16.1.1       GigabitEthernet0/0/1
     10.0.0.2/32    OSPF    20   2          D     172.16.1.1       GigabitEthernet0/0/1
     10.0.0.3/32    OSPF    20   2          D     172.16.1.1       GigabitEthernet0/0/1
     10.0.0.4/32    OSPF    20   2          D     172.16.1.1       GigabitEthernet0/0/1
     10.0.0.5/32    OSPF    20   3          D     172.16.1.1       GigabitEthernet0/0/1
     10.0.0.6/32    OSPF    20   3          D     172.16.1.1       GigabitEthernet0/0/1
   172.16.0.0/24    OSPF    20   2          D     172.16.1.1       GigabitEthernet0/0/1
   172.16.2.0/24    OSPF    20   3          D     172.16.1.1       GigabitEthernet0/0/1
   172.16.3.0/24    OSPF    20   3          D     172.16.1.1       GigabitEthernet0/0/1

OSPF routing table status : <Inactive>
        Destinations : 0       Routes : 0
```

更改 OSPF 外部优先级的操作在本书实验环境中不具备实际意义，仅为展示配置命令的用法和效果。

第 2 章
IS-IS 基础实验

本章主要内容

　　IS-IS 协议的全称是中间系统到中间系统协议，是一种域内路由信息交换协议，使用 SPF（最短路径优先）算法来计算路由，在单个 AS（自治系统）中运行，属于一种 IGP（内部网关协议）。

　　IS-IS 协议使用了以下基本术语。

- **IS（中间系统）**：参与了 IS-IS 路由进程的路由设备，负责生成路由和传播路由信息。L1 路由器、L2 路由器和 L1/L2 路由器都是中间系统。
  o **L1 路由器**：在本路由区域内提供服务的路由器。
  o **L2 路由器**：骨干路由器。
  o **L1/L2 路由器**：将本地路由区域连接到骨干的路由器。
- **ES（终端系统）**：未参与 IS-IS 路由进程的终端设备，如 PC 等。
- **RD（路由域）**：所有路由器都运行 IS-IS 路由协议，并以此支持域内路由信息交换的网络。一个 IS-IS 路由域相当于一个自治系统。
- **Area（区域）**：IS-IS 协议通过两级层次结构来管理和扩展大型网络中的路由。网络规划师可以按照具体需求在路由域中划分出多个子路由域，这些子路由域称为区域。

图 2-1 描绘了 IS-IS 的基本术语。

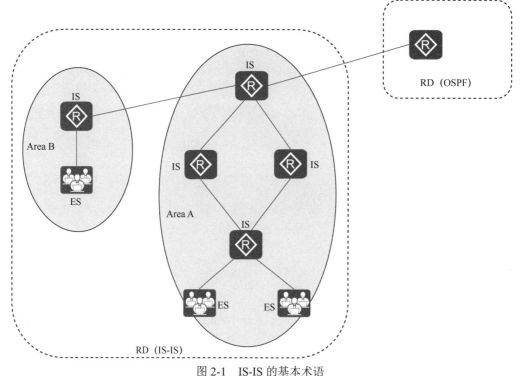

图 2-1　IS-IS 的基本术语

　　为了支持大规模网络，IS-IS 在一个路由域中定义了以下两个路由级别。

- **Level-1 路由**：又称为区域内路由，同一个路由区域中的路由器使用 Level-1 路由进行通信。Level-1 路由通过 L1 路由器和 L1/L2 路由器进行管理。

- **Level-2 路由**：又称为区域间路由，不同路由区域的路由器之间使用 Level-2 路由进行通信。Level-2 路由通过 L2 路由器和 L1/L2 路由器进行管理。

在 IS-IS 域中，按照其支持的路由级别，路由器分为以下 3 种。

- **Level-1 路由器**：部署在非骨干区域，只维护 Level-1 路由。
- **Level-1-2 路由器**：部署在骨干区域，同时维护 Level-1 路由和 Level-2 路由。
- **Level-2 路由器**：部署在骨干区域，只维护 Level-2 路由。

IS-IS 路由器建立邻接关系的原则如下。

- 只有 Level 级别相同的相邻路由器之间才会建立该级别的邻接关系。
- 路由器只会与相同区域的相邻路由器建立 Level-1 邻接关系，因此在建立 Level-1 邻居时，路由器会检查区域 ID 是否相同。
- 链路两端的 IS-IS 网络类型必须一致。
- 链路两端的 IS-IS 接口 IP 地址必须处于同一个网段。
  - 当接口上配置了多个 IP 地址，即同时存在主地址和从地址，那么只要链路两端的某个 IP 地址（主地址或从地址）处于同一个网段，它们就可以建立邻接关系，不一定必须在主地址之间进行匹配。
  - 对于 P2P 网络类型的接口，工程师可以通过配置让路由器忽略 IP 地址检查。

2.1　实验介绍

2.1.1　关于本实验

这个实验会通过 IS-IS 网络的部署，帮助读者更直观地理解上述 IS-IS 的基础概念，以及如何在华为路由器上对 IS-IS 进行配置。

本实验会按照不同的 IS-IS 区域设计，逐台对相关路由器进行配置以及引入外部路由。读者可以在自己的实验环境中，跟随本实验后文中具体的实验要求进行练习，逐步掌握 IS-IS 的配置方法。

2.1.2　实验目的

- 掌握 IS-IS 的基本配置方法。
- 掌握在 IS-IS 广播网络中指定 DIS（指定中间系统）的方法。
- 掌握在 IS-IS 中修改网络类型的方法。
- 掌握向 IS-IS 引入外部路由。
- 掌握指定 IS-IS 接口开销值的方法。
- 掌握 IS-IS 路由渗透的配置方法。

2.1.3　实验组网介绍

在图 2-2 所示的实验拓扑中，IS-IS 路由域分为两个区域：49.0001 和 49.0002。这个 IS-IS 网络的骨干区域由路由器 AR3、AR4、AR5 和 AR6 构成，路由器 AR3 和 AR4 是连接两个区域的路由器，路由器 AR1 和 AR2 是属于区域 49.0001 的 Level-1 路由器，路由器 AR5 和 AR6 是属于区域 49.0002 的 Level-2 路由器。

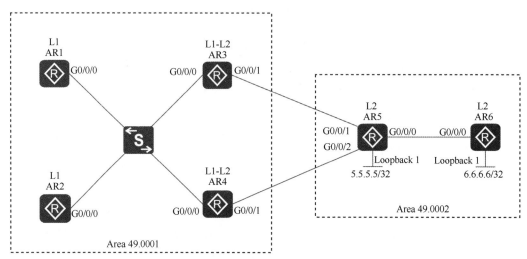

图 2-2　IS-IS 实验拓扑

在这个 IS-IS 网络中，我们要使用进程号 10，NET（网络实体名）使用设备的 Loopback 0 接口地址，以 AR1 为例，它的 NET 为 49.0001.0100.0000.0001.00。

表 2-1 列出了本章实验使用的网络地址规划。

表 2-1　本章实验所使用的网络地址规划

设备	接口	IP 地址	子网掩码	默认网关
AR1	G0/0/0	172.16.0.1	255.255.255.0	—
	Loopback 0	10.0.0.1	255.255.255.255	—
AR2	G0/0/0	172.16.0.2	255.255.255.0	—
	Loopback 0	10.0.0.2	255.255.255.255	—
AR3	G0/0/0	172.16.0.3	255.255.255.0	—
	G0/0/1	172.16.35.3	255.255.255.0	—
	Loopback 0	10.0.0.3	255.255.255.255	—
AR4	G0/0/0	172.16.0.4	255.255.255.0	—
	G0/0/1	172.16.45.4	255.255.255.0	—
	Loopback 0	10.0.0.4	255.255.255.255	—
AR5	G0/0/0	172.16.56.5	255.255.255.0	—
	G0/0/1	172.16.35.5	255.255.255.0	—
	G0/0/2	172.16.45.5	255.255.255.0	—
	Loopback 0	10.0.0.5	255.255.255.255	—
	Loopback 1	5.5.5.5	255.255.255.255	—

续表

设备	接口	IP 地址	子网掩码	默认网关
AR6	G0/0/0	172.16.56.6	255.255.255.0	—
	Loopback 0	10.0.0.6	255.255.255.255	—
	Loopback 1	6.6.6.6	255.255.255.255	—

2.1.4　实验任务列表

配置任务 1：实现 IS-IS 的基本配置

配置任务 2：配置 IS-IS 的网络类型

配置任务 3：控制 IS-IS 路由信息的交互

配置任务 4：控制 IS-IS 的选路

2.2　实现 IS-IS 的基本配置

在这个实验任务中，我们要通过基本配置建立完整的 IS-IS 网络，并且通过接口认证的方式保障 IS-IS 网络的安全性。除了路由器互连接口外，我们还要在 Loopback 0 接口上也启用 IS-IS。由于 Loopback 接口并不会建立 IS-IS 邻居，因此在 Loopback 接口上启用 IS-IS 后，只会将该接口所在网段的路由通过 IS-IS 发布出去。

2.2.1　基础配置

在初始化的路由器上，工程师需要配置路由器的主机名，并在相关接口上配置正确的 IP 地址，路由器接口的 IP 地址可参考表 2-1。例 2-1～例 2-6 展示了路由器上的基础配置。

例 2-1　路由器 AR1 的基础配置

```
<Huawei>system-view
Enter system view, return user view with Ctrl+Z.
[Huawei]sysname AR1
[AR1]interface GigabitEthernet 0/0/0
[AR1-GigabitEthernet0/0/0]ip address 172.16.0.1 24
[AR1-GigabitEthernet0/0/0] quit
[AR1]interface LoopBack 0
[AR1-LoopBack0]ip address 10.0.0.1 32
```

例 2-2　路由器 AR2 的基础配置

```
<Huawei>system-view
Enter system view, return user view with Ctrl+Z.
[Huawei]sysname AR2
[AR2]interface GigabitEthernet 0/0/0
[AR2-GigabitEthernet0/0/0]ip address 172.16.0.2 24
[AR2-GigabitEthernet0/0/0]quit
[AR2]interface LoopBack 0
[AR2-LoopBack0]ip address 10.0.0.2 32
```

例 2-3　路由器 AR3 的基础配置

```
<Huawei>system-view
Enter system view, return user view with Ctrl+Z.
[Huawei]sysname AR3
```

```
[AR3]interface GigabitEthernet 0/0/0
[AR3-GigabitEthernet0/0/0]ip address 172.16.0.3 24
[AR3-GigabitEthernet0/0/0]quit
[AR3]interface GigabitEthernet 0/0/1
[AR3-GigabitEthernet0/0/1]ip address 172.16.35.3 24
[AR3-GigabitEthernet0/0/1]quit
[AR3]interface LoopBack 0
[AR3-LoopBack0]ip address 10.0.0.3 32
```

例 2-4　路由器 AR4 的基础配置

```
<Huawei>system-view
Enter system view, return user view with Ctrl+Z.
[Huawei]sysname AR4
[AR4]interface GigabitEthernet 0/0/0
[AR4-GigabitEthernet0/0/0]ip address 172.16.0.4 24
[AR4-GigabitEthernet0/0/0]quit
[AR4]interface GigabitEthernet 0/0/1
[AR4-GigabitEthernet0/0/1]ip address 172.16.45.4 24
[AR4-GigabitEthernet0/0/1]quit
[AR4]interface LoopBack 0
[AR4-LoopBack0]ip address 10.0.0.4 32
```

例 2-5　路由器 AR5 的基础配置

```
<Huawei>system-view
Enter system view, return user view with Ctrl+Z.
[Huawei]sysname AR5
[AR5]interface GigabitEthernet 0/0/0
[AR5-GigabitEthernet0/0/0]ip address 172.16.56.5 24
[AR5-GigabitEthernet0/0/0]quit
[AR5]interface GigabitEthernet 0/0/1
[AR5-GigabitEthernet0/0/1]ip address 172.16.35.5 24
[AR5-GigabitEthernet0/0/1]quit
[AR5]interface GigabitEthernet 0/0/2
[AR5-GigabitEthernet0/0/2]ip address 172.16.45.5 24
[AR5-GigabitEthernet0/0/2]quit
[AR5]interface LoopBack 0
[AR5-LoopBack0]ip address 10.0.0.5 32
```

例 2-6　路由器 AR6 的基础配置

```
<Huawei>system-view
Enter system view, return user view with Ctrl+Z.
[Huawei]sysname AR6
[AR6]interface GigabitEthernet 0/0/0
[AR6-GigabitEthernet0/0/0]ip address 172.16.56.6 24
[AR6-GigabitEthernet0/0/0]quit
[AR6]interface LoopBack 0
[AR6-LoopBack0]ip address 10.0.0.6 32
```

配置完成后，路由器的直连接口之间就可以相互通信了，读者可以使用 **ping** 命令进行验证，本实验中不展示路由器之间的连通性测试结果，请读者在配置后续内容之前自行验证，以确保 IP 地址配置正确。

2.2.2　IS-IS 的基础配置

在配置 IS-IS 时，工程师需要按照以下步骤配置 IS-IS 的基本功能，组建 IS-IS 网络。

（1）创建 IS-IS 进程。工程师需要在系统视图中配置以下命令。

- **isis** [*process-id*]：创建 IS-IS 进程并进入 IS-IS 视图。*process-id* 的取值范围为 1～65535，默认值为 1。

（2）配置全局 Level 级别。网络管理员需要根据网络规划为设备指定 Level 级别。

- **is-level** { **level-1** | **level-1-2** | **level-2** }：默认的设备 Level 级别为 **level-1-2**。需要注

意的是，更改 IS-IS 设备的级别会导致重启 IS-IS 进程，并造成已建立的 IS-IS 邻居断开，因此建议工程师在配置前做好规划并按照规划进行配置，避免在网络运行中更改级别。工程师需要从 3 个可选 Level 级别中进行选择。

- **level-1**：路由器为纯 Level-1 设备，只能与 Level-1 和 Level-1-2 邻居形成邻接关系，并且需要与邻居属于同一区域，只负责维护 Level-1 LSDB。
- **level-1-2**：路由器可以与属于同一区域的 Level-1 邻居形成邻接关系，也可以与 Level-2 邻居形成邻接关系。它会分别维护 Level-1 LSDB 和 Level-2 LSDB。
- **level-2**：路由器为纯 Level-2 设备，可以与 Level-2 和 Level-1-2 邻居形成邻接关系，在形成 Level-2 邻接关系时不检查区域 ID 是否相同，它只负责维护 Level-2 LSDB。

（3）配置网络实体名。在 IS-IS 的配置中，工程师必须在 IS-IS 进程中指定 NET（网络实体名），IS-IS 协议才能够真正启动。工程师需要在 IS-IS 视图中配置以下命令。

- **network-entity** *net*：选择 NET 的一般原则是将 Loopback 接口的地址转化为 NET，这样可以保证 NET 在网络中的唯一性。如果网络中出现了 NET 冲突，则会引发路由震荡。

（4）建立 IS-IS 邻居。若要在接口上启用 IS-IS 协议，工程师需要在接口视图中使用以下命令。

- **isis enable** [*process-id*]：使能 IS-IS 接口。工程师需要在所有需要启用 IS-IS 的接口上配置这条命令，使 IS-IS 能够通过该接口建立邻居并扩散 LSP（链路状态 PDU）报文。

根据实验要求，我们先配置区域 49.0001 中的 Level-1 路由器，即 AR1 和 AR2，详见例 2-7 和例 2-8。

例 2-7　路由器 AR1 的 IS-IS 的基本配置

```
[AR1]isis 10
[AR1-isis-10]is-level level-1
[AR1-isis-10]network-entity 49.0001.0100.0000.0001.00
[AR1-isis-10]quit
[AR1]interface GigabitEthernet 0/0/0
[AR1-GigabitEthernet0/0/0]isis enable 10
[AR1-GigabitEthernet0/0/0]quit
[AR1]interface LoopBack 0
[AR1-LoopBack0]isis enable 10
```

例 2-8　路由器 AR2 的 IS-IS 的基本配置

```
[AR2]isis 10
[AR2-isis-10]is-level level-1
[AR2-isis-10]network-entity 49.0001.0100.0000.0002.00
[AR2-isis-10]quit
[AR2]interface GigabitEthernet 0/0/0
[AR2-GigabitEthernet0/0/0]isis enable 10
[AR2-GigabitEthernet0/0/0]quit
[AR2]interface LoopBack 0
[AR2-LoopBack0]isis enable 10
```

接着，我们配置区域 49.0001 中的 Level-1-2 路由器，即 AR3 和 AR4。它们是这个 IS-IS 路由域中仅有的两台能够同时建立 Level-1 邻居和 Level-2 邻居的路由器。对于这种类型的 IS-IS 路由器来说，工程师可以指定路由器接口的 Level 级别，使其只能够通过该接口建立相应 Level 级别的邻接关系。工程师可以使用以下接口视图命令进行配置，例 2-9 和例 2-10 分别展示了 AR3 和 AR4 上的 IS-IS 的基本配置。

- **isis circuit-level [level-1 | level-1-2 | level-2]**：在默认情况下，接口的 Level 级别为 **level-1-2**。只有当路由器的全局 Level 级别为 level-1-2 时，更改接口的 Level 级别才有意义，否则路由器只会依据全局 Level 级别建立邻接关系。

例 2-9　路由器 AR3 的 IS-IS 的基本配置

```
[AR3]isis 10
[AR3-isis-10]is-level level-1-2
[AR3-isis-10]network-entity 49.0001.0100.0000.0003.00
[AR3-isis-10]quit
[AR3]interface GigabitEthernet 0/0/0
[AR3-GigabitEthernet0/0/0]isis enable 10
[AR3-GigabitEthernet0/0/0]isis circuit-level level-1
[AR3-GigabitEthernet0/0/0]quit
[AR3]interface GigabitEthernet 0/0/1
[AR3-GigabitEthernet0/0/1]isis enable 10
[AR3-GigabitEthernet0/0/1]isis circuit-level level-2
[AR3-GigabitEthernet0/0/1]quit
[AR3]interface LoopBack 0
[AR3-LoopBack0]isis enable 10
```

例 2-10　路由器 AR4 的 IS-IS 的基本配置

```
[AR4]isis 10
[AR4-isis-10]is-level level-1-2
[AR4-isis-10]network-entity 49.0001.0100.0000.0004.00
[AR4-isis-10]quit
[AR4]interface GigabitEthernet 0/0/0
[AR4-GigabitEthernet0/0/0]isis enable 10
[AR4-GigabitEthernet0/0/0]isis circuit-level level-1
[AR4-GigabitEthernet0/0/0]quit
[AR4]interface GigabitEthernet 0/0/1
[AR4-GigabitEthernet0/0/1]isis enable 10
[AR4-GigabitEthernet0/0/1]isis circuit-level level-2
[AR4-GigabitEthernet0/0/1]quit
[AR4]interface LoopBack 0
[AR4-LoopBack0]isis enable 10
```

最后，我们配置区域 49.0002 中的 Level-2 路由器，即 AR5 和 AR6，详见例 2-11 和例 2-12。

例 2-11　路由器 AR5 的 IS-IS 的基本配置

```
[AR5]isis 10
[AR5-isis-10]is-level level-2
[AR5-isis-10]network-entity 49.0002.0100.0000.0005.00
[AR5-isis-10]quit
[AR5]interface GigabitEthernet 0/0/0
[AR5-GigabitEthernet0/0/0]isis enable 10
[AR5-GigabitEthernet0/0/0]quit
[AR5]interface GigabitEthernet 0/0/1
[AR5-GigabitEthernet0/0/1]isis enable 10
[AR5-GigabitEthernet0/0/1]quit
[AR5]interface GigabitEthernet 0/0/2
[AR5-GigabitEthernet0/0/2]isis enable 10
[AR5-GigabitEthernet0/0/2]quit
[AR5]interface LoopBack 0
[AR5-LoopBack0]isis enable 10
```

例 2-12　路由器 AR6 的 IS-IS 的基本配置

```
[AR6]isis 10
[AR6-isis-10]is-level level-2
[AR6-isis-10]network-entity 49.0002.0100.0000.0006.00
[AR6-isis-10]quit
[AR6]interface GigabitEthernet 0/0/0
[AR6-GigabitEthernet0/0/0]isis enable 10
[AR6-GigabitEthernet0/0/0]quit
[AR6]interface LoopBack 0
[AR6-LoopBack0]isis enable 10
```

配置完成后，我们可以通过命令 **display isis peer** 来查看 IS-IS 邻居，以此判断两台设备之间是否可以正常通信，例 2-13 展示了路由器 AR1 的 IS-IS 邻居。

例 2-13　路由器 AR1 的 IS-IS 邻居概要

```
[AR1]display isis peer
                        Peer information for ISIS(10)

  System Id       Interface       Circuit Id            State HoldTime Type    PRI
  -------------------------------------------------------------------------------
  0100.0000.0002  GE0/0/0         0100.0000.0003.01 Up   22s      L1      64
  0100.0000.0003  GE0/0/0         0100.0000.0003.01 Up   8s       L1      64
  0100.0000.0004  GE0/0/0         0100.0000.0003.01 Up   26s      L1      64

Total Peer(s): 3
```

从例 2-13 中可以看到，AR1 已经通过 G0/0/0 接口与 AR2、AR3 和 AR4 建立了 Level-1 邻接关系，在建立 Level-1 邻接关系之前，路由器会确认邻居是否与自己属于同一个区域，即区域 ID 是否相同。

命令 **display isis peer** 能够查看邻居状态、保持时长和邻居类型等信息。

- System Id：邻居设备的系统 ID。
- Interface：与该邻居建立邻接关系的本地接口。
- Circuit Id：邻居设备的电路 ID。
- State：邻居状态。
  - Up：表示双方已实现通信。
  - Init：表示邻居处于单通状态，即本端能够接收到对端的报文，但对端无法接收到本端的报文。
  - Down：表示初始状态，即没有接收到邻居的任何信息，一般该状态不会显示出来。
- HoldTime：邻居设备的保持时长。
- Type：邻居类型。
  - L1：Level-1 邻居，两端接口类型都为 Level-1。
  - L2：Level-2 邻居，两端接口类型都为 Level-2。
  - L1(L1L2)：Level-1 邻居，两端接口类型都为 Level-1-2。
  - L2(L1L2)：Level-2 邻居，两端接口类型都为 Level-1-2。
- PRI：邻居选举 DIS 的优先级。

接着，我们以路由器 AR3 为例查看 Level-2 邻居，详见例 2-14。

例 2-14　路由器 AR3 的 IS-IS 邻居摘要

```
[AR3]display isis peer
                        Peer information for ISIS(10)

  System Id       Interface       Circuit Id            State HoldTime Type    PRI
  -------------------------------------------------------------------------------
  0100.0000.0001  GE0/0/0         0100.0000.0003.01 Up   28s      L1      64
  0100.0000.0002  GE0/0/0         0100.0000.0003.01 Up   26s      L1      64
  0100.0000.0004  GE0/0/0         0100.0000.0003.01 Up   26s      L1      64
  0100.0000.0005  GE0/0/1         0100.0000.0003.02 Up   22s      L2      64

Total Peer(s): 4
```

例 2-14 中的阴影行显示出路由器 AR3 通过 G0/0/1 接口建立的邻居，是一个 Level-2 邻居（AR5），邻居的系统 ID 为 0100.0000.0005。

工程师在上述命令 **display isis peer** 后添加可选关键字 **verbose** 可以获得更多的输出信息，详见例 2-15。

例 2-15　路由器 AR3 的 IS-IS 邻居详情

```
[AR3]display isis peer verbose

                    Peer information for ISIS(10)

   System Id     Interface          Circuit Id        State HoldTime Type    PRI
   -------------------------------------------------------------------------------
   0100.0000.0001  GE0/0/0                0100.0000.0003.01 Up   30s      L1      64

     MT IDs supported    : 0(UP)
     Local MT IDs        : 0
     Area Address(es)    : 49.0001
     Peer IP Address(es) : 172.16.0.1
     Uptime              : 05:16:27
     Adj Protocol        : IPV4
     Restart Capable     : YES
     Suppressed Adj      : NO
     Peer System Id      : 0100.0000.0001

   0100.0000.0002  GE0/0/0                0100.0000.0003.01 Up   21s      L1      64

     MT IDs supported    : 0(UP)
     Local MT IDs        : 0
     Area Address(es)    : 49.0001
     Peer IP Address(es) : 172.16.0.2
     Uptime              : 05:16:27
     Adj Protocol        : IPV4
     Restart Capable     : YES
     Suppressed Adj      : NO
     Peer System Id      : 0100.0000.0002

   0100.0000.0004  GE0/0/0                0100.0000.0003.01 Up   24s      L1      64

     MT IDs supported    : 0(UP)
     Local MT IDs        : 0
     Area Address(es)    : 49.0001
     Peer IP Address(es) : 172.16.0.4
     Uptime              : 05:13:06
     Adj Protocol        : IPV4
     Restart Capable     : YES
     Suppressed Adj      : NO
     Peer System Id      : 0100.0000.0004

   0100.0000.0005  GE0/0/1                0100.0000.0003.02 Up   26s      L2      64

     MT IDs supported    : 0(UP)
     Local MT IDs        : 0
     Area Address(es)    : 49.0002
     Peer IP Address(es) : 172.16.35.5
     Uptime              : 05:11:51
     Adj Protocol        : IPV4
     Restart Capable     : YES
     Suppressed Adj      : NO
     Peer System Id      : 0100.0000.0005

Total Peer(s): 4
```

例 2-15 的命令输出在例 2-14 命令输出的基础上提供了更多详情。

- MT IDs supported：对端接口支持的拓扑实例 ID。

- Local MT IDs：本端接口支持的拓扑实例 ID。
- Area Address(es)：邻居的区域地址。
- Peer IP Address(es)：对端接口的 IP 地址。
- Uptime：邻接关系处于 Up 状态的时长。
- Adj Protocol：建立邻接关系的协议。
- Restart Capable：是否支持 GR（平滑重启）。
- Suppressed Adj：是否抑制邻居。
- Peer System Id：邻居的系统 ID。

IS-IS 实验环境中的邻接关系都建立起来之后，我们可以查看 IP 路由表中的 IS-IS 路由，以路由器 AR1 为例，详见例 2-16。

例 2-16　查看路由器 AR1 的 IP 路由表中的 IS-IS 路由

```
[AR1]display ip routing-table protocol isis
Route Flags: R - relay, D - download to fib
------------------------------------------------------------------------
Public routing table : ISIS
        Destinations : 4        Routes : 5

ISIS routing table status : <Active>
        Destinations : 4        Routes : 5

Destination/Mask    Proto   Pre  Cost       Flags NextHop          Interface

        0.0.0.0/0   ISIS-L1 15   10          D    172.16.0.4       GigabitEthernet0/0/0
                    ISIS-L1 15   10          D    172.16.0.3       GigabitEthernet0/0/0
      10.0.0.2/32   ISIS-L1 15   10          D    172.16.0.2       GigabitEthernet0/0/0
      10.0.0.3/32   ISIS-L1 15   10          D    172.16.0.3       GigabitEthernet0/0/0
      10.0.0.4/32   ISIS-L1 15   10          D    172.16.0.4       GigabitEthernet0/0/0

ISIS routing table status : <Inactive>
        Destinations : 0        Routes : 0
```

从例 2-16 所示路由表中可以看出 AR1 通过 IS-IS 学习到了 AR2、AR3 和 AR4 的环回接口路由，但对于非本区域的 AR5 和 AR6，AR1 并不知道它们的环回接口路由。AR3 和 AR4 作为连接两个区域的 L1/L2 路由器，在向本区域的 Level-1 路由器通告路由信息时，只会通告默认路由，让 Level-1 路由器将去往其他区域的流量都发送给自己。

我们可以在 Level-2 路由器上使用命令 **display isis route** 查看 IS-IS 路由表，会发现 Level-2 路由器已经学习到了整个 IS-IS 域的路由，以路由器 AR5 为例，详见例 2-17。

例 2-17　查看路由器 AR5 的 IS-IS 路由

```
[AR5]display isis route

                    Route information for ISIS(10)
                    -----------------------------

                    ISIS(10) Level-2 Forwarding Table
                    --------------------------------

IPV4 Destination      IntCost    ExtCost ExitInterface   NextHop        Flags
-------------------------------------------------------------------------------
172.16.56.0/24        10         NULL    GE0/0/0         Direct         D/-/L/-
10.0.0.6/32           10         NULL    GE0/0/0         172.16.56.6    A/-/-/-
10.0.0.5/32           0          NULL    Loop0           Direct         D/-/L/-
172.16.45.0/24        10         NULL    GE0/0/2         Direct         D/-/L/-
10.0.0.4/32           10         NULL    GE0/0/2         172.16.45.4    A/-/-/-
172.16.35.0/24        10         NULL    GE0/0/1         Direct         D/-/L/-
10.0.0.3/32           10         NULL    GE0/0/1         172.16.35.3    A/-/-/-
10.0.0.2/32           20         NULL    GE0/0/2         172.16.45.4    A/-/-/-
```

```
                                       GE0/0/1          172.16.35.3
172.16.0.0/24        20      NULL      GE0/0/2          172.16.45.4      A/-/-/-
                                       GE0/0/1          172.16.35.3
10.0.0.1/32          20      NULL      GE0/0/2          172.16.45.4      A/-/-/-
                                       GE0/0/1          172.16.35.3
    Flags: D-Direct, A-Added to URT, L-Advertised in LSPs, S-IGP Shortcut,
                            U-Up/Down Bit Set
```

从例 2-17 可以看出，路由器 AR5 已经学习到了整网的路由，并且前往 AR1 和 AR2 环回接口的路由，以及前往 172.16.0.0/24 的路由处于负载均衡的状态下。

2.2.3　IS-IS 认证配置

与 OSPF 一样，IS-IS 也可以通过配置认证来保障其安全性，它能够在 IS-IS 报文中增加认证字段对报文进行认证。当 IS-IS 路由器接收到邻居发送过来的 IS-IS 报文时会对报文进行认证，如果发现认证密码不匹配，则丢弃接收到的报文。

IS-IS 可以针对报文的类型分别实施认证，认证分为以下 3 类。

- **接口认证**：在启用了 IS-IS 协议的接口进行配置，对 Level-1 和 Level-2 的 Hello报文进行认证。
- **区域认证**：在 IS-IS 视图中进行配置，对 Level-1 的 SNP（序列号 PDU）和 LSP报文进行认证。
- **路由域认证**：在 IS-IS 视图中进行配置，对 Level-2 的 SNP 和 LSP 报文进行认证。

工程师可以使用以下 4 种认证方式。

- **明文认证**：使用明文认证方式时，路由器会将密码以明文的形式添加到报文中，因此安全性不够高。
- **MD5 认证**：使用 MD5 认证方式时，路由器会对密码执行 MD5 计算，并将计算结果添加到报文中。
- **Keychain 认证**：使用 Keychain 认证方式时，根据工程师配置的随时间变化的密码链表，路由器会将相应的值添加到报文中。
- **HMAC-SHA256 认证**：使用 HMAC-SHA256 认证方式时，路由器会对密码执行HMAC-SHA256 计算，并将计算结果添加到报文中。这种认证方式安全性最高，但工程师在使用前需要确认设备的硬件和软件版本是否支持这种认证方式。

本实验将在区域 49.0002 中演示使用 MD5 认证的方式对 IS-IS Hello 报文执行认证，如果读者对其他认证类型感兴趣，可以访问华为官方网站进行查阅。

在 IS-IS 接口认证模式中，使用 MD5 认证方式的命令语法如下所示。

- **isis authentication-mode md5** { **plain** *plain-text* | **cipher** *plain-cipher-text* } [**level-1** |**level-2**] [**send-only**]：在接口模式中进行配置。**plain** *plain-text* 会将密码以明文形式保存在配置文件中，**cipher** *plain-cipher-text* 会将密码以密文形式保存在配置文件中。[**level-1** | **level-2**]指定 Level-1 或 Level-2 级别的认证，当接口的链路类型为 Level-1-2 时，如果忽略该参数，则 Level-1 和 Level-2 的 Hello 报文都执行认证。**send-only** 表示只向发送的 Hello 报文中添加认证信息，不对接收到的 Hello 报文进行认证。

首先，我们在路由器 AR5 的 G0/0/0 接口上配置 IS-IS 接口认证，使用密文密码Huawei@123，详见例 2-18。

例 2-18　在路由器 AR5 上配置 IS-IS 接口认证

```
[AR5]interface GigabitEthernet 0/0/0
[AR5-GigabitEthernet0/0/0]isis authentication-mode md5 cipher Huawei@123 level-2
[AR5-GigabitEthernet0/0/0]quit
[AR5]
Feb  9 2023 18:55:08-08:00 AR5 %%01ISIS/4/PEER_DWN_HLDTMR_EXPR(l)[0]:ISIS 2560 n
eighbor 0100.0000.0006 was Down on interface GE0/0/0 because hold timer expired.
 The Hello packet was received at 18:54:59 last time; the maximum interval for s
ending Hello packets was 3657891840; the local router sent 3060072448 Hello pack
ets and received 905969664 packets; the type of the Hello packet was Lan Level-2
; CPU usage was 0%.
[AR5]
Feb  9 2023 18:55:08-08:00 AR5 %%01ISIS/4/ADJ_CHANGE_LEVEL(l)[1]:The neighbor of
 ISIS was changed. (IsisProcessId=2560, Neighbor=0100.0000.0006, InterfaceName=G
E0/0/0, CurrentState=down, ChangeType=L2_HOLDTIMER_EXPIRED, Level=Level-2)
```

在路由器 AR5 的 G0/0/0 接口上配置了 IS-IS 接口认证后，AR5 与 AR6 之间的邻接关系会断开，从例 2-18 中的阴影部分可以看出邻接关系已经断开。

我们可以在路由器 AR5 上查看 IS-IS 邻居来确认这一点，详见例 2-19。

例 2-19　确认 AR5 与 AR6 的邻接关系已断开

```
[AR5]display isis peer

                    Peer information for ISIS(10)

  System Id       Interface         Circuit Id           State HoldTime Type   PRI
  -------------------------------------------------------------------------------
  0100.0000.0003  GE0/0/1           0100.0000.0003.02 Up   7s      L2     64
  0100.0000.0004  GE0/0/2           0100.0000.0005.03 Up   30s     L2     64

Total Peer(s): 2
```

接着，我们在 AR6 的 G0/0/0 接口配置相同的命令，详见例 2-20。

例 2-20　在路由器 AR6 上配置 IS-IS 接口认证

```
[AR6]interface GigabitEthernet 0/0/0
[AR6-GigabitEthernet0/0/0]isis authentication-mode md5 cipher Huawei@123 level-2
[AR6-GigabitEthernet0/0/0]quit
[AR6]
Feb  9 2023 19:06:09-08:00 AR6 %%01ISIS/4/ADJ_CHANGE_LEVEL(l)[0]:The neighbor of
 ISIS was changed. (IsisProcessId=2560, Neighbor=0100.0000.0005, InterfaceName=G
E0/0/0, CurrentState=up, ChangeType=NEW_L2_ADJ, Level=Level-2)
```

从例 2-20 的阴影部分可以看出 AR6 与 AR5 的邻接关系已恢复。

2.3　配置 IS-IS 的网络类型

在本实验中，我们将以 IS-IS 区域 49.0001 中的 4 台路由器之间的互联环境为例，研究广播网络中的 DIS 选举；以路由器 AR5 及其邻居之间的互联环境为例，研究 P2P 网络的配置。

2.3.1　广播网络的配置

在 IS-IS 网络中，当网络类型为广播时，IS-IS 路由器之间会进行 DIS 选举。当邻接关系建立后，路由器会等待两个 Hello 报文时间间隔后进行 DIS 选举。它们会先根据 Hello 报文中的优先级字段进行选择，优先级值最大的被选举为这个广播网络中的 DIS，若优先级相同则选举 MAC 地址最大的为 DIS。

在本实验环境中，我们以区域 49.0001 中包含了 4 台路由器的广播网络为例，将路由器 AR4 指定为 DIS。在生产环境中，工程师可以将性能高的路由器指定为 DIS，或者根据其他原则来选择 DIS。

要想指定 DIS，工程师需要在接口视图中更改接口的 DIS 优先级。

- **isis dis-priority** *priority* [**level-1** | **level-2**]：指定 DIS 优先级。*priority* 的取值范围为 0～127，默认为 64，值越大优先级越高。[**level-1** | **level-2**] 单独指定 Level-1 或 Level-2 的 DIS 优先级，若忽略该参数，则为 Level-1 和 Level-2 设置相同的 DIS 优先级。

我们先使用命令 **display isis interface** 来查看路由器 AR4 接口当前的状态，详见例 2-21。

例 2-21　查看路由器 AR4 的 IS-IS 接口

```
[AR4]display isis interface

                    Interface information for ISIS(10)
                    ---------------------------------
Interface        Id     IPV4.State          IPV6.State      MTU   Type  DIS
GE0/0/0          001    Up                  Down            1497  L1    No
GE0/0/1          002    Up                  Down            1497  L2    No
Loop0            001    Up                  Down            1500  L1/L2 --
<AR4>

 Please check whether system data has been changed, and save data in time

 Configuration console time out, please press any key to log on
```

从例 2-21 的阴影行可以看出 AR4 不是这个广播网络中的 DIS，我们要通过将 G0/0/0 接口的 DIS 更改为 127，使其成为这个广播网络中的 DIS，详见例 2-22。

例 2-22　更改路由器 AR4 G0/0/0 的 DIS 值

```
[AR4]interface GigabitEthernet 0/0/0
[AR4-GigabitEthernet0/0/0]isis dis-priority 127
```

我们再次查看 AR4 的 IS-IS 接口，详见例 2-23。

例 2-23　再次查看路由器 AR4 的 IS-IS 接口

```
[AR4]display isis interface

                    Interface information for ISIS(10)
                    ---------------------------------
Interface        Id     IPV4.State          IPV6.State      MTU   Type  DIS
GE0/0/0          001    Up                  Down            1497  L1    Yes
GE0/0/1          002    Up                  Down            1497  L2    No
Loop0            001    Up                  Down            1500  L1/L2 --
```

从例 2-23 的阴影行可以看出 AR4 已经成为 G0/0/0 所连接的广播网络中 Level-1 的 DIS。

需要说明的一点是，路由器接口的默认类型是 L1/L2，读者可以从例 2-23 中最后一行 Loopback0 接口（命令输出中显示为 Loop0）的类型来确认这一点。由于前文实验中我们将 AR4 的 G0/0/0 接口的 Level 级别明确配置为 Level-1，将 G0/0/1 接口配置为 Level-2，因此 AR4 的接口类型会呈现出例 2-23 中的样子。

2.3.2　P2P 网络的配置

IS-IS 定义了两种网络类型：广播和 P2P。以太网接口默认的网络类型为广播，在本例使用的物理拓扑中，路由器 AR5 与其 3 个邻居直连，我们可以将 AR5 及其邻居的接口网络类型更改为 P2P。

工程师可以使用以下命令将接口的网络类型更改为 P2P。

- **isis circuit-type p2p**：接口视图命令。在默认情况下，IS-IS 网络类型将根据物理接口决定。在已启用的接口上使用这条命令更改网络类型时，已建立的邻接关系会断开，并且接口上配置的广播类型参数包括 DIS 优先级、DIS 名称等均会失效。

我们先以路由器 AR5 为例查看 IS-IS 接口的网络类型，工程师可以使用命令 **display isis brief** 查看，详见例 2-24。

例 2-24　查看路由器 AR5 的 IS-IS 接口网络类型

```
[AR5]display isis brief
                    ISIS Protocol Information for ISIS(10)
                    -------------------------------------
SystemId: 0100.0000.0005      System Level: L2
Area-Authentication-mode: NULL
Domain-Authentication-mode: NULL
Ipv6 is not enabled
ISIS is in invalid restart status
ISIS is in protocol hot standby state: Real-Time Backup

Interface: 172.16.56.5(GE0/0/0)
Cost: L1 10       L2 10             Ipv6 Cost: L1 10    L2 10
State: IPV4 Up                      IPV6 Down
Type: BROADCAST                     MTU: 1497
Priority: L1 64    L2 64
Timers:     Csnp: L1 10    L2 10   ,Retransmit: L12 5   , Hello: L1 10 L2 10 ,

Hello Multiplier: L1 3    L2 3     , LSP-Throttle Timer: L12 50

Interface: 172.16.35.5(GE0/0/1)
Cost: L1 10       L2 10             Ipv6 Cost: L1 10    L2 10
State: IPV4 Up                      IPV6 Down
Type: BROADCAST                     MTU: 1497
Priority: L1 64    L2 64
Timers:     Csnp: L1 10    L2 10   ,Retransmit: L12 5   , Hello: L1 10 L2 10 ,

Hello Multiplier: L1 3    L2 3     , LSP-Throttle Timer: L12 50

Interface: 172.16.45.5(GE0/0/2)
Cost: L1 10       L2 10             Ipv6 Cost: L1 10    L2 10
State: IPV4 Up                      IPV6 Down
Type: BROADCAST                     MTU: 1497
Priority: L1 64    L2 64
Timers:     Csnp: L1 10    L2 10   ,Retransmit: L12 5   , Hello: L1 10 L2 10 ,

Hello Multiplier: L1 3    L2 3     , LSP-Throttle Timer: L12 50

Interface: 10.0.0.5(Loop0)
Cost: L1 0        L2 0              Ipv6 Cost: L1 0    L2 0
State: IPV4 Up                      IPV6 Down
Type: P2P                           MTU: 1500
Priority: L1 64    L2  64
Timers:     Csnp: L12 10  , Retransmit: L12 5   , Hello: 10  ,
Hello Multiplier: 3              , LSP-Throttle Timer: L12 50
```

从例 2-24 的阴影部分可以看出路由器 AR5 上 4 个接口的 IS-IS 网络类型，以太网接口默认为 BROADCAST（广播），环回接口默认为 P2P。

现在，我们使用命令更改路由器 AR5 上 3 个以太网接口的 IS-IS 网络类型为 P2P，详见例 2-25。

例 2-25　更改路由器 AR5 上以太网接口的 IS-IS 网络类型

```
[AR5]interface GigabitEthernet 0/0/0
[AR5-GigabitEthernet0/0/0]isis circuit-type p2p
[AR5-GigabitEthernet0/0/0]quit
[AR5]interface GigabitEthernet 0/0/1
[AR5-GigabitEthernet0/0/1]isis circuit-type p2p
[AR5-GigabitEthernet0/0/1]quit
[AR5]interface GigabitEthernet 0/0/2
[AR5-GigabitEthernet0/0/2]isis circuit-type p2p
[AR5-GigabitEthernet0/0/2]quit
[AR5]
Feb 10 2023 08:35:12-08:00 AR5 %%01ISIS/4/ADJ_CHANGE_LEVEL(l)[15]:The neighbor o
f ISIS was changed. (IsisProcessId=2560, Neighbor=0100.0000.0004, InterfaceName=
GE0/0/2, CurrentState=down, ChangeType=L2_CIRCUIT_DOWN, Level=Level-2)
[AR5]
Feb 10 2023 08:35:12-08:00 AR5 %%01ISIS/4/PEER_DOWN_CIRC_DOWN(l)[16]:ISIS 2560 n
eighbor 0100.0000.0004 was Down because interface GE0/0/2 was down. The Hello pa
cket was received at 08:32:08 last time; the maximum interval for sending Hello
packets was 3657891840; the local router sent 3927441408 Hello packets and recei
ved 218103808 packets; the type of the Hello packet was Lan Level-2.
```

在本实验环境中，更改 AR5 接口的 IS-IS 网络类型会导致 AR5 的邻接关系断开，为了简洁且突出重点，例 2-25 中仅保留了 G0/0/2 接口邻居断开时的系统消息，而没有显示 G0/0/0 和 G0/0/1 接口邻居断开时的系统消息。读者在自己的实验环境中可以对 AR3 G0/0/1、AR4 G0/0/1 和 AR6 G0/0/0 的 IS-IS 网络类型进行更改，本实验不展示这部分配置。

在我们相应地更改了路由器 AR3、AR4 和 AR6 上的配置后，可以再次查看路由器 AR5 的 IS-IS 接口信息，详见例 2-26。

例 2-26　再次查看路由器 AR5 的 IS-IS 接口网络类型

```
[AR5]display isis brief

                    ISIS Protocol Information for ISIS(10)
                    -------------------------------------
SystemId: 0100.0000.0005      System Level: L2
Area-Authentication-mode: NULL
Domain-Authentication-mode: NULL
Ipv6 is not enabled
ISIS is in invalid restart status
ISIS is in protocol hot standby state: Real-Time Backup

Interface: 172.16.56.5(GE0/0/0)
Cost: L1 10      L2 10              Ipv6 Cost: L1 10    L2 10
State: IPV4 Up                     IPV6 Down
Type: P2P                          MTU: 1497
Priority: L1 64    L2 64
Timers:     Csnp: L12 10  , Retransmit: L12 5   , Hello: 10  ,
Hello Multiplier: 3             , LSP-Throttle Timer: L12 50

Interface: 172.16.35.5(GE0/0/1)
Cost: L1 10      L2 10              Ipv6 Cost: L1 10    L2 10
State: IPV4 Up                     IPV6 Down
Type: P2P                          MTU: 1497
Priority: L1 64    L2 64
Timers:     Csnp: L12 10  , Retransmit: L12 5   , Hello: 10  ,
Hello Multiplier: 3             , LSP-Throttle Timer: L12 50
Interface: 172.16.45.5(GE0/0/2)
Cost: L1 10      L2 10              Ipv6 Cost: L1 10    L2 10
State: IPV4 Up                     IPV6 Down
Type: P2P                          MTU: 1497
Priority: L1 64    L2 64
Timers:     Csnp: L12 10  , Retransmit: L12 5   , Hello: 10  ,
Hello Multiplier: 3             , LSP-Throttle Timer: L12 50
```

```
Interface: 10.0.0.5(Loop0)
Cost: L1 0        L2 0              Ipv6 Cost: L1 0    L2 0
State: IPV4 Up                     IPV6 Down
Type: P2P                          MTU: 1500
Priority: L1 64   L2  64
Timers:      Csnp: L12 10  , Retransmit: L12 5   , Hello: 10  ,
Hello Multiplier: 3           , LSP-Throttle Timer: L12 50
```

从例 2-26 中的阴影部分可以看出路由器 AR5 上 3 个以太网接口的 IS-IS 网络类型已经全部更改为 P2P。在 P2P 链路上无须选举 DIS，因此在使用命令 **display isis interface** 查看 IS-IS 接口时会发现 DIS 的显示方式发生了变化，详见例 2-27。

例 2-27　查看路由器 AR5 的 IS-IS 接口

```
[AR5]display isis interface

                    Interface information for ISIS(10)
                    ---------------------------------
Interface        Id     IPV4.State        IPV6.State       MTU  Type DIS
GE0/0/0          002       Up                Down          1497 L1/L2 --
GE0/0/1          003       Up                Down          1497 L1/L2 --
GE0/0/2          004       Up                Down          1497 L1/L2 --
Loop0            001       Up                Down          1500 L1/L2 --
```

对于无须选举 DIS 的 P2P 网络来说，在查看 IS-IS 接口时，若接口类型为 L1/L2，则 DIS 为--，而不是 Yes 和 No 的组合。

P2P 链路上不选举 DIS，因此没有与 DIS 相关的配置，但有一些其他特定于 P2P 链路的可选配置。

- **isis ppp-negotiation** { **2-way** | **3-way** [**only**] }：接口视图命令，用来指定在建立邻接关系时采用的 PPP 协商类型。**2-way** 表示使用二次握手的协商模型；**3-way** 表示优先使用三次握手的协商模型，若邻居只支持二次握手，则建立二次握手模型下的邻接关系；**only** 表示只使用三次握手的协商模型，不支持后向兼容。在默认情况下，路由器采用三次握手协商模型。
- **isis peer-ip-ignore**：接口视图命令，对接收到的 Hello 报文不进行 IP 地址检查。在默认情况下，路由器会对对端 Hello 报文的 IP 地址进行检查。如果两端接口 IP 地址不属于同一个网段，但双方都配置了 **isis peer-ip-ignore** 命令，那么它们会忽略 IP 地址检查，并建立正常的邻接关系。此时路由器的路由表中有对端的这个不同网段的路由，但是不能互相 Ping 通。

上述两条命令都是在 P2P 接口下进行配置的。对于广播类型的接口，工程师需要先在接口视图下使用命令 **isis circuit-type p2p** 将接口类型更改为 P2P 后才可以进行配置。对此感兴趣的读者可以在自己的实验环境中进行配置练习，本实验不再演示这部分的配置。

2.4　控制 IS-IS 路由信息的交互

从前文的实验中我们知道，对于 Level-1 设备来说，它会通过本区域 Level-1-2 设备通告的默认路由访问本区域之外的目的地。本节实验将会讨论 Level-2 路由器如何将默认路由和外部路由引入 IS-IS 域中。

2.4.1　发布默认路由

当一台路由器（在本实验环境中为 AR6）作为 IS-IS 域的边界设备连接了外部网络，那么它可以通过 IS-IS 发布一条 0.0.0.0/0 的默认路由，使 IS-IS 域内的其他设备在转发流量时，将去往外部路由域的流量转发到 AR6，然后 AR6 将流量转发到外部路由域。

工程师可以使用以下命令在 IS-IS 中发布默认路由，完整的命令语法可以参考华为官方网站。

- **default-route-advertise** [**always** | **match default** | **route-policy** *route-policy-name*] [**cost** *cost* | [**level-1** | **level-1-2** | **level-2**]]：IS-IS 视图命令。**always** 指明设备无条件地发布默认路由，并且将自己作为默认路由的下一跳设备。**match default** 指的是只有当路由表中存在默认路由时，才发布该默认路由。**route-policy** *route-policy-name* 指定了路由策略名称，只有当路由表中存在满足路由策略的外部路由时才发布默认路由，并且将自己作为默认路由的下一跳设备。**cost** *cost* 用来指定默认路由的开销值。[**level-1** | **level-1-2** | **level-2**] 指定了发布的默认路由的 Level 级别，如果忽略该可选关键字，则生成 Level-2 级别的默认路由。

在路由器 AR6 上发布默认路由之前，我们先查看一下路由器 AR5 当前的 IS-IS 路由，详见例 2-28。

例 2-28　查看路由器 AR5 的 IS-IS 路由

```
[AR5]display isis route

                    Route information for ISIS(10)
                    -----------------------------

                    ISIS(10) Level-2 Forwarding Table
                    ---------------------------------

IPV4 Destination    IntCost    ExtCost  ExitInterface  NextHop       Flags
----------------------------------------------------------------------------
172.16.56.0/24      10         NULL     GE0/0/0        Direct        D/-/L/-
10.0.0.6/32         10         NULL     GE0/0/0        172.16.56.6   A/-/-/-
10.0.0.5/32         0          NULL     Loop0          Direct        D/-/L/-
172.16.45.0/24      10         NULL     GE0/0/2        Direct        D/-/L/-
10.0.0.4/32         10         NULL     GE0/0/2        172.16.45.4   A/-/-/-
172.16.35.0/24      10         NULL     GE0/0/1        Direct        D/-/L/-
10.0.0.3/32         10         NULL     GE0/0/1        172.16.35.3   A/-/-/-
10.0.0.2/32         20         NULL     GE0/0/1        172.16.35.3   A/-/-/-
                                        GE0/0/2        172.16.45.4
172.16.0.0/24       20         NULL     GE0/0/1        172.16.35.3   A/-/-/-
                                        GE0/0/2        172.16.45.4
10.0.0.1/32         20         NULL     GE0/0/1        172.16.35.3   A/-/-/-
                                        GE0/0/2        172.16.45.4
       Flags: D-Direct, A-Added to URT, L-Advertised in LSPs, S-IGP Shortcut,
                         U-Up/Down Bit Set
```

从例 2-28 所示命令输出中可以看出路由器 AR5 上已经有了全网路由，但没有任何默认路由。我们在 AR6 上配置发布默认路由的命令，并且使用 **always** 关键字让 AR6 无论如何都发布默认路由，详见例 2-29。

例 2-29　在路由器 AR6 上发布默认路由

```
[AR6]isis 10
[AR6-isis-10]default-route-advertise always
```

让我们再次查看路由器 AR5 的 IS-IS 路由，详见例 2-30 所示。

例 2-30　在路由器 AR5 上查看 IS-IS 默认路由

```
[AR5]display isis route
                    Route information for ISIS(10)
                    -----------------------------

                    ISIS(10) Level-2 Forwarding Table
                    ---------------------------------

IPV4 Destination    IntCost    ExtCost ExitInterface   NextHop         Flags
0.0.0.0/0           10         NULL    GE0/0/0         172.16.56.6     A/-/-/-
172.16.56.0/24      10         NULL    GE0/0/0         Direct          D/-/L/-
10.0.0.6/32         10         NULL    GE0/0/0         172.16.56.6     A/-/-/-
10.0.0.5/32         0          NULL    Loop0           Direct          D/-/L/-
172.16.45.0/24      10         NULL    GE0/0/2         Direct          D/-/L/-
10.0.0.4/32         10         NULL    GE0/0/2         172.16.45.4     A/-/-/-
172.16.35.0/24      10         NULL    GE0/0/1         Direct          D/-/L/-
10.0.0.3/32         10         NULL    GE0/0/1         172.16.35.3     A/-/-/-
10.0.0.2/32         20         NULL    GE0/0/1         172.16.35.3     A/-/-/-
                                       GE0/0/2         172.16.45.4
172.16.0.0/24       20         NULL    GE0/0/1         172.16.35.3     A/-/-/-
                                       GE0/0/2         172.16.45.4
10.0.0.1/32         20         NULL    GE0/0/1         172.16.35.3     A/-/-/-
                                       GE0/0/2         172.16.45.4
        Flags: D-Direct, A-Added to URT, L-Advertised in LSPs, S-IGP Shortcut,
                              U-Up/Down Bit Set
```

　　路由器 AR5 已经学习到了 AR6 发布的默认路由，但在当前的配置中，AR6 并没有连接任何可以进行测试的外部路由，我们可以在路由器 AR6 上创建 Loopback 1 接口并配置 IP 地址 6.6.6.6/32 进行测试。例 2-31 在路由器 AR5 上执行了 ping 测试。

例 2-31　在路由器 AR5 上测试默认路由

```
[AR5]ping 6.6.6.6
  PING 6.6.6.6: 56  data bytes, press CTRL_C to break
    Reply from 6.6.6.6: bytes=56 Sequence=1 ttl=255 time=40 ms
    Reply from 6.6.6.6: bytes=56 Sequence=2 ttl=255 time=20 ms
    Reply from 6.6.6.6: bytes=56 Sequence=3 ttl=255 time=10 ms
    Reply from 6.6.6.6: bytes=56 Sequence=4 ttl=255 time=10 ms
    Reply from 6.6.6.6: bytes=56 Sequence=5 ttl=255 time=20 ms

  --- 6.6.6.6 ping statistics ---
    5 packet(s) transmitted
    5 packet(s) received
    0.00% packet loss
    round-trip min/avg/max = 10/20/40 ms
```

　　从测试结果可知，路由器 AR5 并不知道如何访问 6.6.6.6，因此使用了默认路由将流量发送给 AR6。

2.4.2　引入外部路由

　　当 IS-IS 域中有多台边界路由器，并且去往指定的外部目的地有更优选择时，工程师可以要求 IS-IS 将部分或全部外部路由引入 IS-IS 域中。在本实验中，我们会在路由器 AR5 上创建 Loopback 1 接口并为其配置 IP 地址 5.5.5.5/32，然后将这个直连接口的路由作为外部路由引入 IS-IS 域中。

　　工程师可以使用以下命令向 IS-IS 引入外部路由，完整的命令语法可以参考华为官方网站。

　　import-route [**static** | **direct**] [**cost** *cost* | [**level-1** | **level-1-2** | **level-2**]]：IS-IS 视图命

令。**static | direct** 用来将活跃的静态路由或直连路由引入 IS-IS 中。**cost** *cost* 用来指定默认路由的开销值。[**level-1 | level-1-2 | level-2**]指定了发布的默认路由的 Level 级别，如果忽略该可选关键字，则生成 Level-2 级别的默认路由。

例 2-32 展示了路由器 AR5 上的相关配置。

例 2-32　在路由器 AR5 上引入直连路由

```
[AR5]interface LoopBack 1
[AR5-LoopBack1]ip address 5.5.5.5 32
[AR5-LoopBack1]quit
[AR5]isis 10
[AR5-isis-10]import-route direct
```

配置完成后，我们可以查看路由器 AR5 的 IS-IS 路由表，详见例 2-33。

例 2-33　查看路由器 AR5 引入的外部路由

```
[AR5]display isis route

                    Route information for ISIS(10)
                    -----------------------------

                    ISIS(10) Level-2 Forwarding Table
                    ---------------------------------

IPV4 Destination      IntCost    ExtCost ExitInterface   NextHop       Flags
-------------------------------------------------------------------------------
0.0.0.0/0             10         NULL    GE0/0/0         172.16.56.6   A/-/-/-
172.16.56.0/24        10         NULL    GE0/0/0         Direct        D/-/L/-
10.0.0.6/32           10         NULL    GE0/0/0         172.16.56.6   A/-/-/-
10.0.0.5/32           0          NULL    Loop0           Direct        D/-/L/-
172.16.45.0/24        10         NULL    GE0/0/2         Direct        D/-/L/-
10.0.0.4/32           10         NULL    GE0/0/2         172.16.45.4   A/-/-/-
172.16.35.0/24        10         NULL    GE0/0/1         Direct        D/-/L/-
10.0.0.3/32           10         NULL    GE0/0/1         172.16.35.3   A/-/-/-
10.0.0.2/32           20         NULL    GE0/0/1         172.16.35.3   A/-/-/-
                                         GE0/0/2         172.16.45.4
172.16.0.0/24         20         NULL    GE0/0/1         172.16.35.3   A/-/-/-
                                         GE0/0/2         172.16.45.4
10.0.0.1/32           20         NULL    GE0/0/1         172.16.35.3   A/-/-/-
                                         GE0/0/2         172.16.45.4
      Flags: D-Direct, A-Added to URT, L-Advertised in LSPs, S-IGP Shortcut,
                        U-Up/Down Bit Set


                    ISIS(10) Level-2 Redistribute Table
                    -----------------------------------

 Type IPV4 Destination      IntCost    ExtCost Tag
-------------------------------------------------------------------------------
 D    5.5.5.5/32            0                  0

        Type: D-Direct, I-ISIS, S-Static, O-OSPF, B-BGP, R-RIP, U-UNR
```

任何途径引入的外部路由都会出现在 ISIS(10) Level-2 Redistribute Table 部分，从例 2-33 所示的阴影部分可以看到引入的外部路由。我们可以在路由器 AR6 上查看路由 5.5.5.5/32，详见例 2-34。

例 2-34　在 AR6 上查看 5.5.5.5/32

```
[AR6]display isis route 5.5.5.5

                    Route information for ISIS(10)
                    -----------------------------

                    ISIS(10) Level-2 Forwarding Table
                    ---------------------------------
```

```
IPV4 Destination      IntCost      ExtCost ExitInterface      NextHop        Flags
-------------------------------------------------------------------------------------
5.5.5.5/32            10           0       GE0/0/0            172.16.56.5    A/-/-/-
     Flags: D-Direct, A-Added to URT, L-Advertised in LSPs, S-IGP Shortcut,
                                    U-Up/Down Bit Set
```

路由器 AR6 已经通过 IS-IS 学习到了 5.5.5.5/32 路由。我们可以再查看区域 49.0001 中 Level-1 设备中的路由表，以路由器 AR1 为例，详见例 2-35。

例 2-35 查看路由器 AR1 上的 IS-IS 路由

```
[AR1]display isis route
                      Route information for ISIS(10)
                      ------------------------------

                      ISIS(10) Level-1 Forwarding Table
                      ---------------------------------

IPV4 Destination      IntCost      ExtCost ExitInterface      NextHop        Flags
-------------------------------------------------------------------------------------
0.0.0.0/0             10           NULL    GE0/0/0            172.16.0.3     A/-/-/-
                                           GE0/0/0            172.16.0.4
10.0.0.4/32           10           NULL    GE0/0/0            172.16.0.4     A/-/-/-
10.0.0.3/32           10           NULL    GE0/0/0            172.16.0.3     A/-/-/-
10.0.0.2/32           10           NULL    GE0/0/0            172.16.0.2     A/-/-/-
172.16.0.0/24         10           NULL    GE0/0/0            Direct         D/-/L/-
10.0.0.1/32           0            NULL    Loop0              Direct         D/-/L/-
     Flags: D-Direct, A-Added to URT, L-Advertised in LSPs, S-IGP Shortcut,
                                    U-Up/Down Bit Set
```

从例 2-35 的命令输出中可以看出路由器 AR1 并没有去往 5.5.5.5/32 的明细路由，但存在去往骨干区域的默认路由。我们可以在 AR1 上对 5.5.5.5 执行 ping 测试，详见例 2-36。

例 2-36 在路由器 AR1 上 ping 5.5.5.5

```
[AR1]ping 5.5.5.5
  PING 5.5.5.5: 56  data bytes, press CTRL_C to break
    Reply from 5.5.5.5: bytes=56 Sequence=1 ttl=254 time=40 ms
    Reply from 5.5.5.5: bytes=56 Sequence=2 ttl=254 time=50 ms
    Reply from 5.5.5.5: bytes=56 Sequence=3 ttl=254 time=40 ms
    Reply from 5.5.5.5: bytes=56 Sequence=4 ttl=254 time=30 ms
    Reply from 5.5.5.5: bytes=56 Sequence=5 ttl=254 time=50 ms

  --- 5.5.5.5 ping statistics ---
    5 packet(s) transmitted
    5 packet(s) received
    0.00% packet loss
    round-trip min/avg/max = 30/42/50 ms
```

到目前为止，我们已经实现了图 2-2 所示的拓扑，路由器 AR1 和 AR2 可以通过两条负载分担链路访问外部路由，即通过路由器 AR3 和 AR4。路由器 AR5 和 AR6 也可以通过两条负载分担链路访问 AR1 和 AR2，即通过路由器 AR3 和 AR4。接下来，我们要通过两种方法对负载分担路由进行调整。

2.5 控制 IS-IS 的选路

在本节实验中，我们分别通过调整 IS-IS 接口开销和配置 IS-IS 路由渗透控制 IS-IS

的选路。为了清晰起见，我们仅考虑 AR5 Loopback 1 接口（5.5.5.5/32）与 AR1 Loopback 0 接口（10.0.0.1/32）之间的流量。在生产环境中，工程师要根据实际需求进行调整，需要注意的是往返路径要对等。

2.5.1 更改 IS-IS 接口开销值

在本实验中，我们要让路由器 AR5 实现如图 2-3 所示的选路，即在两条负载分担链路中手动指定一条更优的路径，我们在这里假设途经路由器 AR4 的路径更优。

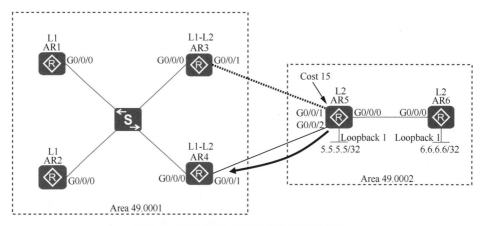

图 2-3   更改 IS-IS 接口开销值的实验拓扑

在图 2-3 所示的拓扑中，当路由器 AR5 要访问路由器 AR1 和 AR2 时，它需要采用连接 AR4 的链路；路由器 AR5 连接 AR3 的链路被改为虚线，表示这条曾经的负载均衡链路现在要被暂时弃用，当 AR5 与 AR4 的链路出现问题时，AR5 才会再次采用连接 AR3 的链路。

图 2-3 中还指明了为实现上述目的所采取的手段，即，将路由器 AR5 G0/0/1 接口的 IS-IS 开销值更改为 15，降低其优先级，从而使 AR5 优先采用连接 AR4 的链路。

在华为数通设备中，IS-IS 采用以下 3 种方式来确定接口的开销，按照优先级由高到低分别如下。

- 接口开销：工程师为单个接口设置的开销。
- 全局开销：工程师为所有接口设置的开销。
- 自动计算开销：设备根据接口带宽自动计算的开销。

本实验将介绍如何更改接口开销，若读者对全局开销和自动计算开销的配置感兴趣，可以查阅华为官方网站。

工程师需要使用以下命令来更改接口开销，完整的命令语法可以参考华为官方网站。

- **isis cost** *cost* [**level-1** | **level-2**]：接口视图命令，用来设置 IS-IS 接口的开销。在默认情况下，IS-IS 接口的开销值为 10。

在更改接口开销之前，我们以路由器 AR1 的环回接口地址为例，在路由器 AR5 上查看当前的路由，详见例 2-37。

例 2-37   在路由器 AR5 上查看 10.0.0.1/32 路由

```
[AR5]display isis route 10.0.0.1
                       Route information for ISIS(10)
                       ------------------------------

                       ISIS(10) Level-2 Forwarding Table
                       ---------------------------------


IPV4 Destination      IntCost      ExtCost ExitInterface      NextHop        Flags
-------------------------------------------------------------------------------------
10.0.0.1/32            20           NULL    GE0/0/2            172.16.45.4    A/-/-/-
                                            GE0/0/1            172.16.35.3
       Flags: D-Direct, A-Added to URT, L-Advertised in LSPs, S-IGP Shortcut,
                              U-Up/Down Bit Set
```

从例 2-37 的阴影部分可以看出，路由器 AR5 使用两条负载分担路由来访问 AR1 环回接口，两条路由的下一跳分别为 172.16.45.4 和 172.16.35.3。

例 2-38 更改了路由器 AR5 G0/0/1 接口的 IS-IS 开销。

例 2-38   更改路由器 AR5 G0/0/1 接口的 IS-IS 开销

```
[AR5]interface GigabitEthernet 0/0/1
[AR5-GigabitEthernet0/0/1]isis cost 15
```

现在，我们再次在路由器 AR5 上查看 10.0.0.1/32 路由，详见例 2-39。

例 2-39   再次在路由器 AR5 上查看 10.0.0.1/32 路由

```
[AR5]display isis route 10.0.0.1
                       Route information for ISIS(10)
                       ------------------------------

                       ISIS(10) Level-2 Forwarding Table
                       ---------------------------------


IPV4 Destination      IntCost      ExtCost ExitInterface      NextHop        Flags
-------------------------------------------------------------------------------------
10.0.0.1/32            20           NULL    GE0/0/2            172.16.45.4    A/-/-/-
       Flags: D-Direct, A-Added to URT, L-Advertised in LSPs, S-IGP Shortcut,
                              U-Up/Down Bit Set
```

例 2-39 的阴影行确认了当前 AR5 不再使用负载分担路由，而是只使用连接 AR4 的链路。从图 2-3 右侧向左侧访问的选路已经完成，接下来我们需要配置 IS-IS 路由渗透，使路由器 AR1 在访问 5.5.5.5/32 时也只采用 AR4 提供的路径。

2.5.2   配置 IS-IS 路由渗透

在本实验中，我们的目的是让路由器 AR1 和 AR2 在访问 5.5.5.5/32 时采用 AR4 提供的链路，而不是使用两条负载分担的默认路由。如图 2-4 所示，我们要在路由器 AR4 上通过路由渗透的配置来实现上述目的。

我们还是先查看路由器 AR1 的 IS-IS 路由，详见例 2-40。

从路由器 AR1 的 IS-IS 路由表可以看出 AR1 并不知道到达 5.5.5.5/32 的明细路由，它要想访问本 IS-IS 区域外部，均要使用 L1-L2 路由器发布的默认路由。在本实验环境中，AR1 会通过 AR3 和 AR4 提供的等价默认路由访问 5.5.5.5/32。为了验证这一点，我们可以在 AR1 的 IP 路由表中查看 5.5.5.5/32 的路由，详见例 2-41。

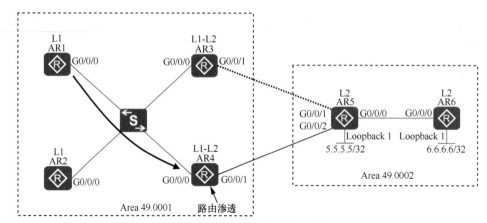

图 2-4　配置 IS-IS 路由渗透的实验拓扑

例 2-40　查看路由器 AR1 的 IS-IS 路由

```
[AR1]display isis route

                    Route information for ISIS(10)
                    ------------------------------

                    ISIS(10) Level-1 Forwarding Table
                    ---------------------------------

IPV4 Destination      IntCost     ExtCost ExitInterface   NextHop        Flags
-------------------------------------------------------------------------------
0.0.0.0/0             10          NULL    GE0/0/0         172.16.0.3     A/-/-/-
                                          GE0/0/0         172.16.0.4
10.0.0.4/32           10          NULL    GE0/0/0         172.16.0.4     A/-/-/-
10.0.0.3/32           10          NULL    GE0/0/0         172.16.0.3     A/-/-/-
10.0.0.2/32           10          NULL    GE0/0/0         172.16.0.2     A/-/-/-
172.16.0.0/24         10          NULL    GE0/0/0         Direct         D/-/L/-
10.0.0.1/32           0           NULL    Loop0           Direct         D/-/L/-
      Flags: D-Direct, A-Added to URT, L-Advertised in LSPs, S-IGP Shortcut,
                           U-Up/Down Bit Set
```

例 2-41　在路由器 AR1 的 IP 路由表中查看 5.5.5.5/32

```
[AR1]display ip routing-table 5.5.5.5
Route Flags: R - relay, D - download to fib
------------------------------------------------------------------------------
Routing Table : Public
Summary Count : 2
Destination/Mask    Proto   Pre  Cost      Flags NextHop        Interface

        0.0.0.0/0   ISIS-L1 15   10          D   172.16.0.3     GigabitEthernet0/0/0
                    ISIS-L1 15   10          D   172.16.0.4     GigabitEthernet0/0/0
```

路由器 AR1 当前会通过 AR3 和 AR4 提供的默认路由来访问 5.5.5.5/32。为了实现让 AR1 只通过 AR4 提供的路由访问 5.5.5.5/32，我们可以在路由器 AR4 上配置路由渗透。路由渗透是指在需要的情况下，将 IS-IS Level-2 区域的路由渗透到 Level-1 区域，或者将 Level-1 区域的路由渗透到 Level-2 区域。

工程师需要使用以下命令来配置 Level-2 到 Level-1 的路由渗透，完整的命令语法可以参考华为官方网站。

- **import-route isis level-2 into level-1 filter-policy ip-prefix** *ip-prefix-name*：IS-IS 进程视图命令，用来将 Level-2 区域的路由渗透到本地的 Level-1 区域。工程师需要

在与外部区域相连的 Level-1-2 设备上配置该命令。

例 2-42 在路由器 AR4 上配置了 IS-IS 路由渗透。

例 2-42　在 AR4 上配置 IS-IS 路由渗透

```
[AR4]isis 10
[AR4-isis-10]import-route isis level-2 into level-1
```

配置完成后，我们再去路由器 AR1 上查看 5.5.5.5/32 路由，详见例 2-43。

例 2-43　再次在路由器 AR1 的 IP 路由表中查看 5.5.5.5/32

```
[AR1]display ip routing-table 5.5.5.5
Route Flags: R - relay, D - download to fib
-------------------------------------------------------------------------
Routing Table : Public
Summary Count : 1
Destination/Mask    Proto   Pre  Cost        Flags NextHop        Interface

       5.5.5.5/32  ISIS-L1 15   84            D    172.16.0.4     GigabitEthernet0/0/0
```

从例 2-43 的阴影行可以看出当前路由器 AR1 已经只采用通过 AR4 的一条路径访问 5.5.5.5/32。读者可能会注意到，这条路由的开销值为 84，这是因为 5.5.5.5/32 路由是由 AR5 通过引入直连路由引入 IS-IS 中的，此时 AR5 将这条路由的开销值设置为 64。对于 AR1 来说，这条路由的开销值就变成了 64+10（AR4 G0/0/1 接口开销值为 10）+10（AR1 G0/0/0 接口开销值为 10）=84。

第 3 章
BGP 实验

本章主要内容

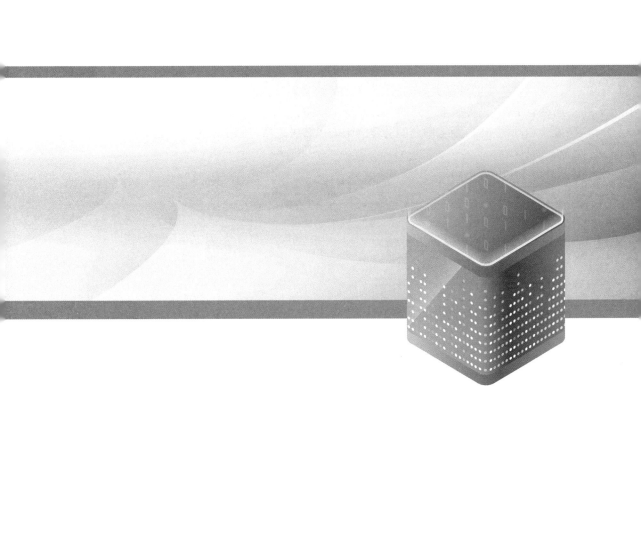

BGP（边界网关协议）是一种外部网关协议，用来实现 AS（自治系统）之间的连通性，是一种距离矢量路由协议。

AS 是指在处于同一个实体管辖下的使用相同路由策略的 IP 网络。BGP 对等体能够建立两种类型的邻居关系：EBGP（外部边界网关协议）和 IBGP（内部边界网关协议）。若两台 BGP 设备属于不同的 AS，则它们之间会建立 EBGP 邻居关系。若两台 BGP 设备属于相同的 AS，则它们之间会建立 IBGP 邻居关系。图 3-1 展示了 EBGP 和 IBGP 的邻居关系。

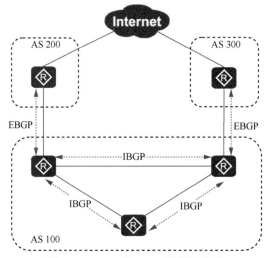

图 3-1　EBGP 和 IBGP 的邻居关系

BGP 对等体之间使用 TCP 建立邻居关系，因此建立邻居关系的两台 BGP 对等体之间不必直连，只需要 IP 可达即可。在建立 BGP 邻居关系时，工程师可将路由器的环回接口作为 BGP 路由消息的更新源。因此，在实施 BGP 之前，需要通过某种 IGP 或配置静态的方式令 BGP 对等体的环回接口可以相互访问。图 3-2 以 OSPF 作为 IGP，展示了 IGP 与 BGP 的关系。

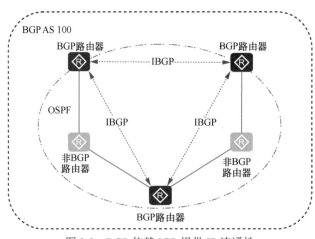

图 3-2　BGP 依赖 IGP 提供 IP 连通性

当 BGP 路由器从本 AS 内的 IBGP 对等体获得 BGP 路由时，为了防止 AS 内出现环路，它不会将其发布给其他 IBGP 对等体。当 BGP 路由器从 EBGP 对等体获得 BGP 路由时，它会将其发布给所有 EBGP 对等体和 IBGP 对等体。在默认情况下，BGP 会通过其多种选路规则选出一条最优路径，当工程师通过配置令 BGP 使用等价路径时，BGP 路由器仍只会将最优路径发布给其他对等体。

与 IGP 不同的是，BGP 本身并不会发现路由，而是需要从其他来源将路由引入 BGP 中。工程师可以使用以下两种方式将路由引入 BGP。

- network 方式，将已经存在于 IGP 路由表中的路由逐条引入 BGP 中。
- import 方式，将设备本地运行的其他路由协议中的路由引入 BGP 中，如 OSPF 和 IS-IS 等。import 方式也可以将直连路由和静态路由引入 BGP 中。

当相同的路由前缀有多条路径可达时，BGP 会根据选路规则选出最优路由，然后将最优路由下发到 IP 路由表。华为数通设备的 BGP 选路规则如下。

规则 1：PrefVal（协议首选值），优选数值高的路由，默认值为 0。华为设备的特有属性，仅本地有效。

规则 2：Local_Pref（本地优先级），优选数值高的路由，默认值为 100。

规则 3：路由生成方式，A（手动聚合路由）＞ S（自动聚合路由）＞ N（**network** 引入）＞ I（**import-route** 引入）＞ 从邻居学习的路由。

规则 4：AS_Path，优选长度短的路由。

规则 5：Origin（源），IGP ＞ EGP ＞ Incomplete。

规则 6：MED（多出口鉴别器），优选数值小的路由，默认值为 0。

规则 7：邻居类型，EBGP ＞ IBGP。

规则 8：IGP 开销，优选数值小的路由。

规则 9：Cluster_List，优选长度短的路由。

规则 10：Router ID，优选数值小的路由。当路由中携带 Originator_ID 属性时，BGP 不再比较 Router ID，而是比较 Originator_ID，优选数值小的路由。

规则 11：对等体地址，优选数值小的路由。

本实验将为读者展示与 BGP 相关的基本配置和特性，并且按照选路规则 11 到规则 1 的顺序分别为每种选路规则展示一个实验场景。

3.1　实验介绍

3.1.1　关于本实验

这个实验会通过 BGP 网络的部署，帮助读者更直观地理解 BGP 的基础概念、BGP 选路规则，以及如何在华为路由器上对 BGP 进行配置。

本实验会按照 BGP 选路规则，对实验环境中的路由器进行配置。读者可以在自己的实验环境中，跟随本实验后文中具体的实验要求进行练习，逐步掌握 BGP 的配置方法。

3.1.2 实验目的

- 掌握 IBGP 的基本配置。
- 掌握 EBGP 的基本配置。
- 了解 BGP 的邻居表。
- 掌握 BGP 的选路规则。
- 通过配置影响 BGP 的选路。

3.1.3 实验组网介绍

在图 3-3 所示的 BGP 实验拓扑中，路由器 AR1、AR2、AR3、AR4 和 AR5 属于 AS 65001，AR6 属于 AS 65002，AR7 和 AR8 属于 AS 65003。

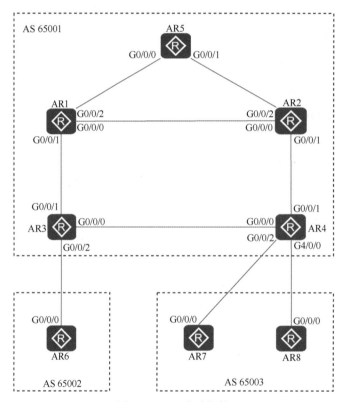

图 3-3　BGP 实验拓扑

表 3-1 列出了本章实验使用的网络地址规划。

表 3-1　本章实验所使用的网络地址规划

设备	接口	IP 地址	子网掩码	默认网关
AR1	G0/0/0	172.16.12.1	255.255.255.0	—
	G0/0/1	172.16.13.1	255.255.255.0	—
	G0/0/2	172.16.15.1	255.255.255.0	—

续表

设备	接口	IP 地址	子网掩码	默认网关
AR1	Loopback 0	1.1.1.1	255.255.255.255	—
	Loopback 1	12.12.12.1	255.255.255.0	—
AR2	G0/0/0	172.16.12.2	255.255.255.0	—
	G0/0/1	172.16.24.2	255.255.255.0	—
	G0/0/2	172.16.25.2	255.255.255.0	—
	Loopback 0	2.2.2.2	255.255.255.255	—
	Loopback 1	12.12.12.2	255.255.255.0	—
AR3	G0/0/0	172.16.34.3	255.255.255.0	—
	G0/0/1	172.16.13.3	255.255.255.0	—
	G0/0/2	172.16.36.3	255.255.255.0	—
	Loopback 0	3.3.3.3	255.255.255.255	—
AR4	G0/0/0	172.16.34.4	255.255.255.0	—
	G0/0/1	172.16.24.4	255.255.255.0	—
	G0/0/2	172.16.47.4	255.255.255.0	—
	G4/0/0	172.16.48.4	255.255.255.0	—
	Loopback 0	4.4.4.4	255.255.255.255	—
AR5	G0/0/0	172.16.15.5	255.255.255.0	—
	G0/0/1	172.16.25.5	255.255.255.0	—
	Loopback 0	5.5.5.5	255.255.255.255	—
AR6	G0/0/0	172.16.36.6	255.255.255.0	—
	Loopback 0	6.6.6.6	255.255.255.255	—
	Loopback 1	66.66.66.66	255.255.255.255	—
	Loopback 2	67.67.67.6	255.255.255.0	—
AR7	G0/0/0	172.16.47.7	255.255.255.0	—
	Loopback 0	7.7.7.7	255.255.255.255	—
	Loopback 1	67.67.67.7	255.255.255.0	—
AR8	G0/0/0	172.16.48.8	255.255.255.0	—
	Loopback 0	8.8.8.8	255.255.255.255	—

3.1.4 实验任务列表

配置任务 1：实现 BGP 基本配置

配置任务 2：配置 BGP 路由反射器

配置任务 3：验证 BGP 选路规则 11：对等体地址

配置任务 4：验证 BGP 选路规则 10：Router ID

配置任务 5：验证 BGP 选路规则 9：Cluster_List

配置任务 6：验证 BGP 选路规则 8：IGP 开销

配置任务 7：验证 BGP 选路规则 7：邻居类型

配置任务 8：验证 BGP 选路规则 6：MED

配置任务 9：验证 BGP 选路规则 5：Origin

配置任务 10：验证 BGP 选路规则 4：AS_Path

配置任务 11：验证 BGP 选路规则 3：路由生成方式

配置任务 12：验证 BGP 选路规则 2：Local_Pref

配置任务 13：验证 BGP 选路规则 1：PrefVal

配置任务 14：配置 BGP 路由等价负载分担

3.2 实现 BGP 基本配置

在这个实验任务中，我们要通过基本配置建立如图 3-3 所示的 BGP 网络，其中包括在 AS 65001 中建立 IBGP 邻居关系，以及在 AS 65001 和 AS 65002、AS 65001 和 AS 65003 之间建立 EBGP 邻居关系。我们首先完成包括 IP 地址配置和 OSPF 在内的基础配置，为 AS 65001 中的 IBGP 配置打好连通性基础。

3.2.1 基础配置

在初始化的路由器上，工程师需要配置路由器的主机名，并在相关接口上配置正确的 IP 地址。除此，我们还要通过 OSPF 和静态路由完成 IP 连通性配置。

对于 AS 65001 来说，AR1、AR2、AR3、AR4 和 AR5 这 5 台路由器运行 OSPF 协议，将这 5 台路由器的互连接口和各自的 Loopback 0 接口通告到 OSPF 中。在配置 OSPF 时使用进程号 10，并且使用 Loopback 0 接口 IP 地址作为 Router ID。在建立 IBGP 邻居时，使用各自的 Loopback 0 接口 IP 地址作为 Router ID 和路由更新源。

在 AR3 和 AR6 之间建立 AS 65001 和 AS 65002 之间的 EBGP 邻居时，使用它们之间的直连接口作为更新源。在 AR4 和 AR7/AR8 之间建立 AS 65001 和 AS 65003 之间的 EBGP 邻居时，使用 Loopback 0 接口作为路由更新源，因此我们在本实验中使用静态路由完成连通性的配置。

图 3-4 展示了本实验使用的 OSPF 拓扑，除了图中所示的物理接口外，我们还要把每台路由器的 Loopback 0 接口通告到 OSPF 中。

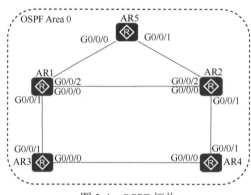

图 3-4　OSPF 拓扑

例 3-1～例 3-8 分别展示了路由器 AR1～AR8 上的基础配置。

例 3-1　路由器 AR1 的基础配置

```
<Huawei>system-view
Enter system view, return user view with Ctrl+Z.
[Huawei]sysname AR1
[AR1]interface GigabitEthernet 0/0/0
[AR1-GigabitEthernet0/0/0]ip address 172.16.12.1 24
[AR1-GigabitEthernet0/0/0]quit
[AR1]interface GigabitEthernet 0/0/1
[AR1-GigabitEthernet0/0/1]ip address 172.16.13.1 24
[AR1-GigabitEthernet0/0/1]quit
[AR1]interface GigabitEthernet 0/0/2
[AR1-GigabitEthernet0/0/2]ip address 172.16.15.1 24
[AR1-GigabitEthernet0/0/2]quit
[AR1]interface LoopBack 0
[AR1-LoopBack0]ip address 1.1.1.1 32
[AR1-LoopBack0]quit
[AR1]ospf 10 router-id 1.1.1.1
[AR1-ospf-10]area 0
[AR1-ospf-10-area-0.0.0.0]network 172.16.12.1 0.0.0.0
[AR1-ospf-10-area-0.0.0.0]network 172.16.13.1 0.0.0.0
[AR1-ospf-10-area-0.0.0.0]network 172.16.15.1 0.0.0.0
[AR1-ospf-10-area-0.0.0.0]network 1.1.1.1 0.0.0.0
```

例 3-2　路由器 AR2 的基础配置

```
<Huawei>system-view
Enter system view, return user view with Ctrl+Z.
[Huawei]sysname AR2
[AR2]interface GigabitEthernet 0/0/0
[AR2-GigabitEthernet0/0/0]ip address 172.16.12.2 24
[AR2-GigabitEthernet0/0/0]quit
[AR2]interface GigabitEthernet 0/0/1
[AR2-GigabitEthernet0/0/1]ip address 172.16.24.2 24
[AR2-GigabitEthernet0/0/1]quit
[AR2]interface GigabitEthernet 0/0/2
[AR2-GigabitEthernet0/0/2]ip address 172.16.25.2 24
[AR2-GigabitEthernet0/0/2]quit
[AR2]interface LoopBack 0
[AR2-LoopBack0]ip address 2.2.2.2 32
[AR2-LoopBack0]quit
[AR2]ospf 10 router-id 2.2.2.2
[AR2-ospf-10]area 0
[AR2-ospf-10-area-0.0.0.0]network 172.16.12.2 0.0.0.0
[AR2-ospf-10-area-0.0.0.0]network 172.16.24.2 0.0.0.0
[AR2-ospf-10-area-0.0.0.0]network 172.16.25.2 0.0.0.0
[AR2-ospf-10-area-0.0.0.0]network 2.2.2.2 0.0.0.0
```

例 3-3　路由器 AR3 的基础配置

```
<Huawei>system-view
Enter system view, return user view with Ctrl+Z.
[Huawei]sysname AR3
[AR3]interface GigabitEthernet 0/0/0
[AR3-GigabitEthernet0/0/0]ip address 172.16.34.3 24
[AR3-GigabitEthernet0/0/0]quit
[AR3]interface GigabitEthernet 0/0/1
[AR3-GigabitEthernet0/0/1]ip address 172.16.13.3 24
[AR3-GigabitEthernet0/0/1]quit
[AR3]interface GigabitEthernet 0/0/2
[AR3-GigabitEthernet0/0/2]ip address 172.16.36.3 24
[AR3-GigabitEthernet0/0/2]quit
[AR3]interface LoopBack 0
[AR3-LoopBack0]ip address 3.3.3.3 32
[AR3-LoopBack0]quit
[AR3]ospf 10 router-id 3.3.3.3
[AR3-ospf-10]area 0
[AR3-ospf-10-area-0.0.0.0]network 172.16.13.3 0.0.0.0
[AR3-ospf-10-area-0.0.0.0]network 172.16.34.3 0.0.0.0
[AR3-ospf-10-area-0.0.0.0]network 172.16.36.3 0.0.0.0
[AR3-ospf-10-area-0.0.0.0]network 3.3.3.3 0.0.0.0
```

例 3-4　路由器 AR4 的基础配置

```
<Huawei>system-view
Enter system view, return user view with Ctrl+Z.
[Huawei]sysname AR4
[AR4]interface GigabitEthernet 0/0/0
[AR4-GigabitEthernet0/0/0]ip address 172.16.34.4 24
[AR4-GigabitEthernet0/0/0]quit
[AR4]interface GigabitEthernet 0/0/1
[AR4-GigabitEthernet0/0/1]ip address 172.16.24.4 24
[AR4-GigabitEthernet0/0/1]quit
[AR4]interface GigabitEthernet 0/0/2
[AR4-GigabitEthernet0/0/2]ip address 172.16.47.4 24
[AR4-GigabitEthernet0/0/2]quit
[AR4]interface GigabitEthernet 4/0/0
[AR4-GigabitEthernet4/0/0]ip address 172.16.48.4 24
[AR4-GigabitEthernet4/0/0]quit
[AR4]interface LoopBack 0
[AR4-LoopBack0]ip address 4.4.4.4 32
[AR4-LoopBack0]quit
[AR4]ospf 10 router-id 4.4.4.4
[AR4-ospf-10]area 0
[AR4-ospf-10-area-0.0.0.0]network 172.16.24.4 0.0.0.0
[AR4-ospf-10-area-0.0.0.0]network 172.16.34.4 0.0.0.0
[AR4-ospf-10-area-0.0.0.0]network 4.4.4.4 0.0.0.0
[AR4-ospf-10-area-0.0.0.0]quit
[AR4-ospf-10]quit
[AR4]ip route-static 7.7.7.7 255.255.255.255 GigabitEthernet 0/0/2 172.16.47.7
[AR4]ip route-static 8.8.8.8 255.255.255.255 GigabitEthernet 4/0/0 172.16.48.8
```

例 3-5　路由器 AR5 的基础配置

```
<Huawei>system-view
Enter system view, return user view with Ctrl+Z.
[Huawei]sysname AR5
[AR5]interface GigabitEthernet 0/0/0
[AR5-GigabitEthernet0/0/0]ip address 172.16.15.5 24
[AR5-GigabitEthernet0/0/0]quit
[AR5]interface GigabitEthernet 0/0/1
[AR5-GigabitEthernet0/0/1]ip address 172.16.25.5 24
[AR5-GigabitEthernet0/0/1]quit
[AR5]interface LoopBack 0
[AR5-LoopBack0]ip address 5.5.5.5 32
[AR5-LoopBack0]quit
[AR5]ospf 10 router-id 5.5.5.5
[AR5-ospf-10]area 0
[AR5-ospf-10-area-0.0.0.0]network 172.16.15.5 0.0.0.0
[AR5-ospf-10-area-0.0.0.0]network 172.16.25.5 0.0.0.0
[AR5-ospf-10-area-0.0.0.0]network 5.5.5.5 0.0.0.0
```

例 3-6　路由器 AR6 的基础配置

```
<Huawei>system-view
Enter system view, return user view with Ctrl+Z.
[Huawei]sysname AR6
[AR6]interface GigabitEthernet 0/0/0
[AR6-GigabitEthernet0/0/0]ip address 172.16.36.6 24
[AR6-GigabitEthernet0/0/0]quit
[AR6]interface LoopBack 0
[AR6-LoopBack0]ip address 6.6.6.6 32
```

例 3-7　路由器 AR7 的基础配置

```
<Huawei>system-view
Enter system view, return user view with Ctrl+Z.
[Huawei]sysname AR7
[AR7]interface GigabitEthernet 0/0/0
[AR7-GigabitEthernet0/0/0]ip address 172.16.47.7 24
[AR7-GigabitEthernet0/0/0]quit
[AR7]interface LoopBack 0
[AR7-LoopBack0]ip address 7.7.7.7 32
[AR7-LoopBack0]quit
[AR7]ip route-static 4.4.4.4 255.255.255.255 GigabitEthernet 0/0/0 172.16.47.4
```

例 3-8　路由器 AR8 的基础配置

```
<Huawei>system-view
Enter system view, return user view with Ctrl+Z.
[Huawei]sysname AR8
[AR8]interface GigabitEthernet 0/0/0
[AR8-GigabitEthernet0/0/0]ip address 172.16.48.8 24
[AR8-GigabitEthernet0/0/0]quit
[AR8]interface LoopBack 0
[AR8-LoopBack0]ip address 8.8.8.8 32
[AR8-LoopBack0]quit
[AR8]ip route-static 4.4.4.4 255.255.255.255 GigabitEthernet 0/0/0 172.16.48.4
```

　　配置完成后，我们可以通过命令检查路由器上建立的 OSPF 邻居关系是否正确，也可以检查路由器是否获得了完整的 OSPF 路由，还可以使用 **ping** 命令验证 AR4 与 AR7/AR8 Loopback 0 接口之间的连通性。读者可以参考第 1 章实验中与 OSPF 相关的验证命令，例 3-9 仅在 AR4 上查看了 IP 路由表中的 OSPF 路由，以及通过 **ping** 命令验证与 AR7/AR8 Loopback 0 接口的连通性。

例 3-9　在 AR4 上验证 OSPF 路由和连通性

```
[AR4]display ip routing-table protocol ospf
Route Flags: R - relay, D - download to fib
------------------------------------------------------------------------
Public routing table : OSPF
         Destinations : 9        Routes : 11

OSPF routing table status : <Active>
         Destinations : 9        Routes : 11

Destination/Mask    Proto   Pre  Cost       Flags NextHop         Interface

        1.1.1.1/32  OSPF    10   2            D   172.16.24.2     GigabitEthernet0/0/1
                    OSPF    10   2            D   172.16.34.3     GigabitEthernet0/0/0
        2.2.2.2/32  OSPF    10   1            D   172.16.24.2     GigabitEthernet0/0/1
        3.3.3.3/32  OSPF    10   1            D   172.16.34.3     GigabitEthernet0/0/0
        5.5.5.5/32  OSPF    10   2            D   172.16.24.2     GigabitEthernet0/0/1
    172.16.12.0/24  OSPF    10   2            D   172.16.24.2     GigabitEthernet0/0/1
    172.16.13.0/24  OSPF    10   2            D   172.16.34.3     GigabitEthernet0/0/0
    172.16.15.0/24  OSPF    10   3            D   172.16.24.2     GigabitEthernet0/0/1
                    OSPF    10   3            D   172.16.34.3     GigabitEthernet0/0/0
    172.16.25.0/24  OSPF    10   2            D   172.16.24.2     GigabitEthernet0/0/1
    172.16.36.0/24  OSPF    10   2            D   172.16.34.3     GigabitEthernet0/0/0

OSPF routing table status : <Inactive>
         Destinations : 0        Routes : 0

[AR4]ping 7.7.7.7
  PING 7.7.7.7: 56  data bytes, press CTRL_C to break
    Reply from 7.7.7.7: bytes=56 Sequence=1 ttl=255 time=20 ms
    Reply from 7.7.7.7: bytes=56 Sequence=2 ttl=255 time=20 ms
    Reply from 7.7.7.7: bytes=56 Sequence=3 ttl=255 time=20 ms
    Reply from 7.7.7.7: bytes=56 Sequence=4 ttl=255 time=10 ms
    Reply from 7.7.7.7: bytes=56 Sequence=5 ttl=255 time=20 ms

  --- 7.7.7.7 ping statistics ---
    5 packet(s) transmitted
    5 packet(s) received
    0.00% packet loss
    round-trip min/avg/max = 10/18/20 ms

[AR4]ping 8.8.8.8
  PING 8.8.8.8: 56  data bytes, press CTRL_C to break
    Reply from 8.8.8.8: bytes=56 Sequence=1 ttl=255 time=10 ms
    Reply from 8.8.8.8: bytes=56 Sequence=2 ttl=255 time=40 ms
    Reply from 8.8.8.8: bytes=56 Sequence=3 ttl=255 time=20 ms
```

```
  Reply from 8.8.8.8: bytes=56 Sequence=4 ttl=255 time=20 ms
  Reply from 8.8.8.8: bytes=56 Sequence=5 ttl=255 time=20 ms

--- 8.8.8.8 ping statistics ---
  5 packet(s) transmitted
  5 packet(s) received
  0.00% packet loss
  round-trip min/avg/max = 10/22/40 ms
```

从例 3-9 的命令输出可以确认 AR4 已经通过 OSPF 学习到了所需路由,也通过静态路由的配置与 AR7 和 AR8 的环回接口建立了连通性。本实验不会逐一验证其他路由器的 IP 路由和连通性,读者在进行后续实验之前要对实验环境中的连通性进行验证。

3.2.2　建立 BGP 对等体

在配置建立 BGP 对等体时,工程师需要按照以下步骤进行配置。

- **bgp** { *as-number-plain* | *as-number-dot* }:系统视图的命令,用来启用 BGP 并进入 BGP 视图。*as-number-plain* 是指整数形式的 AS 号,取值范围是 1~4294967295。*as-number-dot* 是指点分形式的 AS 号,格式为 *x.y*,*x* 的取值范围是 1~65535,*y* 的取值范围是 0~65535。每台设备只能运行于一个 AS 内,因此只能指定一个本地 AS 号。

- **peer** { *ipv4-address* | *ipv6-address* } **as-number** { *as-number-plain* | *as-number-dot* }:BGP 视图的命令,用来配置 BGP 对等体。

- (可选)**peer** *ipv4-address* **connect-interface** *interface-type interface-number* [*ipv4-source-address*]:BGP 视图的命令,用来指定发送 BGP 报文的源接口。在默认情况下,BGP 会使用报文的物理出接口作为 BGP 报文的源接口。在本章实验中,我们要使用 Loopback 0 接口作为源接口建立 AS 65001 内的 IBGP 邻居,以及 AS 65001 和 AS 65003 之间的 EBGP 邻居。

- (可选)**peer** { *ipv4-address* | *ipv6-address* } **ebgp-max-hop** [*hop-count*]:BGP 视图的命令,用来指定建立 EBGP 连接的最大跳数。在默认情况下,EBGP 连接允许的最大跳数为 1,也就是只能与直连链路上的 BGP 邻居建立 BGP 连接。在本章实验中,AS 65001 和 AS 65003 之间要使用 Loopback 0 接口建立 EBGP 连接,因此需要将该参数改为 2。AS 65001 和 AS 65002 之间使用直连接口建立 EBGP 连接,无须更改该参数。

图 3-5 展示了本章实验要建立的 IBGP 连接和 EBGP 连接。

我们首先配置 AS 65001 内部的 IBGP 邻居关系,BGP AS 号为 65001,路由器要使用 Loopback 0 接口 IP 地址作为 Router ID,使用 Loopback 0 接口 IP 地址建立邻居关系。例 3-10~例 3-14 分别展示了路由器 AR1~AR5 上的 IBGP 对等体配置。

例 3-10　路由器 AR1 的 IBGP 配置

```
[AR1]bgp 65001
[AR1-bgp]router-id 1.1.1.1
[AR1-bgp]peer 2.2.2.2 as-number 65001
[AR1-bgp]peer 2.2.2.2 connect-interface LoopBack 0
[AR1-bgp]peer 3.3.3.3 as-number 65001
[AR1-bgp]peer 3.3.3.3 connect-interface LoopBack 0
[AR1-bgp]peer 5.5.5.5 as-number 65001
[AR1-bgp]peer 5.5.5.5 connect-interface LoopBack 0
```

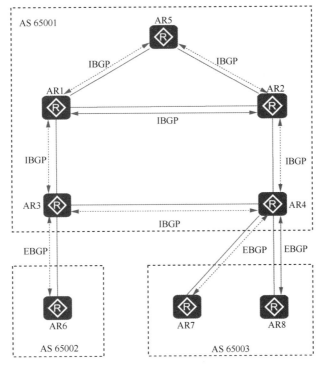

图 3-5　实验中的 IBGP 和 EBGP 连接

例 3-11　路由器 AR2 的 IBGP 配置

```
[AR2]bgp 65001
[AR2-bgp]router-id 2.2.2.2
[AR2-bgp]peer 1.1.1.1 as-number 65001
[AR2-bgp]peer 1.1.1.1 connect-interface LoopBack 0
[AR2-bgp]peer 4.4.4.4 as-number 65001
[AR2-bgp]peer 4.4.4.4 connect-interface LoopBack 0
[AR2-bgp]peer 5.5.5.5 as-number 65001
[AR2-bgp]peer 5.5.5.5 connect-interface LoopBack 0
```

例 3-12　路由器 AR3 的 IBGP 配置

```
[AR3]bgp 65001
[AR3-bgp]router-id 3.3.3.3
[AR3-bgp]peer 1.1.1.1 as-number 65001
[AR3-bgp]peer 1.1.1.1 connect-interface LoopBack 0
[AR3-bgp]peer 4.4.4.4 as-number 65001
[AR3-bgp]peer 4.4.4.4 connect-interface LoopBack 0
```

例 3-13　路由器 AR4 的 IBGP 配置

```
[AR4]bgp 65001
[AR4-bgp]router-id 4.4.4.4
[AR4-bgp]peer 2.2.2.2 as-number 65001
[AR4-bgp]peer 2.2.2.2 connect-interface LoopBack 0
[AR4-bgp]peer 3.3.3.3 as-number 65001
[AR4-bgp]peer 3.3.3.3 connect-interface LoopBack 0
```

例 3-14　路由器 AR5 的 IBGP 配置

```
[AR5]bgp 65001
[AR5-bgp]router-id 5.5.5.5
[AR5-bgp]peer 1.1.1.1 as-number 65001
[AR5-bgp]peer 1.1.1.1 connect-interface LoopBack 0
[AR5-bgp]peer 2.2.2.2 as-number 65001
[AR5-bgp]peer 2.2.2.2 connect-interface LoopBack 0
```

配置完成后，我们可以使用命令 **display bgp peer** 来查看 BGP 对等体状态，例 3-15 以 AR1 为例查看了 AR1 的 BGP 对等体状态。

从这条命令输出内容的前 3 行可以看到 AR1 的 BGP 本地 Router ID 为 1.1.1.1，本地 AS 号为 65001，它一共有 3 个 BGP 对等体，状态为已建立的对等体数量也是 3。命令输出内容的最后 3 行分别展示了这 3 个 BGP 对等体的摘要信息，其中包括对等体的 Router ID、BGP 版本号（4）、AS 号、已接收和已发送的消息数量、等待发往该对等体的消息数量（OutQ）、BGP 会话处于当前状态的时长（Up/Down）、对等体状态（State），以及从该对等体接收到的路由前缀数量（PrefRcv）。

例 3-15　路由器 AR1 的 BGP 对等体状态

```
[AR1]display bgp peer

BGP local router ID : 1.1.1.1
Local AS number : 65001
Total number of peers : 3           Peers in established state : 3

 Peer            V          AS  MsgRcvd  MsgSent  OutQ  Up/Down       State PrefRcv

 2.2.2.2         4       65001       19       20     0  00:17:12 Established       0
 3.3.3.3         4       65001       17       19     0  00:15:27 Established       0
 5.5.5.5         4       65001        4        6     0  00:02:20 Established       0
```

如果想要查看某个对等体的具体信息，以在 AR1 上查看对等体 2.2.2.2 为例，可以使用命令 **display bgp peer 2.2.2.2 verbose**，例 3-16 展示了该命令的输出内容。

例 3-16　查看 BGP 对等体 2.2.2.2 的详细信息

```
[AR1]display bgp peer 2.2.2.2 verbose
        BGP Peer is 2.2.2.2,  remote AS 65001
        Type: IBGP link
        BGP version 4, Remote router ID 2.2.2.2
        Update-group ID: 1
        BGP current state: Established, Up for 00h25m34s
        BGP current event: RecvKeepalive
        BGP last state: OpenConfirm
        BGP Peer Up count: 1
        Received total routes: 0
        Received active routes total: 0
        Advertised total routes: 0
        Port:  Local - 179     Remote - 49829
        Configured: Connect-retry Time: 32 sec
        Configured: Active Hold Time: 180 sec Keepalive Time:60 sec
        Received  : Active Hold Time: 180 sec
        Negotiated: Active Hold Time: 180 sec Keepalive Time:60 sec
        Peer optional capabilities:
        Peer supports bgp multi-protocol extension
        Peer supports bgp route refresh capability
        Peer supports bgp 4-byte-as capability
        Address family IPv4 Unicast: advertised and received
 Received: Total 27 messages
                Update messages               0
                Open messages                          1
                KeepAlive messages            26
                Notification messages         0
                Refresh messages              0
 Sent: Total 28 messages
                Update messages               0
                Open messages                          2
                KeepAlive messages            26
```

```
              Notification messages        0
              Refresh messages            0
Authentication type configured: None
Last keepalive received: 2023/02/23 16:53:56 UTC-08:00
Last keepalive sent    : 2023/02/23 16:53:56 UTC-08:00
Minimum route advertisement interval is 15 seconds
Optional capabilities:
Route refresh capability has been enabled
4-byte-as capability has been enabled
Connect-interface has been configured
Peer Preferred Value: 0
Routing policy configured:
No routing policy is configured
```

如例 3-16 所示，这条命令提供了更多的详细信息，本例仅突出显示了两个信息。第一个阴影行显示出这是一个 IBGP 连接，第二个阴影显示出两台路由器建立这个 IBGP 连接所使用的 TCP 端口号。

下面，我们来配置 EBGP 对等体。在 AS 65001 和 AS 65002 之间，我们使用两台路由器直连的接口建立 BGP 对等体。例 3-17 和例 3-18 分别展示了 AS 65001 和 AS 65002（AR3 和 AR6）之间的 EBGP 对等体配置。

例 3-17　路由器 AR3 的 EBGP 配置

```
[AR3]bgp 65001
[AR3-bgp]peer 172.16.36.6 as-number 65002
```

例 3-18　路由器 AR6 的 EBGP 配置

```
[AR6]bgp 65002
[AR6-bgp]router-id 6.6.6.6
[AR6-bgp]peer 172.16.36.3 as-number 65001
```

配置完成后，我们可以使用命令 **display bgp peer** 来查看 BGP 对等体，以 AR3 为例，例 3-19 中显示了该命令的输出内容。

例 3-19　在路由器 AR3 上查看 BGP 对等体

```
[AR3]display bgp peer

BGP local router ID : 3.3.3.3
Local AS number : 65001
Total number of peers : 3          Peers in established state : 3

 Peer            V          AS  MsgRcvd  MsgSent  OutQ  Up/Down       State PrefRcv

 1.1.1.1         4       65001      179      179     0 02:57:34 Established        0
 4.4.4.4         4       65001      177      178     0 02:55:40 Established        0
 172.16.36.6     4       65002        2        3     0 00:00:39 Established        0
```

从例 3-19 输出的最后一行可以看出此时 AR3 上已经建立了 3 个 BGP 对等体，从 AS 号可以判断 172.16.36.6 是 EBGP 对等体。

例 3-20～例 3-22 分别展示了 AS 65001 和 AS 65003（AR4、AR7 和 AR8）之间的 EBGP 对等体配置。

例 3-20　路由器 AR4 的 EBGP 配置

```
[AR4]bgp 65001
[AR4-bgp]peer 7.7.7.7 as-number 65003
[AR4-bgp]peer 7.7.7.7 connect-interface LoopBack 0
[AR4-bgp]peer 7.7.7.7 ebgp-max-hop 2
[AR4-bgp]peer 8.8.8.8 as-number 65003
[AR4-bgp]peer 8.8.8.8 connect-interface LoopBack 0
[AR4-bgp]peer 8.8.8.8 ebgp-max-hop 2
```

例 3-21   路由器 AR7 的 EBGP 配置

```
[AR7]bgp 65003
[AR7-bgp]router-id 7.7.7.7
[AR7-bgp]peer 4.4.4.4 as-number 65001
[AR7-bgp]peer 4.4.4.4 connect-interface LoopBack 0
[AR7-bgp]peer 4.4.4.4 ebgp-max-hop 2
```

例 3-22   路由器 AR8 的 EBGP 配置

```
[AR8]bgp 65003
[AR8-bgp]router-id 8.8.8.8
[AR8-bgp]peer 4.4.4.4 as-number 65001
[AR8-bgp]peer 4.4.4.4 connect-interface LoopBack 0
[AR8-bgp]peer 4.4.4.4 ebgp-max-hop 2
```

配置完成后，我们可以在 AR4 上检查 BGP 对等体的状态，详见例 3-23。

例 3-23   在路由器 AR4 上查看 BGP 对等体

```
[AR4]display bgp peer

 BGP local router ID : 4.4.4.4
 Local AS number : 65001
 Total number of peers : 4          Peers in established state : 4

  Peer           V          AS  MsgRcvd  MsgSent  OutQ  Up/Down       State PrefRcv

  2.2.2.2        4       65001      189      189     0  03:07:39 Established        0
  3.3.3.3        4       65001      189      189     0  03:07:19 Established        0
  7.7.7.7        4       65003        4        5     0  00:02:21 Established        0
  8.8.8.8        4       65003        2        3     0  00:00:09 Established        0
```

3.3   配置 BGP 路由反射器

在一个 AS 内部，为了防止环路，BGP 不会将从一个 IBGP 对等体学到的路由前缀通告给另一个 IBGP 对等体。因此在非全互联的 IBGP 环境中，为了保证所有 IBGP 对等体的连通性，工程师可以配置 BGP 路由反射器（RR）。路由反射器能够在 IBGP 对等体数量庞大的 AS 中减少路由传递带来的网络负担。但在本章的实验拓扑中，路由反射器的设计仅是为了模拟不同的场景来展示后续的实验结果，并且底层环境相同有助于读者在自己的环境中进行练习，而不需要为了每个实验重新搭建底层环境。

在 AS 65001 中，假设 AR3 向自己的 IBGP 对等体通告路由前缀，AR1 和 AR4 能够接收到 AR3 通告的路由前缀，但它们不会把该路由前缀通告给自己的其他 IBGP 对等体，即对于 AR1 来说，AR2 和 AR5，对于 AR4 来说就是 AR2。因此，AR2 和 AR5 无法接收到 AR3 所通告的路由前缀。

在实验的当前阶段，我们需要让 AR2 能够接收到 AR3 通告的路由前缀，因此我们在 AR1 和 AR4 上配置 BGP 路由反射器，并且将 AR2 设置为其路由反射器客户端。图 3-6 展示了配置后的 BGP 更新路径。

工程师可以使用以下命令来配置 BGP 路由反射器。

- **peer** *ipv4-address* **reflect-client**：BGP 视图的命令，用来将该对等体指定为其路由反射器客户端。

例 3-24 和例 3-25 分别展示了 AR1 和 AR4 的路由反射器配置。

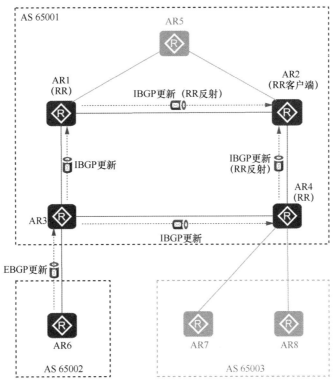

图 3-6　路由反射器拓扑

例 3-24　路由器 AR1 的 RR 配置

```
[AR1]bgp 65001
[AR1-bgp]peer 2.2.2.2 reflect-client
```

例 3-25　路由器 AR4 的 RR 配置

```
[AR4]bgp 65001
[AR4-bgp]peer 2.2.2.2 reflect-client
```

配置完成后，我们可以在 AR1 上查看对等体 2.2.2.2 的详细信息，例 3-26 展示了相关的命令输出。

例 3-26　在 AR1 上查看 2.2.2.2 的详细信息

```
[AR1]display bgp peer 2.2.2.2 verbose
        BGP Peer is 2.2.2.2,  remote AS 65001
        Type: IBGP link
        BGP version 4, Remote router ID 2.2.2.2
        Update-group ID: 0
        BGP current state: Established, Up for 02h58m27s
        BGP current event: RecvKeepalive
        BGP last state: OpenConfirm
        BGP Peer Up count: 1
        Received total routes: 0
        Received active routes total: 0
        Advertised total routes: 0
        Port:  Local - 179    Remote - 50859
        Configured: Connect-retry Time: 32 sec
        Configured: Active Hold Time: 180 sec Keepalive Time:60 sec
        Received  : Active Hold Time: 180 sec
        Negotiated: Active Hold Time: 180 sec Keepalive Time:60 sec
        Peer optional capabilities:
```

```
          Peer supports bgp multi-protocol extension
          Peer supports bgp route refresh capability
          Peer supports bgp 4-byte-as capability
          Address family IPv4 Unicast: advertised and received
Received: Total 180 messages
                Update messages                 0
                Open messages                           1
                KeepAlive messages              179
                Notification messages           0
                Refresh messages                0
Sent: Total 181 messages
                Update messages                 0
                Open messages                           2
                KeepAlive messages              179
                Notification messages           0
                Refresh messages                0
Authentication type configured: None
Last keepalive received: 2023/02/24 18:38:34 UTC-08:00
Last keepalive sent    : 2023/02/24 18:38:34 UTC-08:00
Minimum route advertisement interval is 15 seconds
Optional capabilities:
Route refresh capability has been enabled
4-byte-as capability has been enabled
It's route-reflector-client
Connect-interface has been configured
Peer Preferred Value: 0
Routing policy configured:
No routing policy is configured
```

　　读者可以对比例 3-16 中的命令输出，例 3-26 中多出了一个阴影行，从中可以看出
AR2 是 AR1 的路由反射器客户端。

3.4　验证 BGP 选路规则 11：对等体地址

　　本实验要在 AR2 上观察 BGP 选路。我们在 AR6 上添加 Loopback 1 接口并为其配置
IP 地址 66.66.66.66/32，在 BGP 视图中将这个 Loopback 接口地址引入 BGP 中。3.3 节已
经使 AR2 成为 AR1 和 AR4 的路由反射器客户端，因此 AR2 会从 AR1 和 AR4 同时收到
BGP 路由前缀 66.66.66.66/32。图 3-7 展示了本实验使用的拓扑。

　　在图 3-7 所示的这种情况中，AR2 在通过 BGP 接收到路由前缀 66.66.66.66/32 时，
会根据 BGP 选路规则 11 选择出最优路由。也就是根据发送这个路由前缀的对等体地址
进行选择，即 AR2 需要在 AR1（1.1.1.1）和 AR4（4.4.4.4）之间进行选择，并且按照数
值较小为优的原则选用 AR1 提供的路由。

　　BGP 本身并不发现路由，它需要将路由器上已有的其他路由引入 BGP 路由表中。
BGP 可以通过 **network** 方式和 **import** 方式引入路由，本实验展示 network 方式，后文将
会展示 import 方式。工程师需要使用以下命令，通过 network 方式将路由引入 BGP。

　　network *ipv4-address* [*mask* | *mask-length*] [**route-policy** *route-policy-name*]：BGP 视
图的命令，将 IP 路由表中的路由以静态方式加入 BGP 路由表中。*ipv4-address* 指定了向
BGP 引入的 IPv4 网络地址；[*mask* | *mask-length*]表示以点分十进制或整数形式指定 IP
地址的掩码或掩码长度；[**route-policy** *route-policy-name*]用来指定在引入时为该路由应
用的 Route-Policy。该命令只能发布精确匹配的路由，即网络地址和掩码长度必须与本
地 IP 路由表中的表项完全一致，BGP 才会发布该路由。

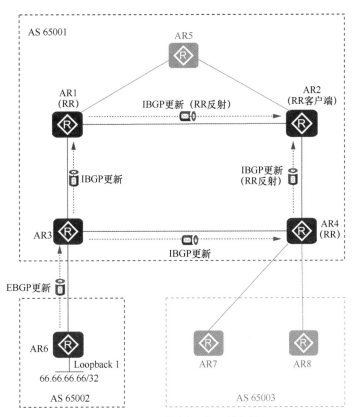

图 3-7　BGP 选路规则 11 的拓扑

例 3-27 展示了 AR6 上的 Loopback 1 接口 IP 地址配置和路由引入配置。

例 3-27　路由器 AR6 上的相关配置

```
[AR6]interface LoopBack 1
[AR6-LoopBack1]ip address 66.66.66.66 32
[AR6-LoopBack1]quit
[AR6]bgp 65002
[AR6-bgp]network 66.66.66.66 32
```

配置完成后，我们可以先在 AR6 上使用命令 **display bgp routing-table** 来查看 BGP 路由表，详见例 3-28。

例 3-28　在 AR6 上查看 66.66.66.66/32

```
[AR6]display bgp routing-table

BGP Local router ID is 6.6.6.6
Status codes: * - valid, > - best, d - damped,
              h - history,  i - internal, s - suppressed, S - Stale
              Origin : i - IGP, e - EGP, ? - incomplete


Total Number of Routes: 1
      Network          NextHop          MED         LocPrf     PrefVal Path/Ogn
 *>   66.66.66.66/32   0.0.0.0          0                      0       i
```

从例 3-28 中唯一的这条 BGP 路由可以看出这是一条有效路由（*），同时也是最优路由（>），它的来源是 IGP（i），这是因为使用 **network** 命令注入 BGP 路由表的路由，其 Origin 属性为 IGP。

例 3-29 展示了在 AR3 上查看这条路由的详细信息。

例 3-29　在 AR3 上查看 66.66.66.66/32

```
[AR3]display bgp routing-table

BGP Local router ID is 3.3.3.3
Status codes: * - valid, > - best, d - damped,
              h - history,  i - internal, s - suppressed, S - Stale
              Origin : i - IGP, e - EGP, ? - incomplete


Total Number of Routes: 1
      Network            NextHop          MED         LocPrf      PrefVal Path/Ogn

 *>   66.66.66.66/32     172.16.36.6      0                       0       65002i
[AR3]display bgp routing-table 66.66.66.66 32

BGP local router ID : 3.3.3.3
Local AS number : 65001
Paths:   1 available, 1 best, 1 select
BGP routing table entry information of 66.66.66.66/32:
From: 172.16.36.6 (6.6.6.6)
Route Duration: 00h38m02s
Direct Out-interface: GigabitEthernet0/0/2
Original nexthop: 172.16.36.6
Qos information : 0x0
AS-path 65002, origin igp, MED 0, pref-val 0, valid, external, best, select, ac
tive, pre 255
Advertised to such 2 peers:
   1.1.1.1
   4.4.4.4
```

从例 3-29 的第一个阴影行可以看出对于 AR3 来说，66.66.66.66/32 是有效路由和最优路由，并且 AR6 在该路由的 Path/Ogn 属性中添加了本地 AS 号。从最后三行阴影行可以看出 AR3 已经将该路由前缀通告给 AR1 和 AR4。

我们以 AR1 为例查看 66.66.66.66/32，详见例 3-30。

例 3-30　在 AR1 上查看 66.66.66.66/32

```
[AR1]display bgp routing-table

BGP Local router ID is 1.1.1.1
Status codes: * - valid, > - best, d - damped,
              h - history,  i - internal, s - suppressed, S - Stale
              Origin : i - IGP, e - EGP, ? - incomplete


Total Number of Routes: 1
      Network            NextHop          MED         LocPrf      PrefVal Path/Ogn

  i  66.66.66.66/32      172.16.36.6      0           100         0       65002i
[AR1]display bgp routing-table 66.66.66.66 32

BGP local router ID : 1.1.1.1
Local AS number : 65001
Paths:   1 available, 0 best, 0 select
BGP routing table entry information of 66.66.66.66/32:
From: 3.3.3.3 (3.3.3.3)
Route Duration: 00h42m33s
Relay IP Nexthop: 0.0.0.0
Relay IP Out-Interface:
Original nexthop: 172.16.36.6
Qos information : 0x0
AS-path 65002, origin igp, MED 0, localpref 100, pref-val 0, internal, pre 255
Not advertised to any peer yet
```

在例 3-30 的两个命令输出内容中我们需要注意三部分内容，这三部分内容均已用阴影突出显示。第一行阴影显示出对于 AR1 来说，66.66.66.66/32 并不是有效路由，更不是最优路由，这是因为路由的下一跳（172.16.36.6）对于 AR1 来说不可达。第二部分阴影验证了这一点，这条路由的原始下一跳是 172.16.36.6，而 AR1 并不知道要想去往172.16.36.6 应该将报文发送到哪里。BGP 仅会通告最优路由，因此 AR1 没有将该路由前缀通告给任何对等体，最后一个阴影行可以验证这一点。

在 BGP 的众多特性中，有一个特性可以用来解决这个问题：next-hop-local，即，将本地 IP 地址设置为下一跳地址。工程师可以使用以下命令进行配置。

- **peer** *ipv4-address* **next-hop-local**：BGP 视图的命令，配置 BGP 设备在向该 IBGP 对等体发布路由时，使用本地 IP 地址作为下一跳地址。在默认情况下，BGP 设备在发布路由时不改变下一跳地址。

这条命令需要在发布路由的 BGP 设备上进行配置，本实验中需要在 AR3 上配置，详见例 3-31。

例 3-31　在 AR3 上配置 next-hop-local

```
[AR3]bgp 65001
[AR3-bgp]peer 1.1.1.1 next-hop-local
[AR3-bgp]peer 4.4.4.4 next-hop-local
```

配置完成后，我们可以通过查看对等体 1.1.1.1 的详细信息来查看配置结果，详见例 3-32。

例 3-32　在 AR3 上查看对等体 1.1.1.1 的详细信息

```
[AR3]display bgp peer 1.1.1.1 verbose

      BGP Peer is 1.1.1.1,  remote AS 65001
      Type: IBGP link
      BGP version 4, Remote router ID 1.1.1.1
      Update-group ID: 1
      BGP current state: Established, Up for 01h05m56s
      BGP current event: RecvKeepalive
      BGP last state: OpenConfirm
      BGP Peer Up count: 1
      Received total routes: 0
      Received active routes total: 0
      Advertised total routes: 1
      Port:  Local - 179     Remote - 50886
      Configured: Connect-retry Time: 32 sec
      Configured: Active Hold Time: 180 sec Keepalive Time:60 sec
      Received  : Active Hold Time: 180 sec
      Negotiated: Active Hold Time: 180 sec Keepalive Time:60 sec
      Peer optional capabilities:
      Peer supports bgp multi-protocol extension
      Peer supports bgp route refresh capability
      Peer supports bgp 4-byte-as capability
      Address family IPv4 Unicast: advertised and received
Received: Total 67 messages
                Update messages           0
                Open messages                         1
                KeepAlive messages        66
                Notification messages     0
                Refresh messages          0
Sent: Total 69 messages
                Update messages           2
                Open messages                         1
                KeepAlive messages        66
                Notification messages     0
                Refresh messages          0
Authentication type configured: None
```

```
Last keepalive received: 2023/02/26 17:39:46 UTC-08:00
Last keepalive sent    : 2023/02/26 17:39:45 UTC-08:00
Last update    sent    : 2023/02/26 17:39:59 UTC-08:00
Minimum route advertisement interval is 15 seconds
Optional capabilities:
Route refresh capability has been enabled
4-byte-as capability has been enabled
Nexthop self has been configured
Connect-interface has been configured
Peer Preferred Value: 0
Routing policy configured:
No routing policy is configured
```

从例 3-32 中的阴影行可以看出 AR3 已经针对对等体 1.1.1.1 配置了 next-hop-local
特性。

配置完成后，AR1 和 AR4 上的路由 66.66.66.66/32 的原始下一跳会变为 3.3.3.3，也
就是 AR3 的更新源地址，这样 AR1 和 AR4 可以根据 OSPF 路由访问 3.3.3.3，由此该路
由可以变为有效路由。对此感兴趣的读者可以在自己的实验环境中在 AR1 或 AR4 上使
用命令 **display bgp routing-table 66.66.66.66 32** 进行确认，在本实验中我们直接在 AR2
上查看 AR1 和 AR4 反射过来的路由，详见例 3-33。

例 3-33　在 AR2 上查看 BGP 路由表

```
[AR2]display bgp routing-table

BGP Local router ID is 2.2.2.2
Status codes: * - valid, > - best, d - damped,
              h - history,  i - internal, s - suppressed, S - Stale
              Origin : i - IGP, e - EGP, ? - incomplete


Total Number of Routes: 2
     Network             NextHop        MED        LocPrf     PrefVal Path/Ogn

*>i  66.66.66.66/32      3.3.3.3        0          100        0       65002i
* i                     3.3.3.3        0          100        0       65002i
```

从例 3-33 所示的 BGP 路由表中可以看到 AR2 现在有两条去往 66.66.66.66/32 的路
由，并且有一条路由已经被选为最优路由（>）。但我们无法从这条命令的输出中看到
AR2 选择了哪条路由为最优路由，也无法得出它做出这种选择的原因。前文提到，在这
个实验中 AR2 会基于规则 11 来选择最优路由，规则 11 指的是优选从具有最小 IP 地址
的对等体学到的路由。由于 AR2 通过 AR1 和 AR4 分别学到了相同的路由，并且 AR1
的更新源地址为 1.1.1.1，AR4 的更新源地址为 4.4.4.4，因此 AR2 会优选从 AR1 学到的
路由。

最后，我们在 AR2 上查看 66.66.66.66/32 路由的详细信息来确认实验结果，详见
例 3-34。

例 3-34　在 AR2 上查看 66.66.66.66/32 路由的详细信息

```
[AR2]display bgp routing-table 66.66.66.66 32

 BGP local router ID : 2.2.2.2
 Local AS number : 65001
 Paths:   2 available, 1 best, 1 select
 BGP routing table entry information of 66.66.66.66/32:
 From: 1.1.1.1 (1.1.1.1)
 Route Duration: 02h29m33s
 Relay IP Nexthop: 172.16.12.1
 Relay IP Out-Interface: GigabitEthernet0/0/0
```

```
Original nexthop: 3.3.3.3
Qos information : 0x0
AS-path 65002, origin igp, MED 0, localpref 100, pref-val 0, valid, internal, b
est, select, active, pre 255, IGP cost 2
Originator: 3.3.3.3
Cluster list: 1.1.1.1
Not advertised to any peer yet

BGP routing table entry information of 66.66.66.66/32:
From: 4.4.4.4 (4.4.4.4)
Route Duration: 02h29m28s
Relay IP Nexthop: 172.16.12.1
Relay IP Out-Interface: GigabitEthernet0/0/0
Original nexthop: 3.3.3.3
Qos information : 0x0
AS-path 65002, origin igp, MED 0, localpref 100, pref-val 0, valid, internal, p
re 255, IGP cost 2, not preferred for peer address
Originator: 3.3.3.3
Cluster list: 4.4.4.4
Not advertised to any peer yet
```

从例 3-34 的阴影部分可以看到 BGP 没有优选这条从 AR4 学习到的路由，是因为对等体地址，AR1 的地址（1.1.1.1）小于 AR4 的地址（4.4.4.4），因此 AR1 提供的路由当选为最优路由。

3.5 验证 BGP 选路规则 10：Router ID

本实验要在 AR5 上观察 BGP 选路。我们在 AR6 上添加 Loopback 2 接口并为其配置 IP 地址 67.67.67.6/24，在 AR7 上添加 Loopback 1 接口并为其配置 IP 地址 67.67.67.7/24。在 AR6 和 AR7 的 BGP 视图中分别将相应的 Loopback 接口地址以 **network** 的方式引入 BGP 中。为了使 AR5 能够接收到这个路由信息，我们将 AR5 配置为 AR1 和 AR2 的路由反射器客户端。为了让 AR2 知道如何去往该路由的下一跳地址，我们在 AR4 上配置 **next-hop-local** 特性。图 3-8 展示了本实验使用的第一个拓扑。

在图 3-8 所示的这种情况中，AR5 在通过 BGP 接收到路由前缀 67.67.67.0/24 时，它会根据 BGP 选路规则 10 中的 Originator 选择出最优路由。读者可以回看例 3-34 中两条路由的详细信息，会发现它们的 Originator 都是 3.3.3.3，因此我们通过更改拓扑，让 BGP 能够在这个实验中根据 Originator 进行选路。

本实验中需要进行三部分的配置，首先在 AR6 和 AR7 上配置 BGP 路由引入，接着在 AR4 上配置 next-hop-local 特性，最后在 AR1 和 AR2 上将 AR5 配置为路由反射器客户端。

例 3-35 和例 3-36 展示了 AR6 和 AR7 上的 BGP 路由引入配置。

例 3-35 在 AR6 上引入 BGP 路由

```
[AR6]interface LoopBack 2
[AR6-LoopBack2]ip address 67.67.67.6 24
[AR6-LoopBack2]quit
[AR6]bgp 65002
[AR6-bgp]network 67.67.67.0 24
```

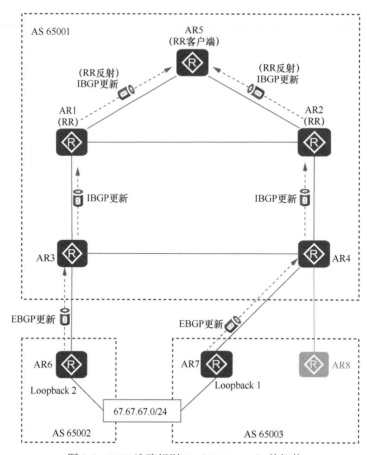

图 3-8　BGP 选路规则 10（Originator）的拓扑

例 3-36　在 AR7 上引入 BGP 路由

```
[AR7]interface LoopBack 1
[AR7-LoopBack1]ip address 67.67.67.7 24
[AR7-LoopBack1]quit
[AR7]bgp 65003
[AR7-bgp]network 67.67.67.0 24
```

例 3-37 展示了 AR4 上的 next-hop-local 配置。

例 3-37　在 AR4 上配置 next-hop-local

```
[AR4]bgp 65001
[AR4-bgp]peer 2.2.2.2 next-hop-local
[AR4-bgp]peer 3.3.3.3 next-hop-local
```

例 3-38 和例 3-39 展示了 AR1 和 AR2 上的 BGP 路由反射器配置。

例 3-38　在 AR1 上配置 BGP 路由反射器

```
[AR1]bgp 65001
[AR1-bgp]peer 5.5.5.5 reflect-client
```

例 3-39　在 AR2 上配置 BGP 路由反射器

```
[AR2]bgp 65001
[AR2-bgp]peer 5.5.5.5 reflect-client
```

在 AR1 和 AR2 上将 AR5 配置为路由反射器客户端之前，AR5 上没有任何 BGP 路由。配置完成后，我们可以在 AR5 上查看 BGP 路由表，详见例 3-40。

例 3-40　在 AR5 上查看 BGP 路由表

```
[AR5]display bgp routing-table

BGP Local router ID is 5.5.5.5
Status codes: * - valid, > - best, d - damped,
              h - history,  i - internal, s - suppressed, S - Stale
              Origin : i - IGP, e - EGP, ? - incomplete


Total Number of Routes: 4
     Network          NextHop          MED        LocPrf      PrefVal Path/Ogn

*>i  66.66.66.66/32   3.3.3.3          0          100         0       65002i
* i                   3.3.3.3          0          100         0       65002i
*>i  67.67.67.0/24    3.3.3.3          0          100         0       65002i
* i                   4.4.4.4          0          100         0       65003i
```

　　从例 3-40 中可以看到 AR5 的 BGP 路由表中有 4 条有效的 BGP 路由（*），并且 AR5 已经将其中的 2 条选为了最优路由（>）。从阴影行可以看出 AR5 学习到的去往 67.67.67.0/24 的路由下一跳和 Path/Ogn 分别为 3.3.3.3 和 65002i，以及 4.4.4.4 和 65003i。因此从这里我们就可以知道 AR5 选择了 AR1 反射过来的路由，例 3-41 对此进行了确认。

例 3-41　在 AR5 上查看路由 67.67.67.0/24

```
[AR5]display bgp routing-table 67.67.67.0 24
 BGP local router ID : 5.5.5.5
 Local AS number : 65001
 Paths:   2 available, 1 best, 1 select
 BGP routing table entry information of 67.67.67.0/24:
 From: 1.1.1.1 (1.1.1.1)
 Route Duration: 00h15m50s
 Relay IP Nexthop: 172.16.15.1
 Relay IP Out-Interface: GigabitEthernet0/0/0
 Original nexthop: 3.3.3.3
 Qos information : 0x0
 AS-path 65002, origin igp, MED 0, localpref 100, pref-val 0, valid, internal, b
est, select, active, pre 255, IGP cost 2
 Originator: 3.3.3.3
 Cluster list: 1.1.1.1
 Not advertised to any peer yet
 BGP routing table entry information of 67.67.67.0/24:
 From: 2.2.2.2 (2.2.2.2)
 Route Duration: 00h15m02s
 Relay IP Nexthop: 172.16.25.2
 Relay IP Out-Interface: GigabitEthernet0/0/1
 Original nexthop: 4.4.4.4
 Qos information : 0x0
 AS-path 65003, origin igp, MED 0, localpref 100, pref-val 0, valid, internal, p
re 255, IGP cost 2, not preferred for router ID
 Originator: 4.4.4.4
 Cluster list: 2.2.2.2
 Not advertised to any peer yet
```

　　从例 3-41 的第 2 个阴影行看到 BGP 是根据 Router ID 选择的最优路由，这对应着规则 10：如果路由携带 Originator_ID 属性，选路过程中将比较 Originator_ID 的大小（不再比较 Router ID），并优选 Originator_ID 最小的路由。第 1 个和第 3 个阴影行可以看到这两条路由都携带 Originator 属性，因此通过比较 3.3.3.3 和 4.4.4.4，AR5 选择了 Originator 为 3.3.3.3 的路由为最优路由。

　　BGP 选路规则 10 还适用于不携带 Originator 属性的情况，在这种情况中，BGP 会根据 Router ID 进行选路。我们使用如图 3-9 所示的拓扑来展示这种情况。

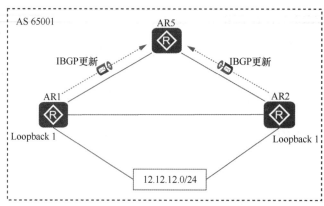

图 3-9   BGP 选路规则 10（Router ID）的拓扑

本实验依然要在 AR5 上观察 BGP 选路。我们在 AR1 上添加 Loopback 1 接口并为其配置 IP 地址 12.12.12.1/24，在 AR2 上添加 Loopback 1 接口并为其配置 IP 地址 12.12.12.2/24。在 AR1 和 AR2 的 BGP 视图中分别将相应的 Loopback 1 接口地址以 **network** 的方式引入 BGP 中。例 3-42 和例 3-43 分别展示了 AR1 和 AR2 上的 BGP 路由引入配置。

例 3-42   在 AR1 上引入 BGP 路由

```
[AR1]interface LoopBack 1
[AR1-LoopBack1]ip address 12.12.12.1 24
[AR1-LoopBack1]quit
[AR1]bgp 65001
[AR1-bgp]network 12.12.12.0 24
```

例 3-43   在 AR2 上引入 BGP 路由

```
[AR2]interface LoopBack 1
[AR2-LoopBack1]ip address 12.12.12.2 24
[AR2-LoopBack1]quit
[AR2]bgp 65001
[AR2-bgp]network 12.12.12.0 24
```

配置完成后，我们可以再次查看 AR5 上的 BGP 路由，详见例 3-44。

例 3-44   在 AR5 上查看 BGP 路由表

```
[AR5]display bgp routing-table

BGP Local router ID is 5.5.5.5
Status codes: * - valid, > - best, d - damped,
              h - history,  i - internal, s - suppressed, S - Stale
              Origin : i - IGP, e - EGP, ? - incomplete


Total Number of Routes: 6
       Network          NextHop        MED        LocPrf     PrefVal Path/Ogn
 *>i   12.12.12.0/24    1.1.1.1        0          100        0       i
 * i                    2.2.2.2        0          100        0       i
 *>i   66.66.66.66/32   3.3.3.3        0          100        0       65002i
 * i                    3.3.3.3        0          100        0       65002i
 *>i   67.67.67.0/24    3.3.3.3        0          100        0       65002i
 * i                    4.4.4.4        0          100        0       65003i
```

从例 3-44 的阴影部分可以看到 AR5 学习到了两条去往 12.12.12.0/24 的 BGP 路由，并且将下一跳为 1.1.1.1 的路由选为最优路由。下面，我们来查看 12.12.12.0/24 的详细信息，详见例 3-45。

例 3-45　在 AR5 上查看路由 12.12.12.0/24 的详细信息

```
[AR5]display bgp routing-table 12.12.12.0 24

 BGP local router ID : 5.5.5.5
 Local AS number : 65001
 Paths:   2 available, 1 best, 1 select
 BGP routing table entry information of 12.12.12.0/24:
 From: 1.1.1.1 (1.1.1.1)
 Route Duration: 00h00m41s
 Relay IP Nexthop: 172.16.15.1
 Relay IP Out-Interface: GigabitEthernet0/0/0
 Original nexthop: 1.1.1.1
 Qos information : 0x0
 AS-path Nil, origin igp, MED 0, localpref 100, pref-val 0, valid, internal, bes
t, select, active, pre 255, IGP cost 1
 Not advertised to any peer yet

 BGP routing table entry information of 12.12.12.0/24:
 From: 2.2.2.2 (2.2.2.2)
 Route Duration: 00h00m17s
 Relay IP Nexthop: 172.16.25.2
 Relay IP Out-Interface: GigabitEthernet0/0/1
 Original nexthop: 2.2.2.2
 Qos information : 0x0
 AS-path Nil, origin igp, MED 0, localpref 100, pref-val 0, valid, internal, pre
 255, IGP cost 1, not preferred for router ID
 Not advertised to any peer yet
```

读者可以将其与 67.67.67.0/24 路由进行对比，阴影部分同样给出了根据 Router ID 进行选路的信息，但这两条 12.12.12.0/24 路由中并没有携带 Originator 属性（该属性由 RR 生成），因此 AR5 根据发布这两条路由的 Router ID 进行选择，即在 1.1.1.1 和 2.2.2.2 之间选择了数值较小的 1.1.1.1。

3.6　验证 BGP 选路规则 9：Cluster_List

BGP 选路规则 9 是根据 Cluster_List 进行选路的，更短的 Cluster_List 更优。在这个实验中，我们无须配置任何路由器，因为在之前的配置中，已经出现了使用这个 BGP 选路规则的情况。AR5 上有 3 个 BGP 路由前缀，其中 12.12.12.0/24 是根据 Router ID 选择出最优路由的，67.67.67.0/24 是根据 Originator 选择出最优路由的，剩下的另一个路由前缀 66.66.66.66/32 就是根据 Cluster_List 选择出最优路由的。我们可以在 AR5 上查看这个路由前缀的详细信息，详见例 3-46。

例 3-46　在 AR5 上查看路由 66.66.66.66/32 的详细信息

```
[AR5]display bgp routing-table 66.66.66.66 32
 BGP local router ID : 5.5.5.5
 Local AS number : 65001
 Paths:   2 available, 1 best, 1 select
 BGP routing table entry information of 66.66.66.66/32:
 From: 1.1.1.1 (1.1.1.1)
 Route Duration: 02h20m12s
 Relay IP Nexthop: 172.16.15.1
 Relay IP Out-Interface: GigabitEthernet0/0/0
 Original nexthop: 3.3.3.3
 Qos information : 0x0
 AS-path 65002, origin igp, MED 0, localpref 100, pref-val 0, valid, internal, b
est, select, active, pre 255, IGP cost 2
```

```
Originator:  3.3.3.3
Cluster list: 1.1.1.1
Not advertised to any peer yet

BGP routing table entry information of 66.66.66.66/32:
From: 2.2.2.2 (2.2.2.2)
Route Duration: 02h19m24s
Relay IP Nexthop: 172.16.15.1
Relay IP Out-Interface: GigabitEthernet0/0/0
Original nexthop: 3.3.3.3
Qos information : 0x0
AS-path 65002, origin igp, MED 0, localpref 100, pref-val 0, valid, internal, p
re 255, IGP cost 2, not preferred for Cluster List
Originator:  3.3.3.3
Cluster list: 2.2.2.2, 1.1.1.1
Not advertised to any peer yet
```

从例 3-46 的第 2 个阴影行可以看出 AR5 是根据 Cluster_List 选出的最优路由。第 1
个和第 3 个阴影行分别展示了这两条 66.66.66.66/32 路由携带的 Cluster_List，AR5 优选
了 Cluster_List 更短的路由。

如果读者对于这些 Cluster_List 是如何产生的有疑问，可以参考图 3-10。

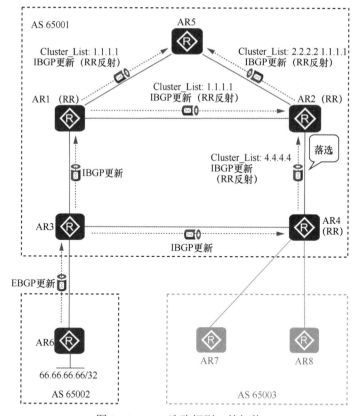

图 3-10　BGP 选路规则 9 的拓扑

AR5 接收到的 66.66.66.66/32 路由前缀分别来自 AR1 和 AR2，在本例环境中，AR5
会比较这两个路由前缀所携带的 Cluster_List。

对于 AR1 来说，66.66.66.66/32 路由前缀仅来自 AR3，并且该路由前缀不携带
Cluster_List 属性。因此 AR1 在向自己的路由反射器客户端 AR5 发送路由更新时，将自

己的 Cluster_ID（1.1.1.1）添加到 Cluster_List 中。

对于 AR2 来说，66.66.66.66/32 路由前缀来自 AR1 和 AR4 的路由反射行为，因为我们将 AR2 配置为 AR1 和 AR4 的路由反射器客户端。AR2 根据 BGP 选路规则 11（对等体地址）将从 AR1 接收到的路由选为最优路由，它携带 Cluster_List 1.1.1.1。BGP 在向外通告路由时仅通告最优路由，AR2 在向其路由反射器客户端 AR5 通告路由时只会通告从 AR1 学到的路由，并且它会在已有的 Cluster_List 中添加自己的 Cluster ID，即 2.2.2.2，从而 AR5 看到的 Cluster_List 为 2.2.2.2 1.1.1.1。

因此，AR5 在面对 Cluster_List 1.1.1.1 和 Cluster_List 2.2.2.2 1.1.1.1 时，会选择更短的 Cluster_List。

需要额外说明的是，这个拓扑中有 3 台路由器被配置为路由反射器：路由反射器 AR1 对应着客户端 AR2 和 AR5；路由反射器 AR4 对应着客户端 AR2，路由反射器 AR2 对应着客户端 AR5。这并不是推荐的 RR 设计方案，仅为了实现路由器根据不同的 BGP 选路规则进行选路。

在实际的单集群路由反射器设计中，如果为了实现路由反射器的备份而需要在一个集群中配置多个 RR 时，由于 RR 打破了 IBGP 对等体接收到的路由不能传递给其他 IBGP 对等体的限制，因此一个集群内的 RR 之间可能存在环路。此时，集群中的所有 RR 必须使用相同的 Cluster ID 来避免 RR 之间的环路。

在多集群路由反射器设计中，可以配置同级路由反射器和分级路由反射器。同级路由反射器的设计需要让各个集群的 RR 之间建立 IBGP 对等体，形成同级路由反射器。分级路由反射器的设计可以将处于较低网络层次的 RR 配置为高层级 RR 的客户端，比如本实验中的 AR2 就是一个低层级 RR，它既是 AR4 的 RR 客户端，从 AR4 那里接收反射过来的 BGP 路由，又是 AR5 的 RR，向 AR5 反射 BGP 路由。

读者如果对有关路由反射器设计的内容感兴趣，可以查询华为官方网站。本实验中的路由反射器拓扑设计仅为展示 BGP 选路规则，并不能作为路由反射器设计的参考。

3.7　验证 BGP 选路规则 8：IGP 开销

BGP 选路规则 8 指的是比较去往下一跳地址的 IGP 开销，开销值低的路由更优。在这个实验中，我们要通过更改 OSPF 开销值来影响 AR5 的 BGP 选路。表 3-2 总结了在当前实验环境中 AR5 的选路结果。

表 3-2　AR5 的选路结果

路由前缀	来自	下一跳	选路结果
12.12.12.0/24	AR1	1.1.1.1	最优路由
	AR2	2.2.2.2	not preferred for router ID
67.67.67.0/24	AR1	3.3.3.3	最优路由
	AR2	4.4.4.4	not preferred for router ID
66.66.66.66/32	AR1	3.3.3.3	最优路由
	AR2	3.3.3.3	not preferred for Cluster List

从表 3-2 中可以很轻松地看出，尽管选路依据不同，但当前 AR5 的所有最优路由全是由 AR1 提供的。需要注意的是，通过更改 OSPF 开销值，并不能影响 66.66.66.66/32 的选路，这是因为 AR1 和 AR2 通告的路由下一跳都是 3.3.3.3。因此这个实验的结果会如图 3-11 所示。

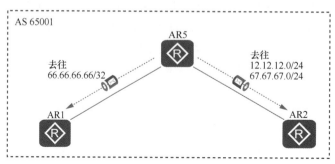

图 3-11　BGP 选路规则 8 的结果

我们要通过在 AR5 上增加它去往 AR1 的 OSPF 开销值，来影响 BGP 选路结果。我们可以增加 AR5 连接 AR1 接口（G0/0/0）的 OSPF 开销值，默认为 1，本例将其改为 5，详见例 3-47。

例 3-47　在 AR5 上更改 OSPF 开销值

```
[AR5]interface GigabitEthernet 0/0/0
[AR5-GigabitEthernet0/0/0]ospf cost 5
```

配置完成后，我们再次查看 AR5 的 BGP 路由表，详见例 3-48。

例 3-48　在 AR5 上查看 BGP 路由表

```
[AR5]display bgp routing-table

BGP Local router ID is 5.5.5.5
Status codes: * - valid, > - best, d - damped,
              h - history,  i - internal, s - suppressed, S - Stale
              Origin : i - IGP, e - EGP, ? - incomplete


Total Number of Routes: 6
        Network          NextHop        MED        LocPrf     PrefVal Path/Ogn

 *>i    12.12.12.0/24    2.2.2.2        0          100        0       i
 *  i                    1.1.1.1        0          100        0       i
 *>i    66.66.66.66/32   3.3.3.3        0          100        0       65002i
 *  i                    3.3.3.3        0          100        0       65002i
 *>i    67.67.67.0/24    4.4.4.4        0          100        0       65003i
 *  i                    3.3.3.3        0          100        0       65002i
```

从例 3-48 所示的 BGP 路由表中可以看出 AR5 已经改变了 12.12.12.0/24 和 67.67.67.0/24 的选路，例 3-49 查看了这两个路由前缀的详细信息。

例 3-49　在 AR5 上查看 BGP 路由的详细信息

```
[AR5]display bgp routing-table 12.12.12.0 24

BGP local router ID : 5.5.5.5
Local AS number : 65001
Paths:   2 available, 1 best, 1 select
BGP routing table entry information of 12.12.12.0/24:
From: 2.2.2.2 (2.2.2.2)
Route Duration: 03h43m43s
```

```
 Relay IP Nexthop: 172.16.25.2
 Relay IP Out-Interface: GigabitEthernet0/0/1
 Original nexthop: 2.2.2.2
 Qos information : 0x0
 AS-path Nil, origin igp, MED 0, localpref 100, pref-val 0, valid, internal, bes
t, select, active, pre 255, IGP cost 1
 Not advertised to any peer yet

 BGP routing table entry information of 12.12.12.0/24:
 From: 1.1.1.1 (1.1.1.1)
 Route Duration: 03h44m07s
 Relay IP Nexthop: 172.16.25.2
 Relay IP Out-Interface: GigabitEthernet0/0/1
 Original nexthop: 1.1.1.1
 Qos information : 0x0
 AS-path Nil, origin igp, MED 0, localpref 100, pref-val 0, valid, internal, pre
 255, IGP cost 2, not preferred for IGP cost
 Not advertised to any peer yet
[AR5]display bgp routing-table 67.67.67.0 24

 BGP local router ID : 5.5.5.5
 Local AS number : 65001
 Paths:   2 available, 1 best, 1 select
 BGP routing table entry information of 67.67.67.0/24:
 From: 2.2.2.2 (2.2.2.2)
 Route Duration: 04h56m19s
 Relay IP Nexthop: 172.16.25.2
 Relay IP Out-Interface: GigabitEthernet0/0/1
 Original nexthop: 4.4.4.4
 Qos information : 0x0
 AS-path 65003, origin igp, MED 0, localpref 100, pref-val 0, valid, internal, b
est, select, active, pre 255, IGP cost 2
 Originator:  4.4.4.4
 Cluster list: 2.2.2.2
 Not advertised to any peer yet

 BGP routing table entry information of 67.67.67.0/24:
 From: 1.1.1.1 (1.1.1.1)
 Route Duration: 04h57m07s
 Relay IP Nexthop: 172.16.25.2
 Relay IP Out-Interface: GigabitEthernet0/0/1
 Original nexthop: 3.3.3.3
 Qos information : 0x0
 AS-path 65002, origin igp, MED 0, localpref 100, pref-val 0, valid, internal, p
re 255, IGP cost 3, not preferred for IGP cost
 Originator:  3.3.3.3
 Cluster list: 1.1.1.1
 Not advertised to any peer yet
```

    从例 3-49 的阴影部分可以看出 AR5 按照规则 8（IGP 开销）更改了这两个路由前缀的选路。66.66.66.66/32 的两条路由的下一跳相同，因此它的选路不受影响，依然根据规则 9（Cluster_List）选择 AR1 提供的路由，详见例 3-50。

    例 3-50   在 AR5 上查看路由 66.66.66.66/32 的详细信息

```
[AR5]display bgp routing-table 66.66.66.66 32

 BGP local router ID : 5.5.5.5
 Local AS number : 65001
 Paths:   2 available, 1 best, 1 select
 BGP routing table entry information of 66.66.66.66/32:
 From: 1.1.1.1 (1.1.1.1)
 Route Duration: 00h25m00s
 Relay IP Nexthop: 172.16.25.2
 Relay IP Out-Interface: GigabitEthernet0/0/1
 Original nexthop: 3.3.3.3
 Qos information : 0x0
```

```
AS-path 65002, origin igp, MED 0, localpref 100, pref-val 0, valid, internal, b
est, select, active, pre 255, IGP cost 3
Originator:  3.3.3.3
Cluster list: 1.1.1.1
Not advertised to any peer yet

BGP routing table entry information of 66.66.66.66/32:
From: 2.2.2.2 (2.2.2.2)
Route Duration: 00h25m00s
Relay IP Nexthop: 172.16.25.2
Relay IP Out-Interface: GigabitEthernet0/0/1
Original nexthop: 3.3.3.3
Qos information : 0x0
AS-path 65002, origin igp, MED 0, localpref 100, pref-val 0, valid, internal, p
re 255, IGP cost 3, not preferred for Cluster List
Originator:  3.3.3.3
Cluster list: 2.2.2.2, 1.1.1.1
Not advertised to any peer yet
```

在本章实验所示的拓扑中，还有一台路由器在根据 IGP 开销进行选路，即 AR2。读者可以考虑一下AR2的哪条最优路由是根据IGP开销选择的，后文会对此进行详细讨论。

3.8　验证 BGP 选路规则 7：邻居类型

BGP 选路规则 7 是根据 BGP 邻居类型进行选路的，EBGP 邻居通告的路由优于 IBGP 邻居通告的路由。在本章实验拓扑中，AR3 和 AR4 上的 67.67.67.0/24 是根据规则 7 进行选路的。对于 AR3 来说，它会从 EBGP 邻居 AR6 接收到该路由前缀，也会从 IBGP 邻居 AR4 接收到该路由前缀。对于 AR4 来说，它会从 EBGP 邻居 AR7 接收到该路由前缀，也会从 IBGP 邻居 AR3 接收到该路由前缀。图 3-12 以 AR4 为例，展示了与本例相关的 BGP 更新及其携带的 AS_Path 属性。

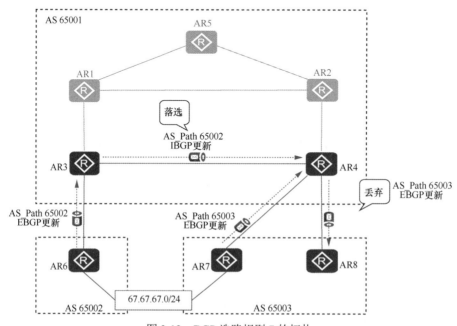

图 3-12　BGP 选路规则 7 的拓扑

以 AR4 为例，例 3-51 展示了 AR4 的 BGP 路由表。

例 3-51　在 AR4 上查看 BGP 路由表

```
[AR4]display bgp routing-table
 BGP Local router ID is 4.4.4.4
 Status codes: * - valid, > - best, d - damped,
               h - history,  i - internal, s - suppressed, S - Stale
               Origin : i - IGP, e - EGP, ? - incomplete


 Total Number of Routes: 4
      Network          NextHop         MED         LocPrf     PrefVal Path/Ogn

 *>i  12.12.12.0/24    2.2.2.2         0           100        0       i
 *>i  66.66.66.66/32   3.3.3.3         0           100        0       65002i
 *>   67.67.67.0/24    7.7.7.7         0                      0       65003i
 *  i                  3.3.3.3         0           100        0       65002i
```

例 3-51 中的第 1 个阴影行是 AR4 选出的去往 67.67.67.0/24 的最优路由，它是通过 AS 65003 的 EBGP 对等体 AR7 学习到的。第 2 个阴影行同样是去往 67.67.67.0/24 的路由，它是通过 IBGP 对等体 AR3 学习到的。在 AR4 上查看路由 67.67.67.0/24 的详细信息可以看到 AR4 的选路根据，详见例 3-52。

例 3-52　在 AR4 上查看路由 67.67.67.0/24 的详细信息

```
[AR4]display bgp routing-table 67.67.67.0 24
 BGP local router ID : 4.4.4.4
 Local AS number : 65001
 Paths:   2 available, 1 best, 1 select
 BGP routing table entry information of 67.67.67.0/24:
 From: 7.7.7.7 (7.7.7.7)
 Route Duration: 07h52m35s
 Relay IP Nexthop: 172.16.47.7
 Relay IP Out-Interface: GigabitEthernet0/0/2
 Original nexthop: 7.7.7.7
 Qos information : 0x0
 AS-path 65003, origin igp, MED 0, pref-val 0, valid, external, best, select, ac
tive, pre 255
 Advertised to such 4 peers:
    3.3.3.3
    2.2.2.2
    7.7.7.7
    8.8.8.8
 BGP routing table entry information of 67.67.67.0/24:
 From: 3.3.3.3 (3.3.3.3)
 Route Duration: 07h53m18s
 Relay IP Nexthop: 172.16.34.3
 Relay IP Out-Interface: GigabitEthernet0/0/0
 Original nexthop: 3.3.3.3
 Qos information : 0x0
 AS-path 65002, origin igp, MED 0, localpref 100, pref-val 0, valid, internal, p
re 255, IGP cost 1, not preferred for peer type
 Not advertised to any peer yet
```

从例 3-52 的阴影部分可以确认这条路由是因为对等体类型落选的，这条命令的输出内容中没有显示出对等体类型，读者可以通过 **display bgp peer** 中的 AS 号进行判断，也可以使用命令 **display bgp peer** *peer-address* **verbose** 查看连接类型。例 3-16 的第一个阴影部分展示了 IBGP 连接类型，例 3-53 的阴影部分展示了 EBGP 连接类型。

例 3-53　查看 EBGP 对等体 7.7.7.7 的详细信息

```
[AR4]display bgp peer 7.7.7.7 verbose
        BGP Peer is 7.7.7.7,  remote AS 65003
        Type: EBGP link
        BGP version 4, Remote router ID 7.7.7.7
        Update-group ID: 3
        BGP current state: Established, Up for 09h42m42s
        BGP current event: RecvKeepalive
        BGP last state: OpenConfirm
        BGP Peer Up count: 1
        Received total routes: 1
        Received active routes total: 1
        Advertised total routes: 3
        Port:  Local - 179      Remote - 49879
        Configured: Connect-retry Time: 32 sec
        Configured: Active Hold Time: 180 sec Keepalive Time:60 sec
        Received  : Active Hold Time: 180 sec
        Negotiated: Active Hold Time: 180 sec Keepalive Time:60 sec
        Peer optional capabilities:
        Peer supports bgp multi-protocol extension
        Peer supports bgp route refresh capability
        Peer supports bgp 4-byte-as capability
        Address family IPv4 Unicast: advertised and received
Received: Total 585 messages
                Update messages                 1
                Open messages                             1
                KeepAlive messages              583
                Notification messages           0
                Refresh messages                0
Sent: Total 589 messages
                Update messages                 4
                Open messages                             2
                KeepAlive messages              583
                Notification messages           0
                Refresh messages                0
Authentication type configured: None
Last keepalive received: 2023/02/28 16:47:18 UTC-08:00
Last keepalive sent    : 2023/02/28 16:47:18 UTC-08:00
Last update   received: 2023/02/28 07:05:18 UTC-08:00
Last update     sent   : 2023/02/28 07:06:00 UTC-08:00
Minimum route advertisement interval is 30 seconds
Optional capabilities:
Route refresh capability has been enabled
4-byte-as capability has been enabled
Connect-interface has been configured
Multi-hop ebgp has been enabled
Peer Preferred Value: 0
Routing policy configured:
No routing policy is configured
```

　　AR4 会将这条最优路由发布给除 AR3 和 AR7 之外的 BGP 邻居，图 3-12 展示了 AR4 向 AR8 发布该路由的 BGP 更新。该 BGP 更新中携带的 AS_Path 是 65003，与 AR8 所在的 AS 号相同，因此 AR8 不会接受该路由。例 3-54 展示了 AR8 的 BGP 路由表。

例 3-54　在 AR8 上查看 BGP 路由表

```
[AR8]display bgp routing-table

BGP Local router ID is 8.8.8.8
Status codes: * - valid, > - best, d - damped,
              h - history,  i - internal, s - suppressed, S - Stale
              Origin : i - IGP, e - EGP, ? - incomplete


Total Number of Routes: 2
      Network          NextHop        MED        LocPrf     PrefVal Path/Ogn

*>   12.12.12.0/24     4.4.4.4                               0       65001i
*>   66.66.66.66/32    4.4.4.4                               0       65001 65002i
```

本章实验拓扑仅为展示不同的 BGP 选路规则，在实际工作中，AR7 和 AR8 之间会形成 IBGP 邻居关系，以确保 AR8 的路由完整性。本实验不涉及这部分的配置，对此感兴趣的读者可以在 AR7 与 AR8 之间建立 IBGP 邻居关系，并观察 AR8 上的 BGP 路由。

3.9　验证 BGP 选路规则 6：MED

BGP 选路规则 6 是指根据 MED 属性进行选路，MED 为多出口鉴别器，用来判断进入 AS 时的最优路由，可以将其理解为 OSPF 的开销值。当 BGP 设备通过多台 EBGP 邻居学习到了目的地址相同但下一跳不同的多条路由时，工程师可以手动更改 MED 值，令 BGP 设备选择 MED 值最小的路由为最优路由。

本实验要在 AR4 上观察 BGP 选路。我们在 AR7 上添加 Loopback 2 接口并为其配置 IP 地址 78.78.78.7/24，在 AR8 上添加 Loopback 1 接口并为其配置 IP 地址 78.78.78.8/24。在 AR7 和 AR8 的 BGP 视图中分别将相应的 Loopback 接口地址以 **import** 的方式引入 BGP 中。本实验使用图 3-13 所示拓扑。

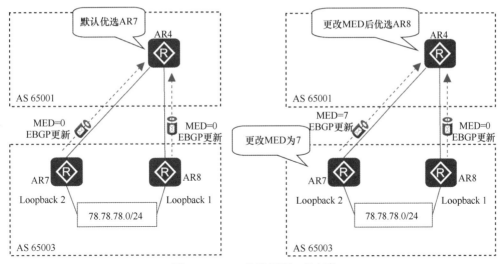

图 3-13　BGP 选路规则 6 的拓扑

如图 3-13 左侧部分所示，在这种环境中，AR4 会从 EBGP 对等体 AR7 和 AR8 接收到相同的路由前缀，在默认情况下，AR4 会选择 AR7 提供的路由，读者可以分析一下此时 AR4 使用的 BGP 选路规则，后文会通过命令给出答案。图 3-13 右侧部分展示了更改 MED 后的选路。

工程师需要使用以下命令，通过 import 方式将路由引入 BGP。

- **import-route** *protocol* [*process-id*]　[**med** *med* | **route-policy** *route-policy-name*]：BGP 视图的命令，在 BGP 中引入其他协议的路由。*protocol* [*process-id*]指明了具体协议和可选的协议进程 ID。另外，工程师还可以使用 **direct** 引入直连路由，使用 **static** 引入静态路由。**med** *med* 表示可以在使用这条命令引入路由时更改 MED 值，默认值为 0。**route-policy** *route-policy-name* 表示可以在使用这条命令引

入路由时通过 Route-Policy 过滤器对路由进行过滤，并对路由属性进行修改。

例 3-55 和例 3-56 分别展示了 AR7 和 AR8 上的 BGP 路由引入配置，当前先不更改 MED，观察默认情况下的 BGP 选路。

例 3-55　在 AR7 上配置 BGP 路由引入

```
[AR7]interface LoopBack 2
[AR7-LoopBack2]ip address 78.78.78.7 24
[AR7-LoopBack2]quit
[AR7]ip ip-prefix 78 permit 78.78.78.0 24
[AR7]route-policy MED permit node 10
Info: New Sequence of this List.
[AR7-route-policy]if-match ip-prefix 78
[AR7-route-policy]quit
[AR7]bgp 65003
[AR7-bgp]import-route direct route-policy MED
```

例 3-56　在 AR8 上配置 BGP 路由引入

```
[AR8]interface LoopBack 1
[AR8-LoopBack1]ip address 78.78.78.8 24
[AR8-LoopBack1]quit
[AR8]ip ip-prefix 78 permit 78.78.78.0 24
[AR8]route-policy MED permit node 10
Info: New Sequence of this List.
[AR8-route-policy]if-match ip-prefix 78
[AR8-route-policy]quit
[AR8]bgp 65003
[AR8-bgp]import-route direct route-policy MED
```

在例 3-55 和例 3-56 中，我们使用 **import-route** 命令向 BGP 中引入直连路由 78.78.78.0/24，为了仅引入该路由，示例中使用地址前缀（ip-prefix）列表和 Route-Policy 对引入 BGP 的路由进行了过滤。ip-prefix 和 Route-Policy 的命令语法会在后面的实验中进行介绍，在此读者只需理解该命令的作用是让 BGP 仅引入 78.78.78.0/24 这一条路由即可。

目前我们仅引入了路由，并没有更改 MED，例 3-57 在 AR4 上查看了 BGP 路由表和路由 78.78.78.0/24 的详细信息。

例 3-57　在 AR4 上查看 BGP 路由表和路由 78.78.78.0/24 的详细信息

```
[AR4]display bgp routing-table

 BGP Local router ID is 4.4.4.4
 Status codes: * - valid, > - best, d - damped,
               h - history,  i - internal, s - suppressed, S - Stale
               Origin : i - IGP, e - EGP, ? - incomplete


 Total Number of Routes: 6
      Network            NextHop         MED        LocPrf      PrefVal Path/Ogn

 *>i  12.12.12.0/24      2.2.2.2         0          100         0       i
 *>i  66.66.66.66/32     3.3.3.3         0          100         0       65002i
 *>   67.67.67.0/24      7.7.7.7         0                      0       65003i
 *  i                    3.3.3.3         0          100         0       65002i
 *>   78.78.78.0/24      7.7.7.7         0                      0       65003?
 *                       8.8.8.8         0                      0       65003?
[AR4]display bgp routing-table 78.78.78.0 24

 BGP local router ID : 4.4.4.4
 Local AS number : 65001
 Paths:   2 available, 1 best, 1 select
 BGP routing table entry information of 78.78.78.0/24:
 From: 7.7.7.7 (7.7.7.7)
```

```
Route Duration: 00h14m16s
Relay IP Nexthop: 172.16.47.7
Relay IP Out-Interface: GigabitEthernet0/0/2
Original nexthop: 7.7.7.7
Qos information : 0x0
AS-path 65003, origin incomplete, MED 0, pref-val 0, valid, external, best, sel
ect, active, pre 255
Advertised to such 4 peers:
    3.3.3.3
    2.2.2.2
    7.7.7.7
    8.8.8.8
BGP routing table entry information of 78.78.78.0/24:
From: 8.8.8.8 (8.8.8.8)
Route Duration: 00h12m07s
Relay IP Nexthop: 172.16.48.8
Relay IP Out-Interface: GigabitEthernet4/0/0
Original nexthop: 8.8.8.8
Qos information : 0x0
AS-path 65003, origin incomplete, MED 0, pref-val 0, valid, external, pre 255,
not preferred for router ID
Not advertised to any peer yet
```

从例 3-57 的第一个阴影行可以看出 AR4 优选了 AR7 通告的路由，第二个阴影行显示
了 AR8 路由落选的理由是选路规则 10（Router ID）。除此之外，读者可以看到这两条路由
的 Origin 为 "?"，即 incomplete，通过 **import** 引入 BGP 路由的 Origin 都为 incomplete。

为了让 MED 更改 AR4 的选路，使其改选 AR8 通告的路由，工程师需要在 AS 65003
的 BGP 路由器上进行配置。在本实验中，我们将 AR7 路由的 MED 更改为 7，详见例 3-58。

例 3-58　在 AR7 上更改 MED

```
[AR7]bgp 65003
[AR7-bgp]import-route direct route-policy MED med 7
```

配置完成后，我们再次在 AR4 上查看 BGP 路由表，详见例 3-59。

例 3-59　在 AR4 上查看 BGP 路由表

```
[AR4]display bgp routing-table

BGP Local router ID is 4.4.4.4
Status codes: * - valid, > - best, d - damped,
              h - history,  i - internal, s - suppressed, S - Stale
              Origin : i - IGP, e - EGP, ? - incomplete

Total Number of Routes: 6
     Network          NextHop        MED        LocPrf     PrefVal Path/Ogn

*>i  12.12.12.0/24    2.2.2.2        0          100        0       i
*>i  66.66.66.66/32   3.3.3.3        0          100        0       65002i
*>   67.67.67.0/24    7.7.7.7        0                     0       65003i
* i                   3.3.3.3        0          100        0       65002i
*>   78.78.78.0/24    8.8.8.8        0                     0       65003?
*                     7.7.7.7        7                     0       65003?
```

从例 3-59 可以看出 AR4 已经将 AR8 通告的路由选择为最优路由，该路由的 MED
值为默认值 0。从最后一行可以看出 AR7 通告路由的 MED 值已经改为了 7，见阴影部
分。例 3-60 显示了 AR7 路由落选的理由为 MED。

例 3-60　在 AR4 上查看路由 78.78.78.0/24 的详细信息

```
[AR4]display bgp routing-table 78.78.78.0 24

BGP local router ID : 4.4.4.4
```

```
Local AS number : 65001
Paths:   2 available, 1 best, 1 select
BGP routing table entry information of 78.78.78.0/24:
From: 8.8.8.8 (8.8.8.8)
Route Duration: 00h54m37s
Relay IP Nexthop: 172.16.48.8
Relay IP Out-Interface: GigabitEthernet4/0/0
Original nexthop: 8.8.8.8
Qos information : 0x0
AS-path 65003, origin incomplete, MED 0, pref-val 0, valid, external, best, sel
ect, active, pre 255
 Advertised to such 4 peers:
    3.3.3.3
    2.2.2.2
    7.7.7.7
    8.8.8.8
 BGP routing table entry information of 78.78.78.0/24:
 From: 7.7.7.7 (7.7.7.7)
 Route Duration: 00h00m47s
 Relay IP Nexthop: 172.16.47.7
 Relay IP Out-Interface: GigabitEthernet0/0/2
 Original nexthop: 7.7.7.7
 Qos information : 0x0
 AS-path 65003, origin incomplete, MED 7, pref-val 0, valid, external, pre 255,
not preferred for MED
 Not advertised to any peer yet
```

3.10 　验证 BGP 选路规则 5：Origin

　　BGP 选路规则 5 是指根据 Origin 属性进行选路：IGP 优于 EGP，优于 incomplete。本实验要在 AR4 上观察 BGP 选路，并会在 3.9 节的实验配置基础上进行配置。在 3.9 节中，工程师通过在 AR7 上更改 78.78.78.0/24 的 MED 为 7，成功让 AR4 选择 AR8 提供的 BGP 路由为最优路由，如图 3-14 左侧部分所示。在这个实验中，我们要通过在 AR7 上以 network 的方式发布 78.78.78.0/24，让 AR4 重新优选 AR7，如图 3-14 右侧部分所示。

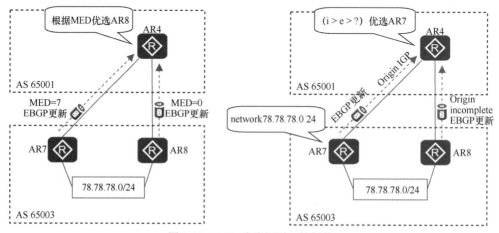

图 3-14　BGP 选路规则 5 的拓扑

　　在更改配置影响 AR4 的选路之前，我们可以先通过 Wireshark 抓包软件查看当前 AR7 发送给 AR4 的路由更新，详见图 3-15。

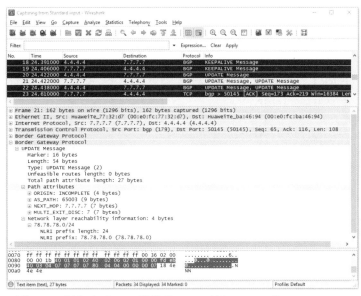

图 3-15　抓包查看 AR7 发送的 BGP 更新（Origin 为 incomplete）

图 3-15 显示了 78.78.78.0/24 的路由更新详情。从图中可以看出该路由携带了 4 个路径属性：Origin 为 incomplete，AS_Path 为 65003，下一跳为 7.7.7.7，MED 为 7。

本实验要通过将 78.78.78.0/24 的 Origin 从 incomplete 改为 IGP，使 AR4 重新将 AR7 发布的路由选为最优路由。工程师可以通过将路由 78.78.78.0/24 的引入方式从 import 改为 network 就可以将 Origin 改为 IGP，例 3-61 展示了 AR7 上的配置。

例 3-61　在 AR7 上发布 78.78.78.0/24

```
[AR7]bgp 65003
[AR7-bgp]network 78.78.78.0 24
```

配置完成后，我们可以先查看 AR7 发送的路由更新，详见图 3-16。

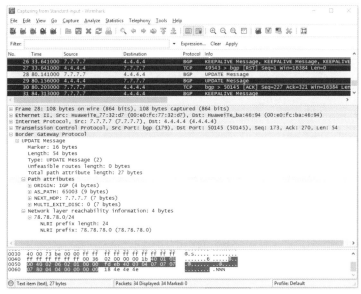

图 3-16　抓包查看 AR7 发送的 BGP 更新（Origin 为 IGP）

从图 3-16 所示的路由更新可以看出此时 AR7 向 AR4 发送了 78 78 78 0/24 路由前缀，它携带的路径属性中 Origin 变为了 IGP，MED 变为了 0。例 3-62 查看了 AR4 的 BGP 路由表。

例 3-62　在 AR4 上查看 BGP 路由表

```
[AR4]display bgp routing-table

BGP Local router ID is 4.4.4.4
Status codes: * - valid, > - best, d - damped,
              h - history,  i - internal, s - suppressed, S - Stale
              Origin : i - IGP, e - EGP, ? - incomplete

Total Number of Routes: 6
     Network          NextHop         MED        LocPrf     PrefVal Path/Ogn
 *>i 12.12.12.0/24    2.2.2.2         0          100        0       i
 *>i 66.66.66.66/32   3.3.3.3         0          100        0       65002i
 *>  67.67.67.0/24    7.7.7.7         0                     0       65003i
 *  i                 3.3.3.3         0          100        0       65002i
 *>  78.78.78.0/24    7.7.7.7         0                     0       65003i
 *                    8.8.8.8         0                     0       65003?
```

从例 3-62 可以看出，此时 AR4 已经改选 AR7 通告的路由为最优路由，并且从阴影部分可以看出此时该路由的 Path/Ogn 为 65003i，i 表示 IGP，?表示 incomplete，读者可以将其与最后一条路由进行对比。例 3-63 查看了路由 78.78.78.0/24 的详细信息，从中可以看出 AR4 采用的 BGP 选路规则。

例 3-63　在 AR4 上查看路由 78.78.78.0/24 的详细信息

```
[AR4]display bgp routing-table 78.78.78.0 24
 BGP local router ID : 4.4.4.4
 Local AS number : 65001
 Paths:   2 available, 1 best, 1 select
 BGP routing table entry information of 78.78.78.0/24:
 From: 7.7.7.7 (7.7.7.7)
 Route Duration: 00h02m48s
 Relay IP Nexthop: 172.16.47.7
 Relay IP Out-Interface: GigabitEthernet0/0/2
 Original nexthop: 7.7.7.7
 Qos information : 0x0
 AS-path 65003, origin igp, MED 0, pref-val 0, valid, external, best, select, ac
tive, pre 255
 Advertised to such 4 peers:
    3.3.3.3
    2.2.2.2
    7.7.7.7
    8.8.8.8
 BGP routing table entry information of 78.78.78.0/24:
 From: 8.8.8.8 (8.8.8.8)
 Route Duration: 01h04m26s
 Relay IP Nexthop: 172.16.48.8
 Relay IP Out-Interface: GigabitEthernet4/0/0
 Original nexthop: 8.8.8.8
 Qos information : 0x0
 AS-path 65003, origin incomplete, MED 0, pref-val 0, valid, external, pre 255,
not preferred for Origin
 Not advertised to any peer yet
```

从例 3-63 的阴影行可以看出 AR8 提供的路由之所以落选，是因为 Origin 属性，并且从阴影行的上一行可以看到该路由携带的 Origin 属性为 incomplete。

3.11　验证 BGP 选路规则 4：AS_Path

BGP 选路规则 4 是指 BGP 设备根据 AS_Path 选择最优路由，携带较短 AS_Path 的路由较优。AS_Path 属性按照矢量顺序记录了路由从本地到目的地途经的所有 AS。工程师可以通过对 AS_Path 属性的配置来实现灵活的路由选路，本节仅以通过 network 方式引入的路由为例，展示更改 AS_Path 的方法。

本实验要在 AR4 上观察 BGP 选路，并会在 3.10 节的实验配置基础上进行配置。在 3.10 节中，工程师通过在 AR7 上将 78.78.78.0/24 的引入方式从 import 改为 network，成功让 AR4 选择 AR7 提供的 BGP 路由为最优路由，如图 3-17 左侧部分所示。在这个实验中，我们要通过在 AR7 上为 78.78.78.0/24 的 AS_Path 属性中添加一个 AS 号（7），使该路由携带的 AS_Path 变长，让 AR4 重新优选 AR8，如图 3-17 右侧部分所示。

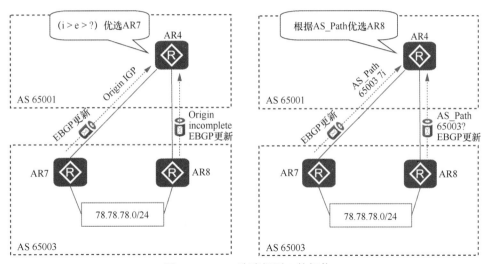

图 3-17　BGP 选路规则 4 的拓扑

由于当前该路由是以 network 的方式引入 BGP 中的，我们可以使用以下命令为该路由添加一个 AS 号。Route-Policy 的命令和用法解析会在第 4 章中进行介绍。

- **apply as-path** { *as-number-plain* | *as-number-dot* } { **additive** | **overwrite** }：Route-Policy 视图的命令，用来更改指定路由的 AS_Path 属性。**additive** 指在原有的 AS_Path 列表中追加指定的 AS 号，**overwrite** 指用指定的 AS 号覆盖原有的 AS_Path 列表。在同一个命令中最多可以同时指定 10 个 AS 号。
- **network** *ipv4-address* [*mask* | *mask-length*] **route-policy** *route-policy-name*：BGP 视图的命令。工程师可以在 **network** 命令后添加 Route-Policy，并通过 Route-Policy 来更改相关路由的 BGP 属性。

我们在例 3-55 中创建了 ip-prefix 78 并在其中匹配 78.78.78.0/24，本例将沿用 ip-prefix 78。例 3-64 展示了 AR7 上的 Route-Policy 和路由引入配置。

例 3-64　在 AR7 上更改 78.78.78.0/24 的 AS_Path

```
[AR7]route-policy AS_Path permit node 10
Info: New Sequence of this List.
[AR7-route-policy]if-match ip-prefix 78
[AR7-route-policy]apply as-path 7 additive
[AR7-route-policy]quit
[AR7]bgp 65003
[AR7-bgp]network 78.78.78.0 24 route-policy AS_Path
```

配置完成后，我们可以在 AR4 上查看 BGP 路由表，详见例 3-65。

例 3-65　在 AR4 上查看 BGP 路由表

```
[AR4]display bgp routing-table

BGP Local router ID is 4.4.4.4
Status codes: * - valid, > - best, d - damped,
              h - history,  i - internal, s - suppressed, S - Stale
              Origin : i - IGP, e - EGP, ? - incomplete


Total Number of Routes: 6
      Network          NextHop          MED        LocPrf     PrefVal Path/Ogn
*>i   12.12.12.0/24    2.2.2.2          0          100        0       i
*>i   66.66.66.66/32   3.3.3.3          0          100        0       65002i
*>    67.67.67.0/24    7.7.7.7          0                     0       65003i
* i                    3.3.3.3          0          100        0       65002i
*>    78.78.78.0/24    8.8.8.8          0                     0       65003?
*                      7.7.7.7          0                     0       65003 7i
```

从例 3-65 我们可以看出 AR4 重新优选了 AR8 通告的路由，并且从阴影部分可以看出此时 AR7 通告的路由 Path/Ogn 已经变为了 65003 7i。例 3-66 查看了路由 78.78.78.0/24 的详细信息，从中可以看出 AR4 采用的 BGP 选路规则。

例 3-66　在 AR4 上查看路由 78.78.78.0/24 的详细信息

```
[AR4]display bgp routing-table 78.78.78.0 24

 BGP local router ID : 4.4.4.4
 Local AS number : 65001
 Paths:   2 available, 1 best, 1 select
 BGP routing table entry information of 78.78.78.0/24:
 From: 8.8.8.8 (8.8.8.8)
 Route Duration: 07h41m11s
 Relay IP Nexthop: 172.16.48.8
 Relay IP Out-Interface: GigabitEthernet4/0/0
 Original nexthop: 8.8.8.8
 Qos information : 0x0
 AS-path 65003, origin incomplete, MED 0, pref-val 0, valid, external, best, sel
ect, active, pre 255
 Advertised to such 4 peers:
    3.3.3.3
    2.2.2.2
    8.8.8.8
    7.7.7.7
 BGP routing table entry information of 78.78.78.0/24:
 From: 7.7.7.7 (7.7.7.7)
 Route Duration: 00h09m10s
 Relay IP Nexthop: 172.16.47.7
 Relay IP Out-Interface: GigabitEthernet0/0/2
 Original nexthop: 7.7.7.7
 Qos information : 0x0
 AS-path 65003 7, origin igp, MED 0, pref-val 0, valid, external, pre 255, not
preferred for AS-Path
 Not advertised to any peer yet
```

从例 3-66 的阴影部分可以看出 AR7 提供的路由之所以落选，是因为 AS_Path 属性，并且从命令输出中我们可以看到该路由携带的 AS-Path 属性为 65003 7。

3.12　验证 BGP 选路规则 3：路由生成方式

　　BGP 选路规则 3 是指对本地生成的路由进行优选：手动聚合>自动聚合>network>import>从对等体学到的路由。通过前文的实验，读者已经掌握了通过 network 和 import 方法向 BGP 中引入路由的配置，本节会展示如何对 BGP 路由进行自动聚合和手动聚合。

- 自动聚合：由 BGP 设备根据自然网段，对 BGP 引入的路由执行自动聚合，在聚合后，包含在该聚合路由范围内的明细路由会被抑制，BGP 设备只会向对等体发送聚合后的路由。
- 手动聚合：由工程师通过手动配置，对 BGP 路由表中存在的路由进行聚合。手动聚合的配置可以对路由属性进行控制，也可以由工程师决定是否向对等体发布明细路由。

　　本实验要在 AR8 上配置自动聚合和手动聚合，并观察 BGP 选路。工程师可以使用以下命令来配置自动聚合和手动聚合。

- **summary automatic**：BGP 视图的命令，让 BGP 设备按照自然网段聚合子网路由。该命令只会对 BGP 引入的路由执行聚合，其中包括 import 命令引入的路由，但该命令对于通过 network 命令引入的路由无效。在本实验中，AR8 上只有 78.78.78.0/24 符合自动聚合条件，根据子网网段，该路由会被自动聚合为 78.0.0.0/8。
- **aggregate** *ipv4-address* { *mask* | *mask-length* }：BGP 视图的命令，用来发布聚合路由。手动聚合仅对 BGP 路由表中已有的路由表项有效。在本实验中，需要先在 AR8 上通过自动聚合产生 78.0.0.0/8 路由并使其存在于 BGP 路由表中，然后执行手动聚合，这样一来，AR8 就会产生 78.0.0.0/8 手动聚合路由。

　　接下来，我们逐步配置自动聚合和手动聚合，并在每次配置完成后对 BGP 路由进行观察。首先查看 AR8 上当前的 BGP 路由表，详见例 3-67。

　　例 3-67　在 AR8 上查看 BGP 路由表

```
[AR8]display bgp routing-table
 BGP Local router ID is 8.8.8.8
 Status codes: * - valid, > - best, d - damped,
               h - history,  i - internal, s - suppressed, S - Stale
               Origin : i - IGP, e - EGP, ? - incomplete


 Total Number of Routes: 3
      Network           NextHop         MED        LocPrf    PrefVal Path/Ogn

 *>   12.12.12.0/24     4.4.4.4                               0      65001i
 *>   66.66.66.66/32    4.4.4.4                               0      65001 65002i
 *>   78.78.78.0/24     0.0.0.0         0                     0      ?
```

　　从例 3-67 的阴影行可以看出 AR8 上存在路由 78.78.78.0/24，该路由是通过 **import-route direct** 命令引入的直连路由。例 3-68 展示了 AR8 上的自动聚合配置。

例 3-68　在 AR8 上配置自动聚合

```
[AR8]bgp 65003
[AR8-bgp]summary automatic
Info: Automatic summarization is valid only for the routes imported through the
import-route command.
```

从例 3-68 的后两行提示信息可以得知：自动聚合命令仅对通过 **import-route** 引入的路由生效。现在我们来查看该命令产生的聚合路由，详见例 3-69。

例 3-69　在 AR8 上查看 BGP 路由表

```
[AR8]display bgp routing-table

BGP Local router ID is 8.8.8.8
Status codes: * - valid, > - best, d - damped,
              h - history,  i - internal, s - suppressed, S - Stale
              Origin : i - IGP, e - EGP, ? - incomplete


Total Number of Routes: 4
     Network          NextHop        MED        LocPrf     PrefVal Path/Ogn

 *>  12.12.12.0/24    4.4.4.4                               0       65001i
 *>  66.66.66.66/32   4.4.4.4                               0       65001 65002i
 *>  78.0.0.0         127.0.0.1                             0       ?
 s>  78.78.78.0/24    0.0.0.0        0                      0       ?
```

从例 3-69 的阴影行可以看到这条自动聚合产生的路由，并且这条路由已经被 AR8 选为了最优路由。读者还可以注意最后一行的阴影部分，s 表示这条明细路由已经被抑制，不会通告给 BGP 对等体。我们可以在 AR4 上查看 BGP 路由表来验证这一点，详见例 3-70。

例 3-70　在 AR4 上查看 BGP 路由表

```
[AR4]display bgp routing-table

BGP Local router ID is 4.4.4.4
Status codes: * - valid, > - best, d - damped,
              h - history,  i - internal, s - suppressed, S - Stale
              Origin : i - IGP, e - EGP, ? - incomplete


Total Number of Routes: 6
     Network          NextHop        MED        LocPrf     PrefVal Path/Ogn

 *>i 12.12.12.0/24    2.2.2.2        0          100        0       i
 *>i 66.66.66.66/32   3.3.3.3        0          100        0       65002i
 *>  67.67.67.0/24    7.7.7.7        0                     0       65003i
 * i                  3.3.3.3        0          100        0       65002i
 *>  78.0.0.0         8.8.8.8                              0       65003?
 *>  78.78.78.0/24    7.7.7.7        0                     0       65003 7i
```

从例 3-70 所示的 AR4 的 BGP 路由表可以看出，AR4 没有从 AR8 接收到 78.78.78.0/24 路由，而是从 AR8 接收到了一条聚合路由 78.0.0.0。现在，我们在 AR8 上配置手动聚合路由，详见例 3-71。

例 3-71　在 AR8 上配置手动聚合路由

```
[AR8]bgp 65003
[AR8-bgp]aggregate 78.0.0.0 8
```

配置完成后，我们先在 AR8 上查看 BGP 路由表，详见例 3-72。

例 3-72　在 AR8 上查看 BGP 路由表

```
[AR8]display bgp routing-table
BGP Local router ID is 8.8.8.8
```

```
Status codes: * - valid, > - best, d - damped,
              h - history,  i - internal, s - suppressed, S - Stale
              Origin : i - IGP, e - EGP, ? - incomplete


Total Number of Routes: 5
     Network            NextHop          MED         LocPrf      PrefVal Path/Ogn

 *>  12.12.12.0/24      4.4.4.4                                   0      65001i
 *>  66.66.66.66/32     4.4.4.4                                   0      65001 65002i
 *>  78.0.0.0           127.0.0.1                                 0      ?
 *                      127.0.0.1                                 0      ?
 s>  78.78.78.0/24      0.0.0.0          0                        0      ?
```

从例 3-72 中的阴影行可以看出 AR8 上有两条看起来相同的聚合路由，并且 AR8 已经选出了一条为最优路由，我们从这个命令中无法判断 AR8 选择的是手动聚合路由还是自动聚合路由，但可以通过查看路由 78.0.0.0/8 的详细信息进行判断，详见例 3-73。

例 3-73   在 AR8 上查看路由 78.0.0.0/8 的详细信息

```
[AR8]display bgp routing-table 78.0.0.0 8

 BGP local router ID : 8.8.8.8
 Local AS number : 65003
 Paths:   2 available, 1 best, 1 select
 BGP routing table entry information of 78.0.0.0/8:
 Aggregated route.
 Route Duration: 00h01m58s
 Direct Out-interface: NULL0
 Original nexthop: 127.0.0.1
 Qos information : 0x0
 AS-path Nil, origin incomplete, pref-val 0, valid, local, best, select, active,
 pre 255
 Aggregator: AS 65003, Aggregator ID 8.8.8.8
 Advertised to such 1 peers:
    4.4.4.4
 BGP routing table entry information of 78.0.0.0/8:
 Summary automatic route
 Route Duration: 00h16m58s
 Direct Out-interface: NULL0
 Original nexthop: 127.0.0.1
 Qos information : 0x0
 AS-path Nil, origin incomplete, pref-val 0, valid, local, pre 255, not preferre
 d for route type
 Aggregator: AS 65003, Aggregator ID 8.8.8.8
 Not advertised to any peer yet
```

例 3-73 中的第 1 个阴影行表示这个路由是手动聚合路由，第 2 个阴影行表示这个路由是自动聚合路由，最后一部分阴影展示出这个路由之所以落选是因为路由类型。

在执行手动聚合时，工程师还可以在聚合命令后面添加一些可选关键字，本实验会介绍其中的两个重要的可选关键字：**detail-suppressed** 和 **as-set**。通常工程师会结合使用这两个可选关键字，前者的作用是抑制明细路由，但会丢失原明细路由携带的 BGP 属性，使用这个关键字生成的聚合路由携带 Atomic-aggregate 属性。使用 **as-set** 能够集成明细路由的 AS_Path 属性，起到了防环的作用。例 3-74 在 AR8 上手动聚合命令中添加了这两个可选关键字。

例 3-74   在 AR8 上更改手动聚合配置

```
[AR8]bgp 65003
[AR8-bgp]aggregate 78.0.0.0 8 detail-suppressed as-set
```

我们可以直接在 AR8 上查看路由 78.0.0.0/8 的信息，详见例 3-75。

例 3-75   在 AR8 上查看路由 78.0.0.0/8 的详细信息

```
[AR8]display bgp routing-table 78.0.0.0 8
 BGP local router ID : 8.8.8.8
 Local AS number : 65003
 Paths:   2 available, 1 best, 1 select
 BGP routing table entry information of 78.0.0.0/8:
 Aggregated route.
 Route Duration: 00h01m15s
 Direct Out-interface: NULL0
 Original nexthop: 127.0.0.1
 Qos information : 0x0
 AS-path Nil, origin incomplete, pref-val 0, valid, local, best, select, active,
 pre 255
 Aggregator: AS 65003, Aggregator ID 8.8.8.8, Atomic-aggregate
 Advertised to such 1 peers:
    4.4.4.4
 BGP routing table entry information of 78.0.0.0/8:
 Summary automatic route
 Route Duration: 08h13m41s
 Direct Out-interface: NULL0
 Original nexthop: 127.0.0.1
 Qos information : 0x0
 AS-path Nil, origin incomplete, pref-val 0, valid, local, pre 255, not preferre
d for route type
 Aggregator: AS 65003, Aggregator ID 8.8.8.8
 Not advertised to any peer yet
```

从例 3-75 的阴影部分可以看到使用 **detail-suppressed** 生成的手动聚合路由所携带的 Atomic-aggregate 属性。这个属性会传递给 AR4，因此在 AR4 上查看 78.0.0.0/8 也可以看到 Atomic-aggregate 属性。对此感兴趣的读者可以在做实验时自己查看，本书不做演示。

3.13   验证 BGP 选路规则 2：Local_Pref

BGP 选路规则 2 指的是通过 Local_Pref（本地优先级）属性来判断流量离开 AS 时的最优路由。当 BGP 设备通过多个 IBGP 对等体学习到相同的 AS 外部目的地址，但下一跳不同的多条路由时，它会优选 Local_Pref 值较大的路由。

本实验要通过 Local_Pref 属性来调整 AS 65001 中 BGP 设备对于 67.67.67.0/24 的选路，要求去往 67.67.67.0/24 网段只使用 AR3 提供的路径。图 3-18 展示了 AS 65001 中 BGP 设备当前的选路结果和选路依据，其中 AR1 和 AR3 采用了 AR3 提供的路径，AR2、AR4 和 AR5 采用了 AR4 提供的路径。

在图 3-18 所示的各个路由器选路结果和依据中，AR3 和 AR4 的选路行为可以参考 3.8 节，AR5 的选路行为可以参考 3.7 节，下面我们来解释 AR2 的选路原因。对于 AR2 来说，它从 AR1 和 AR4（AR2 的两个路由反射器）接收到去往 67.67.67.0/24 网段的路由，AR1 提供的路由下一跳为 AR3（3.3.3.3），AR4 提供的路由下一跳为 AR4（4.4.4.4），因此 AR2 会在对比了去往这两个下一跳的 IGP 开销后，将 AR4 提供的路由选为最优路由。例 3-76 展示了此时 AR2 上的 BGP 路由表和路由 67.67.67.0/24 的详细信息。

读者可以将 AR2 上路由 67.67.67.0/24 的信息与例 3-48 和例 3-49 中 AR5 上路由 67.67.67.0/24 的信息进行对比。

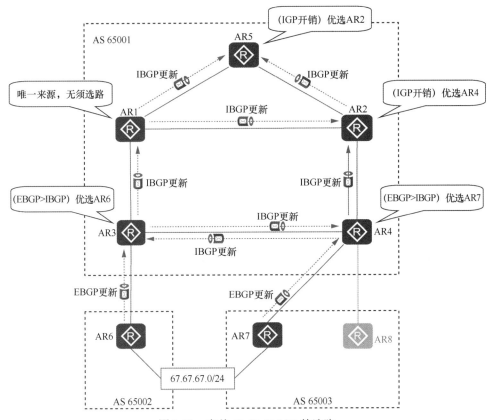

图 3-18　有关 67.67.67.0/24 的选路

例 3-76　在 AR2 上查看 BGP 路由表和路由 67.67.67.0/24 的详细信息

```
[AR2]display bgp routing-table

BGP Local router ID is 2.2.2.2
Status codes: * - valid, > - best, d - damped,
              h - history,  i - internal, s - suppressed, S - Stale
              Origin : i - IGP, e - EGP, ? - incomplete


Total Number of Routes: 8
     Network          NextHop        MED        LocPrf    PrefVal Path/Ogn

*>   12.12.12.0/24    0.0.0.0        0                    0       i
* i                   1.1.1.1        0          100       0       i
*>i  66.66.66.66/32   3.3.3.3        0          100       0       65002i
* i                   3.3.3.3        0          100       0       65002i
*>i  67.67.67.0/24    4.4.4.4        0          100       0       65003i
* i                   3.3.3.3        0          100       0       65002i
*>i  78.0.0.0         4.4.4.4                   100       0       65003?
*>i  78.78.78.0/24    4.4.4.4        0          100       0       65003 7i
[AR2]display bgp routing-table 67.67.67.0 24

BGP local router ID : 2.2.2.2
Local AS number : 65001
Paths:   2 available, 1 best, 1 select
BGP routing table entry information of 67.67.67.0/24:
From: 4.4.4.4 (4.4.4.4)
Route Duration: 00h00m28s
Relay IP Nexthop: 172.16.24.4
Relay IP Out-Interface: GigabitEthernet0/0/1
```

```
Original nexthop: 4.4.4.4
Qos information : 0x0
AS-path igp, MED 0, localpref 100, pref-val 0, valid, internal, b
est, select, active, pre 255, IGP cost 1
Advertised to such 1 peers:
   5.5.5.5
BGP routing table entry information of 67.67.67.0/24:
From: 1.1.1.1 (1.1.1.1)
Route Duration: 00h00m28s
Relay IP Nexthop: 172.16.12.1
Relay IP Out-Interface: GigabitEthernet0/0/0
Original nexthop: 3.3.3.3
Qos information : 0x0
AS-path 65002, origin igp, MED 0, localpref 100, pref-val 0, valid, internal, p
re 255, IGP cost 2, not preferred for IGP cost
Originator: 3.3.3.3
Cluster list: 1.1.1.1
Not advertised to any peer yet
```

要想让 AS 内的所有去往 67.67.67.0/24 的流量都走 AR3 提供的路径，在这个环境中，工程师可以在 AR3 上调整其默认的 Local_Pref 值，如此就可以实现对 AR2、AR4 和 AR5 选路的影响，使其均选择通过 AR3 访问 67.67.67.0/24 网段。

工程师可以使用以下命令来更改 BGP 设备的默认的 Local_Pref 值。

- **default local-preference** *local-preference*：BGP 视图的命令，用来更改路由器本地的 Local_Pref 属性值，默认值为 100，值越大优先级越高。

例 3-77 展示了 AR3 上的 Local_Pref 配置。

例 3-77   在 AR3 上更改 Local_Pref

```
[AR3]bgp 65001
[AR3-bgp]default local-preference 333
```

图 3-19 展示出 AR3 的 Local_Pref 值更改为 333 后，AR4、AR2 和 AR5 的选路所发生的变化，其中 AR4 是根据 Local_Pref 属性改选了 AR3 通告的路由为最优路由，但 AR2 和 AR5 是根据哪条 BGP 选路规则变更的最优路由呢？读者可以尝试自己推导并根据后文描述检查自己的答案是否正确。

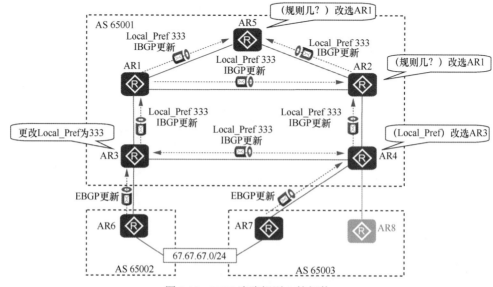

图 3-19   BGP 选路规则 2 的拓扑

接下来，我们按照 AR4、AR2 和 AR5 的顺序分别查看这 3 台路由器的选路变化。例 3-78 查看了 AR4 的 BGP 路由表。

例 3-78　在 AR4 上查看 BGP 路由表

```
[AR4]display bgp routing-table

BGP Local router ID is 4.4.4.4
Status codes: * - valid, > - best, d - damped,
              h - history,  i - internal, s - suppressed, S - Stale
              Origin : i - IGP, e - EGP, ? - incomplete


Total Number of Routes: 6
      Network          NextHop          MED        LocPrf      PrefVal Path/Ogn

 *>i  12.12.12.0/24    2.2.2.2          0          100         0       i
 *>i  66.66.66.66/32   3.3.3.3          0          333         0       65002i
 *>i  67.67.67.0/24    3.3.3.3          0          333         0       65002i
 *                     7.7.7.7          0                      0       65003i
 *>   78.0.0.0         8.8.8.8                                 0       65003?
 *>   78.78.78.0/24    7.7.7.7          0                      0       65003 7i
```

从例 3-78 的阴影行可以看出 AR3 通告的路由此时携带的 LocPrf 值为 333，并且 AR4 已经将这条路由选为最优路由，例 3-79 中给出了原因。

例 3-79　在 AR4 上查看路由 67.67.67.0/24 的详细信息

```
[AR4]display bgp routing-table 67.67.67.0 24

BGP local router ID : 4.4.4.4
Local AS number : 65001
Paths:   2 available, 1 best, 1 select
BGP routing table entry information of 67.67.67.0/24:
From: 3.3.3.3 (3.3.3.3)
Route Duration: 01h45m39s
Relay IP Nexthop: 172.16.34.3
Relay IP Out-Interface: GigabitEthernet0/0/0
Original nexthop: 3.3.3.3
Qos information : 0x0
AS-path 65002, origin igp, MED 0, localpref 333, pref-val 0, valid, internal, b
est, select, active, pre 255, IGP cost 1
Advertised to such 3 peers:
   2.2.2.2
   7.7.7.7
   8.8.8.8
BGP routing table entry information of 67.67.67.0/24:
From: 7.7.7.7 (7.7.7.7)
Route Duration: 07h51m51s
Relay IP Nexthop: 172.16.47.7
Relay IP Out-Interface: GigabitEthernet0/0/2
Original nexthop: 7.7.7.7
Qos information : 0x0
AS-path 65003, origin igp, MED 0, pref-val 0, valid, external, pre 255, not pre
ferred for Local_Pref
Not advertised to any peer yet
```

例 3-79 的阴影部分展示出 AR4 不选择 EBGP 邻居通告的路由是因为 Local_Pref。

我们再来查看 AR2 上的路由，例 3-80 展示了 AR2 当前的 BGP 路由表。

例 3-80　在 AR2 上查看 BGP 路由表

```
[AR2]display bgp routing-table

BGP Local router ID is 2.2.2.2
Status codes: * - valid, > - best, d - damped,
              h - history,  i - internal, s - suppressed, S - Stale
```

```
                 Origin : i - IGP, e - EGP, ? - incomplete


 Total Number of Routes: 8
      Network              NextHop          MED        LocPrf     PrefVal Path/Ogn

 *>    12.12.12.0/24       0.0.0.0          0                     0       i
 * i                       1.1.1.1          0          100        0       i
 *>i   66.66.66.66/32      3.3.3.3          0          333        0       65002i
 * i                       3.3.3.3          0          333        0       65002i
 *>i   67.67.67.0/24       3.3.3.3          0          333        0       65002i
 * i                       3.3.3.3          0          333        0       65002i
 *>i   78.0.0.0            4.4.4.4                     100        0       65003?
 *>i   78.78.78.0/24       4.4.4.4          0                     0       65003 7i
```

从例 3-80 所示的命令输出中无法判断 AR2 选择的最优路由是从哪个邻居接收到的，但我们可以进行一番分析。AR2 对比的两条路由仍然分别来自 AR1 和 AR4，这两条路由的 Local_Pref 值相同，但 AR4 已经将最优路由更改为 AR3 发布的路由，因此 AR2 上这两条路由对应的路径分别为：AR3-AR1-AR2 和 AR3-AR4-AR2。例 3-81 展示了 AR2 上路由 67.67.67.0/24 的详细信息。

例 3-81　在 AR2 上查看路由 67.67.67.0/24 的详细信息

```
[AR2]display bgp routing-table 67.67.67.0 24

 BGP local router ID : 2.2.2.2
 Local AS number : 65001
 Paths:   2 available, 1 best, 1 select
 BGP routing table entry information of 67.67.67.0/24:
 From: 1.1.1.1 (1.1.1.1)
 Route Duration: 02h57m15s
 Relay IP Nexthop: 172.16.12.1
 Relay IP Out-Interface: GigabitEthernet0/0/0
 Original nexthop: 3.3.3.3
 Qos information : 0x0
 AS-path 65002, origin igp, MED 0, localpref 333, pref-val 0, valid, internal, b
 est, select, active, pre 255, IGP cost 2
 Originator:  3.3.3.3
 Cluster list: 1.1.1.1
 Advertised to such 1 peers:
    5.5.5.5
 BGP routing table entry information of 67.67.67.0/24:
 From: 4.4.4.4 (4.4.4.4)
 Route Duration: 02h57m15s
 Relay IP Nexthop: 172.16.12.1
 Relay IP Out-Interface: GigabitEthernet0/0/0
 Original nexthop: 3.3.3.3
 Qos information : 0x0
 AS-path 65002, origin igp, MED 0, localpref 333, pref-val 0, valid, internal, p
 re 255, IGP cost 2, not preferred for peer address
 Originator:  3.3.3.3
 Cluster list: 4.4.4.4
 Not advertised to any peer yet
```

从例 3-81 的阴影部分可以知道 AR2 是根据 BGP 选路规则 11（对等体地址）判断的最优路由。

最后，我们查看 AR5 上的路由，例 3-82 展示了 AR5 当前的 BGP 路由表。

例 3-82　在 AR5 上查看 BGP 路由表

```
[AR5]display bgp routing-table

 BGP Local router ID is 5.5.5.5
 Status codes: * - valid, > - best, d - damped,
               h - history,  i - internal, s - suppressed, S - Stale
```

```
                 Origin : i - IGP, e - EGP, ? - incomplete


Total Number of Routes: 8
         Network            NextHop          MED        LocPrf       PrefVal Path/Ogn

 *>i   12.12.12.0/24        2.2.2.2            0          100          0      i
 *  i                       1.1.1.1            0          100          0      i
 *>i   66.66.66.66/32       3.3.3.3            0          333          0      65002i
 *  i                       3.3.3.3            0          333          0      65002i
 *>i   67.67.67.0/24        3.3.3.3            0          333          0      65002i
 *  i                       3.3.3.3            0          333          0      65002i
 *>i   78.0.0.0             4.4.4.4                       100          0      65003?
 *>i   78.78.78.0/24        4.4.4.4            0          100          0      65003 7i
```

从例 3-82 所示的命令输出中无法判断 AR5 选择的最优路由是从哪个邻居接收到的，但我们仍然可以进行一番分析。AR5 对比的两条路由分别来自 AR1 和 AR2，但 AR2 已经将最优路由更改为 AR1 发布的路由，因此 AR2 上的这两条路由对应的路径分别为：AR3-AR1-AR5 和 AR3-AR1-AR2-AR5。从路径上看，AR2 所提供的路径较长，并且经过了 AR1 和 AR2 两个路由反射器的反射。例 3-83 展示了 AR5 上路由 67.67.67.0/24 的详细信息。

    例 3-83   在 AR5 上查看路由 67.67.67.0/24 的详细信息

```
[AR5]display bgp routing-table 67.67.67.0 24

 BGP local router ID : 5.5.5.5
 Local AS number : 65001
 Paths:   2 available, 1 best, 1 select
 BGP routing table entry information of 67.67.67.0/24:
 From: 1.1.1.1 (1.1.1.1)
 Route Duration: 03h08m19s
 Relay IP Nexthop: 172.16.25.2
 Relay IP Out-Interface: GigabitEthernet0/0/1
 Original nexthop: 3.3.3.3
 Qos information : 0x0
 AS-path 65002, origin igp, MED 0, localpref 333, pref-val 0, valid, internal, b
est, select, active, pre 255, IGP cost 3
 Originator:  3.3.3.3
 Cluster list: 1.1.1.1
 Not advertised to any peer yet

 BGP routing table entry information of 67.67.67.0/24:
 From: 2.2.2.2 (2.2.2.2)
 Route Duration: 03h08m19s
 Relay IP Nexthop: 172.16.25.2
 Relay IP Out-Interface: GigabitEthernet0/0/1
 Original nexthop: 3.3.3.3
 Qos information : 0x0
 AS-path 65002, origin igp, MED 0, localpref 333, pref-val 0, valid, internal, p
re 255, IGP cost 3, not preferred for Cluster List
 Originator:  3.3.3.3
 Cluster list: 2.2.2.2, 1.1.1.1
 Not advertised to any peer yet
```

从例 3-83 的第 2 个阴影部分可以知道 AR5 是根据 BGP 选路规则 9（Cluster_List）判断的最优路由。

3.14 验证 BGP 选路规则 1：PrefVal

    BGP 选路规则 1 是指根据 PrefVal（协议首选值）进行选路，这是华为 BGP 设备的特有属性，该属性仅在本地有效。当 BGP 路由表中存在去往相同目的地址的路由时，路由器会优选 PrefVal 高的路由。

在 3.13 节中，工程师通过 BGP 选路规则 2（Local_Pref）将 AR4 去往 67.67.67.0/24 的路由更改为采用 AR3 提供的路径。在本实验中，我们要通过 BGP 选路规则 1 使 AR4 恢复之前的选路，即选择发布了该路由的 EBGP 对等体 AR7。

工程师可以使用以下命令在 BGP 设备上更改 PrefVal 值。

- **peer** *ipv4-address* **preferred-value** *value*：BGP 视图的命令，为从指定对等体学到的所有路由配置 PrefVal 值，默认值为 0，值越大优先级越高。

例 3-84 展示了 AR4 上的配置，工程师将其从 AR7 学到的所有路由的 PrefVal 值配置为 7。

例 3-84　在 AR4 上配置 PrefVal 值

```
[AR4]bgp 65001
[AR4-bgp]peer 7.7.7.7 preferred-value 7
```

配置完成后，例 3-85 查看了 AR4 的 BGP 路由表。

例 3-85　在 AR4 上查看 BGP 路由表

```
[AR4]display bgp routing-table

BGP Local router ID is 4.4.4.4
Status codes: * - valid, > - best, d - damped,
              h - history,  i - internal, s - suppressed, S - Stale
              Origin : i - IGP, e - EGP, ? - incomplete


Total Number of Routes: 6
      Network          NextHop        MED        LocPrf     PrefVal Path/Ogn

*>i  12.12.12.0/24    2.2.2.2        0          100        0       i
*>i  66.66.66.66/32   3.3.3.3        0          333        0       65002i
*>   67.67.67.0/24    7.7.7.7        0                     7       65003i
* i                   3.3.3.3        0          333        0       65002i
*>   78.0.0.0         8.8.8.8                              0       65003?
*>   78.78.78.0/24    7.7.7.7        0                     7       65003 7i
```

例 3-85 的阴影行显示出 AR4 已经将 EBGP 对等体 AR7 提供的路由选为最优路由。我们可以通过查看此路由的详细信息来观察选路理由，详见例 3-86。

例 3-86　在 AR4 上查看路由 67.67.67.0/24 的详细信息

```
[AR4]display bgp routing-table 67.67.67.0 24

BGP local router ID : 4.4.4.4
Local AS number : 65001
Paths:   2 available, 1 best, 1 select
BGP routing table entry information of 67.67.67.0/24:
From: 7.7.7.7 (7.7.7.7)
Route Duration: 00h00m14s
Relay IP Nexthop: 172.16.47.7
Relay IP Out-Interface: GigabitEthernet0/0/2
Original nexthop: 7.7.7.7
Qos information : 0x0
AS-path 65003, origin igp, MED 0, pref-val 7, valid, external, best, select, ac
tive, pre 255
Advertised to such 4 peers:
    2.2.2.2
    3.3.3.3
    7.7.7.7
    8.8.8.8
BGP routing table entry information of 67.67.67.0/24:
From: 3.3.3.3 (3.3.3.3)
Route Duration: 03h22m59s
```

```
Relay IP Nexthop: 172.16.34.3
Relay IP Out-Interface: GigabitEthernet0/0/0
Original nexthop: 3.3.3.3
Qos information : 0x0
AS-path 65002, origin igp, MED 0, localpref 333, pref-val 0, valid, internal, p
re 255, IGP cost 1, not preferred for PreVal
Not advertised to any peer yet
```

从例 3-86 的阴影部分可以看出 AR4 根据 PreVal 值放弃了从 AR3 学习到的路由。

读者在对 BGP 网络中的路由选择进行干涉时要统筹规划,避免产生意料之外的路径。读者可以考虑一下,AR4 重新将 AR7 通告的路由选为最优路由,这个行为对于 AR2 的选路结果是否有所影响。读者可以思考过后再继续查看 AR2 的 BGP 路由表,详见例 3-87。

例 3-87　在 AR2 上查看 BGP 路由表

```
[AR2]display bgp routing-table

BGP Local router ID is 2.2.2.2
Status codes: * - valid, > - best, d - damped,
              h - history,  i - internal, s - suppressed, S - Stale
              Origin : i - IGP, e - EGP, ? - incomplete


Total Number of Routes: 8
     Network          NextHop         MED         LocPrf    PrefVal Path/Ogn

 *>   12.12.12.0/24    0.0.0.0         0                     0       i
 * i                   1.1.1.1         0           100       0       i
 *>i  66.66.66.66/32   3.3.3.3         0           333       0       65002i
 * i                   3.3.3.3         0           333       0       65002i
 *>i  67.67.67.0/24    3.3.3.3         0           333       0       65002i
 * i                   4.4.4.4         0           100       0       65003i
 *>i  78.0.0.0         4.4.4.4                     100       0       65003?
 *>i  78.78.78.0/24    4.4.4.4         0           100       0       65003 7i
```

从例 3-87 的阴影行可以看出 AR2 仍然选择了 AR1 通告的路由,即下一跳为 3.3.3.3 且 Local_Pref 值为 333 的路由。读者可以通过例 3-88 查看 AR2 的选路原因。

例 3-88　在 AR2 上查看路由 67.67.67.0/24 的详细信息

```
[AR2]display bgp routing-table 67.67.67.0 24

BGP local router ID : 2.2.2.2
Local AS number : 65001
Paths:   2 available, 1 best, 1 select
BGP routing table entry information of 67.67.67.0/24:
From: 1.1.1.1 (1.1.1.1)
Route Duration: 03h43m06s
Relay IP Nexthop: 172.16.12.1
Relay IP Out-Interface: GigabitEthernet0/0/0
Original nexthop: 3.3.3.3
Qos information : 0x0
AS-path 65002, origin igp, MED 0, localpref 333, pref-val 0, valid, internal, b
est, select, active, pre 255, IGP cost 2
Originator:  3.3.3.3
Cluster list: 1.1.1.1
Advertised to such 1 peers:
   5.5.5.5
BGP routing table entry information of 67.67.67.0/24:
From: 4.4.4.4 (4.4.4.4)
Route Duration: 00h20m21s
Relay IP Nexthop: 172.16.24.4
Relay IP Out-Interface: GigabitEthernet0/0/1
Original nexthop: 4.4.4.4
Qos information : 0x0
AS-path 65003, origin igp, MED 0, localpref 100, pref-val 0, valid, internal, p
re 255, IGP cost 1, not preferred for Local_Pref
Not advertised to any peer yet
```

从例 3-88 的阴影行可以看出，AR2 虽然仍然选择了 AR1，但这次它是根据 Local_Pref 值进行选择的。

3.15　配置 BGP 路由等价负载分担

在 BGP 网络中，即使去往相同的目的地有多条路由，BGP 设备也只会选出一条最优的 BGP 路由，并且只将这条最优路由发布给对等体。在配置了 BGP 负载分担后，BGP 设备可以同时使用多条等价的 BGP 路由来实现流量负载分担。需要注意的是，尽管配置了 BGP 负载分担，BGP 设备仍然会选出一条最优路由，并且只将这条最优路由通告给其他对等体。

在一般情况下，只有 BGP 选路规则的前 8 个属性完全相同，BGP 设备才能使用这些等价路由实现 BGP 负载分担。这些属性可以总结为以下几点。

- 拥有相同的 PrefVal 属性值。
- 拥有相同的 Local_Pref 属性值。
- 皆为聚合路由或皆非聚合路由。
- AS_Path 列表长度相同。
- Origin 类型相同。
- 拥有相同的 MED 属性值。
- AS 内部的 IGP 开销值相同。

工程师可以使用以下命令来配置 BGP 负载分担。

maximum load-balancing [ebgp | ibgp] *number*：BGP 视图的命令，设置能够形成负载分担的等价路由的最大数量，默认情况下的最大数量为 1，即不进行负载分担。可选关键字 **ebgp | ibgp** 分别指定仅 EBGP 路由或仅 IBGP 路由参与负载分担，若未配置，则 EBGP 路由和 IBGP 路由都参与负载分担。

在本章实验使用的拓扑环境中，我们可以使用 AR5 对 12.12.12.0/24 路由执行负载分担。在配置之前，我们先在 AR5 上查看 IP 路由表中的 12.12.12.0/24，详见例 3-89。

例 3-89　在 AR5 上查看 IP 路由表中的路由 12.12.12.0/24 的信息

```
[AR5]display ip routing-table 12.12.12.0 24
Route Flags: R - relay, D - download to fib
------------------------------------------------------------------------------
Routing Table : Public
Summary Count : 1
Destination/Mask    Proto   Pre  Cost      Flags NextHop        Interface

    12.12.12.0/24   IBGP    255  0         RD    2.2.2.2        GigabitEthernet0/0/1
```

从例 3-89 中可以看出 AR5 仅采用 BGP 选出的最优路由去往 12.12.12.0/24 网段。在配置负载分担之前，我们要删除 AR5 G0/0/0 接口上配置的 OSPF 开销，例 3-90 展示了 AR5 上的相关配置。

例 3-90　在 AR5 上配置 BGP 负载分担

```
[AR5]interface GigabitEthernet 0/0/0
[AR5-GigabitEthernet0/0/0]undo ospf cost
[AR5-GigabitEthernet0/0/0]quit
[AR5]bgp 65001
[AR5-bgp]maximum load-balancing ibgp 2
```

更改完成后，我们再次查看 AR5 上 IP 路由表中的 12.12.12.0/24 路由，详见例 3-91。

例 3-91　在 AR5 上查看 IP 路由表中的路由 12.12.12.0/24 的信息

```
[AR5]display ip routing-table 12.12.12.0 24
Route Flags: R - relay, D - download to fib
------------------------------------------------------------------------
Routing Table : Public
Summary Count : 2
Destination/Mask    Proto   Pre  Cost        Flags NextHop         Interface

      12.12.12.0/24 IBGP    255  0            RD   2.2.2.2         GigabitEthernet0/0/1
                    IBGP    255  0            RD   1.1.1.1         GigabitEthernet0/0/0
```

从例 3-91 可以看出 AR5 已经开始使用两条负载分担路由。读者还可以查看 AR5 的 BGP 路由 12.12.12.0/24 的详细信息，详见例 3-92。

例 3-92　在 AR5 上查看 BGP 路由 12.12.12.0/24 的详细信息

```
[AR5]display bgp routing-table 12.12.12.0 24
 BGP local router ID : 5.5.5.5
 Local AS number : 65001
 Paths:   2 available, 1 best, 2 select
 BGP routing table entry information of 12.12.12.0/24:
 From: 1.1.1.1 (1.1.1.1)
 Route Duration: 10h46m12s
 Relay IP Nexthop: 172.16.15.1
 Relay IP Out-Interface: GigabitEthernet0/0/0
 Original nexthop: 1.1.1.1
 Qos information : 0x0
 AS-path Nil, origin igp, MED 0, localpref 100, pref-val 0, valid, internal, bes
t, select, active, pre 255, IGP cost 1
 Not advertised to any peer yet

 BGP routing table entry information of 12.12.12.0/24:
 From: 2.2.2.2 (2.2.2.2)
 Route Duration: 10h46m22s
 Relay IP Nexthop: 172.16.25.2
 Relay IP Out-Interface: GigabitEthernet0/0/1
 Original nexthop: 2.2.2.2
 Qos information : 0x0
 AS-path Nil, origin igp, MED 0, localpref 100, pref-val 0, valid, internal, sel
ect, active, pre 255, IGP cost 1, not preferred for router ID
 Not advertised to any peer yet
```

从例 3-92 可以看出 AR5 依然选择了最优路由，在删除了 AR5 G0/0/0 接口的 OSPF 开销配置后，AR5 恢复使用 BGP 选路规则 10（Router ID），选择最优路由。

第4章
路由策略与
路由控制实验

本章主要内容

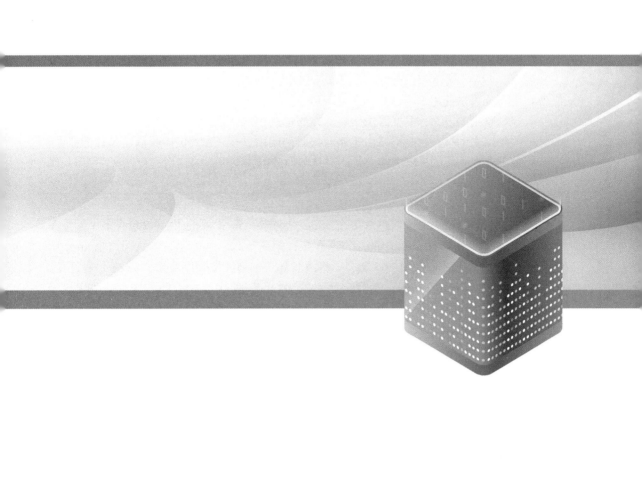

在 BGP 实验中，我们曾使用 Route-Policy（路由策略）对 BGP 路径属性进行更改，但当时并没有对 Route-Policy 相关的命令进行解释，本实验将对此进行详细解释并通过有针对性的实验让读者理解与 Route-Policy 相关的应用。

Route-Policy 属于一种路由控制工具，不仅可以过滤路由，还可以对路由属性进行更改。工程师可以使用 Route-Policy 实现以下操作。

- 控制路由的发布：根据路由策略对发布的路由进行过滤，仅发布满足条件的路由。
- 控制路由的接收：根据路由策略对接收的路由进行过滤，仅接收满足条件的路由。
- 控制路由的引入：根据路由策略对从其他路由协议引入的路由进行过滤，仅引入满足条件的路由。
- 更改路由的属性：更改路由携带的属性。

一个 Route-Policy 中可以包含多个 node（节点），每个 node 中可以包含多个匹配条件和多个动作。当一个 node 中的所有匹配条件都满足时，路由器就会执行这个 node 中的所有动作。每个 node 拥有一个编号，路由器会从小到大按顺序对每个 node 进行匹配，类似 ACL（访问控制列表），一旦遇到匹配的 node 便执行相应的动作，并跳出这个 Route-Policy，不再向下继续匹配。

除了 Route-Policy，还有一种称为 Filter-Policy（过滤策略）的路由控制工具，工程师可以在路由协议中使用 Filter-Policy 对路由的接收、发布和引入进行过滤。Filter-Policy 仅针对路由生效，因此对不同类型的路由协议有不同的效果。

- 矢量型路由协议：路由器发布的是路由条目，因此 Filter-Policy 会直接对本地路由器发布和接收的路由条目产生影响。
- 链路状态型路由协议：路由器发布的是 LSA 而非路由，路由是路由器根据 LSDB 计算出来的，因此 Filter-Policy 的工作方式略有不同：在入站过滤时，它可以影响路由器把哪些计算出来的路由放入路由表；在出站过滤时，它可以影响路由器向外发布哪些路由。

本实验将为读者展示与 Filter-Policy 和 Route-Policy 相关的应用和配置。

4.1　实验介绍

4.1.1　关于本实验

这个实验会通过 OSPF 网络和 IS-IS 网络的部署，帮助读者更直观地理解上述的路由控制概念，以及如何在华为路由器上对不同的路由协议进行路由控制。

本实验中会涉及 OSPF 和 IS-IS 的配置，仅展示配置命令，不再对命令进行解释。

4.1.2　实验目的

- 掌握使用 ACL 和地址前缀列表匹配路由。
- 掌握使用 Filter-Policy 进行路由过滤。
- 掌握使用 Route-Policy 进行路由过滤。

- 掌握使用 Route-Policy 进行路由属性修改。

4.1.3　实验组网介绍

如图 4-1 所示，本实验拓扑由 OSPF 和 IS-IS 路由域构成。

- OSPF 进程号为 10，AR1、AR2、AR3 和 AR4 的互连接口和各自的 Loopback 0 接口运行 OSPF，Router ID 为 Loopback 0 接口 IP 地址。
- IS-IS 区域号为 49.0001，进程号为 10，AR3、AR4 和 AR5 是 Level-1-2 路由器，AR3 的 NET 为 49.0001.0000.0000.0003.00，AR4 的 NET 为 49.0001.0000.0000.0004.00，AR5 的 NET 为 49.0001.0000.0000.0005.00。

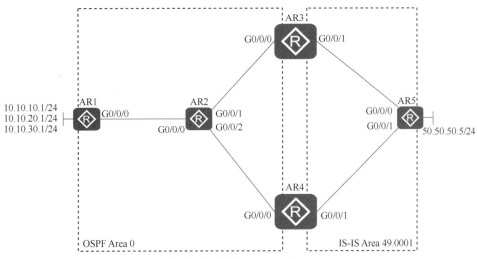

图 4-1　路由控制实验拓扑

本实验的路由规划如下所示。

- AR1 在 OSPF 中引入直连路由 10.10.10.0/24、10.10.20.0/24，不引入 10.10.30.0/24。
- AR2 仅将 10.10.10.0/24 放入本地 IP 路由表，AR3 和 AR4 将 10.10.10.0/24 和 10.10.20.0/24 放入本地 IP 路由表。
- AR5 在 IS-IS 中引入直连路由 50.50.50.0/24。
- AR3 和 AR4 将 OSPF 路由 10.10.10.0/24 重发布到 IS-IS 中。
- AR3 和 AR4 将 IS-IS 路由 50.50.50.0/24 重发布到 OSPF 中。

表 4-1 中列出了本章实验使用的网络地址规划。

表 4-1　本章实验使用的网络地址规划

设备	接口	IP 地址	子网掩码	默认网关
	G0/0/0	172.16.12.1	255.255.255.0	—
	Loopback 0	1.1.1.1	255.255.255.255	—
AR1	Loopback 1	10.10.10.1	255.255.255.0	—
	Loopback 2	10.10.20.1	255.255.255.0	—
	Loopback 3	10.10.30.1	255.255.255.0	—

续表

设备	接口	IP 地址	子网掩码	默认网关
AR2	G0/0/0	172.16.12.2	255.255.255.0	—
	G0/0/1	172.16.23.2	255.255.255.0	—
	G0/0/2	172.16.24.2	255.255.255.0	—
	Loopback 0	2.2.2.2	255.255.255.255	—
AR3	G0/0/0	172.16.23.3	255.255.255.0	—
	G0/0/1	172.16.35.3	255.255.255.0	—
	Loopback 0	3.3.3.3	255.255.255.255	—
AR4	G0/0/0	172.16.24.4	255.255.255.0	—
	G0/0/1	172.16.45.4	255.255.255.0	—
	Loopback 0	4.4.4.4	255.255.255.255	—
AR5	G0/0/0	172.16.35.5	255.255.255.0	—
	G0/0/1	172.16.45.5	255.255.255.0	—
	Loopback 0	5.5.5.5	255.255.255.255	—
	Loopback 1	50.50.50.5	255.255.255.0	—

4.1.4　实验任务列表

配置任务 1：路由策略工具 Filter-Policy 的使用
配置任务 2：路由策略工具 Route-Policy 的使用
配置任务 3：路由控制实验

4.2　路由策略工具 Filter-Policy 的使用

在本实验中，工程师要通过 AR1 向 OSPF 域中引入两条外部路由 10.10.10.0/24 和 10.10.20.0/24；在 AR2 上观察 AR2 学习到的 OSPF 路由，并让 AR2 仅将 10.10.10.0/24 放入路由表。图 4-2 展示了本实验使用的拓扑和路由策略。

本实验会按照图 4-2 所示的步骤进行配置，并且在每个步骤配置后对 OSPF 路由进行观察。

4.2.1　基础配置

在初始化的路由器上，工程师需要配置路由器的主机名，并在相关接口上配置正确的 IP 地址，路由器接口的 IP 地址可参考表 4-1。例 4-1～例 4-5 展示了 5 台路由器上的基础配置，AR5 在本实验中暂时用不到，读者也可以稍后对其进行配置。

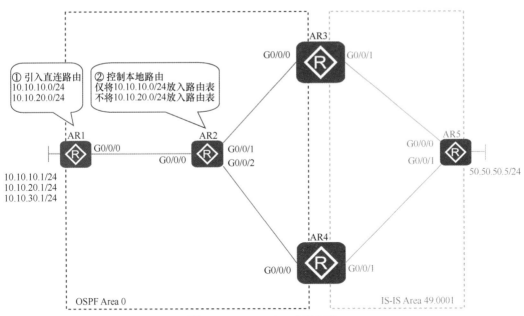

图 4-2　Filter-Policy 实验拓扑

例 4-1　路由器 AR1 的基础配置

```
<Huawei>system-view
Enter system view, return user view with Ctrl+Z.
[Huawei]sysname AR1
[AR1]interface GigabitEthernet 0/0/0
[AR1-GigabitEthernet0/0/0]ip address 172.16.12.1 24
[AR1-GigabitEthernet0/0/0] quit
[AR1]interface LoopBack 0
[AR1-LoopBack0]ip address 1.1.1.1 32
[AR1-LoopBack0]quit
[AR1]interface LoopBack 1
[AR1-LoopBack1]ip address 10.10.10.1 24
[AR1-LoopBack1]quit
[AR1]interface LoopBack 2
[AR1-LoopBack2]ip address 10.10.20.1 24
[AR1-LoopBack2]quit
[AR1]interface LoopBack 3
[AR1-LoopBack3]ip address 10.10.30.1 24
```

例 4-2　路由器 AR2 的基础配置

```
<Huawei>system-view
Enter system view, return user view with Ctrl+Z.
[Huawei]sysname AR2
[AR2]interface GigabitEthernet 0/0/0
[AR2-GigabitEthernet0/0/0]ip address 172.16.12.2 24
[AR2-GigabitEthernet0/0/0]quit
[AR2]interface GigabitEthernet 0/0/1
[AR2-GigabitEthernet0/0/1]ip address 172.16.23.2 24
[AR2-GigabitEthernet0/0/1]quit
[AR2]interface GigabitEthernet 0/0/2
[AR2-GigabitEthernet0/0/2]ip address 172.16.24.2 24
[AR2-GigabitEthernet0/0/2]quit
[AR2]interface LoopBack 0
[AR2-LoopBack0]ip address 2.2.2.2 32
```

例 4-3　路由器 AR3 的基础配置

```
<Huawei>system-view
Enter system view, return user view with Ctrl+Z.
[Huawei]sysname AR3
```

```
[AR3]interface GigabitEthernet 0/0/0
[AR3-GigabitEthernet0/0/0]ip address 172.16.23.3 24
[AR3-GigabitEthernet0/0/0]quit
[AR3]interface GigabitEthernet 0/0/1
[AR3-GigabitEthernet0/0/1]ip address 172.16.35.3 24
[AR3-GigabitEthernet0/0/1]quit
[AR3]interface LoopBack 0
[AR3-LoopBack0]ip address 3.3.3.3 32
```

例 4-4　路由器 AR4 的基础配置

```
<Huawei>system-view
Enter system view, return user view with Ctrl+Z.
[Huawei]sysname AR4
[AR4]interface GigabitEthernet 0/0/0
[AR4-GigabitEthernet0/0/0]ip address 172.16.24.4 24
[AR4-GigabitEthernet0/0/0]quit
[AR4]interface GigabitEthernet 0/0/1
[AR4-GigabitEthernet0/0/1]ip address 172.16.45.4 24
[AR4-GigabitEthernet0/0/1]quit
[AR4]interface LoopBack 0
[AR4-LoopBack0]ip address 4.4.4.4 32
```

例 4-5　路由器 AR5 的基础配置

```
<Huawei>system-view
Enter system view, return user view with Ctrl+Z.
[Huawei]sysname AR5
[AR5]interface GigabitEthernet 0/0/0
[AR5-GigabitEthernet0/0/0]ip address 172.16.35.5 24
[AR5-GigabitEthernet0/0/0]quit
[AR5]interface GigabitEthernet 0/0/1
[AR5-GigabitEthernet0/0/1]ip address 172.16.45.5 24
[AR5-GigabitEthernet0/0/1]quit
[AR5]interface LoopBack 0
[AR5-LoopBack0]ip addres 5.5.5.5 32
[AR5-LoopBack0]quit
[AR5]interface LoopBack 1
[AR5-LoopBack1]ip address 50.50.50.5 24
```

　　配置完成后，路由器的直连接口之间就可以相互通信了，读者可以使用 **ping** 命令进行验证，本实验中不展示路由器之间的连通性测试结果，请读者在配置后续内容之前自行验证，以确保 IP 地址配置正确。

4.2.2　OSPF 基础配置

　　在配置路由策略之前，我们先完成 AR1、AR2、AR3 和 AR4 上的 OSPF 配置，并将 AR1 上的直连路由引入 OSPF 中。在本实验中，工程师要使用 OSPF 进程号 10，4 台路由器的互连接口和各自的 Loopback 0 接口上运行 OSPF，Router ID 为 Loopback 0 接口 IP 地址。例 4-6~例 4-9 展示了 4 台路由器上的 OSPF 配置。

例 4-6　路由器 AR1 的 OSPF 配置

```
[AR1]ospf 10 router-id 1.1.1.1
[AR1-ospf-10]area 0
[AR1-ospf-10-area-0.0.0.0]network 172.16.12.1 0.0.0.0
[AR1-ospf-10-area-0.0.0.0]network 1.1.1.1 0.0.0.0
[AR1-ospf-10-area-0.0.0.0]quit
[AR1-ospf-10]import-route direct
```

例 4-7　路由器 AR2 的 OSPF 配置

```
[AR2]ospf 10 router-id 2.2.2.2
[AR2-ospf-10]area 0
[AR2-ospf-10-area-0.0.0.0]network 172.16.12.2 0.0.0.0
[AR2-ospf-10-area-0.0.0.0]network 172.16.23.2 0.0.0.0
[AR2-ospf-10-area-0.0.0.0]network 172.16.24.2 0.0.0.0
[AR2-ospf-10-area-0.0.0.0]network 2.2.2.2 0.0.0.0
```

例 4-8　路由器 AR3 的 OSPF 配置

```
[AR3]ospf 10 router-id 3.3.3.3
[AR3-ospf-10]area 0
[AR3-ospf-10-area-0.0.0.0]network 172.16.23.3 0.0.0.0
[AR3-ospf-10-area-0.0.0.0]network 3.3.3.3 0.0.0.0
```

例 4-9　路由器 AR4 的 OSPF 配置

```
[AR4]ospf 10 router-id 4.4.4.4
[AR4-ospf-10]area 0
[AR4-ospf-10-area-0.0.0.0]network 172.16.24.4 0.0.0.0
[AR4-ospf-10-area-0.0.0.0]network 4.4.4.4 0.0.0.0
```

工程师在 AR1 上使用了 **import-route direct** 命令将 AR1 的直连路由作为外部路由引入 OSPF 中，AR1 上共有 5 条直连路由（5 个接口），我们可以通过查看 OSPF LSDB 查看 AR1 引入 OSPF 中的外部路由，详见例 4-10。

例 4-10　在 AR1 上查看 OSPF LSDB

```
[AR1]display ospf lsdb
          OSPF Process 10 with Router ID 1.1.1.1
                  Link State Database

                        Area: 0.0.0.0
Type        LinkState ID      AdvRouter       Age   Len   Sequence    Metric
Router      4.4.4.4           4.4.4.4          40    48   80000005      1
Router      2.2.2.2           2.2.2.2          48    72   8000000F      1
Router      1.1.1.1           1.1.1.1         222    48   80000008      1
Router      3.3.3.3           3.3.3.3         108    48   80000005      1
Network     172.16.24.2       2.2.2.2          48    32   80000003      0
Network     172.16.23.2       2.2.2.2         126    32   80000003      0
Network     172.16.12.1       1.1.1.1         223    32   80000003      0


            AS External Database
Type        LinkState ID      AdvRouter       Age   Len   Sequence    Metric
External    10.10.10.0        1.1.1.1         362    36   80000002      1
External    10.10.20.0        1.1.1.1         362    36   80000002      1
External    10.10.30.0        1.1.1.1         362    36   80000002      1
External    172.16.12.0       1.1.1.1         362    36   80000002      1
External    1.1.1.1           1.1.1.1         362    36   80000002      1
```

从例 4-10 的阴影可以看到 AR1 将本地的 5 条直连路由都作为外部路由引入了 OSPF 中。在 OSPF Area 0 中的其他路由器上只有 3 条路由显示为 OSPF 外部路由，这是因为 AR1 的 G0/0/0 接口和 Loopback 0 接口通过 **network** 命令加入了 OSPF 域。

我们以 AR2 为例查看其他 OSPF 路由器 IP 路由表中的 OSPF 路由，详见例 4-11。

例 4-11　在 AR2 上查看 IP 路由表中的 OSPF 路由

```
[AR2]display ip routing-table protocol ospf
Route Flags: R - relay, D - download to fib
------------------------------------------------------------------------
Public routing table : OSPF
        Destinations : 6        Routes : 6

OSPF routing table status : <Active>
        Destinations : 6        Routes : 6

Destination/Mask    Proto   Pre  Cost      Flags NextHop         Interface

      1.1.1.1/32    OSPF    10   1          D    172.16.12.1     GigabitEthernet0/0/0
      3.3.3.3/32    OSPF    10   1          D    172.16.23.3     GigabitEthernet0/0/1
      4.4.4.4/32    OSPF    10   1          D    172.16.24.4     GigabitEthernet0/0/2
   10.10.10.0/24    O_ASE   150  1          D    172.16.12.1     GigabitEthernet0/0/0
   10.10.20.0/24    O_ASE   150  1          D    172.16.12.1     GigabitEthernet0/0/0
```

```
    10.10.30.0/24  O_ASE   150  1          D   172.16.12.1      GigabitEthernet0/0/0
OSPF routing table status : <Inactive>
        Destinations : 0        Routes : 0
```

例 4-11 的阴影部分展示出的 3 条外部路由就是 AR1 作为外部路由引入 OSPF 中的，这些路由的优先级为 150，OSPF 内部路由的优先级为 10。

4.2.3　Filter-Policy 命令说明

根据实验要求，AR1 在向 OSPF 中引入外部路由时，仅引入 10.10.10.0/24 和 10.10.20.0/24 两条直连路由，接下来我们会通过 Filter-Policy 对此引入的路由进行过滤。在使用 Filter-Policy 对路由进行过滤时，工程师可以在 Filter-Policy 命令中引用 ACL、地址前缀列表或 Route-Policy 对路由进行过滤。

本实验使用 ACL 与 Filter-Policy 的搭配对路由进行过滤，读者应该已经在 HCIA 学习阶段掌握了 ACL 的语法与匹配规则，因此本实验仅对 Filter-Policy 进行介绍。

本实验使用的 OSPF 协议是链路状态路由协议。对于链路状态路由协议，Filter-Policy 只能过滤路由信息，而无法过滤 LSA（后文实验中会展示此效果），也无法修改路由属性值。工程师需要在 OSPF 配置视图中使用 **filter-policy** 命令对 OSPF 路由进行过滤。与 ACL 类似，Filter-Policy 的过滤也有方向性，在 **filter-policy** 命令中添加关键字 **import** 表示对 OSPF 接收的路由进行过滤，关键字 **export** 表示在向其他对等体发布路由时进行过滤。OSPF 中的 Filter-Policy 命令语法如下所示。

- **filter-policy** ｛ *acl-number* ｜ **acl-name** *acl-name* ｜ **ip-prefix** *ip-prefix-name* ｜ **route-policy** *route-policy-name* ［ **secondary** ］｝｛ **import** ｜ **export** ［ *protocol* ［ *process-id* ］］｝：OSPF 视图的命令，对 OSPF 路由进行过滤。第一个（花括号）必选参数包括如下。
  - *acl-number*：使用数字型基本 ACL 对路由进行过滤，ACL 编号范围为 2000～2999。
  - **acl-name** *acl-name*：使用命名型基本 ACL 对路由进行过滤。
  - **ip-prefix** *ip-prefix-name*：使用地址前缀列表对路由进行过滤。
  - **route-policy** *route-policy-name*：使用路由策略对路由进行过滤。
  - **secondary**：设置优选次优路由。
- 第二个（花括号）必选参数如下。
  - **import**：设置 OSPF 对接收的路由进行过滤。
  - **export** ［ *protocol* ［ *process-id* ］］：设置 OSPF 对引入的路由在向外发布时进行过滤。可以通过可选参数 *protocol* ［ *process-id* ］指定过滤路由的具体来源。当前可选的协议包括 **direct**、**static**、**ospf**、**isis** 和 **bgp** 等。当指定了 **ospf** 或 **isis** 时，还可以指定具体的进程号。

在 IS-IS 配置视图中使用的 Filter-Policy 命令与 OSPF 相同。在 BGP 配置视图中使用的 Filter-Policy 命令与在 IS-IS 配置视图中使用的 Filter-Policy 命令和在 OSPF 配置视图中使用的 Filter-Policy 命令略有不同，不能引用 **route-policy** 对路由进行过滤，并且在对 BGP 路由进行过滤时，工程师可以针对某个对等体（组）执行路由过滤。读者可以在华为官网搜索与 IS-IS 和 BGP 相关的具体命令，应用方法与 OSPF 相同，本实验仅以 OSPF

为例来说明 Filter-Policy 的用法。

4.2.4　在 AR1 上对引入的 OSPF 路由进行控制

图 4-3 展示了 AR1 当前的操作：引入直连路由，以及接下来工程师要实现的操作：允许 10.10.10.0/24 和 10.10.20.0/24 被引入 OSPF 并发布给 OSPF 邻居，图中也展示了相应操作产生的 LSDB 条目。

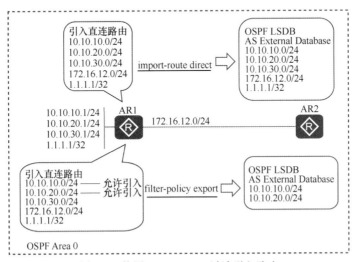

图 4-3　使用 Filter-Policy 过滤引入路由

在图 4-3 所示的操作中，工程师可以在基本 ACL 中使用 **permit** 语句允许 10.10.10.0/24 和 10.10.20.0/24，并拒绝其他所有的 IP 地址段。在 **filter-policy** 命令中要使用 **export** 关键字使 AR1 能够将 ACL 中允许的 IP 地址段发布给 OSPF 邻居。例 4-12 展示了 AR1 上的相关配置。

例 4-12　在 AR1 上使用 Filter-Policy 过滤引入路由

```
[AR1]acl 2000
[AR1-acl-basic-2000]rule 10 permit source 10.10.10.0 0.0.0.255
[AR1-acl-basic-2000]rule 20 permit source 10.10.20.0 0.0.0.255
[AR1-acl-basic-2000]rule 30 deny
[AR1-acl-basic-2000]quit
[AR1]ospf 10
[AR1-ospf-10]import-route direct
[AR1-ospf-10]filter-policy 2000 export
```

为了使读者更好地理解完整的配置，我们在例 4-12 中重复展示了向 OSPF 中引入直连路由的命令。配置完成后，工程师可以在 AR1 上再次查看 OSPF LSDB，详见例 4-13。

例 4-13　在 AR1 上查看 OSPF LSDB

```
[AR1]display ospf lsdb

        OSPF Process 10 with Router ID 1.1.1.1
            Link State Database

                    Area: 0.0.0.0
Type        LinkState ID      AdvRouter          Age   Len   Sequence    Metric
Router      4.4.4.4           4.4.4.4            1483  48    80000014    1
Router      2.2.2.2           2.2.2.2            1481  72    8000001B    1
Router      1.1.1.1           1.1.1.1            803   48    80000015    1
Router      3.3.3.3           3.3.3.3            1540  48    80000014    1
```

```
Network    172.16.24.4      4.4.4.4            1483  32   8000000F      0
Network    172.16.23.3      3.3.3.3            1540  32   8000000F      0
Network    172.16.12.2      2.2.2.2            1587  32   80000010      0


                   AS External Database
Type       LinkState ID     AdvRouter          Age   Len  Sequence    Metric
External   10.10.10.0       1.1.1.1            803   36   80000006      1
External   10.10.20.0       1.1.1.1            803   36   80000006      1
```

从例 4-13 的阴影行可以看出此时 AR1 放入 LSDB 并向 OSPF 邻居发布的外部路由已经被过滤为实验要求的两条路由，读者可以将例 4-13 与例 4-10 进行对比。在 AR1 上，我们先通过命令 **import-route** 引入了外部路由，再根据要求使用 **filter-policy export** 命令在发布时对引入的路由进行过滤，只将满足条件（本实验使用 ACL 来设定条件）的外部路由转换为类型 5 LSA 并发布出去。

由于在 OSPF 中每个 Area 的 LSDB 都是相同的，因此我们不再展示 AR2、AR3 和 AR4 上的 OSPF LSDB，对此感兴趣的读者可以在自己的实验环境中进行查看。本实验将在 AR2 上再次查看 IP 路由表中的 OSPF 路由，详见例 4-14。

例 4-14　在 AR2 上查看 IP 路由表中的 OSPF 路由

```
[AR2]display ip routing-table protocol ospf
Route Flags: R - relay, D - download to fib
------------------------------------------------------------------------------
Public routing table : OSPF
        Destinations : 5        Routes : 5

OSPF routing table status : <Active>
        Destinations : 5        Routes : 5

Destination/Mask    Proto   Pre  Cost      Flags NextHop       Interface

       1.1.1.1/32   OSPF    10   1           D   172.16.12.1   GigabitEthernet0/0/0
       3.3.3.3/32   OSPF    10   1           D   172.16.23.3   GigabitEthernet0/0/1
       4.4.4.4/32   OSPF    10   1           D   172.16.24.4   GigabitEthernet0/0/2
    10.10.10.0/24   O_ASE   150  1           D   172.16.12.1   GigabitEthernet0/0/0
    10.10.20.0/24   O_ASE   150  1           D   172.16.12.1   GigabitEthernet0/0/0

OSPF routing table status : <Inactive>
        Destinations : 0        Routes : 0
```

从例 4-14 的阴影行可以看出此时 AR2 的 OSPF 外部路由只剩下了两条，读者可以将其与例 4-11 进行对比。

4.2.5　在 AR2 上对接收的 OSPF 路由进行控制

本实验要求 AR2 在将 OSPF 路由放入 IP 路由表时过滤掉 10.10.20.0/24，即仅将 10.10.10.0/24 放入 IP 路由表，图 4-4 展示了本实验的场景。

在图 4-4 所示的操作中，工程师可以在基本 ACL 中使用 **deny** 语句拒绝 10.10.20.0/24，并允许其他所有的 IP 地址段。在 **filter-policy** 命令中要使用 **import** 关键字使 AR2 能够将 ACL 中允许的 IP 地址段添加到 IP 路由表。例 4-15 展示了 AR2 上的相关配置。

配置完成后，我们可以在 AR2 上再次查看 IP 路由表中的 OSPF 路由，详见例 4-16。

从例 4-16 的阴影行可以看出 AR2 仅将 10.10.10.0/24 添加到 IP 路由表中，我们可以从 AR2 的 OSPF LSDB 中确认与 10.10.20.0/24 相关的 LSA 仍然存在，详见例 4-17。

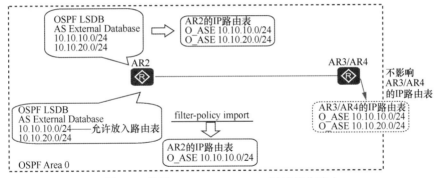

图 4-4 使用 Filter-Policy + ACL 过滤接收路由

例 4-15 在 AR2 上使用 Filter-Policy + ACL 过滤接收路由

```
[AR2]acl 2000
[AR2-acl-basic-2000]rule 10 deny source 10.10.20.0 0.0.0.255
[AR2-acl-basic-2000]rule 20 permit
[AR2-acl-basic-2000]quit
[AR2]ospf 10
[AR2-ospf-10]filter-policy 2000 import
```

例 4-16 在 AR2 上查看 IP 路由表中的 OSPF 路由

```
[AR2]display ip routing-table protocol ospf
Route Flags: R - relay, D - download to fib
------------------------------------------------------------------------
Public routing table : OSPF
        Destinations : 4      Routes : 4

OSPF routing table status : <Active>
        Destinations : 4      Routes : 4

Destination/Mask    Proto   Pre  Cost      Flags NextHop         Interface

     1.1.1.1/32     OSPF    10   1          D    172.16.12.1     GigabitEthernet0/0/0
     3.3.3.3/32     OSPF    10   1          D    172.16.23.3     GigabitEthernet0/0/1
     4.4.4.4/32     OSPF    10   1          D    172.16.24.4     GigabitEthernet0/0/2
   10.10.10.0/24    O_ASE   150  1          D    172.16.12.1     GigabitEthernet0/0/0

OSPF routing table status : <Inactive>
        Destinations : 0      Routes : 0
```

例 4-17 在 AR2 上查看 OSPF LSDB

```
[AR2]display ospf lsdb
        OSPF Process 10 with Router ID 2.2.2.2
                Link State Database

                        Area: 0.0.0.0
Type      LinkState ID    AdvRouter       Age   Len  Sequence    Metric
Router    4.4.4.4         4.4.4.4         155   48   80000006    1
Router    2.2.2.2         2.2.2.2         154   72   8000000E    1
Router    1.1.1.1         1.1.1.1         262   48   80000006    1
Router    3.3.3.3         3.3.3.3         155   48   80000006    1
Network   172.16.24.4     4.4.4.4         155   32   80000001    0
Network   172.16.23.3     3.3.3.3         155   32   80000002    0
Network   172.16.12.2     2.2.2.2         253   32   80000002    0


               AS External Database
Type      LinkState ID    AdvRouter       Age   Len  Sequence    Metric
External  10.10.10.0      1.1.1.1         311   36   80000001    1
External  10.10.20.0      1.1.1.1         311   36   80000001    1
```

从例 4-17 的阴影行可以看出 AR2 上的配置并没有影响 OSPF Area 0 的 LSDB，仅影响了 AR2 本地的 IP 路由表。我们可以以 AR3 为例确认 AR2 的配置没有对 AR3 和 AR4 造成任何影响，例 4-18 展示了 AR3 的 IP 路由表中的 OSPF 路由。

例 4-18　在 AR3 上查看 IP 路由表中的 OSPF 路由

```
[AR3]display ip routing-table protocol ospf
Route Flags: R - relay, D - download to fib
------------------------------------------------------------------------------
Public routing table : OSPF
         Destinations : 7        Routes : 7

OSPF routing table status : <Active>
         Destinations : 7        Routes : 7

Destination/Mask    Proto   Pre   Cost        Flags NextHop         Interface

        1.1.1.1/32  OSPF    10    2               D  172.16.23.2    GigabitEthernet0/0/0
        2.2.2.2/32  OSPF    10    1               D  172.16.23.2    GigabitEthernet0/0/0
        4.4.4.4/32  OSPF    10    2               D  172.16.23.2    GigabitEthernet0/0/0
     10.10.10.0/24  O_ASE   150   1               D  172.16.23.2    GigabitEthernet0/0/0
     10.10.20.0/24  O_ASE   150   1               D  172.16.23.2    GigabitEthernet0/0/0
    172.16.12.0/24  OSPF    10    2               D  172.16.23.2    GigabitEthernet0/0/0
    172.16.24.0/24  OSPF    10    2               D  172.16.23.2    GigabitEthernet0/0/0

OSPF routing table status : <Inactive>
         Destinations : 0        Routes : 0
```

从例 4-18 的阴影部分可以看出 AR3 的 IP 路由表中仍然有两条 OSPF 外部路由，AR2 的 Filter-Policy 配置没有对 AR3 产生影响。

4.3　路由策略工具 Route-Policy 的使用

路由策略工具 Route-Policy 也可以实现对引入路由和接收路由的控制，本实验将使用 Route-Policy 完成 4.2 节的实验要求。

根据实验要求，AR1 在向 OSPF 中引入外部路由时，仅引入 10.10.10.0/24 和 10.10.20.0/24 两条直连路由，这次我们要通过 Route-Policy 对引入路由进行过滤。

4.3.1　Route-Policy 命令说明

在使用 Route-Policy 对路由进行过滤时，工程师要创建一个或多个 node（节点），每个 node 中包含条件与行为。图 4-5 展示了 Route-Policy 的组成。

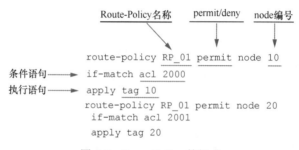

图 4-5　Route-Policy 的组成

Route-Policy 是一种比 Filter-Policy 更复杂的路由策略工具，不仅可以匹配路由，还可以改变这些路由的某些属性。如图 4-5 所示，Route-Policy 由名称、匹配模式（permit/deny）、node 编号、条件语句（if-match 子句）和执行语句（apply 子句）组成。

- node 编号：一个 Route-Policy 中可以包含多个 node（节点），在使用 Route-Policy 对路由进行匹配时，路由器会遵循以下规则。
  - 顺序匹配：与 ACL 相同，路由器会按照 node 编号从小到大依次检查每个 node 中的条件语句，匹配后便会执行与之相关的行为。
  - 唯一匹配：每个 node 之间的关系是"或"，因此一旦发现匹配项便会停止匹配。
- 匹配模式：permit 和 deny。
  - permit：匹配模式为允许，当路由与 permit node 中的 if-match 子句相匹配时，路由器会对路由执行相应的 apply 子句，并结束 Route-Policy 的匹配。
  - deny：匹配模式为拒绝，apply 子句不会被执行，当路由与 deny node 中的 if-match 子句相匹配时，路由将被拒绝通过该 node，并且不进入下一个 node。通常工程师可以在多个 deny node 后设置一个不包含 if-match 子句和 apply 子句的 permit node，用于允许其他所有路由通过。
- if-match 子句（条件语句）：用来定义一些匹配条件。一个 node 中可以包含多个 if-match 子句，也可以不包含 if-match 子句。
- apply 子句（执行语句）：用来指定动作。对于与 if-match 子句相匹配的路由，路由器会按照该 node 中的 apply 子句指定的动作对路由信息的一些属性进行设置。一个 node 中可以包含多个 apply 子句，也可以不包含 apply 子句。如果工程师只需要对路由进行过滤，不需要设置路由属性的话，就不需要使用 apply 子句。

Route-Policy 中每个 node 的过滤结果要综合两个位置的匹配模式进行考虑，一个是 Route-Policy 中 node 的匹配模式，另一个是在引用 ACL 和地址前缀列表时 if-match 子句中的匹配模式。表 4-2 总结了可能出现的 4 种情况，以及每种情况中的执行规则。

表 4-2 Route-Policy 的匹配规则

if-match 子句中的匹配模式	node 的匹配模式	当路由与 if-match 中的条件相匹配时
permit	permit	允许该路由通过 Route-Policy，匹配结束
permit	deny	不允许该路由通过 Route-Policy，匹配结束
deny	permit	不允许该路由通过 Route-Policy，继续进行 Route-Policy 中下一个 node 的匹配
deny	deny	不允许该路由通过 Route-Policy，继续进行 Route-Policy 中下一个 node 的匹配

对于未匹配所有 node 的路由来说，默认情况下路由器会拒绝它们通过 Route-Policy。如果工程师在 Route-Policy 中定义了多个 node，要确保至少有一个 node 的匹配模式是 permit，因为如果所有 node 都是 deny 模式的话，则没有路由信息能够通过该 Route-Policy。

在配置 Route-Policy 时，工程师需要使用以下命令。

- **route-policy** *route-policy-name* { **permit** | **deny** } **node** *node*：系统视图的命令，用来创建并进入 Route-Policy 视图。*route-policy-name* 参数指定了 Route-Policy 的名称。当该名称的 Route-Policy 不存在时，则创建一个新的 Route-Policy 并进入 Route-Policy 视图；当存在该名称的 Route-Policy 时，则直接进入 Route-Policy 视图。{ **permit** | **deny** }指定了 node 的匹配模式，若被匹配的路由与该 node 中所有的 if-match 子句匹配成功，则 **permit** 允许执行 apply 子句，**deny** 拒绝该路由通过 Route-Policy；当被匹配的路由与该 node 中的 if-match 子句不匹配时，则继续匹配下一个 node。*node* 参数指定了 node 编号，在使用 Route-Policy 对路由进行匹配时，会按照 node 编号从小到大的顺序进行匹配，当一个 node 匹配成功后，便不再匹配其他 node；当全部 node 均不匹配时，该路由将被过滤。
- **if-match** 子句：Route-Policy 视图的命令，用来指定路由的匹配规则，工程师可以使用 if-match 匹配多种参数，本书仅展示部分参数，读者可以在华为官方网站查询更多参数。
  - **if-match acl** { *acl-number* | *acl-name* }：用来创建一个基于 ACL 的匹配规则。
  - **if-match ip-prefix** *ip-prefix-name*：用来创建一个基于 IP 地址前缀列表的匹配规则。本实验将使用这种匹配规则。
  - **if-match tag** *tag*：用来创建一个基于路由信息标记（Tag）的匹配规则。工程师可以按照不同的分类需求，将同类的路由打上相同的 Tag，并在 Route-Policy 中根据 Tag 对路由进行灵活的控制和管理。
  - **if-match cost** { *cost* | **greater-equal** *greater-equal-value* [**less-equal** *less-equal-value*] | **less-equal** *less-equal-value*}：用来创建一个基于路由开销的匹配规则。*cost* 参数指定了路由开销值，可以通过调整开销来避免环路，取值范围为 0～4294967295。**greater-equal** *greater-equal-value* 指定了路由开销值的最小值，**less-equal** *less-equal-value* 指定了路由开销值的最大值。*less-equal-value* 要大于 *greater-equal-value*。
- **apply** 子句：Route-Policy 视图的命令，用来在 Route-Policy 中配置改变路由属性的动作。工程师可以使用 apply 更改多种路由属性，本书仅展示部分属性，读者可以在华为官方网站查询更多参数。
  - **apply cost** [**+** | **-**] *cost*：用来改变路由的开销。*cost* 参数指定了路由的开销值，取值范围为 0～4294967295。[**+** | **-**]用来增加或减少开销值，若增加后的开销值大于 4294967295，则取值为 4294967295；若减少的开销值小于 0，则取值为 0。
  - **apply tag** *tag*：用来改变路由标记（Tag）。

配置完 Route-Policy 后，这个 Route-Policy 的配置还未生效，工程师需要在特定位置引用它。在本实验中，我们需要在 OSPF 中引用它，并在展示配置命令时对引入命令进行介绍。

4.3.2 地址前缀列表命令说明

本实验使用地址前缀列表与 Route-Policy 的搭配对路由进行过滤和属性调整。在开始实验配置之前，我们先简单介绍一下地址前缀列表的用法和配置。

地址前缀列表不仅可以由 if-match 子句引用，作为 Route-Policy 的匹配条件，还可以作为地址前缀过滤器被各种协议引用。地址前缀中的每个表项都是一条过滤规则，当路由与某个表项中的条件相匹配时，路由器会根据匹配模式来判断该路由是否能够通过地址前缀列表的过滤。地址前缀列表的匹配原则如下。

- 顺序匹配：路由器会按照表项的索引号从小到大进行匹配。
- 唯一匹配：待过滤路由一旦与某个表项相匹配，就不再与后续表项进行匹配。
- 默认拒绝：当待过滤路由没有与任何一个表项相匹配，路由器认为该路由未通过地址前缀列表的过滤。

工程师可以使用以下命令来配置地址前缀列表。

- **ip ip-prefix** *ip-prefix-name* [**index** *index-number*] { **permit** | **deny** } *ipv4-address mask-length* [**greater-equal** *greater-equal-value*] [**less-equal** *less-equal-value*]：用来创建 IPv4 地址前缀列表或在其中增加一个表项。
  - ○ *ip-prefix-name*：指定了地址前缀列表的名称。
  - ○ **index** *index-number*：指定了本匹配项在地址前缀列表中的索引号，取值范围为 1～4294967295。在默认情况下，若工程师没有明确指定，路由器会按照配置的先后顺序依次递增，步长为 10，第一个索引号为 10。一个地址前缀列表中最多可支持 65535 个索引。
  - ○ { **permit** | **deny** }：将地址前缀列表的匹配模式指定为允许或拒绝。当过滤的 IP 地址在定义的范围之内，**permit** 会允许 IP 地址通过过滤，**deny** 会拒绝 IP 地址通过过滤。
  - ○ *ipv4-address mask-length*：指定了 IP 地址和掩码长度。
  - ○ **greater-equal** *greater-equal-value*：指定了掩码长度匹配范围的下限。
  - ○ **less-equal** *less-equal-value*：指定了掩码长度匹配范围的上限。若不配置 **greater-equal** *greater-equal-value* 和 **less-equal** *less-equal-value*，则使用 *mask-length* 作为掩码长度。

4.3.3　恢复配置为 4.2.2 小节要求的配置

本实验仍使用图 4-2 的实验拓扑，通过 AR1 向 OSPF 域中引入两条外部路由，即 10.10.10.0/24 和 10.10.20.0/24。在 AR2 上观察 AR2 学习到的 OSPF 路由，并让 AR2 在接收 OSPF 路由时仅将 10.10.10.0/24 放入路由表。

如果读者已经完成了 4.2 节的全部配置，可以按照例 4-19 和例 4-20 将实验环境恢复为 OSPF 基础配置。

例 4-19　在 AR1 上删除 Filter-Policy 的引用

```
[AR1]ospf 10
[AR1-ospf-10]undo filter-policy 2000 export
```

例 4-20　在 AR2 上删除 Filter-Policy 的引用

```
[AR2]ospf 10
[AR2-ospf-10]undo filter-policy 2000 import
```

完成上述删除后，读者可以在 AR2 上查看 IP 路由表中的 OSPF 路由，如果 AR2 的 IP 路由表中有如例 4-21 所示的 3 条 OSPF 外部路由，就可以继续本小节实验了。

例 4-21   在 AR2 上查看 IP 路由表中的 OSPF 路由

```
[AR2]display ip routing-table protocol ospf
Route Flags: R - relay, D - download to fib
------------------------------------------------------------------------
Public routing table : OSPF
        Destinations : 6         Routes : 6

OSPF routing table status : <Active>
        Destinations : 6         Routes : 6

Destination/Mask    Proto   Pre  Cost        Flags NextHop        Interface

        1.1.1.1/32  OSPF    10   1              D   172.16.12.1    GigabitEthernet0/0/0
        3.3.3.3/32  OSPF    10   1              D   172.16.23.3    GigabitEthernet0/0/1
        4.4.4.4/32  OSPF    10   1              D   172.16.24.4    GigabitEthernet0/0/2
    10.10.10.0/24   O_ASE   150  1              D   172.16.12.1    GigabitEthernet0/0/0
    10.10.20.0/24   O_ASE   150  1              D   172.16.12.1    GigabitEthernet0/0/0
    10.10.30.0/24   O_ASE   150  1              D   172.16.12.1    GigabitEthernet0/0/0

OSPF routing table status : <Inactive>
        Destinations : 0         Routes : 0
```

4.3.4   在 AR1 上对引入的 OSPF 路由进行控制

从前文对 Route-Policy 的介绍中可以知道，工程师可以使用 Route-Policy 为路由打上 Tag，并将路由与 Tag 一起通告给邻居路由器。邻居路由器在接收到路由的同时也可以看到 Tag，并且它可以根据 Tag 对路由进行后续处理，图 4-6 展示了本例的操作。

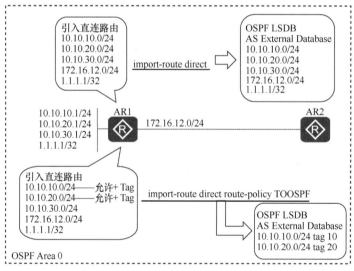

图 4-6   使用 Route-Policy 过滤引入路由

本小节将在 AR1 上为引入 OSPF 中的外部路由 10.10.10.0/24 和 10.10.20.0/24 分别打上 Tag 10 和 Tag 20，在 AR2 上根据 Tag 对路由进行不同的处理。例 4-22 展示了 AR1 上的地址前缀配置和 Route-Policy 配置，并在向 OSPF 引入直连路由时引用 Route-Policy 对引入的路由进行过滤。

在本例的配置中，工程师配置了两个地址前缀列表，分别名为 10 和 20。工程师配置了一个名为 TO_OSPF 的 Route-Policy，其中配置了两个 node（10 和 20），分别用来匹配两个地址前缀列表并打上相应的 Tag。

例 4-22　AR1 上的相关配置

```
[AR1]ip ip-prefix 10 permit 10.10.10.0 24
[AR1]ip ip-prefix 20 permit 10.10.20.0 24
[AR1]route-policy TO_OSPF permit node 10
Info: New Sequence of this List.
[AR1-route-policy]if-match ip-prefix 10
[AR1-route-policy]apply tag 10
[AR1-route-policy]quit
[AR1]route-policy TO_OSPF permit node 20
Info: New Sequence of this List.
[AR1-route-policy]if-match ip-prefix 20
[AR1-route-policy]apply tag 20
[AR1-route-policy]quit
[AR1]ospf 10
[AR1-ospf-10]import-route direct route-policy TO_OSPF
```

例 4-22 的最后一行是对 AR1 引入的 OSPF 路由进行过滤和控制，工程师可以在引入直连路由的命令 **import-route direct** 后面直接引用 Route-Policy。

配置完成后，工程师可以使用命令检查配置的地址前缀列表和 Route-Policy，详见例 4-23 和例 4-24。

例 4-23　在 AR1 上查看地址前缀列表

```
[AR1]display ip ip-prefix
Prefix-list 10
Permitted 4
Denied 15
      index: 10                permit  10.10.10.0/24
Prefix-list 20
Permitted 3
Denied 9
      index: 10                permit  10.10.20.0/24
```

例 4-23 使用阴影将两个地址前缀列表进行了区分，读者可以观察到，在前文的配置中我们并没有指定索引号，但路由器自动为这两条规则添加了索引号 10。另外从这条命令中还可以看到地址前缀列表的匹配数目，以阴影部分的地址前缀列表 10 为例，它允许了 4 次，拒绝了 15 次。

例 4-24　在 AR1 上查看 Route-Policy

```
[AR1]display route-policy
Route-policy : TO_OSPF
  permit : 10 (matched counts: 24)
    Match clauses :
      if-match ip-prefix 10
    Apply clauses :
      apply tag 10
  permit : 20 (matched counts: 6)
    Match clauses :
      if-match ip-prefix 20
    Apply clauses :
      apply tag 20
```

例 4-24 展示了 AR1 上的 Route-Policy，从中很清晰地看出当前 AR1 上只有一个名为 TO_OSPF 的 Route-Policy，它包含两个 node（10 和 20）。以 node 10 为例，它的 node 匹配模式为 permit，它有一个匹配条件，即路由要匹配地址前缀列表 10，匹配时，它会为该路由添加 Tag 10。

确认配置无误后，我们可以先在 AR2 上查看 IP 路由表中的 OSPF 路由，详见例 4-25。

例 4-25　在 AR2 上查看 IP 路由表中的 OSPF 路由

```
[AR2]display ip routing-table protocol ospf
Route Flags: R - relay, D - download to fib
--------------------------------------------------------------------------------
Public routing table : OSPF
        Destinations : 5        Routes : 5

OSPF routing table status : <Active>
        Destinations : 5        Routes : 5

Destination/Mask     Proto    Pre   Cost        Flags NextHop          Interface

        1.1.1.1/32   OSPF     10    1             D   172.16.12.1      GigabitEthernet0/0/0
        3.3.3.3/32   OSPF     10    1             D   172.16.23.3      GigabitEthernet0/0/1
        4.4.4.4/32   OSPF     10    1             D   172.16.24.4      GigabitEthernet0/0/2
     10.10.10.0/24   O_ASE    150   1             D   172.16.12.1      GigabitEthernet0/0/0
     10.10.20.0/24   O_ASE    150   1             D   172.16.12.1      GigabitEthernet0/0/0

OSPF routing table status : <Inactive>
        Destinations : 0        Routes : 0
```

从例 4-25 的阴影部分可以看出 AR2 不再收到 10.10.30.0/24 了，但在 IP 路由表中无法看到 Tag 信息。读者可以在查看 IP 路由表中 OSPF 路由的命令后面添加可选关键字 **verbose** 来查看 Tag 信息，本实验使用查看 OSPF 路由表的方式来确认 Tag，详见例 4-26。

例 4-26　在 AR2 上查看 OSPF 路由表

```
[AR2]display ospf routing

        OSPF Process 10 with Router ID 2.2.2.2
            Routing Tables

Routing for Network
Destination        Cost    Type      NextHop        AdvRouter      Area
2.2.2.2/32         0       Stub      2.2.2.2        2.2.2.2        0.0.0.0
172.16.12.0/24     1       Transit   172.16.12.2    2.2.2.2        0.0.0.0
172.16.23.0/24     1       Transit   172.16.23.2    2.2.2.2        0.0.0.0
172.16.24.0/24     1       Transit   172.16.24.2    2.2.2.2        0.0.0.0
1.1.1.1/32         1       Stub      172.16.12.1    1.1.1.1        0.0.0.0
3.3.3.3/32         1       Stub      172.16.23.3    3.3.3.3        0.0.0.0
4.4.4.4/32         1       Stub      172.16.24.4    4.4.4.4        0.0.0.0

Routing for ASEs
Destination        Cost    Type      Tag      NextHop        AdvRouter
10.10.10.0/24      1       Type2     10       172.16.12.1    1.1.1.1
10.10.20.0/24      1       Type2     20       172.16.12.1    1.1.1.1

Total Nets: 9
Intra Area: 7  Inter Area: 0  ASE: 2  NSSA: 0
```

在例 4-26 的阴影部分可以看到路由携带的 Tag。工程师此时就可以让 AR2 以 Tag 为匹配条件来设置匹配规则了。

4.3.5　在 AR2 上对接收的 OSPF 路由进行控制

本实验要求 AR2 在将 OSPF 路由放入 IP 路由表时过滤掉 10.10.20.0/24，即仅将 10.10.10.0/24 放入 IP 路由表，图 4-7 展示了本实验的场景。

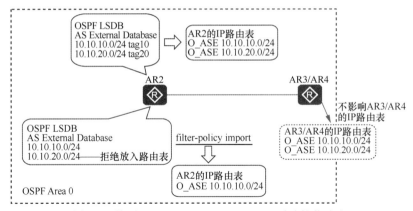

图 4-7　使用 Filter-Policy + Route-Policy 过滤接收路由

在本实验中，我们要利用 AR1 添加在路由上的 Tag 来对路由进行过滤，如图 4-7 所示的做法，本实验要在 Route-Policy 中匹配 10.10.20.0/24 的 Tag（20）并拒绝它。例 4-27 展示了 AR2 上的 Route-Policy 配置和 OSPF 路由过滤配置。

例 4-27　在 AR2 上使用 Filter-Policy + Route-Policy 过滤接收路由

```
[AR2]route-policy OSPF_TO_ROUTING_TABLE deny node 10
Info: New Sequence of this List.
[AR2-route-policy]if-match tag 20
[AR2-route-policy]quit
[AR2]route-policy OSPF_TO_ROUTING_TABLE permit node 20
Info: New Sequence of this List.
[AR2-route-policy]quit
[AR2]ospf 10
[AR2-ospf-10]filter-policy route-policy OSPF_TO_ROUTING_TABLE import
```

在例 4-27 的配置中，工程师创建了一个名为 OSPF_TO_ROUTING_TABLE 的 Route-Policy。其中 node 10 的匹配模式是 deny，并且它的匹配条件是 tag 20，本实验中即为 10.10.20.0/24，这部分配置的结果是路由器拒绝 10.10.20.0/24 通过 Route-Policy。如前文说明的，要想让路由器仍允许其他 OSPF 路由，还需要配置一个匹配模式为 permit 的 node，并在其中允许所有地址，因此本实验配置了 node 20。最后，工程师在 OSPF 视图中通过 **filter-policy import** 命令引用了这个 Route-Policy。

配置完成后，工程师可以查看 AR2 配置的 Route-Policy，详见例 4-28。

例 4-28　在 AR2 上查看 Route-Policy

```
[AR2]display route-policy
Route-policy : OSPF_TO_ROUTING_TABLE
  deny : 10 (matched counts: 11)
    Match clauses :
      if-match tag 20
  permit : 20 (matched counts: 12)
```

从例 4-28 的命令输出中可以看出，node 10 的匹配模式为 deny，并且已有 11 次匹配；node 20 的匹配模式为 permit，并且已有 12 次匹配。

工程师还可以在 AR2 上查看 IP 路由表中的 OSPF 路由来验证实验效果，详见例 4-29。

例 4-29　在 AR2 上查看 IP 路由表中的 OSPF 路由

```
[AR2]display ip routing-table protocol ospf
Route Flags: R - relay, D - download to fib
--------------------------------------------------------------------------------
```

```
Public routing table : OSPF
        Destinations : 4          Routes : 4

OSPF routing table status : <Active>
        Destinations : 4          Routes : 4

Destination/Mask     Proto    Pre  Cost        Flags NextHop         Interface

       1.1.1.1/32    OSPF     10   1              D   172.16.12.1     GigabitEthernet0/0/0
       3.3.3.3/32    OSPF     10   1              D   172.16.23.3     GigabitEthernet0/0/1
       4.4.4.4/32    OSPF     10   1              D   172.16.24.4     GigabitEthernet0/0/2
      10.10.10.0/24  O_ASE    150  1              D   172.16.12.1     GigabitEthernet0/0/0

OSPF routing table status : <Inactive>
        Destinations : 0          Routes : 0
```

　　从例 4-29 的阴影行可以看出 AR2 仅将 10.10.10.0/24 添加到 IP 路由表中，与 4.2.5 小节的实验结果相同，AR2 上过滤接收路由的配置并不会影响到 AR3 和 AR4。读者可以在自己的实验环境中进行后续的确认，比如查看 AR2 的 OSPF LSDB，以及查看 AR3 和 AR4 的 IP 路由表。

4.4 路由控制实验

　　在这个实验中，我们要将 OSPF 域中的 IP 网段 10.10.10.0/24 重发布到 IS-IS 域中，将 IS-IS 域中的 IP 网段 50.50.50.0/24 重发布到 OSPF 域中。

4.4.1 IS-IS 基础配置

　　在开始路由控制的配置之前，我们先完成 AR3、AR4 和 AR5 上的 IS-IS 配置，并将 AR5 上的直连路由 50.50.50.0/24 引入 IS-IS 中，图 4-8 展示了本实验拓扑。

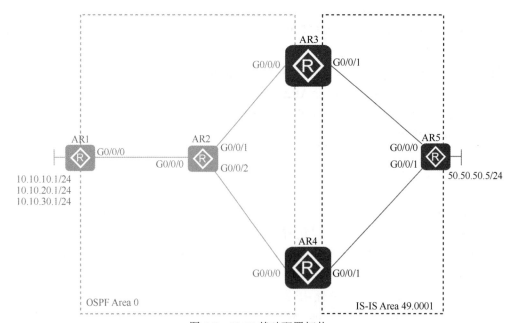

图 4-8 IS-IS 基础配置拓扑

在本实验中，工程师要使用 IS-IS 进程号 10，IS-IS 区域号 49.0001，Level 级别为 Level-1-2，3 台路由器的互连接口和各自的 Loopback 0 接口上运行 IS-IS，NET 为 49.0001.0000.0000.000*x*.00，*x* 为路由器编号。例 4-30～例 4-32 展示了 3 台路由器上的 IS-IS 配置。

例 4-30 路由器 AR3 的 IS-IS 配置

```
[AR3]isis 10
[AR3-isis-10]network-entity 49.0001.0000.0000.0003.00
[AR3-isis-10]cost-style wide
[AR3-isis-10]quit
[AR3]interface GigabitEthernet 0/0/1
[AR3-GigabitEthernet0/0/1]isis enable 10
[AR3-GigabitEthernet0/0/1]quit
[AR3]interface LoopBack 0
[AR3-LoopBack0]isis enable 10
```

例 4-31 路由器 AR4 的 IS-IS 配置

```
[AR4]isis 10
[AR4-isis-10]network-entity 49.0001.0000.0000.0004.00
[AR4-isis-10]cost-style wide
[AR4-isis-10]quit
[AR4]interface GigabitEthernet 0/0/1
[AR4-GigabitEthernet0/0/1]isis enable 10
[AR4-GigabitEthernet0/0/1]quit
[AR4]interface LoopBack 0
[AR4-LoopBack0]isis enable 10
```

例 4-32 路由器 AR5 的 IS-IS 配置

```
[AR5]isis 10
[AR5-isis-10]network-entity 49.0001.0000.0000.0005.00
[AR5-isis-10]cost-style wide
[AR5-isis-10]quit
[AR5]interface GigabitEthernet 0/0/0
[AR5-GigabitEthernet0/0/0]isis enable 10
[AR5-GigabitEthernet0/0/0]quit
[AR5]interface GigabitEthernet 0/0/1
[AR5-GigabitEthernet0/0/1]isis enable 10
[AR5-GigabitEthernet0/0/1]quit
[AR5]interface LoopBack 0
[AR5-LoopBack0]isis enable 10
[AR5]acl 2000
[AR5-acl-basic-2000]rule 10 permit source 50.50.50.0 0.0.0.255
[AR5-acl-basic-2000]rule 20 deny
[AR5-acl-basic-2000]quit
[AR5]route-policy TO_ISIS permit node 10
Info: New Sequence of this List.
[AR5-route-policy]if-match acl 2000
[AR5-route-policy]apply tag 50
[AR5-route-policy]quit
[AR5]isis 10
[AR5-isis-10]import-route direct route-policy TO_ISIS
```

在 IS-IS 的配置中，本实验使用了命令 **cost-style wide**，这条命令更改了 IS-IS 接口的开销类型，默认为 narrow，这部分内容超出了本书范畴，对此感兴趣的读者可以查阅华为官方网站。本实验将 IS-IS 开销类型从 narrow 改为 wide 是为了使 Route-Policy TO_ISIS 中设置的 Tag 生效。

在 AR5 的配置中，工程师使用 Route-Policy + ACL 的方式允许 IS-IS 引入直连路由 50.50.50.0/24，并且为其添加 Tag 50。

配置完成后，我们可以以 AR3 为例查看 IS-IS 路由，详见例 4-33。

例 4-33 在 AR3 上查看 IS-IS 路由

```
[AR3]display isis route
                    Route information for ISIS(10)
                    -----------------------------

                    ISIS(10) Level-1 Forwarding Table
                    ---------------------------------

IPV4 Destination     IntCost    ExtCost ExitInterface  NextHop       Flags
-----------------------------------------------------------------------------
3.3.3.3/32           0          NULL    Loop0          Direct        D/-/L/-
172.16.45.0/24       20         NULL    GE0/0/1        172.16.35.5   A/-/L/-
172.16.35.0/24       10         NULL    GE0/0/1        Direct        D/-/L/-
5.5.5.5/32           10         NULL    GE0/0/1        172.16.35.5   A/-/L/-
4.4.4.4/32           20         NULL    GE0/0/1        172.16.35.5   A/-/L/-
    Flags: D-Direct, A-Added to URT, L-Advertised in LSPs, S-IGP Shortcut,
                    U-Up/Down Bit Set


                    ISIS(10) Level-2 Forwarding Table
                    ---------------------------------

IPV4 Destination     IntCost    ExtCost ExitInterface  NextHop       Flags
-----------------------------------------------------------------------------
50.50.50.0/24        10         NULL    GE0/0/1        172.16.35.5   A/-/-/-
3.3.3.3/32           0          NULL    Loop0          Direct        D/-/L/-
172.16.45.0/24       20         NULL
172.16.35.0/24       10         NULL    GE0/0/1        Direct        D/-/L/-
5.5.5.5/32           10         NULL
4.4.4.4/32           20         NULL
    Flags: D-Direct, A-Added to URT, L-Advertised in LSPs, S-IGP Shortcut,
                    U-Up/Down Bit Set
```

从例 4-33 中我们可以看到 AR3 已经通过 IS-IS 学习到了 AR4 和 AR5 的 Loopback 0 接口 IP 地址，并且从阴影行可以看到 AR3 学习到了 Level-2 路由 50.50.50.0/24，但这里看不到该路由的 Tag。工程师可以查看这条路由的详细信息来检查 Tag，详见例 4-34。

例 4-34 在 AR3 上查看 IS-IS 路由详情

```
[AR3]display isis route 50.50.50.0 24 verbose
                    Route information for ISIS(10)
                    -----------------------------

                    ISIS(10) Level-2 Forwarding Table
                    ---------------------------------

IPV4 Dest  : 50.50.50.0/24      Int. Cost : 10           Ext. Cost : NULL
Admin Tag  : 50                 Src Count : 1            Flags     : A/-/-/-
Priority   : Low
NextHop    :                    Interface :              ExitIndex :
    172.16.35.5                     GE0/0/1                  0x00000004

    Flags: D-Direct, A-Added to URT, L-Advertised in LSPs, S-IGP Shortcut,
                    U-Up/Down Bit Set
```

从例 4-34 的阴影部分可以看出，工程师在 AR5 上为 50.50.50.0/24 添加的 Tag 50 已经传递到了 AR3。

工程师还可以查看 IP 路由表中的 IS-IS 路由，详见例 4-35。

例 4-35 在 AR3 上查看 IP 路由表中的 IS-IS 路由

```
[AR3]display ip routing-table protocol isis
Route Flags: R - relay, D - download to fib
-----------------------------------------------------------------------------
Public routing table : ISIS
```

```
        Destinations : 4        Routes : 4

ISIS routing table status : <Active>
        Destinations : 3        Routes : 3

Destination/Mask    Proto    Pre   Cost      Flags NextHop          Interface

        5.5.5.5/32   ISIS-L1  15    10          D   172.16.35.5      GigabitEthernet0/0/1
      50.50.50.0/24  ISIS-L2  15    10          D   172.16.35.5      GigabitEthernet0/0/1
     172.16.45.0/24  ISIS-L1  15    20          D   172.16.35.5      GigabitEthernet0/0/1

ISIS routing table status : <Inactive>
        Destinations : 1        Routes : 1

Destination/Mask    Proto    Pre   Cost      Flags NextHop          Interface

        4.4.4.4/32   ISIS-L1  15    20              172.16.35.5      GigabitEthernet0/0/1
```

从例 4-35 中的阴影部分可以看出当前 AR3 上有一条不活跃的 IS-IS 路由 4.4.4.4/32。这是因为当 AR3 从 OSPF 和 IS-IS 都学习到了 AR4 通告的 4.4.4.4/32 路由时，它会根据路由协议优先级来选择最优路由。对于 OSPF 内部路由来说，路由协议优先级为 10，IS-IS 为 15，因此 AR3 将从 OSPF 学习到的 4.4.4.4/32 作为最优路由放入 IP 路由表。例 4-36 展示了 AR3 上完整的 IP 路由表。

例 4-36　在 AR3 上查看 IP 路由表

```
[AR3]display ip routing-table
Route Flags: R - relay, D - download to fib
------------------------------------------------------------------------------
Routing Tables: Public
        Destinations : 21       Routes : 21

Destination/Mask    Proto    Pre   Cost      Flags NextHop          Interface

        1.1.1.1/32   OSPF     10    2           D   172.16.23.2      GigabitEthernet0/0/0
        2.2.2.2/32   OSPF     10    1           D   172.16.23.2      GigabitEthernet0/0/0
        3.3.3.3/32   Direct   0     0           D   127.0.0.1        LoopBack0
        4.4.4.4/32   OSPF     10    2           D   172.16.23.2      GigabitEthernet0/0/0
        5.5.5.5/32   ISIS-L1  15    10          D   172.16.35.5      GigabitEthernet0/0/1
      10.10.10.0/24  O_ASE    150   1           D   172.16.23.2      GigabitEthernet0/0/0
      10.10.20.0/24  O_ASE    150   1           D   172.16.23.2      GigabitEthernet0/0/0
      50.50.50.0/24  ISIS-L2  15    10          D   172.16.35.5      GigabitEthernet0/0/1
       127.0.0.0/8   Direct   0     0           D   127.0.0.1        InLoopBack0
       127.0.0.1/32  Direct   0     0           D   127.0.0.1        InLoopBack0
127.255.255.255/32   Direct   0     0           D   127.0.0.1        InLoopBack0
     172.16.12.0/24  OSPF     10    2           D   172.16.23.2      GigabitEthernet0/0/0
     172.16.23.0/24  Direct   0     0           D   172.16.23.3      GigabitEthernet0/0/0
     172.16.23.3/32  Direct   0     0           D   127.0.0.1        GigabitEthernet0/0/0
 172.16.23.255/32    Direct   0     0           D   127.0.0.1        GigabitEthernet0/0/0
     172.16.24.0/24  OSPF     10    2           D   172.16.23.2      GigabitEthernet0/0/0
     172.16.35.0/24  Direct   0     0           D   172.16.35.3      GigabitEthernet0/0/1
     172.16.35.3/32  Direct   0     0           D   127.0.0.1        GigabitEthernet0/0/1
 172.16.35.255/32    Direct   0     0           D   127.0.0.1        GigabitEthernet0/0/1
     172.16.45.0/24  ISIS-L1  15    20          D   172.16.35.5      GigabitEthernet0/0/1
255.255.255.255/32   Direct   0     0           D   127.0.0.1        InLoopBack0
```

从例 4-36 的阴影部分可以看出 AR3 去往 4.4.4.4/32 选择的是从 OSPF 学习到的路由。

4.4.2　将 IS-IS 路由重发布到 OSPF

本实验要在 AR3 和 AR4 上分别执行重发布，这种做法称为双点双向重发布。在这种环境中很容易引发路由环路和次优路径问题，因此在重发布时要通过路由策略工具精确控制重发布的路由范围。

在本实验中，工程师要将 IS-IS 路由 50.50.50.0/24 通过 AR3 和 AR4 重发布到 OSPF 中，图 4-9 展示了 AR3 的重发布行为会对 AR4 的选路造成的影响。

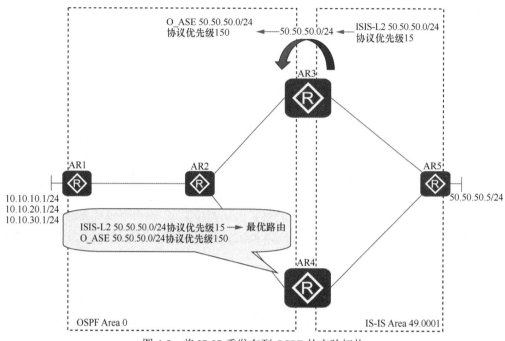

图 4-9　将 IS-IS 重发布到 OSPF 的实验拓扑

如图 4-9 所示，AR3 将本地的 IS-IS 路由 50.50.50.0/24 重发布到 OSPF 中，即 AR3 将 50.50.50.0/24 作为 OSPF 外部路由引到了 OSPF 中，该路由的协议优先级为 OSPF 外部路由的协议优先级，即 150。AR4 也会接收到这条由 AR3 引入 OSPF 中的 50.50.50.0/24 路由，同时 AR4 也通过 IS-IS 学习到了相同目的地的路由，根据路由协议优先级，AR4 会将通过 IS-IS 学习到的路由选为最优路由，因此在本实验环境中不会带来任何问题。

工程师在向 OSPF 重发布 IS-IS 路由时，使用 Route-Policy + Tag 的方式限制了仅发布 50.50.50.0/24 路由，并且在重发布时重新为该路由打上 Tag 50。例 4-37 和例 4-38 分别展示了 AR3 和 AR4 上的 IS-IS 到 OSPF 的重发布配置。

例 4-37　在 AR3 上配置 IS-IS 到 OSPF 的重发布

```
[AR3]route-policy ISIS_50 permit node 10
Info: New Sequence of this List.
[AR3-route-policy]if-match tag 50
[AR3-route-policy]quit
[AR3]ospf 10
[AR3-ospf-10]import-route isis 10 route-policy ISIS_50 tag 50
```

例 4-38　在 AR4 上配置 IS-IS 到 OSPF 的重发布

```
[AR4]route-policy ISIS_50 permit node 10
Info: New Sequence of this List.
[AR4-route-policy]if-match tag 50
[AR4-route-policy]quit
[AR4]ospf 10
[AR4-ospf-10]import-route isis 10 route-policy ISIS_50 tag 50
```

由于 AR5 在向 IS-IS 引入 50.50.50.0/24 时为其打上了 Tag 50，因此工程师可以使用 Tag 对该路由进行匹配。但在重发布时 Tag 信息会丢失，工程师再次为该路由在 OSPF 域中打上 Tag 50。

配置完成后，我们可以在 AR1 上查看 IP 路由表中的 OSPF 路由，以验证 AR1 是否已经通过 OSPF 学习到 50.50.50.0/24，例 4-39 展示了命令的输出内容。

例 4-39 在 AR1 上查看路由 50.50.50.0/24

```
[AR1]display ip routing-table protocol ospf
Route Flags: R - relay, D - download to fib
------------------------------------------------------------------------
Public routing table : OSPF
         Destinations : 6       Routes : 6

OSPF routing table status : <Active>
         Destinations : 6       Routes : 6

Destination/Mask    Proto   Pre  Cost      Flags NextHop         Interface
        2.2.2.2/32  OSPF    10   1         D     172.16.12.2     GigabitEthernet0/0/0
        3.3.3.3/32  OSPF    10   2         D     172.16.12.2     GigabitEthernet0/0/0
        4.4.4.4/32  OSPF    10   2         D     172.16.12.2     GigabitEthernet0/0/0
     50.50.50.0/24  O_ASE   150  1         D     172.16.12.2     GigabitEthernet0/0/0
   172.16.23.0/24   OSPF    10   2         D     172.16.12.2     GigabitEthernet0/0/0
   172.16.24.0/24   OSPF    10   2         D     172.16.12.2     GigabitEthernet0/0/0

OSPF routing table status : <Inactive>
         Destinations : 0       Routes : 0
```

从例 4-39 的阴影行可以确认 AR1 的 IP 路由表中已经有了去往 50.50.50.0/24 的路由。

读者还可以再次查看 AR4 的 IP 路由表，确认 AR4 会将从 IS-IS 学习到的 50.50.50.0/24 路由选择为最优路由，例 4-40 展示了命令的输出结果。

例 4-40 在 AR4 上查看 IP 路由表中的 IS-IS 路由

```
[AR4]display ip routing-table protocol isis
Route Flags: R - relay, D - download to fib
------------------------------------------------------------------------
Public routing table : ISIS
         Destinations : 4       Routes : 4

ISIS routing table status : <Active>
         Destinations : 3       Routes : 3

Destination/Mask    Proto    Pre  Cost     Flags NextHop         Interface
        5.5.5.5/32  ISIS-L1  15   10        D     172.16.45.5     GigabitEthernet0/0/1
     50.50.50.0/24  ISIS-L2  15   10        D     172.16.45.5     GigabitEthernet0/0/1
   172.16.35.0/24   ISIS-L1  15   20        D     172.16.45.5     GigabitEthernet0/0/1

ISIS routing table status : <Inactive>
         Destinations : 1       Routes : 1

Destination/Mask    Proto    Pre  Cost     Flags NextHop         Interface
        3.3.3.3/32  ISIS-L1  15   20              172.16.45.5     GigabitEthernet0/0/1
```

从例 4-40 的阴影行可以看出 AR4 仍旧选择从 IS-IS 获得的 50.50.50.0/24 路由作为最优路由。读者还可以查看 AR4 的 IP 路由表中的 OSPF 路由，详见例 4-41。

例 4-41 在 AR4 上查看 IP 路由表中的 OSPF 路由

```
[AR4]display ip routing-table protocol ospf
Route Flags: R - relay, D - download to fib
------------------------------------------------------------------------
```

```
Public routing table : OSPF
        Destinations : 8          Routes : 8

OSPF routing table status : <Active>
        Destinations : 7          Routes : 7

Destination/Mask     Proto    Pre   Cost       Flags NextHop         Interface

        1.1.1.1/32   OSPF     10    2            D   172.16.24.2     GigabitEthernet0/0/0
        2.2.2.2/32   OSPF     10    1            D   172.16.24.2     GigabitEthernet0/0/0
        3.3.3.3/32   OSPF     10    2            D   172.16.24.2     GigabitEthernet0/0/0
     10.10.10.0/24   O_ASE    150   1            D   172.16.24.2     GigabitEthernet0/0/0
     10.10.20.0/24   O_ASE    150   1            D   172.16.24.2     GigabitEthernet0/0/0
    172.16.12.0/24   OSPF     10    2            D   172.16.24.2     GigabitEthernet0/0/0
    172.16.23.0/24   OSPF     10    2            D   172.16.24.2     GigabitEthernet0/0/0

OSPF routing table status : <Inactive>
        Destinations : 1          Routes : 1

Destination/Mask     Proto    Pre   Cost       Flags NextHop         Interface

     50.50.50.0/24   O_ASE    150   1                172.16.24.2     GigabitEthernet0/0/0
```

　　从例 4-41 的阴影行可以看出，AR4 也通过 OSPF 学习到了 50.50.50.0/24 路由。读者还可以查看 IP 路由 50.50.50.0/24 的详细信息，可以直观地看到去往该目的地的多种路由，以及每条路由的详细信息，详见例 4-42。

　　例 4-42　在 AR4 上查看路由 50.50.50.0/24 的详细信息

```
[AR4]display ip routing-table 50.50.50.0 24 verbose
Route Flags: R - relay, D - download to fib
------------------------------------------------------------------------------
Routing Table : Public
Summary Count : 2

Destination: 50.50.50.0/24
     Protocol: ISIS-L2             Process ID: 10
   Preference: 15                        Cost: 10
      NextHop: 172.16.45.5         Neighbour: 0.0.0.0
        State: Active Adv                Age: 22h22m43s
          Tag: 50                    Priority: low
        Label: NULL                  QoSInfo: 0x0
   IndirectID: 0x0
 RelayNextHop: 0.0.0.0             Interface: GigabitEthernet0/0/1
     TunnelID: 0x0                     Flags:  D

Destination: 50.50.50.0/24
     Protocol: O_ASE               Process ID: 10
   Preference: 150                       Cost: 1
      NextHop: 172.16.24.2         Neighbour: 0.0.0.0
        State: Inactive Adv              Age: 05h40m26s
          Tag: 50                    Priority: low
        Label: NULL                  QoSInfo: 0x0
   IndirectID: 0x0
 RelayNextHop: 0.0.0.0             Interface: GigabitEthernet0/0/0
     TunnelID: 0x0                     Flags:
```

　　从例 4-42 的阴影部分可以判断出从 ISIS-L2 学习到的路由是最优路由。

　　最后，读者可以查看 OSPF 路由上的 Tag 标记，详见例 4-43。

　　例 4-43　在 AR4 上查看 OSPF 路由表

```
[AR4]display ospf routing

        OSPF Process 10 with Router ID 4.4.4.4
                Routing Tables

Routing for Network
```

```
Destination       Cost   Type       NextHop        AdvRouter       Area
4.4.4.4/32        0      Stub       4.4.4.4        4.4.4.4         0.0.0.0
172.16.24.0/24    1      Transit    172.16.24.4    4.4.4.4         0.0.0.0
1.1.1.1/32        2      Stub       172.16.24.2    1.1.1.1         0.0.0.0
2.2.2.2/32        1      Stub       172.16.24.2    2.2.2.2         0.0.0.0
3.3.3.3/32        2      Stub       172.16.24.2    3.3.3.3         0.0.0.0
172.16.12.0/24    2      Transit    172.16.24.2    2.2.2.2         0.0.0.0
172.16.23.0/24    2      Transit    172.16.24.2    3.3.3.3         0.0.0.0

Routing for ASEs
Destination       Cost      Type        Tag          NextHop         AdvRouter
10.10.10.0/24     1         Type2       10           172.16.24.2     1.1.1.1
10.10.20.0/24     1         Type2       20           172.16.24.2     1.1.1.1
50.50.50.0/24     1         Type2       50           172.16.24.2     3.3.3.3

Total Nets: 10
Intra Area: 7   Inter Area: 0   ASE: 3   NSSA: 0
```

从例 4-43 的阴影部分可以看到 OSPF 路由 50.50.50.0/24 的 Tag 为 50,如果工程师没有在重发布命令中重新设置 Tag 值的话，该路由的 Tag 会恢复为 1。对此感兴趣的读者可以在自己的实验环境中进行练习，本实验不进行演示。

4.4.3　将 OSPF 路由重发布到 IS-IS

在本实验中，工程师要将 OSPF 路由 10.10.10.0/24 通过 AR3 和 AR4 重发布到 IS-IS 中，图 4-10 展示了 AR3 的重发布行为会对 AR4 的选路造成的影响。

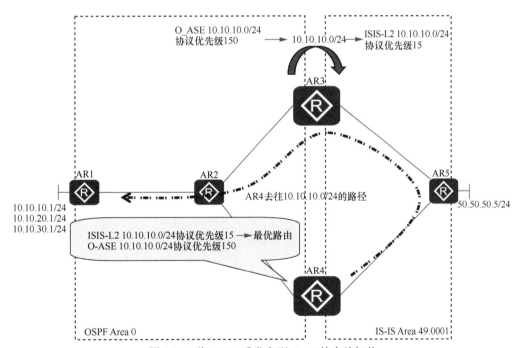

图 4-10　将 OSPF 重发布到 IS-IS 的实验拓扑

如图 4-10 所示，AR3 将本地的 OSPF 路由 10.10.10.0/24 重发布到 IS-IS 中，即 AR3 将 10.10.10.0/24 作为 ISIS-L2 路由引入 IS-IS 中，该路由的协议优先级为 15。AR4 也会接收到这条由 AR3 引入 IS-IS 中的 10.10.10.0/24 路由，同时 AR4 也通过 OSPF 学习到了相同目的地的路由，根据路由协议优先级，AR4 会将通过 IS-IS 学习到的这条由 AR3 重发布的路由选为最优路由，因此会造成次优路径问题。对于 AR3 来说也是如此，当 AR4 将 10.10.10.0/24 从 OSPF 重发布到 IS-IS 后，AR3 也会将通过 IS-IS 学习到的由 AR4 重发布的路由选为最优路由，从而将去往 10.10.10.0/24 的数据包发送给 AR5。

在这一环境中还有可能出现更严重的路由环路问题。对于 AR5 来说，它同时从 IS-IS 邻居 AR3 和 AR4 学习到了路由 10.10.10.0/24，并将两条路径作为等价负载分担路径使用。因此有可能出现这样一种情况，即 AR3 将去往 10.10.10.0/24 的数据包发送给 AR5，AR5 又将该数据包发回给 AR3。

为了避免出现次优路径和路由环路的问题，工程师要在 AR3 和 AR4 上执行路由控制，即阻止设备通过 IS-IS 学习 10.10.10.0/24 路由。

工程师在向 IS-IS 重发布 OSPF 路由时，使用 Route-Policy + Tag 的方式限制了仅发布 10.10.10.0/24，并且在重发布时重新为该路由打上 Tag 10。为了避免次优路径和路由环路问题，工程师在 IS-IS 视图中使用 Filter-Policy + ACL 的方式使 IS-IS 拒绝接收 10.10.10.0/24 路由，例 4-44 展示了 AR3 上的 OSPF 到 IS-IS 的重发布配置。

例 4-44　在 AR3 上配置 OSPF 到 IS-IS 的重发布

```
[AR3]route-policy OSPF_10 permit node 10
Info: New Sequence of this List.
[AR3-route-policy]if-match tag 10
[AR3-route-policy]quit
[AR3]isis 10
[AR3-isis-10]import-route ospf 10 route-policy OSPF_10 tag 10
```

配置完成后，我们可以查看 AR3 的 IS-IS 路由表，详见例 4-45。

例 4-45　在 AR3 上查看 IS-IS 路由表

```
[AR3]display isis route

                    Route information for ISIS(10)
                    -----------------------------

                    ISIS(10) Level-1 Forwarding Table
                    --------------------------------

IPV4 Destination    IntCost    ExtCost ExitInterface    NextHop         Flags
---------------------------------------------------------------------------
3.3.3.3/32          0          NULL    Loop0            Direct          D/-/L/-
172.16.45.0/24      20         NULL    GE0/0/1          172.16.35.5     A/-/L/-
172.16.35.0/24      10         NULL    GE0/0/1          Direct          D/-/L/-
5.5.5.5/32          10         NULL    GE0/0/1          172.16.35.5     A/-/L/-
4.4.4.4/32          20         NULL    GE0/0/1          172.16.35.5     A/-/L/-
    Flags: D-Direct, A-Added to URT, L-Advertised in LSPs, S-IGP Shortcut,
                    U-Up/Down Bit Set


                    ISIS(10) Level-2 Forwarding Table
                    --------------------------------

IPV4 Destination    IntCost    ExtCost ExitInterface    NextHop         Flags
---------------------------------------------------------------------------
50.50.50.0/24       10         NULL    GE0/0/1          172.16.35.5     A/-/-/-
3.3.3.3/32          0          NULL    Loop0            Direct          D/-/L/-
172.16.45.0/24      20         NULL
172.16.35.0/24      10         NULL    GE0/0/1          Direct          D/-/L/-
5.5.5.5/32          10         NULL
4.4.4.4/32          20         NULL
    Flags: D-Direct, A-Added to URT, L-Advertised in LSPs, S-IGP Shortcut,
                    U-Up/Down Bit Set
```

```
                    ISIS(10) Level-2 Redistribute Table
                    ----------------------------------

Type IPV4 Destination      IntCost    ExtCost Tag
---------------------------------------------------------------------------
O    10.10.10.0/24          0          NULL    10

         Type: D-Direct, I-ISIS, S-Static, O-OSPF, B-BGP, R-RIP, U-UNR
```

从例 4-45 的阴影行可以看到 AR3 上多出了一个 Level-2 重发布表，其中 10.10.10.0/24 来自 OSPF，Tag 为 10。

接着，我们在 AR4 上观察 10.10.10.0/24 路由的变化，详见例 4-46。

例 4-46　在 AR4 上查看路由 10.10.10.0/24 的详细信息

```
[AR4]display ip routing-table 10.10.10.0 24 verbose
Route Flags: R - relay, D - download to fib
-----------------------------------------------------------------------------
Routing Table : Public
Summary Count : 2

Destination: 10.10.10.0/24
      Protocol: ISIS-L2         Process ID: 10
    Preference: 15                    Cost: 20
       NextHop: 172.16.45.5    Neighbour: 0.0.0.0
         State: Active Adv            Age: 00h15m37s
           Tag: 10               Priority: low
         Label: NULL              QoSInfo: 0x0
    IndirectID: 0x0
   RelayNextHop: 0.0.0.0          Interface: GigabitEthernet0/0/1
      TunnelID: 0x0                   Flags: D

Destination: 10.10.10.0/24
      Protocol: O_ASE           Process ID: 10
    Preference: 150                   Cost: 1
       NextHop: 172.16.24.2    Neighbour: 0.0.0.0
         State: Inactive Adv          Age: 1d02h12m40s
           Tag: 10               Priority: low
         Label: NULL              QoSInfo: 0x0
    IndirectID: 0x0
   RelayNextHop: 0.0.0.0          Interface: GigabitEthernet0/0/0
      TunnelID: 0x0                   Flags:
```

从例 4-46 的阴影部分可以看到当前 AR4 通过 ISIS-L2 和 OSPF 外部路由都学习到了 10.10.10.0/24，并且它将通过 ISIS-L2 学习到的路由选择为最优路由。我们还可以查看 AR4 的 IP 路由表，会发现它去往 10.10.10.0/24 的路由是通过 ISIS-L2 获得的，并且下一跳是 172.16.45.5，详见例 4-47。

例 4-47　在 AR4 上查看 IP 路由表

```
[AR4]display ip routing-table
Route Flags: R - relay, D - download to fib
-----------------------------------------------------------------------------
Routing Tables: Public
         Destinations : 21       Routes : 21

Destination/Mask    Proto   Pre  Cost      Flags NextHop          Interface

      1.1.1.1/32    OSPF    10   2          D    172.16.24.2      GigabitEthernet0/0/0
      2.2.2.2/32    OSPF    10   1          D    172.16.24.2      GigabitEthernet0/0/0
      3.3.3.3/32    OSPF    10   2          D    172.16.24.2      GigabitEthernet0/0/0
      4.4.4.4/32    Direct  0    0          D    127.0.0.1        LoopBack0
      5.5.5.5/32    ISIS-L1 15   10         D    172.16.45.5      GigabitEthernet0/0/1
    10.10.10.0/24   ISIS-L2 15   20         D    172.16.45.5      GigabitEthernet0/0/1
    10.10.20.0/24   O_ASE   150  1          D    172.16.24.2      GigabitEthernet0/0/0
    50.50.50.0/24   ISIS-L2 15   10         D    172.16.45.5      GigabitEthernet0/0/1
```

```
    127.0.0.0/8    Direct  0   0        D    127.0.0.1     InLoopBack0
    127.0.0.1/32   Direct  0   0        D    127.0.0.1     InLoopBack0
127.255.255.255/32 Direct  0   0        D    127.0.0.1     InLoopBack0
   172.16.12.0/24  OSPF    10  2        D    172.16.24.2   GigabitEthernet0/0/0
   172.16.23.0/24  OSPF    10  2        D    172.16.24.2   GigabitEthernet0/0/0
   172.16.24.0/24  Direct  0   0        D    172.16.24.4   GigabitEthernet0/0/0
   172.16.24.4/32  Direct  0   0        D    127.0.0.1     GigabitEthernet0/0/0
 172.16.24.255/32  Direct  0   0        D    127.0.0.1     GigabitEthernet0/0/0
   172.16.35.0/24  ISIS-L1 15  20       D    172.16.45.5   GigabitEthernet0/0/1
   172.16.45.0/24  Direct  0   0        D    172.16.45.4   GigabitEthernet0/0/1
   172.16.45.4/32  Direct  0   0        D    127.0.0.1     GigabitEthernet0/0/1
 172.16.45.255/32  Direct  0   0        D    127.0.0.1     GigabitEthernet0/0/1
255.255.255.255/32 Direct  0   0        D    127.0.0.1     InLoopBack0
```

从例 4-47 的阴影行可以看出此时 AR4 已经改变了路由 10.10.10.0/24 的路径，将在 ISIS-L2 学习到的 10.10.10.0/24 路由选为最优路由并放入了 IP 路由表。使用 Filter-Policy + ACL 的方式使 AR4 拒绝接收 10.10.10.0/24，详见例 4-48。

例 4-48   使 AR4 拒绝从 IS-IS 接收 10.10.10.0/24

```
[AR4]acl 2000
[AR4-acl-basic-2000]rule 10 deny source 10.10.10.0 0.0.0.255
[AR4-acl-basic-2000]rule 20 permit
[AR4-acl-basic-2000]quit
[AR4]isis 10
[AR4-isis-10]filter-policy 2000 import
```

配置完成后，我们可以再次查看 AR4 上的路由 10.10.10.0/24 的详细信息，详见例 4-49。

例 4-49   在 AR4 上查看路由 10.10.10.0/24 的详细信息

```
[AR4]display ip routing-table 10.10.10.0 24 verbose
Route Flags: R - relay, D - download to fib
------------------------------------------------------------------------------
Routing Table : Public
Summary Count : 1

Destination: 10.10.10.0/24
    Protocol: O_ASE           Process ID: 10
  Preference: 150                   Cost: 1
     NextHop: 172.16.24.2      Neighbour: 0.0.0.0
       State: Active Adv             Age: 1d02h41m51s
         Tag: 10               Priority: low
       Label: NULL              QoSInfo: 0x0
   IndirectID: 0x0
 RelayNextHop: 0.0.0.0         Interface: GigabitEthernet0/0/0
    TunnelID: 0x0                  Flags:  D
```

从例 4-49 的命令输出可以看出，此时 AR4 上只有一条去往 10.10.10.0/24 的路由了。但由于 IS-IS 是通过 LSP 传输路由信息的，因此在 AR4 上查看 IS-IS 路由表还是可以看到它通过 AR5 学习到了 10.10.10.0/24，详见例 4-50。

例 4-50   在 AR4 上查看 IS-IS 路由表

```
[AR4]display isis route

                    Route information for ISIS(10)
                    -----------------------------

                    ISIS(10) Level-1 Forwarding Table
                    ---------------------------------

IPV4 Destination    IntCost   ExtCost ExitInterface  NextHop        Flags
-------------------------------------------------------------------------------
3.3.3.3/32          20        NULL    GE0/0/1        172.16.45.5    -/-/-/-
172.16.45.0/24      10        NULL    GE0/0/1        Direct         D/-/L/-
```

```
172.16.35.0/24        20        NULL    GE0/0/1        172.16.45.5    -/-/-/-
5.5.5.5/32            10        NULL    GE0/0/1        172.16.45.5    -/-/-/-
4.4.4.4/32            0         NULL    Loop0          Direct         D/-/L/-
     Flags: D-Direct, A-Added to URT, L-Advertised in LSPs, S-IGP Shortcut,
                         U-Up/Down Bit Set


                    ISIS(10) Level-2 Forwarding Table
                    ---------------------------------

IPV4 Destination      IntCost   ExtCost ExitInterface  NextHop        Flags
------------------------------------------------------------------------------
50.50.50.0/24         10        NULL    GE0/0/1        172.16.45.5    -/-/-/-
3.3.3.3/32            20        NULL
10.10.10.0/24         20        NULL    GE0/0/1        172.16.45.5    -/-/-/-
172.16.45.0/24        10        NULL    GE0/0/1        Direct         D/-/L/-
172.16.35.0/24        20        NULL
5.5.5.5/32            10        NULL
4.4.4.4/32            0         NULL    Loop0          Direct         D/-/L/-
     Flags: D-Direct, A-Added to URT, L-Advertised in LSPs, S-IGP Shortcut,
                         U-Up/Down Bit Set
```

从例 4-50 的阴影行可以看到 AR4 通过 IS-IS 从 AR5 学习到的 10.10.10.0/24 路由。

接着，我们完成本实验的后一半配置，即在 AR4 上将路由 10.10.10.0/24 从 OSPF 重发布到 IS-IS 中，并且在 AR3 上拒绝通过 IS-IS 接收路由 10.10.10.0/24。即使是在实验环境中，练习容易产生环路的配置也需要谨慎操作，因此我们先在 AR3 上配置预防措施，再让 AR4 对路由进行重发布。例 4-51 和例 4-52 分别展示了 AR3 和 AR4 上的相关配置。

例 4-51　使 AR3 拒绝从 IS-IS 接收 10.10.10.0/24

```
[AR3]acl 2000
[AR3-acl-basic-2000]rule 10 deny source 10.10.10.0 0.0.0.255
[AR3-acl-basic-2000]rule 20 permit
[AR3-acl-basic-2000]quit
[AR3]isis 10
[AR3-isis-10]filter-policy 2000 import
```

例 4-52　在 AR4 上配置 OSPF 到 IS-IS 的重发布

```
[AR4]route-policy OSPF_10 permit node 10
Info: New Sequence of this List.
[AR4-route-policy]if-match tag 10
[AR4-route-policy]quit
[AR4]isis 10
[AR4-isis-10]import-route ospf 10 route-policy OSPF_10 tag 10
```

配置完成后，我们可以先在 AR5 上检查路由 10.10.10.0/24，详见例 4-53。

例 4-53　在 AR5 上查看 IP 路由表中的 IS-IS 路由

```
[AR5]display ip routing-table protocol isis
Route Flags: R - relay, D - download to fib
------------------------------------------------------------------------------
Public routing table : ISIS
        Destinations : 3        Routes : 4

ISIS routing table status : <Active>
        Destinations : 3        Routes : 4

Destination/Mask    Proto    Pre   Cost      Flags NextHop        Interface

      3.3.3.3/32    ISIS-L1  15    10        D     172.16.35.3    GigabitEthernet0/0/0
      4.4.4.4/32    ISIS-L1  15    10        D     172.16.45.4    GigabitEthernet0/0/1
    10.10.10.0/24   ISIS-L2  15    10        D     172.16.35.3    GigabitEthernet0/0/0
                    ISIS-L2  15    10        D     172.16.45.4    GigabitEthernet0/0/1

ISIS routing table status : <Inactive>
        Destinations : 0        Routes : 0
```

从例 4-53 的阴影部分可以看出 AR5 从 AR3 和 AR4 分别收到了 ISIS-L2 路由 10.10.10.0/24，并将这两条路由作为负载分担路由放入了 IP 路由表中。

接着，我们可以检查 AR3 上的路由 10.10.10.0/24，详见例 4-54。

例 4-54　在 AR3 上查看 IP 路由表

```
[AR3]display ip routing-table
Route Flags: R - relay, D - download to fib
------------------------------------------------------------------------
Routing Tables: Public
         Destinations : 21      Routes : 21

Destination/Mask    Proto   Pre  Cost    Flags NextHop       Interface

        1.1.1.1/32  OSPF    10   2          D  172.16.23.2   GigabitEthernet0/0/0
        2.2.2.2/32  OSPF    10   1          D  172.16.23.2   GigabitEthernet0/0/0
        3.3.3.3/32  Direct  0    0          D  127.0.0.1     LoopBack0
        4.4.4.4/32  OSPF    10   2          D  172.16.23.2   GigabitEthernet0/0/0
        5.5.5.5/32  ISIS-L1 15   10         D  172.16.35.5   GigabitEthernet0/0/1
     10.10.10.0/24  O_ASE   150  1          D  172.16.23.2   GigabitEthernet0/0/0
     10.10.20.0/24  O_ASE   150  1          D  172.16.23.2   GigabitEthernet0/0/0
     50.50.50.0/24  ISIS-L2 15   10         D  172.16.35.5   GigabitEthernet0/0/1
       127.0.0.0/8  Direct  0    0          D  127.0.0.1     InLoopBack0
      127.0.0.1/32  Direct  0    0          D  127.0.0.1     InLoopBack0
127.255.255.255/32  Direct  0    0          D  127.0.0.1     InLoopBack0
    172.16.12.0/24  OSPF    10   2          D  172.16.23.2   GigabitEthernet0/0/0
    172.16.23.0/24  Direct  0    0          D  172.16.23.3   GigabitEthernet0/0/0
    172.16.23.3/32  Direct  0    0          D  127.0.0.1     GigabitEthernet0/0/0
  172.16.23.255/32  Direct  0    0          D  127.0.0.1     GigabitEthernet0/0/0
    172.16.24.0/24  OSPF    10   2          D  172.16.23.2   GigabitEthernet0/0/0
    172.16.35.0/24  Direct  0    0          D  172.16.35.3   GigabitEthernet0/0/1
    172.16.35.3/32  Direct  0    0          D  127.0.0.1     GigabitEthernet0/0/1
  172.16.35.255/32  Direct  0    0          D  127.0.0.1     GigabitEthernet0/0/1
    172.16.45.0/24  ISIS-L1 15   20         D  172.16.35.5   GigabitEthernet0/0/1
255.255.255.255/32  Direct  0    0          D  127.0.0.1     InLoopBack0
```

从例 4-54 的阴影行可以看出 AR4 的路由重发布操作并没有影响到 AR3 对 10.10.10.0/24 的选路，说明 AR3 上的预防措施已生效。

最后，读者可以在 AR1 上以 10.10.10.1 为源对 50.50.50.5 发起 ping 测试，详见例 4-55。

例 4-55　在 AR1 上验证连通性

```
<AR1>ping -a 10.10.10.1 50.50.50.5
  PING 50.50.50.5: 56  data bytes, press CTRL_C to break
    Reply from 50.50.50.5: bytes=56 Sequence=1 ttl=253 time=70 ms
    Reply from 50.50.50.5: bytes=56 Sequence=2 ttl=253 time=30 ms
    Reply from 50.50.50.5: bytes=56 Sequence=3 ttl=253 time=30 ms
    Reply from 50.50.50.5: bytes=56 Sequence=4 ttl=253 time=30 ms
    Reply from 50.50.50.5: bytes=56 Sequence=5 ttl=253 time=30 ms

  --- 50.50.50.5 ping statistics ---
    5 packet(s) transmitted
    5 packet(s) received
    0.00% packet loss
    round-trip min/avg/max = 30/38/70 ms
```

从例 4-55 的输出结果来看，ping 测试成功了。

本实验的拓扑和路由设计仅为展示路由策略与路由控制的配置，不能作为路由规划参考，读者仅能在实验环境中进行练习。

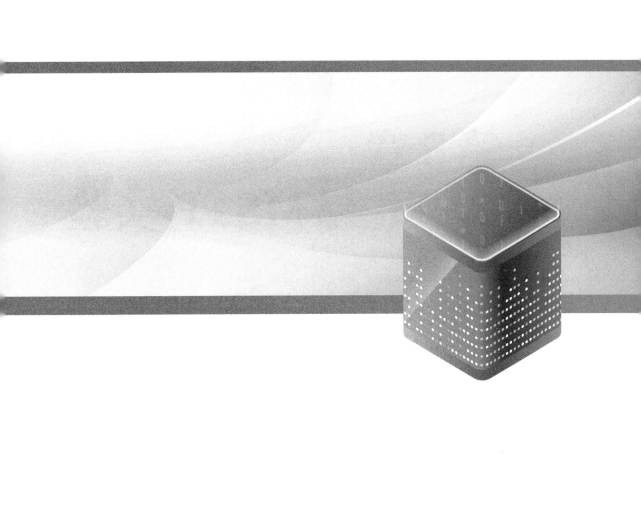

第 5 章
RSTP 与 MSTP 实验

本章主要内容

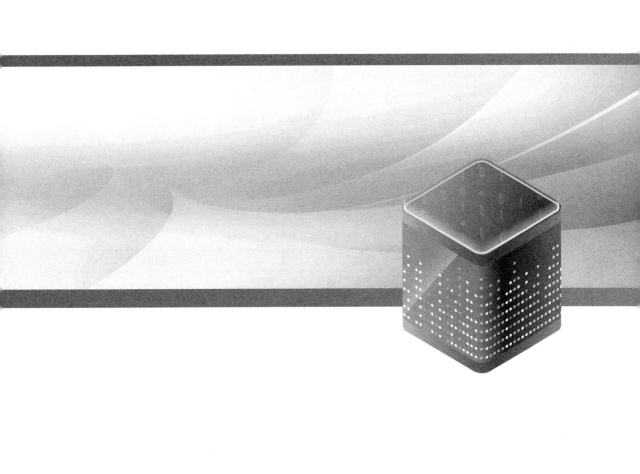

以太网环境中的设备会使用 STP 来避免环路,STP 会通过发送和接收 BPDU(网桥协议数据单元)来发现网络中的环路并根据既定的选举规则将某些端口进行阻塞,以此消除环路。最早的 STP 被定义在 IEEE802.1d 中,当网络规模越来越大,网络拓扑复杂度越来越高,同时人们对于网络的响应速度要求越来越高时,STP 的收敛速度就成为了被人们希望改进的点。IEEE802.1w 中定义的 RSTP 对此进行了改进,提高了收敛速度。最新的 IEEE802.1s 中定义的 MSTP 继承了 RSTP 的运行模式,并且在此基础上,MSTP 可以在一个交换环境中生成多棵生成树,以便更好地实现链路的使用和流量分担。

华为数通设备默认的 STP 运行模式为 MSTP,MSTP 兼容 RSTP 和 STP,RSTP 兼容 STP。这 3 种生成树协议的比较见表 5-1。

表 5-1   3 种生成树协议的比较

生成树协议	特点	适用场景
STP	• 形成一棵无环树,消除广播风暴并实现路径冗余; • 收敛速度较慢	无须区分用户或业务流量的交换环境,所有 VLAN 共享一棵生成树
RSTP	• 形成一棵无环树,消除广播风暴并实现路径冗余; • 收敛速度快	
MSTP	• 形成多棵无环树,消除广播风暴并实现路径冗余; • 收敛速度快; • 在 VLAN 间实现负载均衡,不同 VLAN 的流量按照不同的路径转发	需要区分用户或业务流量的交换环境,可实现负载分担。不同 VLAN 的流量沿着不同的生成树路径转发,每棵生成树之间相互独立

本实验会展示 RSTP 和 MSTP 的配置,并观察这两种生成树协议的运行。

5.1   实验介绍

5.1.1   关于本实验

本实验展示了一个两层结构的小型交换网络,当工程师不做任何配置,将交换机按照如图 5-1 所示连接在一起并启动后,交换机之间会自动运行 STP(华为交换机默认运行 MSTP),并在物理链路存在环路时阻塞相应端口来打破环路,构建一棵无环路的生成树。

5.1.2   实验目的

- 掌握手动更改桥优先级并影响根桥选举结果的方法。
- 掌握手动更改端口优先级并影响根端口选举结果的方法。

- 掌握手动更改端口开销值并影响根端口选举结果的方法。
- 掌握 MSTP 的配置以实现不同 VLAN 流量负载分担。

5.1.3　实验组网介绍

如图 5-1 所示，本实验拓扑由 4 台交换机构成，本实验要求工程师在 RSTP 环境中，将 S1 指定为根桥，将 S2 指定为备份根桥。工程师完成 RSTP 的配置后需要将生成树模式更改为 MSTP，在 MSTP 环境中创建 VLAN 2～VLAN 20，无须创建 VLAN 1。对于 VLAN 1～VLAN 10 来说，S1 为根桥，S2 为备份根桥。对于 VLAN 11～VLAN 20 来说，S2 为根桥，S1 为备份根桥。

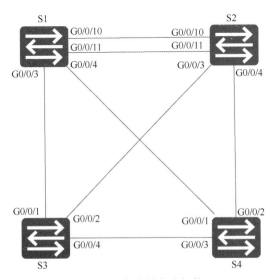

图 5-1　生成树实验拓扑

本实验不涉及网络地址规划。

5.1.4　实验任务列表

配置任务 1：RSTP 实验
配置任务 2：MSTP 实验

5.2　RSTP 实验

5.2.1　确认当前交换环境

在按照图 5-1 所示拓扑将 4 台交换机相互连接后启动交换机，在未改动任何配置的情况下可以先观察一下 STP 自动构建出的生成树。例 5-1～例 5-4 分别展示了交换机 S1～S4 上的 STP 端口状态。

例 5-1   交换机 S1 上的 STP 端口角色

```
[S1]display stp brief
MSTID  Port                       Role  STP State   Protection
  0    GigabitEthernet0/0/3       ROOT  FORWARDING  NONE
  0    GigabitEthernet0/0/4       DESI  FORWARDING  NONE
  0    GigabitEthernet0/0/10      DESI  FORWARDING  NONE
  0    GigabitEthernet0/0/11      DESI  FORWARDING  NONE
```

例 5-2   交换机 S2 上的 STP 端口角色

```
[S2]display stp brief
MSTID  Port                       Role  STP State   Protection
  0    GigabitEthernet0/0/3       ROOT  FORWARDING  NONE
  0    GigabitEthernet0/0/4       ALTE  DISCARDING  NONE
  0    GigabitEthernet0/0/10      ALTE  DISCARDING  NONE
  0    GigabitEthernet0/0/11      ALTE  DISCARDING  NONE
```

例 5-3   交换机 S3 上的 STP 端口角色

```
[S3]display stp brief
MSTID  Port                       Role  STP State   Protection
  0    GigabitEthernet0/0/1       DESI  FORWARDING  NONE
  0    GigabitEthernet0/0/2       DESI  FORWARDING  NONE
  0    GigabitEthernet0/0/4       DESI  FORWARDING  NONE
```

例 5-4   交换机 S4 上的 STP 端口角色

```
[S4]display stp brief
MSTID  Port                       Role  STP State   Protection
  0    GigabitEthernet0/0/1       ALTE  DISCARDING  NONE
  0    GigabitEthernet0/0/2       DESI  FORWARDING  NONE
  0    GigabitEthernet0/0/3       ROOT  FORWARDING  NONE
```

根据 4 台交换机的端口状态，可得出图 5-2 所示的效果，即 S3 为根桥，与实验要求不符。

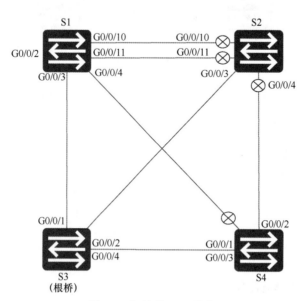

图 5-2   初始的 STP 状态

5.2.2 启用 RSTP 并将 S1 设置为根桥

在本实验中，工程师要将交换机的生成树模式从 MSTP（默认模式）更改为

RSTP，并且通过手动更改交换机的桥优先级值，将 S1 指定为根桥，S2 指定为备份根桥。

工程师可以通过以下命令实现本实验的要求。

- **stp enable**：系统视图命令，使能交换机的生成树功能。在默认情况下，交换机的生成树功能处于启用状态。本例中该命令仅作为展示，并不会改变任何配置。
- **stp mode { stp | rstp | mstp }**：系统视图命令，配置交换机的生成树工作模式。在默认情况下，交换机运行 MSTP 模式，MSTP 模式兼容 STP 模式和 RSTP 模式。
- **stp [instance** *instance-id* **] priority** *priority*：系统视图命令，配置交换机在指定生成树中的优先级。在默认情况下，交换机在指定生成树中的优先级值是 32768，数值越低，优先级越高。RSTP 模式不支持多生成树实例，因此无须指定 **instance** *instance-id*，该参数仅适用于 MSTP，实例编号的取值范围为 0~4094，取值 0 表示的是 CIST（公共与内部生成树）。*priority* 指定了交换机的桥优先级，值越小，优先级越高，取值范围为 0~61440，默认值为 32768，工程师配置时需要使用步长 4096，即 0、4096、8192 等。

工程师将 4 台交换机的生成树的工作模式更改为 RSTP，并且要在 S1 上将桥优先级更改为 4096，在 S2 上将桥优先级更改为 8192。例 5-5~例 5-8 分别展示了交换机 S1~S4 上的相关配置。

例 5-5　在 S1 上配置 RSTP 并更改桥优先级

```
[S1]stp enable
[S1]stp mode rstp
Info: This operation may take a few seconds. Please wait for a moment...done.
[S1]stp priority 4096
```

例 5-6　在 S2 上配置 RSTP 并更改桥优先级

```
[S2]stp enable
[S2]stp mode rstp
Info: This operation may take a few seconds. Please wait for a moment...done.
[S2]stp priority 8192
```

例 5-7　在 S3 上配置 RSTP

```
[S3]stp enable
[S3]stp mode rstp
Info: This operation may take a few seconds. Please wait for a moment...done.
```

例 5-8　在 S4 上配置 RSTP

```
[S4]stp enable
[S4]stp mode rstp
Info: This operation may take a few seconds. Please wait for a moment...done.
```

交换机 S3 和 S4 仅更改了生成树的工作模式，保留了默认的桥优先级值。在这个配置的基础上，我们可以再次查看 4 台交换机各个端口的 STP 角色，详见例 5-9~例 5-12。

例 5-9　交换机 S1 上的 STP 端口角色

```
[S1]display stp brief
 MSTID  Port                       Role  STP State    Protection
   0    GigabitEthernet0/0/3       DESI  FORWARDING   NONE
   0    GigabitEthernet0/0/4       DESI  FORWARDING   NONE
   0    GigabitEthernet0/0/10      DESI  FORWARDING   NONE
   0    GigabitEthernet0/0/11      DESI  FORWARDING   NONE
```

例 5-10   交换机 S2 上的 STP 端口角色

```
[S2]display stp brief
MSTID  Port                       Role  STP State     Protection
  0    GigabitEthernet0/0/3       DESI  FORWARDING    NONE
  0    GigabitEthernet0/0/4       DESI  FORWARDING    NONE
  0    GigabitEthernet0/0/10      ROOT  FORWARDING    NONE
  0    GigabitEthernet0/0/11      ALTE  DISCARDING    NONE
```

例 5-11   交换机 S3 上的 STP 端口角色

```
[S3]display stp brief
MSTID  Port                       Role  STP State     Protection
  0    GigabitEthernet0/0/1       ROOT  FORWARDING    NONE
  0    GigabitEthernet0/0/2       ALTE  DISCARDING    NONE
  0    GigabitEthernet0/0/4       DESI  FORWARDING    NONE
```

例 5-12   交换机 S4 上的 STP 端口角色

```
[S4]display stp brief
MSTID  Port                       Role  STP State     Protection
  0    GigabitEthernet0/0/1       ROOT  FORWARDING    NONE
  0    GigabitEthernet0/0/2       ALTE  DISCARDING    NONE
  0    GigabitEthernet0/0/3       ALTE  DISCARDING    NONE
```

现在，我们成功将交换机 S1 设置为根桥，可以得出图 5-3 所示的效果。

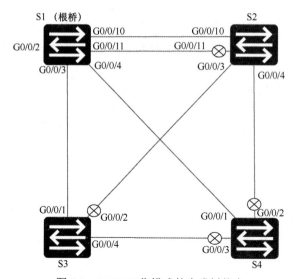

图 5-3   RSTP 工作模式的生成树状态

工程师可以查看 STP 的状态和统计信息，例 5-13 以 S1 为例展示了 STP 的状态。

例 5-13   查看 S1 的 STP 状态和统计信息

```
[S1]display stp
-------[CIST Global Info][Mode RSTP]-------
CIST Bridge         :4096 .4c1f-cc95-7df6
Config Times        :Hello 2s MaxAge 20s FwDly 15s MaxHop 20
Active Times        :Hello 2s MaxAge 20s FwDly 15s MaxHop 20
CIST Root/ERPC      :4096 .4c1f-cc95-7df6 / 0
CIST RegRoot/IRPC   :4096 .4c1f-cc95-7df6 / 0
CIST RootPortId     :0.0
BPDU-Protection     :Disabled
TC or TCN received  :22
TC count per hello  :0
STP Converge Mode   :Normal
Time since last TC  :0 days 0h:2m:29s
Number of TC        :20
```

```
Last TC occurred      :GigabitEthernet0/0/3
（省略部分输出）
----[Port3(GigabitEthernet0/0/3)][FORWARDING]----
Port Protocol          :Enabled
 Port Role             :Designated Port
 Port Priority         :128
 Port Cost(Dot1T )     :Config=auto / Active=20000
 Designated Bridge/Port  :4096.4c1f-cc95-7df6 / 128.3
 Port Edged            :Config=default / Active=disabled
 Point-to-point        :Config=auto / Active=true
 Transit Limit         :147 packets/hello-time
 Protection Type       :None
 Port STP Mode         :RSTP
 Port Protocol Type    :Config=auto / Active=dot1s
 BPDU Encapsulation    :Config=stp / Active=stp
 PortTimes             :Hello 2s MaxAge 20s FwDly 15s RemHop 20
 TC or TCN send        :13
 TC or TCN received    :2
 BPDU Sent             :105
          TCN: 0, Config: 0, RST: 105, MST: 0
 BPDU Received         :9
          TCN: 0, Config: 0, RST: 9, MST: 0
（省略部分输出）
```

例 5-13 展示了两部分内容，以第一个阴影行开头的是全局信息，以第二个阴影行开头的是端口信息。**display stp** 命令会显示出交换机上所有端口的生成树状态和统计信息。

5.2.3　更改端口优先级来影响根端口选举

交换机在计算生成树时，端口优先级是生成树计算的重要依据。当交换机的多个端口接收到的 BPDU 拥有相同的 RPC（根路径开销）、桥 ID、端口优先级时，便会通过比较 BPDU 中的接口 ID 来决定端口的生成树角色。

从本实验的拓扑来看，交换机 S2 便是依靠接口 ID 选择的根端口：G0/0/10 的编号比 G0/0/11 的编号值小，因此被选为根端口。本实验要求工程师通过更改端口优先级，使 S2 选择 G0/0/11 为根端口。图 5-4 展示了端口优先级对于根端口的影响。

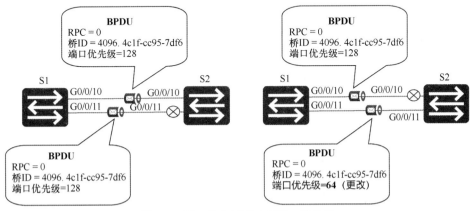

图 5-4　端口优先级影响根端口的选择

图 5-4 展示了根桥 S1 发送给 S2 的两个 BPDU 中的部分参数，图 5-4 左侧部分展示出当前的参数值，图 5-4 右侧部分展示出工程师修改后的参数值，即工程师要将 S1 G0/0/11 端口的优先级更改为 64。

我们可以在更改配置前查看 S1 G0/0/11 端口的生成树信息，详见例 5-14。

例 5-14   查看 S1 G0/0/11 端口的生成树信息

```
[S1]display stp interface GigabitEthernet 0/0/11
-------[CIST Global Info][Mode RSTP]-------
CIST Bridge              :4096 .4c1f-cc95-7df6
Config Times             :Hello 2s MaxAge 20s FwDly 15s MaxHop 20
Active Times             :Hello 2s MaxAge 20s FwDly 15s MaxHop 20
CIST Root/ERPC           :4096 .4c1f-cc95-7df6 / 0
CIST RegRoot/IRPC        :4096 .4c1f-cc95-7df6 / 0
CIST RootPortId          :0.0
BPDU-Protection          :Disabled
TC or TCN received       :22
TC count per hello       :0
STP Converge Mode        :Normal
Time since last TC       :0 days 0h:44m:50s
Number of TC             :20
Last TC occurred         :GigabitEthernet0/0/3
----[Port11(GigabitEthernet0/0/11)][FORWARDING]----
 Port Protocol           :Enabled
 Port Role               :Designated Port
 Port Priority           :128
 Port Cost(Dot1T )       :Config=auto / Active=20000
 Designated Bridge/Port  :4096.4c1f-cc95-7df6 / 128.11
 Port Edged              :Config=default / Active=disabled
 Point-to-point          :Config=auto / Active=true
 Transit Limit           :147 packets/hello-time
 Protection Type         :None
 Port STP Mode           :RSTP
 Port Protocol Type      :Config=auto / Active=dot1s
 BPDU Encapsulation      :Config=stp / Active=stp
 PortTimes               :Hello 2s MaxAge 20s FwDly 15s RemHop 20
 TC or TCN send          :8
 TC or TCN received      :1
 BPDU Sent               :1266
        TCN: 0, Config: 0, RST: 1266, MST: 0
 BPDU Received           :2
        TCN: 0, Config: 0, RST: 2, MST: 0
```

从例 5-14 的阴影行可以看出当前 S1 G0/0/11 端口的优先级为默认值 128。工程师可以使用以下命令更改该值。

- **stp** [**instance** *instance-id*] **port priority** *priority*：接口视图命令，用来配置当前端口在生成树计算时的优先级。在默认情况下，交换设备端口的优先级取值是 128。RSTP 模式不支持多生成树实例，因此无须指定 **instance** *instance-id*，该参数仅适用于 MSTP，实例编号的取值范围为 0～4094，取值 0 表示的是 CIST。*priority* 指定了端口在生成树计算时的优先级，取值范围为 0～240，工程师配置时需要使用步长 16，如 0、16、32 等。

工程师将 S1 G0/0/11 端口的优先级更改为 64，详见例 5-15。

例 5-15   更改 S1 G0/0/11 端口优先级

```
[S1]interface GigabitEthernet 0/0/11
[S1-GigabitEthernet0/0/11]stp port priority 64
```

更改完成后，我们可以再次查看该端口的生成树信息，详见例 5-16。

例 5-16   查看 S1 G0/0/11 端口的生成树信息

```
[S1]display stp interface GigabitEthernet 0/0/11
-------[CIST Global Info][Mode RSTP]-------
CIST Bridge              :4096 .4c1f-cc95-7df6
Config Times             :Hello 2s MaxAge 20s FwDly 15s MaxHop 20
Active Times             :Hello 2s MaxAge 20s FwDly 15s MaxHop 20
```

```
CIST Root/ERPC        :4096 .4c1f-cc95-7df6 / 0
CIST RegRoot/IRPC     :4096 .4c1f-cc95-7df6 / 0
CIST RootPortId       :0.0
BPDU-Protection       :Disabled
TC or TCN received    :23
TC count per hello    :0
STP Converge Mode     :Normal
Time since last TC    :0 days 0h:1m:39s
Number of TC          :21
Last TC occurred      :GigabitEthernet0/0/11
----[Port11(GigabitEthernet0/0/11)][FORWARDING]----
 Port Protocol        :Enabled
 Port Role            :Designated Port
 Port Priority        :64
 Port Cost(Dot1T )    :Config=auto / Active=20000
 Designated Bridge/Port   :4096.4c1f-cc95-7df6 / 64.11
 Port Edged           :Config=default / Active=disabled
 Point-to-point       :Config=auto / Active=true
 Transit Limit        :147 packets/hello-time
 Protection Type      :None
 Port STP Mode        :RSTP
 Port Protocol Type   :Config=auto / Active=dot1s
 BPDU Encapsulation   :Config=stp / Active=stp
 PortTimes            :Hello 2s MaxAge 20s FwDly 15s RemHop 20
 TC or TCN send       :8
 TC or TCN received   :2
 BPDU Sent            :1463
          TCN: 0, Config: 0, RST: 1463, MST: 0
 BPDU Received        :3
          TCN: 0, Config: 0, RST: 3, MST: 0
```

从例 5-16 的阴影行可以看出此时该端口的优先级已经被更改为 64。接下来,我们可以在 S2 上查看 STP 端口角色,详见例 5-17。

例 5-17 交换机 S2 上的 STP 端口角色

```
[S2]display stp brief
MSTID  Port                           Role  STP State     Protection
   0   GigabitEthernet0/0/3           DESI  FORWARDING    NONE
   0   GigabitEthernet0/0/4           DESI  FORWARDING    NONE
   0   GigabitEthernet0/0/10          ALTE  DISCARDING    NONE
   0   GigabitEthernet0/0/11          ROOT  FORWARDING    NONE
```

从例 5-17 的阴影行可以看出此时 S2 的根端口变为了 G0/0/11,读者可以将其与例 5-10 的命令输出进行对比。

5.2.4 更改端口开销值来影响根端口选举

端口路径开销简称端口开销,是生成树计算的重要依据。在计算根端口时,交换机会在所有启用了生成树协议的端口中选择到根桥的路径开销最小的端口。

端口开销的取值范围与路径开销的计算方法相关,但比较原则是统一的,即开销越小,优先级越高。表 5-2 总结了不同计算方法中不同速率接口的默认开销值。

表 5-2 路径开销列表

端口速率	IEEE 802.1d-1998 标准方法	IEEE 802.1t 标准方法	华为计算方法
10Mbit/s	100	2000000	2000
100Mbit/s	19	200000	200
1000Mbit/s	4	20000	20
10Gbit/s	2	2000	2

工程师可以使用以下命令更改交换机上计算路径开销的方法并手动配置端口开销。

- **stp pathcost-standard** { **dot1d-1998** | **dot1t** | **legacy** }：系统视图命令，配置路径开销值的计算方法。在默认情况下，路径开销值的计算方法为 IEEE 802.1t 标准。**dot1d-1998** 指定的是 IEEE 802.1d–1998 标准方法，**dot1t** 指定的是 IEEE 802.1t 标准方法，**legacy** 指定的是华为计算方法。

- **stp** [**instance** *instance-id*] **cost** *cost*：接口视图命令，配置当前端口在指定生成树上的端口路径开销。在默认情况下，端口在各个生成树上的路径开销为端口速率对应的路径开销。RSTP 模式不支持多生成树实例，因此无须指定 **instance** *instance-id*，该参数仅适用于 MSTP，实例编号的取值范围为 0～4094，取值 0 表示的是 CIST。*cost* 指定了端口路径开销。取值范围与计算方法相关：IEEE 802.1d–1998 标准方法的取值范围为 1～65535，IEEE 802.1t 标准方法的取值范围为 1～200000000，华为计算方法的取值范围为 1～200000。

在本实验中，我们以交换机 S2 为例进行配置，S2 当前的根端口为 G0/0/11，工程师要通过更改端口开销的方法，使 S2 改选回 G0/0/10 为根端口。我们可以先确认 S2 所使用的开销计算方法以及当前的开销值。例 5-18 查看了 S2 端口 G0/0/10 的生成树信息。

例 5-18　查看 S2 G0/0/10 端口的生成树信息

```
[S2]display stp interface GigabitEthernet 0/0/10
-------[CIST Global Info][Mode RSTP]-------
CIST Bridge          :8192 .4c1f-ccbf-7f24
Config Times         :Hello 2s MaxAge 20s FwDly 15s MaxHop 20
Active Times         :Hello 2s MaxAge 20s FwDly 15s MaxHop 20
CIST Root/ERPC       :4096 .4c1f-cc95-7df6 / 20000
CIST RegRoot/IRPC    :8192 .4c1f-ccbf-7f24 / 0
CIST RootPortId      :128.11
BPDU-Protection      :Disabled
TC or TCN received   :70
TC count per hello   :0
STP Converge Mode    :Normal
Time since last TC   :0 days 0h:6m:16s
Number of TC         :23
Last TC occurred     :GigabitEthernet0/0/11
----[Port10(GigabitEthernet0/0/10)][DISCARDING]----
 Port Protocol        :Enabled
 Port Role            :Alternate Port
 Port Priority        :128
 Port Cost(Dot1T )    :Config=auto / Active=20000
 Designated Bridge/Port   :4096.4c1f-cc95-7df6 / 128.10
 Port Edged           :Config=default / Active=disabled
 Point-to-point       :Config=auto / Active=true
 Transit Limit        :147 packets/hello-time
 Protection Type      :None
 Port STP Mode        :RSTP
 Port Protocol Type   :Config=auto / Active=dot1s
 BPDU Encapsulation   :Config=stp / Active=stp
 PortTimes            :Hello 2s MaxAge 20s FwDly 15s RemHop 0
 TC or TCN send       :6
 TC or TCN received   :9
 BPDU Sent            :8
        TCN: 0, Config: 0, RST: 8, MST: 0
 BPDU Received        :1584
        TCN: 0, Config: 0, RST: 1584, MST: 0
```

从例 5-18 的阴影行可以确认 S2 使用的是默认计算方法 IEEE802.1t（即命令输出中的 Dot1T），端口开销值为 20000。我们减少 1，使该端口开销值为 19999，详见例 5-19。

例 5-19　更改 S2 G0/0/10 端口开销值

```
[S2]interface GigabitEthernet 0/0/10
[S2-GigabitEthernet0/0/10]stp cost 19999
```

配置完成后，我们再次查看 S2 的生成树状态，详见例 5-20。

例 5-20　查看 S2 上的 STP 端口角色

```
[S2]display stp brief
MSTID    Port                       Role   STP State     Protection
  0      GigabitEthernet0/0/3       DESI   FORWARDING    NONE
  0      GigabitEthernet0/0/4       DESI   FORWARDING    NONE
  0      GigabitEthernet0/0/10      ROOT   FORWARDING    NONE
  0      GigabitEthernet0/0/11      ALTE   DISCARDING    NONE
```

从例 5-20 的阴影行可以看出我们成功更改了交换机 S2 的根端口。

5.3　MSTP 实验

RSTP 可以在整个交换环境中形成一棵无环的生成树，但被阻塞的链路只能在主用链路出现问题时才启用。MSTP 能够在一个交换环境中形成多棵无环的生成树，工程师可以根据网络设计更充分地利用每条链路。

在本实验中，我们要将 4 台交换机的生成树工作模式更改为 MSTP，并在交换机上创建 VLAN 2～VLAN 20，无须创建 VLAN 1。对于 VLAN 1～VLAN 10 来说，S1 为根桥，S2 为备份根桥。对于 VLAN 11～VLAN 20 来说，S2 为根桥，S1 为备份根桥。MSTP 的实验拓扑如图 5-5 所示。

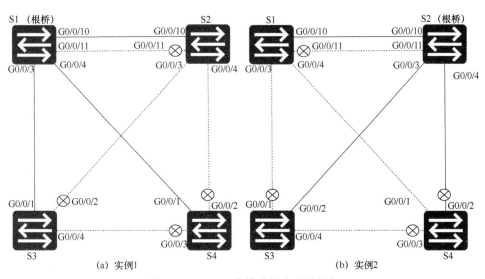

图 5-5　RSTP 工作模式的生成树状态

5.3.1　基础配置

在本实验中，工程师要完成交换机上 VLAN 的创建和接口的模式配置。例 5-21～例 5-24 分别展示了交换机 S1～S4 的基本配置。

例 5-21　在交换机 S1 上完成基础配置

```
[S1]vlan batch 2 to 20
Info: This operation may take a few seconds. Please wait for a moment...done.
[S1]interface GigabitEthernet 0/0/3
[S1-GigabitEthernet0/0/3]port link-type trunk
[S1-GigabitEthernet0/0/3]port trunk allow-pass vlan all
[S1-GigabitEthernet0/0/3]quit
[S1]interface GigabitEthernet 0/0/4
[S1-GigabitEthernet0/0/4]port link-type trunk
[S1-GigabitEthernet0/0/4]port trunk allow-pass vlan all
[S1-GigabitEthernet0/0/4]quit
[S1]interface GigabitEthernet 0/0/10
[S1-GigabitEthernet0/0/10]port link-type trunk
[S1-GigabitEthernet0/0/10]port trunk allow-pass vlan all
[S1-GigabitEthernet0/0/10]quit
[S1]interface GigabitEthernet 0/0/11
[S1-GigabitEthernet0/0/11]port link-type trunk
[S1-GigabitEthernet0/0/11]port trunk allow-pass vlan all
```

例 5-22　在交换机 S2 上完成基础配置

```
[S2]vlan batch 2 to 20
Info: This operation may take a few seconds. Please wait for a moment...done.
[S2]interface GigabitEthernet 0/0/3
[S2-GigabitEthernet0/0/3]port link-type trunk
[S2-GigabitEthernet0/0/3]port trunk allow-pass vlan all
[S2-GigabitEthernet0/0/3]quit
[S2]interface GigabitEthernet 0/0/4
[S2-GigabitEthernet0/0/4]port link-type trunk
[S2-GigabitEthernet0/0/4]port trunk allow-pass vlan all
[S2-GigabitEthernet0/0/4]quit
[S2]interface GigabitEthernet 0/0/10
[S2-GigabitEthernet0/0/10]port link-type trunk
[S2-GigabitEthernet0/0/10]port trunk allow-pass vlan all
[S2-GigabitEthernet0/0/10]quit
[S2]interface GigabitEthernet 0/0/11
[S2-GigabitEthernet0/0/11]port link-type trunk
[S2-GigabitEthernet0/0/11]port trunk allow-pass vlan all
```

例 5-23　在交换机 S3 上完成基础配置

```
[S3]vlan batch 2 to 20
Info: This operation may take a few seconds. Please wait for a moment...done.
[S3]interface GigabitEthernet 0/0/1
[S3-GigabitEthernet0/0/1]port link-type trunk
[S3-GigabitEthernet0/0/1]port trunk allow-pass vlan all
[S3-GigabitEthernet0/0/1]quit
[S3]interface GigabitEthernet 0/0/2
[S3-GigabitEthernet0/0/2]port link-type trunk
[S3-GigabitEthernet0/0/2]port trunk allow-pass vlan all
[S3-GigabitEthernet0/0/2]quit
[S3]interface GigabitEthernet 0/0/4
[S3-GigabitEthernet0/0/4]port link-type trunk
[S3-GigabitEthernet0/0/4]port trunk allow-pass vlan all
```

例 5-24　在交换机 S4 上完成基础配置

```
[S4]vlan batch 2 to 20
Info: This operation may take a few seconds. Please wait for a moment...done.
[S4]interface GigabitEthernet 0/0/1
[S4-GigabitEthernet0/0/1]port link-type trunk
[S4-GigabitEthernet0/0/1]port trunk allow-pass vlan all
[S4-GigabitEthernet0/0/1]quit
[S4]interface GigabitEthernet 0/0/2
[S4-GigabitEthernet0/0/2]port link-type trunk
[S4-GigabitEthernet0/0/2]port trunk allow-pass vlan all
[S4-GigabitEthernet0/0/2]quit
[S4]interface GigabitEthernet 0/0/3
[S4-GigabitEthernet0/0/3]port link-type trunk
[S4-GigabitEthernet0/0/3]port trunk allow-pass vlan all
```

基础配置完成后，我们可以开始进行 MSTP 的配置了。

5.3.2　MSTP 的基础配置

如果读者新建拓扑进行实验的话，则无须更改 STP 运行模式，华为交换机默认的 STP 运行模式就是 MSTP。如果是在前面实验步骤的基础上继续配置，则需要先将 STP 模式更改为 MSTP，可以选择两条命令之一进行更改。

- **stp mode mstp**：将 STP 模式更改为 MSTP。
- **undo stp mode**：将 STP 模式恢复为默认的 MSTP。

工程师可以按照以下顺序来配置 MSTP。

① 使用系统视图命令 **stp region-configuration** 进入 MST 域视图；

② 使用 MST 域视图命令 **region-name** *name* 设置 MST 域的域名，所有设备保持一致。本实验使用 HCIP 为 MST 域名；

③ 使用 MST 域视图命令 **instance** *instance-id* **vlan** {*vlan-id1* [**to** *vlan-id2*]}配置 MST 实例与 VLAN 的映射关系，所有设备保持一致；

④ （可选）使用 MST 域视图命令 **revision-level** *level* 配置 MST 域的修订级别，所有设备保持一致；

⑤ 使用 MST 域视图命令 **active region-configuration** 激活 MST 域的配置，使上述配置生效。

下面，我们在交换机上配置 MSTP，将 MST 域名设置为 HCIP，实例 1 与 VLAN 1～VLAN 10 映射，实例 2 与 VLAN 11～VLAN 20 映射，更改修订级别为 1。例 5-25～例 5-28 分别展示了交换机 S1～S4 上的相关配置。

例 5-25　在交换机 S1 上完成 MSTP 基础配置

```
[S1]stp mode mstp
Info: This operation may take a few seconds. Please wait for a moment...done.
[S1]stp region-configuration
[S1-mst-region]region-name HCIP
[S1-mst-region]instance 1 vlan 1 to 10
[S1-mst-region]instance 2 vlan 11 to 20
[S1-mst-region]revision-level 1
[S1-mst-region]active region-configuration
Info: This operation may take a few seconds. Please wait for a moment...done.
```

例 5-26　在交换机 S2 上完成 MSTP 基础配置

```
[S2]stp mode mstp
Info: This operation may take a few seconds. Please wait for a moment...done.
[S2]stp region-configuration
[S2-mst-region]region-name HCIP
[S2-mst-region]instance 1 vlan 1 to 10
[S2-mst-region]instance 2 vlan 11 to 20
[S2-mst-region]revision-level 1
[S2-mst-region]active region-configuration
Info: This operation may take a few seconds. Please wait for a moment...done.
```

例 5-27　交换机 S3 上完成 MSTP 基础配置

```
[S3]stp mode mstp
Info: This operation may take a few seconds. Please wait for a moment...done.
[S3]stp region-configuration
[S3-mst-region]region-name HCIP
[S3-mst-region]instance 1 vlan 1 to 10
[S3-mst-region]instance 2 vlan 11 to 20
[S3-mst-region]revision-level 1
[S3-mst-region]active region-configuration
Info: This operation may take a few seconds. Please wait for a moment...done.
```

例 5-28   在交换机 S4 上完成 MSTP 基础配置

```
[S4]stp mode mstp
Info: This operation may take a few seconds. Please wait for a moment...done.
[S4]stp region-configuration
[S4-mst-region]region-name HCIP
[S4-mst-region]instance 1 vlan 1 to 10
[S4-mst-region]instance 2 vlan 11 to 20
[S4-mst-region]revision-level 1
[S4-mst-region]active region-configuration
Info: This operation may take a few seconds. Please wait for a moment...done.
```

配置完成后，工程师可以确认交换机的配置中实例与 VLAN 的映射，例 5-29 以 S1
为例展示了相关命令的输出结果。

例 5-29   在交换机 S1 上查看 MSTP 参数

```
[S1]display stp region-configuration
 Oper configuration
   Format selector      :0
   Region name          :HCIP
   Revision level       :1

   Instance    VLANs Mapped
     0         21 to 4094
     1         1 to 10
     2         11 to 20
```

工程师未指定的 VLAN 都属于默认实例，即实例 0。

目前，我们仅完成了 MSTP 的基础配置，在这个配置的基础上，我们可以再次查看
4 台交换机各个端口的 STP 角色，详见例 5-30～例 5-33。

例 5-30   交换机 S1 上的 STP 端口角色

```
[S1]display stp brief
 MSTID   Port                     Role   STP State    Protection
   0     GigabitEthernet0/0/3     DESI   FORWARDING   NONE
   0     GigabitEthernet0/0/4     DESI   FORWARDING   NONE
   0     GigabitEthernet0/0/10    DESI   FORWARDING   NONE
   0     GigabitEthernet0/0/11    DESI   FORWARDING   NONE
   1     GigabitEthernet0/0/3     ROOT   FORWARDING   NONE
   1     GigabitEthernet0/0/4     DESI   FORWARDING   NONE
   1     GigabitEthernet0/0/10    DESI   FORWARDING   NONE
   1     GigabitEthernet0/0/11    DESI   FORWARDING   NONE
   2     GigabitEthernet0/0/3     ROOT   FORWARDING   NONE
   2     GigabitEthernet0/0/4     DESI   FORWARDING   NONE
   2     GigabitEthernet0/0/10    DESI   FORWARDING   NONE
   2     GigabitEthernet0/0/11    DESI   FORWARDING   NONE
```

例 5-31   交换机 S2 上的 STP 端口角色

```
[S2]display stp brief
 MSTID   Port                     Role   STP State    Protection
   0     GigabitEthernet0/0/3     DESI   FORWARDING   NONE
   0     GigabitEthernet0/0/4     DESI   FORWARDING   NONE
   0     GigabitEthernet0/0/10    ROOT   FORWARDING   NONE
   0     GigabitEthernet0/0/11    ALTE   DISCARDING   NONE
   1     GigabitEthernet0/0/3     ROOT   FORWARDING   NONE
   1     GigabitEthernet0/0/4     ALTE   DISCARDING   NONE
   1     GigabitEthernet0/0/10    ALTE   DISCARDING   NONE
   1     GigabitEthernet0/0/11    ALTE   DISCARDING   NONE
   2     GigabitEthernet0/0/3     ROOT   FORWARDING   NONE
   2     GigabitEthernet0/0/4     ALTE   DISCARDING   NONE
   2     GigabitEthernet0/0/10    ALTE   DISCARDING   NONE
   2     GigabitEthernet0/0/11    ALTE   DISCARDING   NONE
```

例 5-32　交换机 S3 上的 STP 端口角色

```
[S3]display stp brief
MSTID    Port                        Role   STP State    Protection
  0      GigabitEthernet0/0/1        ROOT   FORWARDING    NONE
  0      GigabitEthernet0/0/2        ALTE   DISCARDING    NONE
  0      GigabitEthernet0/0/4        DESI   FORWARDING    NONE
  1      GigabitEthernet0/0/1        DESI   FORWARDING    NONE
  1      GigabitEthernet0/0/2        DESI   FORWARDING    NONE
  1      GigabitEthernet0/0/4        DESI   FORWARDING    NONE
  2      GigabitEthernet0/0/1        DESI   FORWARDING    NONE
  2      GigabitEthernet0/0/2        DESI   FORWARDING    NONE
  2      GigabitEthernet0/0/4        DESI   FORWARDING    NONE
```

例 5-33　交换机 S4 上的 STP 端口角色

```
[S4]display stp brief
MSTID    Port                        Role   STP State    Protection
  0      GigabitEthernet0/0/1        ROOT   FORWARDING    NONE
  0      GigabitEthernet0/0/2        ALTE   DISCARDING    NONE
  0      GigabitEthernet0/0/3        ALTE   DISCARDING    NONE
  1      GigabitEthernet0/0/1        ALTE   DISCARDING    NONE
  1      GigabitEthernet0/0/2        DESI   FORWARDING    NONE
  1      GigabitEthernet0/0/3        ROOT   FORWARDING    NONE
  2      GigabitEthernet0/0/1        ALTE   DISCARDING    NONE
  2      GigabitEthernet0/0/2        DESI   FORWARDING    NONE
  2      GigabitEthernet0/0/3        ROOT   FORWARDING    NONE
```

从例 5-30～例 5-33 的命令输出内容不难看出，实例 1 和实例 2 的根桥是交换机 S3，与实例 0 不同。本书的实验是在 5.2 节实验的基础上进行配置的，因此实例 0 的根桥是交换机 S1。

接下来，工程师要通过命令调整实例 1 和实例 2 的根桥。

5.3.3　更改实例 1 和实例 2 的根桥

在本实验中，工程师要将交换机 S1 设置为实例 1 的根桥和实例 2 的备份根桥，将交换机 S2 设置为实例 2 的根桥和实例 1 的备份根桥。

工程师可以按照 5.2.2 小节中的命令，通过调整桥优先级来实现实验目的，也可以按照本小节展示的命令来指定根桥和备份根桥。

- **stp [instance** *instance-id*] **root primary**：系统视图命令，将当前设备设置为根交换机。如果不指定 **instance**，则将设备配置为实例 0 的根交换机。
- **stp [instance** *instance-id*] **root secondary**：系统视图命令，将当前设备设置为备份根交换机。如果不指定 **instance**，则将设备配置为实例 0 的备份根交换机。

例 5-34 和例 5-35 分别展示了交换机 S1 和 S2 上的相关配置。

例 5-34　交换机 S1 上的 STP 端口角色

```
[S1]stp instance 1 root primary
[S1]stp instance 2 root secondary
```

例 5-35　交换机 S2 上的 STP 端口角色

```
[S2]stp instance 2 root primary
[S2]stp instance 1 root secondary
```

配置完成后，我们再次查看每台交换机端口的生成树角色，可以发现每个实例的根交换机已经与设计相同。例 5-36～例 5-39 分别展示了 S1～S4 上的端口角色。

例 5-36　交换机 S1 上的 STP 端口角色

```
[S1]display stp brief
MSTID    Port                        Role   STP State    Protection
```

```
 0     GigabitEthernet0/0/3         DESI   FORWARDING      NONE
 0     GigabitEthernet0/0/4         DESI   FORWARDING      NONE
 0     GigabitEthernet0/0/10        DESI   FORWARDING      NONE
 0     GigabitEthernet0/0/11        DESI   FORWARDING      NONE
 1     GigabitEthernet0/0/3         DESI   FORWARDING      NONE
 1     GigabitEthernet0/0/4         DESI   FORWARDING      NONE
 1     GigabitEthernet0/0/10        DESI   FORWARDING      NONE
 1     GigabitEthernet0/0/11        DESI   FORWARDING      NONE
 2     GigabitEthernet0/0/3         DESI   FORWARDING      NONE
 2     GigabitEthernet0/0/4         DESI   FORWARDING      NONE
 2     GigabitEthernet0/0/10        ROOT   FORWARDING      NONE
 2     GigabitEthernet0/0/11        ALTE   DISCARDING      NONE
```

例 5-37　交换机 S2 上的 STP 端口角色

```
[S2]display stp brief
 MSTID   Port                       Role   STP State       Protection
 0     GigabitEthernet0/0/3         DESI   FORWARDING      NONE
 0     GigabitEthernet0/0/4         DESI   FORWARDING      NONE
 0     GigabitEthernet0/0/10        ROOT   FORWARDING      NONE
 0     GigabitEthernet0/0/11        ALTE   DISCARDING      NONE
 1     GigabitEthernet0/0/3         DESI   FORWARDING      NONE
 1     GigabitEthernet0/0/4         DESI   FORWARDING      NONE
 1     GigabitEthernet0/0/10        ROOT   FORWARDING      NONE
 1     GigabitEthernet0/0/11        ALTE   DISCARDING      NONE
 2     GigabitEthernet0/0/3         DESI   FORWARDING      NONE
 2     GigabitEthernet0/0/4         DESI   FORWARDING      NONE
 2     GigabitEthernet0/0/10        DESI   FORWARDING      NONE
 2     GigabitEthernet0/0/11        DESI   FORWARDING      NONE
```

例 5-38　交换机 S3 上的 STP 端口角色

```
[S3]display stp brief
 MSTID   Port                       Role   STP State       Protection
 0     GigabitEthernet0/0/1         ROOT   FORWARDING      NONE
 0     GigabitEthernet0/0/2         ALTE   DISCARDING      NONE
 0     GigabitEthernet0/0/4         DESI   FORWARDING      NONE
 1     GigabitEthernet0/0/1         ROOT   FORWARDING      NONE
 1     GigabitEthernet0/0/2         ALTE   DISCARDING      NONE
 1     GigabitEthernet0/0/4         DESI   FORWARDING      NONE
 2     GigabitEthernet0/0/1         ALTE   DISCARDING      NONE
 2     GigabitEthernet0/0/2         ROOT   FORWARDING      NONE
 2     GigabitEthernet0/0/4         DESI   FORWARDING      NONE
```

例 5-39　交换机 S4 上的 STP 端口角色

```
[S4]display stp brief
 MSTID   Port                       Role   STP State       Protection
 0     GigabitEthernet0/0/1         ROOT   FORWARDING      NONE
 0     GigabitEthernet0/0/2         ALTE   DISCARDING      NONE
 0     GigabitEthernet0/0/3         ALTE   DISCARDING      NONE
 1     GigabitEthernet0/0/1         ROOT   FORWARDING      NONE
 1     GigabitEthernet0/0/2         ALTE   DISCARDING      NONE
 1     GigabitEthernet0/0/3         ALTE   DISCARDING      NONE
 2     GigabitEthernet0/0/1         ALTE   DISCARDING      NONE
 2     GigabitEthernet0/0/2         ROOT   FORWARDING      NONE
 2     GigabitEthernet0/0/3         ALTE   DISCARDING      NONE
```

　　根据例 5-36～例 5-39 的命令输出内容，实例 1 和实例 2 的根桥和阻塞端口与图 5-5 所示相同。如此就达到了所有链路都能够同时启用，进行负载分担，同时又提供备用链路来应对故障的目的。

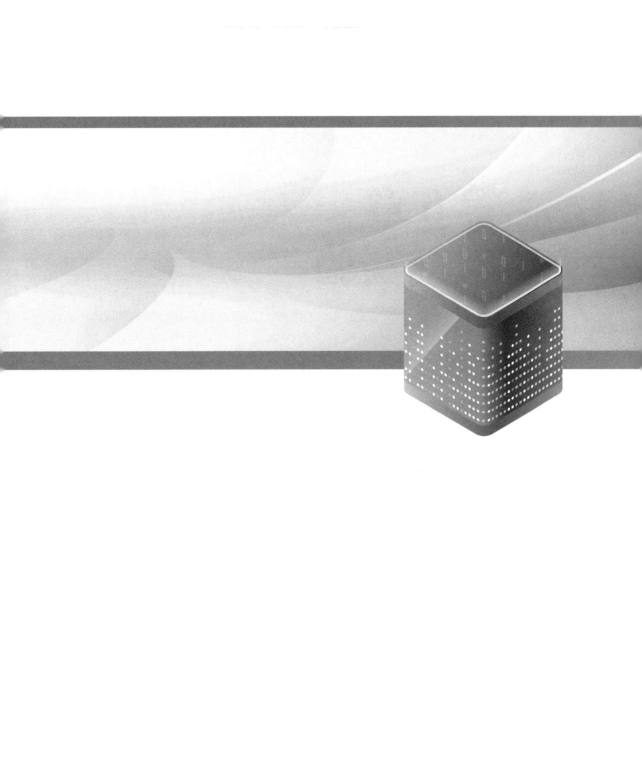

第 6 章
组播实验

本章主要内容

一个组播网络可以分为以下 3 个部分。

- 源端网络：将组播源产生的组播数据发送到组播网络中。
- 组播转发网络：形成无环的组播转发路径，该转发路径也称为组播分发树。要想形成组播分发树，需要组播路由协议的支持，如 PIM 协议、MSDP（组播源发现协议）和 MBGP（组播 BGP），其中最常用的是 PIM 协议。
- 成员端网络：通过 IGMP（互联网组管理协议），让组播网络能够感知到组播接收者的位置，并使其能够加入组播组。

组播网络依赖于网络中的 IGP 实现 IP 路由连通性，依赖 PIM 协议构建组播分发树。PIM 当前常用的版本为 PIMv2，PIM 报文直接封装在 IP 报文中，PIM 协议号为 103，PIMv2 的组播地址为 224.0.0.13。根据不同组播场景的需求，PIM 协议分为 PIM-DM 和 PIM-SM，PIM-SM 又包含 ASM（任意源组播）模型和 SSM（指定源组播）模型，详见表 6-1。

表 6-1   PIM 协议模型的比较

协议	模型分类	适用场景	工作机制
PIM-DM	ASM 模型	适合规模较小、组播接收者相对比较密集的局域网环境	通过周期性地"扩散–剪枝"来维护一棵连接组播源与组播接收者的单向无环 SPT（最短路径树）
PIM-SM	ASM 模型	适合组播接收者相对比较稀疏、分布广泛的大型网络环境	采用接收者主动加入的方式建立组播分发树，需要维护 RP（汇集点），构建 RPT（RP 树），注册组播源
	SSM 模型	适合网络中的组播接收者预先知道组播源的位置，并直接向指定的组播源请求组播数据的场景	直接在组播源与组播接收者之间建立 SPT，无须维护 RP，构建 RPT，注册组播源

PIM-DM 需要将组播流量扩散到全网中，然后通过剪枝操作删除没有组播接收者的路径，以此形成组播分发树。PIM-SM 会先收集组播接收者的信息，然后以此形成组播分发树。PIM-SM 无须全网泛洪组播流量，对现网的影响较小，因此现网多使用 PIM-SM 模式。

通过 PIM 协议形成的组播分发树包含两种形式。

- SPT：又称为源树，以组播源为根，以组播接收者为叶子的组播分发树，在 PIM-DM 和 PIM-SM 中均有使用。
- RPT：又称为共享树，以 RP 为根，以组播接收者为叶子的组播分发树，仅在 PIM-SM 中使用。

PIM-DM 在形成 SPT 的过程中，除了扩散（Flooding）和剪枝（Prune）机制外，还会涉及邻居发现（Neighbor Discovery）、嫁接（Graft）、断言（Assert）和状态刷新（State Refresh）机制。本实验会在构建组播网络的过程中，对遇到的状态进行展示和描述。

PIM-SM（ASM）模型在形成 RPT 后，当组播源发送组播数据时，组播网络会先将组播数据发送到 RP，然后由 RP 转发给组播接收者。当组播接收者位于次优路径上时，PIM-SM（ASM）会自动将其组播转发路径优化为 SPT。在 PIM（ASM）的实验中，读者会观察到 SPT 的切换。

PIM-SM（SSM）模型针对特定源和组的绑定数据流提供服务，组播接收者在加入组播组时，可以指定它要接收哪些源的数据，或者指定它要拒绝哪些源的数据。由于 SSM 预先定义了组播的源地址，因此 PIM-SM（SSM）可以在成员端 DR 上基于组播源地址反向建立 SPT。PIM-SM（SSM）模型形成的组播分发树会一直存在，并不会因为网络中没有组播流量而消失。根据 RFC 4607 的规定，SSM 目的地址的范围为232.0.0.0/8。

本实验会通过组播环境的配置，为读者展示与组播相关的重要基础知识点。

6.1　实验介绍

6.1.1　关于本实验

本实验会通过两个组播网络的部署，帮助读者更直观地理解上述组播的基础概念，以及如何在华为路由器上对组播进行配置。

6.1.2　实验目的

- 熟悉 PIM 的基本概念。
- 掌握 PIM-DM 的基本配置。
- 掌握 PIM-SM 的基本配置。

6.1.3　实验组网介绍

本实验将使用两个不同的拓扑，具体的拓扑图和网络地址规划会在实验的一开始进行展示。

6.1.4　实验任务列表

配置任务 1：PIM-DM 实验
配置任务 2：PIM-SM 实验

6.2　PIM-DM 实验

在本实验任务中，网络工程师需要完成组播的配置，本实验拓扑如图 6-1 所示。

图 6-1 所示的网络中有 4 台路由器，每台路由器都运行 OSPF，进程号为 10，使用 Loopback 0 接口 IP 地址作为 Router ID，将本地直连接口均发布到 OSPF 中。

在组播网络中，路由器 AR1 是第一跳路由器，它连接着组播组 239.1.1.1。路由器 AR4 是最后一跳路由器，它连接着组播接收者（图 6-1 中的 PC）。在这个规模较小且组播接收者相对比较集中的组播环境中，工程师使用 PIM-DM 模式实现从组播源到组播接收者的数据流发送。为此，4 台路由器上都要部署 PIM-DM，并且在路由器 AR4 连接组播接收者的接口（G0/0/1）上激活 IGMPv2。

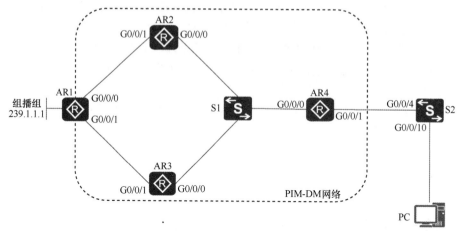

图 6-1　PIM-DM 实验拓扑

为了优化交换机 S2 上的组播流量转发行为，工程师要在 S2 上部署 IGMP Snooping，并手动指定其路由器接口、成员接口。

表 6-2 列出了本实验使用的网络地址规划。

表 6-2　本实验使用的网络地址规划

设备	接口	IP 地址	子网掩码	默认网关
AR1	G0/0/0	10.0.12.1	255.255.255.0	—
	G0/0/1	10.0.13.1	255.255.255.0	—
	Loopback0	1.1.1.1	255.255.255.255	—
AR2	G0/0/0	10.0.234.2	255.255.255.0	—
	G0/0/1	10.0.12.2	255.255.255.0	—
	Loopback0	2.2.2.2	255.255.255.255	—
AR3	G0/0/0	10.0.234.3	255.255.255.0	—
	G0/0/1	10.0.13.3	255.255.255.0	—
	Loopback0	3.3.3.3	255.255.255.255	—
AR4	G0/0/0	10.0.234.4	255.255.255.0	—
	G0/0/1	192.168.4.4	255.255.255.0	—
	Loopback0	4.4.4.4	255.255.255.255	—
PC	Eth0/0/1	192.168.4.10	255.255.255.0	192.168.4.4

6.2.1　基础配置

本实验要在 4 台路由器接口上配置正确的 IP 地址，路由器接口的 IP 地址可参考表 6-2，并在 4 台路由器上按照实验要求启用 OSPF 协议。例 6-1～例 6-4 分别展示了路由器 AR1～

AR4 上的基础配置。

例 6-1 路由器 AR1 的基础配置

```
[AR1]interface GigabitEthernet 0/0/0
[AR1-GigabitEthernet0/0/0]ip address 10.0.12.1 24
[AR1-GigabitEthernet0/0/0]quit
[AR1]interface GigabitEthernet 0/0/1
[AR1-GigabitEthernet0/0/1]ip address 10.0.13.1 24
[AR1-GigabitEthernet0/0/1]quit
[AR1]interface LoopBack 0
[AR1-LoopBack0]ip address 1.1.1.1 32
[AR1-LoopBack0]quit
[AR1]ospf 10 router-id 1.1.1.1
[AR1-ospf-10]area 0
[AR1-ospf-10-area-0.0.0.0]network 10.0.12.1 0.0.0.0
[AR1-ospf-10-area-0.0.0.0]network 10.0.13.1 0.0.0.0
[AR1-ospf-10-area-0.0.0.0]network 1.1.1.1 0.0.0.0
```

例 6-2 路由器 AR2 的基础配置

```
[AR2]interface GigabitEthernet 0/0/0
[AR2-GigabitEthernet0/0/0]ip address 10.0.234.2 24
[AR2-GigabitEthernet0/0/0]quit
[AR2]interface GigabitEthernet 0/0/1
[AR2-GigabitEthernet0/0/1]ip address 10.0.12.2 24
[AR2-GigabitEthernet0/0/1]quit
[AR2]interface LoopBack 0
[AR2-LoopBack0]ip address 2.2.2.2 32
[AR2-LoopBack0]quit
[AR2]ospf 10 router-id 2.2.2.2
[AR2-ospf-10]area 0
[AR2-ospf-10-area-0.0.0.0]network 10.0.12.2 0.0.0.0
[AR2-ospf-10-area-0.0.0.0]network 10.0.234.2 0.0.0.0
[AR2-ospf-10-area-0.0.0.0]network 2.2.2.2 0.0.0.0
```

例 6-3 路由器 AR3 的基础配置

```
[AR3]interface GigabitEthernet 0/0/0
[AR3-GigabitEthernet0/0/0]ip address 10.0.234.3 24
[AR3-GigabitEthernet0/0/0]quit
[AR3]interface GigabitEthernet 0/0/1
[AR3-GigabitEthernet0/0/1]ip add 10.0.13.3 24
[AR3-GigabitEthernet0/0/1]quit
[AR3]interface LoopBack 0
[AR3-LoopBack0]ip address 3.3.3.3 32
[AR3-LoopBack0]quit
[AR3]ospf 10 router-id 3.3.3.3
[AR3-ospf-10]area 0
[AR3-ospf-10-area-0.0.0.0]network 10.0.13.3 0.0.0.0
[AR3-ospf-10-area-0.0.0.0]network 10.0.234.3 0.0.0.0
[AR3-ospf-10-area-0.0.0.0]network 3.3.3.3 0.0.0.0
```

例 6-4 路由器 AR4 的基础配置

```
[AR4]interface GigabitEthernet 0/0/0
[AR4-GigabitEthernet0/0/0]ip address 10.0.234.4 24
[AR4-GigabitEthernet0/0/0]quit
[AR4]interface GigabitEthernet 0/0/1
[AR4-GigabitEthernet0/0/1]ip address 192.168.4.4 24
[AR4-GigabitEthernet0/0/1]quit
[AR4]interface LoopBack 0
[AR4-LoopBack0]ip address 4.4.4.4 32
[AR4-LoopBack0]quit
[AR4]ospf 10 router-id 4.4.4.4
[AR4-ospf-10]area 0
[AR4-ospf-10-area-0.0.0.0]network 10.0.234.4 0.0.0.0
[AR4-ospf-10-area-0.0.0.0]network 192.168.4.4 0.0.0.0
[AR4-ospf-10-area-0.0.0.0]network 4.4.4.4 0.0.0.0
```

配置完成后，本实验环境中的所有设备已经实现了全网互通。工程师可以查看 OSPF

邻居和路由，也可以使用 **ping** 命令对连通性进行测试。例 6-5 以 AR1 为例测试了它的 Loopback 0 接口与 AR4 Loopback 0 接口之间的连通性。本实验不展示其他路由器之间的连通性验证结果，读者可在配置后续内容之前自行验证，以确保 IP 地址配置正确。

例 6-5   验证直连的连通性

```
[AR1]ping -a 1.1.1.1 4.4.4.4
  PING 4.4.4.4: 56  data bytes, press CTRL_C to break
  Reply from 4.4.4.4: bytes=56 Sequence=1 ttl=254 time=80 ms
  Reply from 4.4.4.4: bytes=56 Sequence=2 ttl=254 time=30 ms
  Reply from 4.4.4.4: bytes=56 Sequence=3 ttl=254 time=60 ms
  Reply from 4.4.4.4: bytes=56 Sequence=4 ttl=254 time=70 ms
  Reply from 4.4.4.4: bytes=56 Sequence=5 ttl=254 time=50 ms

  --- 4.4.4.4 ping statistics ---
  5 packet(s) transmitted
  5 packet(s) received
  0.00% packet loss
  round-trip min/avg/max = 30/58/80 ms
```

6.2.2   配置 PIM-DM

为了使组播数据能够从组播源（AR1）被发送到连接了组播接收者的路由器（AR4），工程师需要在 4 台路由器全局启用组播路由功能，并在所有物理接口上启用 PIM-DM 功能。工程师可以使用以下命令进行配置。

- **multicast routing-enable**：系统视图命令，用来启用组播路由功能。在默认情况下，设备上没有启用组播路由功能。该命令是配置三层组播功能的前提，只有在全局启用了组播路由功能后，工程师才可以配置 PIM、IGMP 等三层组播协议及其他三层组播功能。

- **pim dm**：接口视图命令，用来在接口上启用 PIM-DM。在默认情况下，接口上未启用 PIM-DM。如果接口上需要同时启用 PIM-DM 和 IGMP，工程师必须先启用 PIM-DM，再启用 IGMP，如本实验中的 AR4 G0/0/1 接口。设备上不能同时启用 PIM-DM 和 PIM-SM。

图 6-2 标注了本实验中的 PIM-DM 接口。

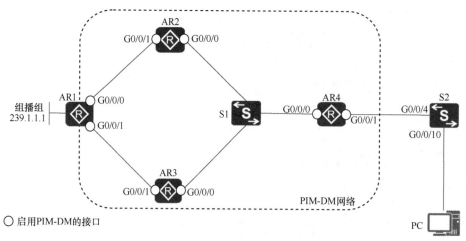

图 6-2   启用 PIM-DM 的接口

例 6-6～例 6-9 分别展示了路由器 AR1～AR4 上的 PIM-DM 配置。

例 6-6　路由器 AR1 的 PIM-DM 配置

```
[AR1]multicast routing-enable
[AR1]interface GigabitEthernet 0/0/0
[AR1-GigabitEthernet0/0/0]pim dm
[AR1-GigabitEthernet0/0/0]quit
[AR1]interface GigabitEthernet 0/0/1
[AR1-GigabitEthernet0/0/1]pim dm
```

例 6-7　路由器 AR2 的 PIM-DM 配置

```
[AR2]multicast routing-enable
[AR2]interface GigabitEthernet 0/0/0
[AR2-GigabitEthernet0/0/0]pim dm
[AR2-GigabitEthernet0/0/0]quit
[AR2]interface GigabitEthernet 0/0/1
[AR2-GigabitEthernet0/0/1]pim dm
```

例 6-8　路由器 AR3 的 PIM-DM 配置

```
[AR3]multicast routing-enable
[AR3]interface GigabitEthernet 0/0/0
[AR3-GigabitEthernet0/0/0]pim dm
[AR3-GigabitEthernet0/0/0]quit
[AR3]interface GigabitEthernet 0/0/1
[AR3-GigabitEthernet0/0/1]pim dm
```

例 6-9　路由器 AR4 的 PIM-DM 配置

```
[AR4]multicast routing-enable
[AR4]interface GigabitEthernet 0/0/0
[AR4-GigabitEthernet0/0/0]pim dm
[AR4-GigabitEthernet0/0/0]quit
[AR4]interface GigabitEthernet 0/0/1
[AR4-GigabitEthernet0/0/1]pim dm
```

配置完成后，工程师可以查看 PIM 接口，例 6-10 以 AR1 为例展示了 PIM 接口的信息。

例 6-10　查看 PIM 接口信息

```
[AR1]display pim interface
VPN-Instance: public net
Interface          State NbrCnt HelloInt   DR-Pri    DR-Address
GE0/0/0            up    1      30         1         10.0.12.2
GE0/0/1            up    1      30         1         10.0.13.3
```

例 6-10 的命令输出中展示了 PIM 接口上的摘要信息，工程师还可以在这条命令中使用可选关键字 **verbose** 查看接口的详细信息，例 6-11 以 AR1 G0/0/0 接口为例展示了 PIM 的详细信息。

例 6-11　查看 PIM 接口的详细信息

```
[AR1]display pim interface GigabitEthernet 0/0/0 verbose
VPN-Instance: public net
Interface: GigabitEthernet0/0/0, 10.0.12.1
    PIM version: 2
    PIM mode: Dense
    PIM state: up
    PIM DR: 10.0.12.2
    PIM DR Priority (configured): 1
    PIM neighbor count: 1
    PIM hello interval: 30 s
    PIM LAN delay (negotiated): 500 ms
    PIM LAN delay (configured): 500 ms
    PIM hello override interval (negotiated): 2500 ms
    PIM hello override interval (configured): 2500 ms
    PIM Silent: disabled
    PIM neighbor tracking (negotiated): disabled
    PIM neighbor tracking (configured): disabled
```

```
    PIM generation ID: 0XCFD92C77
    PIM require-GenID: disabled
    PIM hello hold interval: 105 s
    PIM assert hold interval: 180 s
    PIM triggered hello delay: 5 s
    PIM J/P interval: 60 s
    PIM J/P hold interval: 210 s
    PIM state-refresh processing: enabled
    PIM state-refresh interval: 60 s
    PIM graft retry interval: 3 s
    PIM state-refresh capability on link: capable
    PIM BFD: disabled
    PIM dr-switch-delay timer: not configured
    Number of routers on link not using DR priority: 0
    Number of routers on link not using LAN delay: 0
    Number of routers on link not using neighbor tracking: 2
    ACL of PIM neighbor policy: -
    ACL of PIM ASM join policy: -
    ACL of PIM SSM join policy: -
    ACL of PIM join policy: -
```

例 6-11 的命令输出中包含了 PIM 接口的详细信息，其中阴影行突出显示了该接口的
PIM 模式，即 PIM-DM 模式。此时工程师还可以查看 PIM 的邻居信息，详见例 6-12。

例 6-12　查看 PIM 的邻居信息

```
[AR1]display pim neighbor
 VPN-Instance: public net
 Total Number of Neighbors = 2

 Neighbor         Interface           Uptime    Expires  Dr-Priority  BFD-Session
 10.0.12.2        GE0/0/0             02:06:34  00:01:43 1            N
 10.0.13.3        GE0/0/1             02:05:28  00:01:17 1            N
```

同样，这条命令仅显示了 PIM 邻居的摘要信息，工程师还可以在这条命令中指定接
口，并使用可选关键字 **verbose** 查看邻居的详细信息，例 6-13 以 AR1 G0/0/0 接口为例
展示了 PIM 邻居的详细信息。

例 6-13　查看 PIM 邻居的详细信息

```
[AR1]display pim neighbor interface GigabitEthernet 0/0/0 verbose
 VPN-Instance: public net

 Total Number of Neighbors on this interface  = 1

 Neighbor: 10.0.12.2
    Interface: GigabitEthernet0/0/0
    Uptime: 02:08:58
    Expiry time: 00:01:19
    DR Priority: 1
    Generation ID: 0XAB53EF3D
    Holdtime: 105 s
    LAN delay: 500 ms
    Override interval: 2500 ms
    State refresh interval: 60 s
    Neighbor tracking: Disabled
    PIM BFD-Session: N
```

读者可以在自己的实验环境中检查其他路由器上的 PIM 接口的配置和 PIM 邻居关系，
本实验不做演示。至此 PIM-DM 的基础配置已经完成，接下来工程师需要进行 IGMP 配置。

6.2.3　配置 IGMP

在本实验中，工程师需要在与组播接收者相连的组播路由器接口上配置 IGMP 功能，
使组播接收者能够接入组播网络并接收组播报文。

在配置 IGMP 功能之前，工程师需要配置单播路由协议（如 OSPF），使各设备之间单播路由可达。工程师可以按照以下命令来配置 IGMP，读者可以在华为官方网站查询完整的命令语法。

- **igmp enable**：接口视图命令，用来在接口上启用 IGMP 功能。在默认情况下，接口上未启用 IGMP 功能。在 IP 组播网络连接组播接收者的网段上，三层组播设备（路由器）和用户主机（组播接收者）上都需要运行 IGMP。在与组播接收者相连的接口上启用 IGMP 后，组播设备才能处理来自主机的协议报文。如果接口上需要同时启用 PIM-DM 和 IGMP，工程师必须先启用 PIM-DM，再启用 IGMP，如本实验中的 AR4 G0/0/1 接口。
- **igmp version { 1 | 2 | 3 }**：接口视图命令，用来在接口上配置设备运行的 IGMP 版本。在默认情况下，接口上运行 IGMPv2。
- （可选）**igmp static-group** *group-address*：接口视图命令，用来在接口上配置静态组播组。在默认情况下，接口上未配置任何静态组播组。执行本命令后，接口上的 IGMP 静态组记录永远不会超时。当组播接收者不再需要接收该组播组的数据时，工程师需要手动删除这个静态组播组的配置。

图 6-3 标注了本实验中的 IGMP 接口。

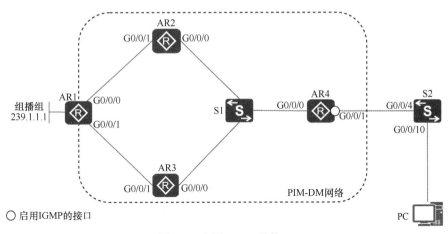

图 6-3　启用 IGMP 的接口

例 6-14 展示了路由器 AR4 上的 IGMP 配置。

例 6-14　路由器 AR4 的 IGMP 配置

```
[AR4]interface GigabitEthernet 0/0/1
[AR4-GigabitEthernet0/0/1]igmp enable
[AR4-GigabitEthernet0/0/1]igmp version 2
[AR4-GigabitEthernet0/0/1]igmp static-group 239.1.1.1
```

例 6-14 中的 IGMP 版本配置仅做展示，路由器默认运行的就是 IGMPv2。配置完成后，工程师可以查看 IGMP 接口的配置和运行信息，详见例 6-15。

例 6-15　查看 IGMP 接口的信息

```
[AR4]display igmp interface GigabitEthernet 0/0/1
Interface information of VPN-Instance: public net
 GigabitEthernet0/0/1(192.168.4.4):
   IGMP is enabled
   Current IGMP version is 2
```

```
IGMP state: up
IGMP group policy: none
IGMP limit: -
Value of query interval for IGMP (negotiated): -
Value of query interval for IGMP (configured): 60 s
Value of other querier timeout for IGMP: 0 s
Value of maximum query response time for IGMP: 10 s
Querier for IGMP: 192.168.4.4 (this router)
```

　　从例 6-15 的第一个阴影行可以确认当前接口上运行的 IGMP 版本为 2,第二个阴影行是指 IGMP 查询器,在 IGMPv1 中,查询器的选择由组播路由协议决定;在 IGMPv2 中,由该 IP 网段上拥有最小 IP 地址的设备充当查询器。本例的命令输出内容表明 AR4 是 IGMP 查询器。

　　工程师还可以在 AR4 上查看 PIM 路由表,详见例 6-16。

　　例 6-16　在 AR4 上查看 PIM 路由表

```
[AR4]display pim routing-table
VPN-Instance: public net
Total 1 (*, G) entry; 0 (S, G) entry

(*, 239.1.1.1)
    Protocol: pim-dm, Flag: WC
    UpTime: 00:20:33
    Upstream interface: NULL
        Upstream neighbor: NULL
        RPF prime neighbor: NULL
    Downstream interface(s) information:
    Total number of downstreams: 1
        1: GigabitEthernet0/0/1
            Protocol: static, UpTime: 00:20:33, Expires: never
```

　　工程师可以使用例 6-16 所示命令检查当前网络中的 PIM 协议是否配置成功,并且当组播数据在 PIM 网络中的转发出现问题时,工程师可以通过 PIM 路由表中的入接口、出接口、标志位等信息来确定出现问题的具体位置。

　　到目前为止,组播源未发送任何组播数据,因此除了 AR4 上有这条因手动配置组播组而产生的永不超时的组播路由外,其他路由器上是没有组播路由的。AR4 上该组播路由的标志位为 WC,表示(*, G)条目。在后续实验对 PIM 路由表的观察中,我们会逐一介绍命令输出中出现的标志位含义。

　　在本实验环境中,我们会让 AR1 模拟组播源。具体操作:工程师在 AR1 上以 Loopback 0 接口为源接口,向组播地址 239.1.1.1 发送 ICMP 数据包,详见例 6-17。

　　例 6-17　在 AR1 上模拟组播源发送组播流量

```
[AR1]ping -a 1.1.1.1 239.1.1.1
```

　　例 6-17 所示的命令并不会真的发出组播流量,这个 **ping** 测试的结果也是失败的,但它会触发 AR1 发出 PIM-DM State-Refresh 报文。State-Refresh 报文中携带组播源地址(1.1.1.1)和组播组地址(239.1.1.1)的信息,下游路由器接收到该报文后会创建(S, G)条目,并继续向其下游发送 State-Refresh 报文。我们通过抓包软件,在 AR1 的 G0/0/0 和 G0/0/1 接口进行抓包,图 6-4 展示了 AR1 发送的 State-Refresh 报文。

　　读者如果在自己的实验环境中无法执行抓包,可以在 AR1 上查看 State-Refresh 报文的发送情况,详见例 6-18。

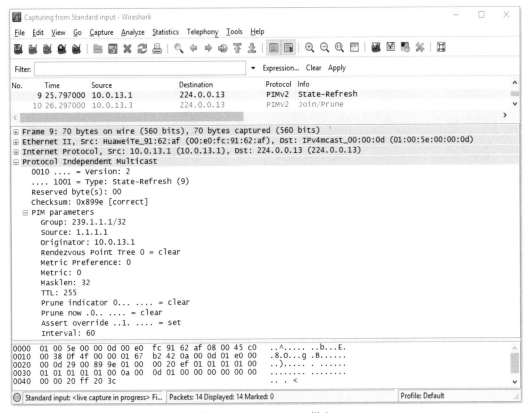

图 6-4　State-Refresh 报文

例 6-18　在 AR1 上查看 State-Refresh 报文的发送情况

```
[AR1]display pim control-message counters message-type state-refresh
VPN-Instance: public net
PIM control-message counters for interface: GigabitEthernet0/0/0
Message Type      Received        Sent          Invalid         Filtered
State-Refresh     0               11            0               0


PIM control-message counters for interface: GigabitEthernet0/0/1
Message Type      Received        Sent          Invalid         Filtered
State-Refresh     0               11            0               0
```

当通过已发送数量观察到 AR1 已经发出了 State-Refresh 报文后，我们就可以在 AR1 及其下游设备上观察 PIM 路由表中的(S, G)条目了，否则 AR1、AR2 和 AR3 的 PIM 路由表中没有内容。

在开始观察 PIM 路由表之前，我们先来分析一下本实验环境中会发生的事件。AR1 有两台下游 PIM 路由器：AR2 和 AR3，AR2 和 AR3 有相同的下游 PIM 路由器 AR4，AR2 和 AR3 的下游接口属于同一个 IP 网段，因此 AR2 和 AR3 之间会触发断言机制，最终 AR3 的 G0/0/0 接口拥有较大的 IP 地址（10.0.234.3 大于 10.0.234.2），使得 AR3 在断言选举中胜出。

现在，我们回到 AR1 刚发出 State-Refresh 报文的时间点，并从 AR1 开始观察每台设备的 PIM 路由表。如果对 PIM 路由表观察得足够及时，读者会看到 AR1 有两个下游接口，见例 6-19。

例 6-19 在 AR1 上查看 PIM 路由表

```
[AR1]display pim routing-table
VPN-Instance: public net
Total 0 (*, G) entry; 1 (S, G) entry

(1.1.1.1, 239.1.1.1)
    Protocol: pim-dm, Flag: LOC ACT
    UpTime: 00:00:14
    Upstream interface: LoopBack0
        Upstream neighbor: NULL
        RPF prime neighbor: NULL
    Downstream interface(s) information:
    Total number of downstreams: 2
        1: GigabitEthernet0/0/0
            Protocol: pim-dm, UpTime: 00:00:14, Expires:  -
        2: GigabitEthernet0/0/1
            Protocol: pim-dm, UpTime: 00:00:14, Expires:  -
```

例 6-19 命令输出中的标志位 LOC 表示该条目在与组播源网段直连的设备上，标志位 ACT 表示该表项已经有实际数据到达。

AR2 和 AR3 之间会执行断言机制，它们会通过各自的 G0/0/0 接口发送的断言报文进行选举。由于它们到达组播源的单播路由拥有相同的路由优先级和单播路由开销值，因此根据接口 IP 地址进行选举，拥有更大 IP 地址的 AR3 胜出。

AR3 会继续向 AR4 转发组播流量，因此它会向上游设备 AR1 发送 Join/Prune 消息加入组播分发树。图 6-5 展示了 AR3 发送的 Join/Prune 消息。

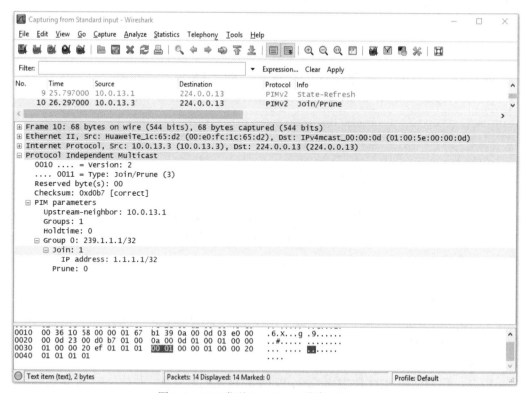

图 6-5　AR3 发送 Join/Prune 消息（Join）

AR3 的 PIM 路由表见例 6-20。

例 6-20 在 AR3 上查看 PIM 路由表

```
[AR3]display pim routing-table
VPN-Instance: public net
Total 0 (*, G) entry; 1 (S, G) entry

(1.1.1.1, 239.1.1.1)
    Protocol: pim-dm, Flag:
    UpTime: 00:00:29
    Upstream interface: GigabitEthernet0/0/1
        Upstream neighbor: 10.0.13.1
        RPF prime neighbor: 10.0.13.1
    Downstream interface(s) information:
    Total number of downstreams: 1
        1: GigabitEthernet0/0/0
            Protocol: pim-dm, UpTime: 00:00:29, Expires: never
```

从例 6-20 的命令输出中可以看出对于组播路由条目(1.1.1.1, 239.1.1.1)来说，AR3 上有一个下游接口 G0/0/0。

在断言选举中失利后，AR2 不再从自己的 G0/0/0 接口转发组播流量，它会向上游设备 AR1 发送 Join/Prune 消息来离开组播分发树。图 6-6 展示了 AR2 发送的 Join/Prune 消息。

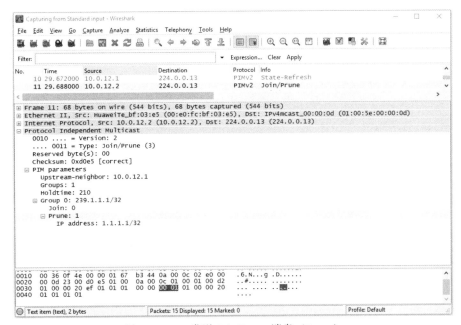

图 6-6 AR2 发送 Join/Prune 消息（Prune）

AR2 的 PIM 路由表见例 6-21。

例 6-21 在 AR2 上查看 PIM 路由表

```
[AR2]display pim routing-table
VPN-Instance: public net
Total 0 (*, G) entry; 1 (S, G) entry

(1.1.1.1, 239.1.1.1)
    Protocol: pim-dm, Flag:
    UpTime: 00:00:20
    Upstream interface: GigabitEthernet0/0/1
        Upstream neighbor: 10.0.12.1
        RPF prime neighbor: 10.0.12.1
    Downstream interface(s) information: None
```

从例 6-21 的命令输出可以看出 AR2 的 PIM 路由表中没有下游接口。

AR1 在接收到 AR2 和 AR3 发送的 Join/Prune 消息后会对自己的 PIM 路由表进行相应的调整,最终 AR1 的 PIM 路由表见例 6-22。

例 6-22　再次在 AR1 上查看 PIM 路由表

```
[AR1]display pim routing-table
VPN-Instance: public net
Total 0 (*, G) entry; 1 (S, G) entry

(1.1.1.1, 239.1.1.1)
    Protocol: pim-dm, Flag: LOC ACT
    UpTime: 00:00:37
    Upstream interface: LoopBack0
        Upstream neighbor: NULL
        RPF prime neighbor: NULL
    Downstream interface(s) information:
    Total number of downstreams: 1
        1: GigabitEthernet0/0/1
            Protocol: pim-dm, UpTime: 00:00:37, Expires: never
```

此时,我们可以从例 6-22 的命令输出中看到,组播路由条目(1.1.1.1, 239.1.1.1)中仅剩下了一个下游接口,即 AR1 上用来连接 AR3 的 G0/0/1 接口。

最后,我们再来观察 AR4 的 PIM 路由表,详见例 6-23。

例 6-23　再次在 AR4 上查看 PIM 路由表

```
[AR4]display pim routing-table
VPN-Instance: public net
Total 1 (*, G) entry; 1 (S, G) entry

(*, 239.1.1.1)
    Protocol: pim-dm, Flag: WC
    UpTime: 01:00:36
    Upstream interface: NULL
        Upstream neighbor: NULL
        RPF prime neighbor: NULL
    Downstream interface(s) information:
    Total number of downstreams: 1
        1: GigabitEthernet0/0/1
            Protocol: static, UpTime: 01:00:36, Expires: never

(1.1.1.1, 239.1.1.1)
    Protocol: pim-dm, Flag:
    UpTime: 00:02:47
    Upstream interface: GigabitEthernet0/0/0
        Upstream neighbor: 10.0.234.3
        RPF prime neighbor: 10.0.234.3
    Downstream interface(s) information:
    Total number of downstreams: 1
        1: GigabitEthernet0/0/1
            Protocol: pim-dm, UpTime: 00:02:47, Expires:  -
```

从例 6-23 的命令输出中可以看出 AR4 的上游邻居为 AR3(10.0.234.3),AR4 自身是最后一跳路由器。

6.2.4　更改 IGP 开销值来影响断言选举结果

在 6.2.3 小节的实验中我们观察到在 AR2 和 AR3 的断言选举中,AR3 因其接口 IP 地址较大赢得了选举。在本实验中,我们要通过增加 AR3 去往组播源地址 1.1.1.1 的路由开销值,使 AR2 赢得断言选举,加入组播分发树。

在本实验中,我们使用 OSPF 作为 IGP,因此需要观察并更改 OSPF 开销值。我们以 AR3 为例查看它去往组播源 1.1.1.1 的开销,详见例 6-24。

例 6-24　查看 AR3 去往组播源 1.1.1.1 的 IGP 开销值

```
[AR3]display ip routing-table 1.1.1.1
Route Flags: R - relay, D - download to fib
------------------------------------------------------------------------------
Routing Table : Public
Summary Count : 1
Destination/Mask    Proto   Pre  Cost      Flags NextHop         Interface

        1.1.1.1/32  OSPF    10   1         D     10.0.13.1       GigabitEthernet0/0/1
```

如例 6-24 的阴影部分所示，AR3 去往组播源地址 1.1.1.1 的 OSPF 开销值为 1，工程师将其更改为 3，详见例 6-25。

例 6-25　在 AR3 上增加去往组播源 1.1.1.1 的 IGP 开销值

```
[AR3]interface GigabitEthernet 0/0/1
[AR3-GigabitEthernet0/0/1]ospf cost 3
```

更改完成后，我们再次查看 AR3 去往组播源 1.1.1.1 的路由，详见例 6-26。

例 6-26　查看 AR3 去往组播源 1.1.1.1 的路由

```
[AR3]display ip routing-table 1.1.1.1
Route Flags: R - relay, D - download to fib
------------------------------------------------------------------------------
Routing Table : Public
Summary Count : 1
Destination/Mask    Proto   Pre  Cost      Flags NextHop         Interface

        1.1.1.1/32  OSPF    10   2         D     10.0.234.2      GigabitEthernet0/0/0
```

从例 6-26 所示的命令输出可以看出此时 AR3 已经改为通过 G0/0/0 接口去往 1.1.1.1 了，因为 AR2 提供的 OSPF 开销值为 2，小于本地 G0/0/1 接口的 OSPF 开销值 3。

为了触发断言选举，读者可以再次在 AR1 上模拟发送组播流量，本实验不再重复展示。当 AR2 和 AR3 再次经历了断言选举后，我们可以再次观察 AR2 和 AR3 的 PIM 路由表，详见例 6-27 和例 6-28。

例 6-27　查看 AR2 的 PIM 路由表

```
[AR2]display pim routing-table
 VPN-Instance: public net
 Total 0 (*, G) entry; 1 (S, G) entry

 (1.1.1.1, 239.1.1.1)
     Protocol: pim-dm, Flag:
     UpTime: 00:00:11
     Upstream interface: GigabitEthernet0/0/1
         Upstream neighbor: 10.0.12.1
         RPF prime neighbor: 10.0.12.1
     Downstream interface(s) information:
     Total number of downstreams: 1
         1: GigabitEthernet0/0/0
             Protocol: pim-dm, UpTime: 00:00:11, Expires: never
```

例 6-28　查看 AR3 的 PIM 路由表

```
[AR3]display pim routing-table
 VPN-Instance: public net
 Total 0 (*, G) entry; 1 (S, G) entry

 (1.1.1.1, 239.1.1.1)
     Protocol: pim-dm, Flag:
     UpTime: 00:00:14
     Upstream interface: GigabitEthernet0/0/0
         Upstream neighbor: 10.0.234.2
         RPF prime neighbor: 10.0.234.2
     Downstream interface(s) information: None
```

从例 6-27 和例 6-28 的命令输出可以看出这次 AR2 赢得了断言选举，继续向下游转发组播流量，而 AR3 上则没有下游接口。

最后，我们可以再次查看 AR4 的 PIM 路由表，详见例 6-29。

例 6-29　查看 AR4 的 PIM 路由表

```
[AR4]display pim routing-table
VPN-Instance: public net
Total 1 (*, G) entry; 1 (S, G) entry

(*, 239.1.1.1)
    Protocol: pim-dm, Flag: WC
    UpTime: 01:56:34
    Upstream interface: NULL
        Upstream neighbor: NULL
        RPF prime neighbor: NULL
    Downstream interface(s) information:
    Total number of downstreams: 1
        1: GigabitEthernet0/0/1
            Protocol: static, UpTime: 01:56:34, Expires: never

(1.1.1.1, 239.1.1.1)
    Protocol: pim-dm, Flag:
    UpTime: 00:03:38
    Upstream interface: GigabitEthernet0/0/0
        Upstream neighbor: 10.0.234.2
        RPF prime neighbor: 10.0.234.2
    Downstream interface(s) information:
    Total number of downstreams: 1
        1: GigabitEthernet0/0/1
            Protocol: pim-dm, UpTime: 00:03:38, Expires:  -
```

从例 6-29 的命令输出可以看出此时 AR4 的上游邻居变为了 AR2（10.0.234.2）。

6.2.5　配置 IGMP Snooping

当交换机接收到组播流量时，在默认情况下，它会执行泛洪操作。为了优化交换机对组播流量的转发行为，仅向连接了组播接收者的端口转发，工程师可以在交换机上启用 IGMP Snooping 功能。

本实验要求在交换机 S2 上启用 IGMP Snooping 功能，手动指定路由器端口和组成员端口，图 6-7 中标注了交换机 S2 上的路由器端口和成员端口。

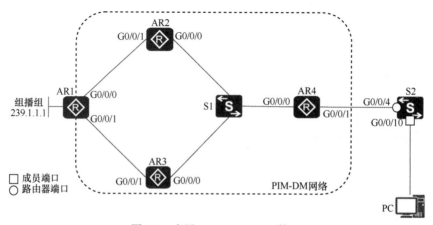

图 6-7　启用 IGMP Snooping 接口

工程师可以使用以下命令完成本实验的需求。

- **igmp-snooping enable**：系统视图命令，在全局启用 IGMP Snooping 功能。在默认情况下，全局的 IGMP Snooping 功能未启用。在配置 IGMP Snooping 时，工程师要首先使用此命令在全局启用 IGMP Snooping 功能，之后才能配置其他与 IGMP Snooping 功能相关的命令。

- **igmp-snooping enable**：VLAN 视图命令。在系统视图下全局启用了 IGMP Snooping 功能后，在默认情况下，各个 VLAN 的 IGMP Snooping 功能仍处于未启用状态，工程师还需要在特定的 VLAN 视图下配置此命令。启用了 VLAN 内的 IGMP Snooping 功能后，该功能仅在已加入该 VLAN 的端口上生效。

- **igmp-snooping version** *version*：VLAN 视图命令，用来配置 IGMP Snooping 在 VLAN 内可以处理的 IGMP 报文的版本。在默认情况下，IGMP Snooping 可以处理 IGMPv1、IGMPv2 的报文。*version* 的取值范围是 1～3，1 表示仅可以处理 IGMPv1 的报文，2 表示可以处理 IGMPv1 和 IGMPv2 的报文，3 表示可以处理 IGMPv1、IGMPv2 和 IGMPv3 的报文。

- （可选）**igmp-snooping static-router-port vlan** *vlan-id1* [**to** *vlan-id2*]：接口视图命令，将端口配置为静态路由器端口。在默认情况下，端口没有配置为静态路由器端口。*vlan-id1* [**to** *vlan-id2*]用来指定 VLAN ID，即该端口是哪些 VLAN 内的静态路由器端口。

- （可选）**l2-multicast static-group** [**source-address** *source-address*] **group-address** *group-address1* [**to** *group-address2*]：接口视图命令，用来配置该端口静态加入组播组。在默认情况下，端口没有静态加入任何组播组。**source-address** *source-address* 指定了组播源地址，**group-address** *group-address1* [**to** *group-address2*]指定了组播组地址，范围是 224.0.1.0～239.255.255.255。

例 6-30 展示了工程师按照实验要求对交换机 S2 的配置。

例 6-30　在交换机 S2 上配置 IGMP Snooping 功能

```
[S2]igmp-snooping enable
[S2]vlan 1
[S2-vlan1]igmp-snooping enable
[S2-vlan1]quit
[S2]interface GigabitEthernet 0/0/4
[S2-GigabitEthernet0/0/4]igmp-snooping static-router-port vlan 1
[S2-GigabitEthernet0/0/4]quit
[S2]interface GigabitEthernet 0/0/10
[S2-GigabitEthernet0/0/10]l2-multicast static-group group-address 239.1.1.1 vlan 1
```

在本书实验环境中，工程师没有在交换机上划分 VLAN，因此所有端口均工作于 VLAN 1 中。读者在自己的实验环境中若划分了 VLAN，则需要根据实际的 VLAN 划分进行配置。

配置完成后，我们可以查看交换机 S2 的二层组播转发表，详见例 6-31。

例 6-31　在交换机 S2 上查看二层组播转发表

```
[S2]display l2-multicast forwarding-table vlan 1
VLAN ID : 1, Forwarding Mode : IP
--------------------------------------------------------------------------
                   (Source, Group)     Interface              Out-Vlan
--------------------------------------------------------------------------
                   Router-port         GigabitEthernet0/0/4       1
```

```
                         (*, 239.1.1.1)      GigabitEthernet0/0/4      1
                                             GigabitEthernet0/0/10     1
-----------------------------------------------------------------------
Total Group(s) : 1
```

从例 6-31 的命令输出可以看出，G0/0/4 为路由器端口，G0/0/10 为成员端口。

至此，PIM-DM 实验的配置就完成了，对其他可选功能的使用和配置感兴趣的读者可以查询华为官方网站。

6.3 PIM-SM 实验

在本实验任务中，网络工程师需要完成 PIM-SM 的配置，本实验拓扑如图 6-8 所示。

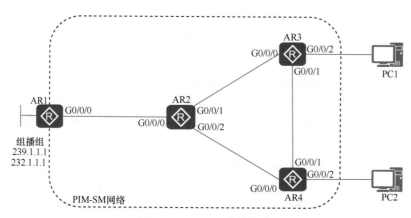

图 6-8　PIM-SM 实验拓扑

本拓扑所示的组播环境规模并不大，无法突出 PIM-SM 的优势，仅作为实验拓扑展示，并没有网络设计指导意义。

这个网络中有 4 台路由器，每台路由器都运行 OSPF，进程号为 10，使用 Loopback 0 接口 IP 地址作为 Router ID，将本地直连接口均发布到 OSPF 中。

在组播网络中，路由器 AR1 是第一跳路由器，它连接着组播组 239.1.1.1。路由器 AR3 和 AR4 是最后一跳路由器，它们连接着组播接收者（图 6-8 中的 PC1 和 PC2）。在这个示例组播环境中，工程师将使用 PIM-SM 模式来实现从组播源到组播接收者的数据流发送。为此，4 台路由器上都要部署 PIM-SM，并且在路由器 AR3 和 AR4 连接组播接收者的接口（G0/0/2）上激活 IGMPv2。

在这个组播网络中，整个组播网络作为一个 PIM 管理域，路由器 AR2 为 BSR，路由器 AR3 为组播组 239.1.1.1 的 RP。

表 6-3 列出了本实验使用的网络地址规划。

表 6-3　本实验使用的网络地址规划

设备	接口	IP 地址	子网掩码	默认网关
AR1	G0/0/0	10.0.12.1	255.255.255.0	—
	Loopback0	1.1.1.1	255.255.255.255	—

续表

设备	接口	IP 地址	子网掩码	默认网关
AR2	G0/0/0	10.0.12.2	255.255.255.0	—
	G0/0/1	10.0.23.2	255.255.255.0	—
	G0/0/2	10.0.24.2	255.255.255.0	—
	Loopback0	2.2.2.2	255.255.255.255	—
AR3	G0/0/0	10.0.23.3	255.255.255.0	—
	G0/0/1	10.0.34.3	255.255.255.0	—
	G0/0/2	192.168.3.3	255.255.255.0	—
	Loopback0	3.3.3.3	255.255.255.255	—
AR4	G0/0/0	10.0.24.4	255.255.255.0	—
	G0/0/1	10.0.34.4	255.255.255.0	—
	G0/0/2	192.168.4.4	255.255.255.0	—
	Loopback0	4.4.4.4	255.255.255.255	—
PC1	Eth0/0/1	192.168.3.10	255.255.255.0	192.168.3.3
PC2	Eth0/0/1	192.168.4.10	255.255.255.0	192.168.4.4

6.3.1 基础配置

本实验要在 4 台路由器接口上配置正确的 IP 地址，路由器接口的 IP 地址可参考表 6-3，并在 4 台路由器上按照实验要求启用 OSPF 协议。例 6-32～例 6-35 分别展示了路由器 AR1～AR4 上的基础配置。

例 6-32 路由器 AR1 的基础配置

```
[AR1]interface GigabitEthernet 0/0/0
[AR1-GigabitEthernet0/0/0]ip address 10.0.12.1 24
[AR1-GigabitEthernet0/0/0]quit
[AR1]interface LoopBack 0
[AR1-LoopBack0]ip address 1.1.1.1 32
[AR1-LoopBack0]quit
[AR1]ospf 10 router-id 1.1.1.1
[AR1-ospf-10]area 0
[AR1-ospf-10-area-0.0.0.0]network 10.0.12.1 0.0.0.0
[AR1-ospf-10-area-0.0.0.0]network 1.1.1.1 0.0.0.0
```

例 6-33 路由器 AR2 的基础配置

```
[AR2]interface GigabitEthernet 0/0/0
[AR2-GigabitEthernet0/0/0]ip address 10.0.12.2 24
[AR2-GigabitEthernet0/0/0]quit
[AR2]interface GigabitEthernet 0/0/1
[AR2-GigabitEthernet0/0/1]ip address 10.0.23.2 24
[AR2-GigabitEthernet0/0/1]quit
[AR2]interface GigabitEthernet 0/0/2
[AR2-GigabitEthernet0/0/2]ip address 10.0.24.2 24
[AR2-GigabitEthernet0/0/2]quit
[AR2]interface LoopBack 0
[AR2-LoopBack0]ip address 2.2.2.2 32
[AR2-LoopBack0]quit
[AR2]ospf 10 router-id 2.2.2.2
[AR2-ospf-10]area 0
[AR2-ospf-10-area-0.0.0.0]network 10.0.12.2 0.0.0.0
[AR2-ospf-10-area-0.0.0.0]network 10.0.23.2 0.0.0.0
[AR2-ospf-10-area-0.0.0.0]network 10.0.24.2 0.0.0.0
[AR2-ospf-10-area-0.0.0.0]network 2.2.2.2 0.0.0.0
```

例 6-34 路由器 AR3 的基础配置

```
[AR3]interface GigabitEthernet 0/0/0
[AR3-GigabitEthernet0/0/0]ip address 10.0.23.3 24
[AR3-GigabitEthernet0/0/0]quit
[AR3]interface GigabitEthernet 0/0/1
[AR3-GigabitEthernet0/0/1]ip address 10.0.34.3 24
[AR3-GigabitEthernet0/0/1]quit
[AR3]interface GigabitEthernet 0/0/2
[AR3-GigabitEthernet0/0/2]ip address 192.168.3.3 24
[AR3-GigabitEthernet0/0/2]quit
[AR3]interface LoopBack 0
[AR3-LoopBack0]ip address 3.3.3.3 32
[AR3-LoopBack0]quit
[AR3]ospf 10 router-id 3.3.3.3
[AR3-ospf-10]area 0
[AR3-ospf-10-area-0.0.0.0]network 10.0.23.3 0.0.0.0
[AR3-ospf-10-area-0.0.0.0]network 10.0.34.3 0.0.0.0
[AR3-ospf-10-area-0.0.0.0]network 192.168.3.3 0.0.0.0
[AR3-ospf-10-area-0.0.0.0]network 3.3.3.3 0.0.0.0
```

例 6-35 路由器 AR4 的基础配置

```
[AR4]interface GigabitEthernet 0/0/0
[AR4-GigabitEthernet0/0/0]ip address 10.0.24.4 24
[AR4-GigabitEthernet0/0/0]quit
[AR4]interface GigabitEthernet 0/0/1
[AR4-GigabitEthernet0/0/1]ip address 10.0.34.4 24
[AR4-GigabitEthernet0/0/1]quit
[AR4]interface GigabitEthernet 0/0/2
[AR4-GigabitEthernet0/0/2]ip address 192.168.4.4 24
[AR4-GigabitEthernet0/0/2]quit
[AR4]interface LoopBack 0
[AR4-LoopBack0]ip address 4.4.4.4 32
[AR4-LoopBack0]quit
[AR4]ospf 10 router-id 4.4.4.4
[AR4-ospf-10]area 0
[AR4-ospf-10-area-0.0.0.0]network 10.0.24.4 0.0.0.0
[AR4-ospf-10-area-0.0.0.0]network 10.0.34.4 0.0.0.0
[AR4-ospf-10-area-0.0.0.0]network 192.168.4.4 0.0.0.0
[AR4-ospf-10-area-0.0.0.0]network 4.4.4.4 0.0.0.0
```

　　配置完成后，本实验环境中的所有设备已经实现了全网互通。工程师可以查看 OSPF 邻居和路由，也可以使用 **ping** 命令对连通性进行测试。例 6-36 以 AR1 为例测试了它的 Loopback 0 接口与 PC1 和 PC2 之间的连通性。本实验中不展示其他路由器之间的连通性验证结果，读者可在配置后续内容之前自行验证，以确保 IP 地址配置正确。

例 6-36 验证直连的连通性

```
[AR1]ping -a 1.1.1.1 192.168.3.10
  PING 192.168.3.10: 56  data bytes, press CTRL_C to break
    Reply from 192.168.3.10: bytes=56 Sequence=1 ttl=126 time=30 ms
    Reply from 192.168.3.10: bytes=56 Sequence=2 ttl=126 time=30 ms
    Reply from 192.168.3.10: bytes=56 Sequence=3 ttl=126 time=30 ms
    Reply from 192.168.3.10: bytes=56 Sequence=4 ttl=126 time=30 ms
    Reply from 192.168.3.10: bytes=56 Sequence=5 ttl=126 time=30 ms

  --- 192.168.3.10 ping statistics ---
    5 packet(s) transmitted
    5 packet(s) received
    0.00% packet loss
    round-trip min/avg/max = 30/30/30 ms

[AR1]ping -a 1.1.1.1 192.168.4.10
  PING 192.168.4.10: 56  data bytes, press CTRL_C to break
    Reply from 192.168.4.10: bytes=56 Sequence=1 ttl=126 time=40 ms
    Reply from 192.168.4.10: bytes=56 Sequence=2 ttl=126 time=30 ms
    Reply from 192.168.4.10: bytes=56 Sequence=3 ttl=126 time=50 ms
```

```
   Reply from 192.168.4.10: bytes=56 Sequence=4 ttl=126 time=30 ms
   Reply from 192.168.4.10: bytes=56 Sequence=5 ttl=126 time=20 ms

 --- 192.168.4.10 ping statistics ---
   5 packet(s) transmitted
   5 packet(s) received
   0.00% packet loss
   round-trip min/avg/max = 20/34/50 ms
```

6.3.2　配置 PIM-SM（ASM 模型）

为了使组播数据能够从组播源（AR1）发送到连接了组播接收者的路由器（AR3 和 AR4），工程师需要在 4 台路由器全局启用组播路由功能，并在所有物理接口上启用 PIM-SM 功能。

工程师可以使用以下命令进行配置。

- **multicast routing-enable**：系统视图命令，用来启用组播路由功能。在默认情况下，设备上未启用组播路由功能。该命令是配置三层组播功能的前提，只有在全局启用了组播路由功能后，工程师才可以配置 PIM、IGMP 等三层组播协议及其他三层组播功能。

- **pim sm**：接口视图命令，用来在接口上启用 PIM-SM。在默认情况下，接口上未启用 PIM-SM。如果接口上需要同时启用 PIM-SM 和 IGMP，工程师必须先启用 PIM-SM，再启用 IGMP，如本实验中的 AR3 和 AR4 的 G0/0/2 接口。设备上不能同时启用 PIM-SM 和 PIM-DM。

图 6-9 中标注了本实验中的 PIM-SM 接口。

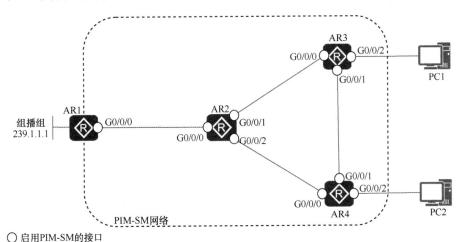

图 6-9　启用 PIM-SM 的接口

例 6-37～例 6-40 分别展示了路由器 AR1～AR4 上的 PIM-SM 配置。

例 6-37　路由器 AR1 的 PIM-SM 配置

```
[AR1]multicast routing-enable
[AR1]interface GigabitEthernet 0/0/0
[AR1-GigabitEthernet0/0/0]pim sm
[AR1-GigabitEthernet0/0/0]quit
[AR1]interface LoopBack 0
[AR1-LoopBack0]pim sm
```

例 6-38   路由器 AR2 的 PIM-SM 配置

```
[AR2]multicast routing-enable
[AR2]interface GigabitEthernet 0/0/0
[AR2-GigabitEthernet0/0/0]pim sm
[AR2-GigabitEthernet0/0/0]quit
[AR2]interface GigabitEthernet 0/0/1
[AR2-GigabitEthernet0/0/1]pim sm
[AR2-GigabitEthernet0/0/1]quit
[AR2]interface GigabitEthernet 0/0/2
[AR2-GigabitEthernet0/0/2]pim sm
```

例 6-39   路由器 AR3 的 PIM-SM 配置

```
[AR3]multicast routing-enable
[AR3]interface GigabitEthernet 0/0/0
[AR3-GigabitEthernet0/0/0]pim sm
[AR3-GigabitEthernet0/0/0]quit
[AR3]interface GigabitEthernet 0/0/1
[AR3-GigabitEthernet0/0/1]pim sm
[AR3-GigabitEthernet0/0/1]quit
[AR3]interface GigabitEthernet 0/0/2
[AR3-GigabitEthernet0/0/2]pim sm
```

例 6-40   路由器 AR4 的 PIM-SM 配置

```
[AR4]multicast routing-enable
[AR4]interface GigabitEthernet 0/0/0
[AR4-GigabitEthernet0/0/0]pim sm
[AR4-GigabitEthernet0/0/0]quit
[AR4]interface GigabitEthernet 0/0/1
[AR4-GigabitEthernet0/0/1]pim sm
[AR4-GigabitEthernet0/0/1]quit
[AR4]interface GigabitEthernet 0/0/2
[AR4-GigabitEthernet0/0/2]pim sm
```

配置完成后，工程师可以查看 PIM 接口，例 6-41 以 AR2 为例展示了 PIM 接口信息。

例 6-41   查看 PIM 接口信息

```
[AR2]display pim interface
VPN-Instance: public net
Interface        State NbrCnt HelloInt    DR-Pri    DR-Address
GE0/0/0          up    1      30          1         10.0.12.2      (local)
GE0/0/1          up    1      30          1         10.0.23.3
GE0/0/2          up    1      30          1         10.0.24.4
```

例 6-41 的命令输出中展示了 PIM 的接口上的摘要信息，读者可以在实验中使用 **verbose** 关键字来查看详细信息。

工程师还可以查看 PIM 邻居信息，详见例 6-42。

例 6-42   查看 PIM 邻居信息

```
[AR2]display pim neighbor
VPN-Instance: public net
Total Number of Neighbors = 3

Neighbor          Interface        Uptime    Expires   Dr-Priority  BFD-Session
10.0.12.1         GE0/0/0          00:08:56  00:01:27  1            N
10.0.23.3         GE0/0/1          00:08:09  00:01:35  1            N
10.0.24.4         GE0/0/2          00:05:16  00:01:29  1            N
```

同样，这条命令仅显示了 PIM 邻居的摘要信息，读者可以在实验中使用 **verbose** 关键字来查看详细信息。

6.3.3   配置动态 RP

在本实验中，工程师要将路由器 AR2 配置为 BSR，使用 Loopback 0 接口，并设置优先级 100。工程师还需要配置动态 RP，使路由器 AR3 成为组播组 239.1.1.1 的 RP，并设置优先级 100。图 6-10 中标明了 BSR 和 RP。

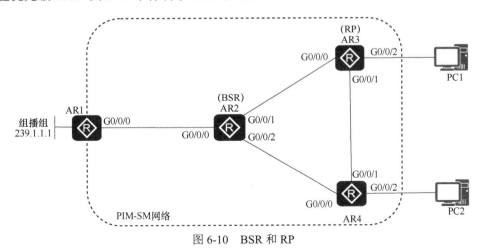

图 6-10　BSR 和 RP

工程师可以使用以下命令进行配置，读者可以在华为官方网站查询完整的命令语法。

- **pim**：系统视图命令，用来进入 PIM 视图。在 PIM 视图中，工程师可以进行 PIM 协议相关的配置。

- **c-bsr** *interface-type interface-number* [*hash-length* [*priority*]]：PIM 视图命令，用来配置 C-BSR。默认情况下未配置 C-BSR。*interface-type interface-number* 指定了接口类型和接口编号，C-BSR 配置在该接口上，该接口上要启用 PIM-SM 功能，该配置才能生效。建议使用 Loopback 接口作为 C-BSR 引用的接口，这样可以避免接口震荡引起协议频繁变化。*hash-length* 表示该 C-BSR 的哈希掩码长度，该参数用于 RP 竞选。*priority* 表示该 C-BSR 的优先级，数值越大，优先级越高。

- **c-rp** *interface-type interface-number* [**group-policy** *basic-acl-number*| **priority** *priority*]：PIM 视图命令，用来配置 C-RP。默认情况下未配置 C-RP。*interface-type interface-number* 指定了接口类型和接口编号，该接口的 IP 地址被通告为候选 RP 地址。建议使用 Loopback 接口作为 C-RP 引用的接口，这样可以避免接口震荡引起协议频繁变化。**group-policy** *basic-acl-number* 指定了候选 RP 所服务的组播组范围，该范围由基本 ACL 中的 permit 语句指定，取值范围为 2000～2999。**priority** *priority* 指定了该候选 RP 的优先级，数值越小，优先级越高，取值范围为 0～255，默认值为 0。

我们在路由器 AR2 上配置 BSR，首先需要在 BSR 引用的接口（Loopback 0）上启用 PIM-SM，然后再进入 PIM 视图进行 C-BSR 设置，详见例 6-43。

例 6-43　在 AR2 上配置 Loopback 0 接口为 BSR

```
[AR2]interface LoopBack 0
[AR2-LoopBack0]pim sm
[AR2-LoopBack0]quit
[AR2]pim
[AR2-pim]c-bsr LoopBack 0
[AR2-pim]c-bsr priority 100
```

配置完成后，工程师可以在路由器 AR2 和其他路由器上查看 BSR 信息，详见例 6-44

和例 6-45。

例 6-44　在 AR2 上查看 BSR 信息

```
[AR2]display pim bsr-info
 VPN-Instance: public net
 Elected AdminScoped BSR Count: 0
 Elected BSR Address: 2.2.2.2
     Priority: 100
     Hash mask length: 30
     State: Elected
     Scope: Not scoped
     Uptime: 00:03:23
     Next BSR message scheduled at: 00:00:37
     C-RP Count: 0
 Candidate AdminScoped BSR Count: 0
 Candidate BSR Address: 2.2.2.2
     Priority: 100
     Hash mask length: 30
     State: Elected
     Scope: Not scoped
     Wait to be BSR: 0
```

例 6-45　在 AR4 上查看 BSR 信息

```
[AR4]display pim bsr-info
 VPN-Instance: public net
 Elected AdminScoped BSR Count: 0
 Elected BSR Address: 2.2.2.2
     Priority: 100
     Hash mask length: 30
     State: Accept Preferred
     Scope: Not scoped
     Uptime: 00:04:03
     Expires: 00:02:07
     C-RP Count: 0
```

路由器 AR2 上配置了 C-BSR，因此该命令输出内容中显示出了 Elected BSR 和 C-BSR 信息。路由器 AR4 上没有配置 C-BSR，因此只显示了 Elected BSR 信息，该部分信息的标题行以阴影突出显示。

接着，工程师要在路由器 AR3 上配置 C-RP，实验要求路由器 AR3 作为组播组 239.1.1.1 的 RP，因此工程师可以使用基本 ACL 指定该组播组地址。工程师需要在 RP 引用的接口（Loopback 0）上启用 PIM-SM，然后再进入 PIM 视图进行 C-RP 设置。AR3 的 RP 配置详见例 6-46。

例 6-46　在 AR3 上配置 Loopback 0 接口为 RP

```
[AR3]interface LoopBack 0
[AR3-LoopBack0]pim sm
[AR3-LoopBack0]quit
[AR3]acl 2000
[AR3-acl-basic-2000]rule 10 permit source 239.1.1.1 0
[AR3-acl-basic-2000]quit
[AR3]pim
[AR3-pim]c-rp LoopBack 0 group-policy 2000 priority 100
```

配置完成后，工程师可以在路由器 AR3 和其他路由器上查看 BSR 信息并确认 RP，详见例 6-47 和例 6-48。

例 6-47　在 AR3 上查看 RP 信息

```
[AR3]display pim rp-info
 VPN-Instance: public net
 PIM-SM BSR RP Number:1
 Group/MaskLen: 224.0.0.0/4
     RP: 3.3.3.3 (local)
```

```
  Priority: 100
  Uptime: 00:03:34
  Expires: 00:01:56
```

例 6-48　在 AR4 上查看 RP 信息

```
[AR4]display pim rp-info
 VPN-Instance: public net
 PIM-SM BSR RP Number:1
 Group/MaskLen: 224.0.0.0/4
    RP: 3.3.3.3
    Priority: 100
    Uptime: 00:03:52
    Expires: 00:01:38
```

从例 6-47 和例 6-48 的命令输出中暂时没有看到组播组的信息，这是因为当前网络中还没有传输过组播流量，这部分的验证会在后面的实验中展示。

6.3.4　配置 IGMP

在本实验中，工程师需要在与组播接收者相连的组播路由器接口上配置 IGMP 功能，使组播接收者能够接入组播网络并接收组播报文。

图 6-11 中标注了本实验中的 IGMP 接口。

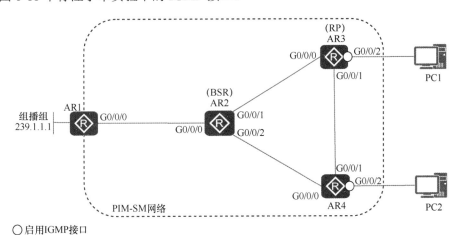

图 6-11　启用 IGMP 接口

例 6-49 和例 6-50 展示了路由器 AR3 和 AR4 上的 IGMP 配置。

例 6-49　路由器 AR3 的 IGMP 配置

```
[AR3]interface GigabitEthernet 0/0/2
[AR3-GigabitEthernet0/0/2]igmp enable
[AR3-GigabitEthernet0/0/2]igmp static-group 239.1.1.1
```

例 6-50　路由器 AR4 的 IGMP 配置

```
[AR4]interface GigabitEthernet 0/0/2
[AR4-GigabitEthernet0/0/2]igmp enable
[AR4-GigabitEthernet0/0/2]igmp static-group 239.1.1.1
```

配置完成后，工程师可以查看 IGMP 接口的配置和运行信息，以 AR4 为例，详见例 6-51。

例 6-51　查看 IGMP 接口信息

```
[AR4]display igmp interface GigabitEthernet 0/0/2
 Interface information of VPN-Instance: public net
```

```
GigabitEthernet0/0/2(192.168.4.4):
 IGMP is enabled
 Current IGMP version is 2
 IGMP state: up
 IGMP group policy: none
 IGMP limit: -
 Value of query interval for IGMP (negotiated): -
 Value of query interval for IGMP (configured): 60 s
 Value of other querier timeout for IGMP: 0 s
 Value of maximum query response time for IGMP: 10 s
 Querier for IGMP: 192.168.4.4 (this router)
```

从例 6-51 的阴影行可以确认当前接口上运行的 IGMP 版本为 2。

工程师还可以在 AR4 上查看 PIM 路由表，详见例 6-52。

例 6-52　在 AR4 上查看 PIM 路由表

```
[AR4]display pim routing-table
VPN-Instance: public net
Total 1 (*, G) entry; 0 (S, G) entry
(*, 239.1.1.1)
    RP: 3.3.3.3
    Protocol: pim-sm, Flag: WC
    UpTime: 00:03:41
    Upstream interface: GigabitEthernet0/0/1
        Upstream neighbor: 10.0.34.3
        RPF prime neighbor: 10.0.34.3
    Downstream interface(s) information:
    Total number of downstreams: 1
        1: GigabitEthernet0/0/2
            Protocol: static, UpTime: 00:03:41, Expires: -
```

从例 6-52 的阴影部分可以看出 AR4 将 G0/0/1 接口指定为(*, 239.1.1.1)的上游接口，并从上游接口发送 PIM 加入报文。

接着，我们查看 AR3 的 PIM 路由表，详见例 6-53。

例 6-53　在 AR3 上查看 PIM 路由表

```
[AR3]display pim routing-table
VPN-Instance: public net
Total 1 (*, G) entry; 0 (S, G) entry
(*, 239.1.1.1)
    RP: 3.3.3.3 (local)
    Protocol: pim-sm, Flag: WC
    UpTime: 00:08:23
    Upstream interface: Register
        Upstream neighbor: NULL
        RPF prime neighbor: NULL
    Downstream interface(s) information:
    Total number of downstreams: 2
        1: GigabitEthernet0/0/1
            Protocol: pim-sm, UpTime: 00:07:35, Expires: 00:02:55
        2: GigabitEthernet0/0/2
            Protocol: static, UpTime: 00:08:23, Expires: -
```

从例 6-53 的阴影部分可以看出 AR3 的上游接口为空（NULL），这是因为 AR3 为 RP，它不需要向上游发送 PIM 加入报文，并且当前网络中暂时没有组播源向该 RP 进行注册。

工程师在路由器 AR1 上使用命令 **ping multicast 239.1.1.1** 模拟组播组 239.1.1.1 的组播源发送组播数据，待网络稳定后，我们可以再次查看 AR4 的 PIM 路由表，详见例 6-54。

例 6-54 在 AR4 上查看 PIM 路由表

```
[AR4]display pim routing-table
VPN-Instance: public net
Total 1 (*, G) entry; 1 (S, G) entry

(*, 239.1.1.1)
    RP: 3.3.3.3
    Protocol: pim-sm, Flag: WC
    UpTime: 00:26:03
    Upstream interface: GigabitEthernet0/0/1
        Upstream neighbor: 10.0.34.3
        RPF prime neighbor: 10.0.34.3
    Downstream interface(s) information:
    Total number of downstreams: 1
        1: GigabitEthernet0/0/2
            Protocol: static, UpTime: 00:26:03, Expires: -

(1.1.1.1, 239.1.1.1)
    RP: 3.3.3.3
    Protocol: pim-sm, Flag: SPT ACT
    UpTime: 00:00:11
    Upstream interface: GigabitEthernet0/0/0
        Upstream neighbor: 10.0.24.2
        RPF prime neighbor: 10.0.24.2
    Downstream interface(s) information:
    Total number of downstreams: 1
        1: GigabitEthernet0/0/2
            Protocol: pim-sm, UpTime: 00:00:11, Expires: -
```

在例 6-54 的命令输出中我们来看 (1.1.1.1, 239.1.1.1)，标志位 SPT 表示最短路径树。该组播路径不再是 RPT，而是 SPT，即上游接口不是 G0/0/1 接口，而是 G0/0/0 接口，上游邻居不是 AR3，而是 AR2。

如果工程师希望 AR4 不使用 SPT，而是依照 RPT 转发组播流量的话，可以更改 SPT 切换条件。工程师可以使用以下命令进行配置。读者可以在华为官方网站查询完整的命令语法。

- **spt-switch-threshold** { *traffic-rate* | **infinity** }：PIM 视图命令，用来设置组成员端 DR 加入 SPT 的组播报文速率阈值。在默认情况下，当从 RPT 接收到第一个组播数据包后，设备会立即进行 STP 切换（正如前文实验中展示的效果）。*traffic-rate* 指定了从 RPT 切换到 SPT 的速率阈值，取值范围为 1～4194304，单位是 kbit/s。**infinity** 表示永远不发起 SPT 切换。该命令需要配置在所有充当组成员端 DR 的设备上，在 RP 上配置无效。该命令仅对 PIM-SM 有效。

例 6-55 展示了 AR4 上的配置命令。

例 6-55 在 AR4 上更改 SPT 切换条件

```
[AR4]pim
[AR4-pim]spt-switch-threshold infinity
```

配置完成后，我们可以再次在 AR1 上使用命令 **ping multicast 239.1.1.1** 模拟组播组 239.1.1.1 的组播源发送组播数据。待网络稳定后，我们可以再次查看 AR4 的 PIM 路由表，详见例 6-56。

例 6-56 再次在 AR4 上查看 PIM 路由表

```
[AR4]display pim routing-table
VPN-Instance: public net
Total 1 (*, G) entry; 1 (S, G) entry

(*, 239.1.1.1)
```

```
    RP: 3.3.3.3
    Protocol: pim-sm, Flag: WC
    UpTime: 1d:01h
    Upstream interface: GigabitEthernet0/0/1
        Upstream neighbor: 10.0.34.3
        RPF prime neighbor: 10.0.34.3
    Downstream interface(s) information:
    Total number of downstreams: 1
        1: GigabitEthernet0/0/2
            Protocol: static, UpTime: 1d:01h, Expires: -
(1.1.1.1, 239.1.1.1)
    RP: 3.3.3.3
    Protocol: pim-sm, Flag: ACT
    UpTime: 00:01:31
    Upstream interface: GigabitEthernet0/0/1
        Upstream neighbor: 10.0.34.3
        RPF prime neighbor: 10.0.34.3
    Downstream interface(s) information:
    Total number of downstreams: 1
        1: GigabitEthernet0/0/2
            Protocol: pim-sm, UpTime: 00:01:31, Expires: -
```

从例 6-56 的阴影行可以看出 AR4 的上游接口改回了 G0/0/1，上游邻居为 AR3，
(1.1.1.1, 239.1.1.1)的路径为沿着 RP 到达组播源，使用 RPT，未向 SPT 切换。

6.3.5　配置 PIM-SM（SSM 模型）

在本实验中，工程师要配置 SSM 模型，使 PC2 能够接收到指定源（1.1.1.1）发送的
组播数据。工程师需要将连接 PC2 的路由器接口的 IGMP 版本更改为 3，并静态加入组
播组 232.1.1.1。图 6-12 展示了本实验使用的拓扑图。

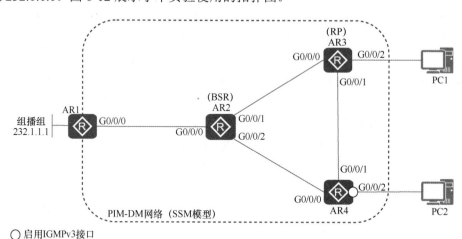

图 6-12　启用 IGMPv3 接口

工程师可以使用以下命令完成本实验的要求。读者可以在华为官方网站查询完整的
命令语法。

- **igmp version** *version*：接口视图命令，用来配置接口上运行的 IGMP 版本。在默
  认情况下，接口上运行 IGMPv2。*version* 的取值范围是 1～3。
- **igmp static-group** *group-address* [**source** *source-address*]：接口视图命令，用来在
  接口上配置静态组播组。在默认情况下，接口未配置任何静态组播组。

group-address 指定了组播组地址，格式为点分十进制，取值范围为 224.0.1.0～239.255.255.255。**source** *source-address* 指定了组播源。

例 6-57 展示了 AR4 上的配置命令。

例 6-57　在 AR4 上配置 SSM

```
[AR4]interface GigabitEthernet 0/0/2
[AR4-GigabitEthernet0/0/2]igmp version 3
[AR4-GigabitEthernet0/0/2]igmp static-group 232.1.1.1 source 1.1.1.1
```

配置完成后，我们可以查看 AR4 G0/0/2 接口的 IGMP 信息，详见例 6-58。

例 6-58　在 AR4 上查看 G0/0/2 接口的 IGMP 信息

```
[AR4]display igmp interface GigabitEthernet 0/0/2
Interface information of VPN-Instance: public net
 GigabitEthernet0/0/2(192.168.4.4):
   IGMP is enabled
   Current IGMP version is 3
   IGMP state: up
   IGMP group policy: none
   IGMP limit: -
   Value of query interval for IGMP (negotiated): 60 s
   Value of query interval for IGMP (configured): 60 s
   Value of other querier timeout for IGMP: 0 s
   Value of maximum query response time for IGMP: 10 s
   Querier for IGMP: 192.168.4.4 (this router)
```

从例 6-58 的阴影行可以看出该接口的 IGMP 版本为 3。

现在，工程师不需要在 AR1 上触发组播流量，可以直接查看 AR4 的 PIM 路由表，详见例 6-59。

例 6-59　在 AR4 上查看 PIM 路由表

```
[AR4]display pim routing-table
VPN-Instance: public net
Total 1 (*, G) entry; 1 (S, G) entry

 (*, 239.1.1.1)
   RP: 3.3.3.3
   Protocol: pim-sm, Flag: WC
   UpTime: 1d:23h
   Upstream interface: GigabitEthernet0/0/1
       Upstream neighbor: 10.0.34.3
       RPF prime neighbor: 10.0.34.3
   Downstream interface(s) information:
   Total number of downstreams: 1
       1: GigabitEthernet0/0/2
           Protocol: static, UpTime: 1d:23h, Expires: -

 (1.1.1.1, 232.1.1.1)
   Protocol: pim-ssm, Flag: SG_RCVR
   UpTime: 00:06:04
   Upstream interface: GigabitEthernet0/0/0
       Upstream neighbor: 10.0.24.2
       RPF prime neighbor: 10.0.24.2
   Downstream interface(s) information:
   Total number of downstreams: 1
       1: GigabitEthernet0/0/2
           Protocol: static, UpTime: 00:06:04, Expires: -
```

例 6-59 的阴影行标识了这条新的 PIM 路由，从这条组播路由的详细信息可以看出协议为 PIM-SSM（pim-ssm），标志位 SG_RCVR 表示路由器有组播源的本地(S, G)接收者，并且下游接口使用 PIM 协议。该路由的上游接口为 G0/0/0，上游邻居为 AR2。

工程师可以在 AR2 上查看 PIM 路由表，详见例 6-60。

例 6-60　在 AR2 上查看 PIM 路由表

```
[AR2]display pim routing-table
VPN-Instance: public net
Total 1 (S, G) entry

(1.1.1.1, 232.1.1.1)
    Protocol: pim-ssm, Flag:
    UpTime: 00:43:23
    Upstream interface: GigabitEthernet0/0/0
        Upstream neighbor: 10.0.12.1
        RPF prime neighbor: 10.0.12.1
    Downstream interface(s) information:
    Total number of downstreams: 1
        1: GigabitEthernet0/0/2
            Protocol: pim-ssm, UpTime: 00:43:23, Expires: 00:03:07
```

从例 6-60 的命令输出可以看出 AR2 上也产生了这条(S, G)路由，并且它的协议为 PIM-SSM，上游接口为 G0/0/0，上游邻居为 AR1。

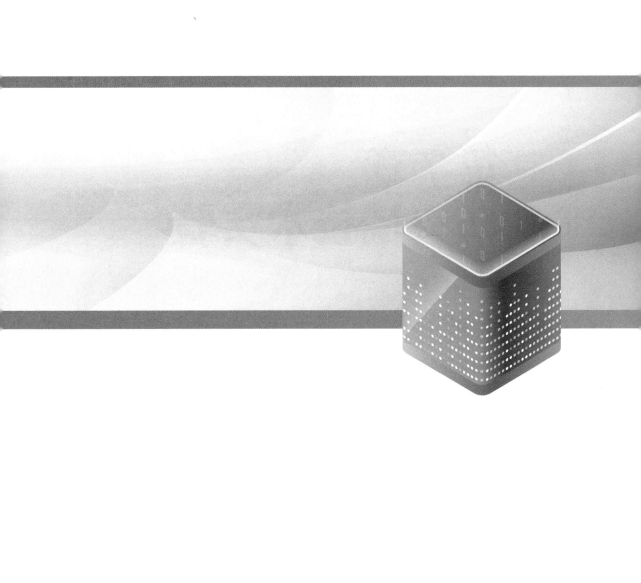

第 7 章
防火墙技术实验

本章主要内容

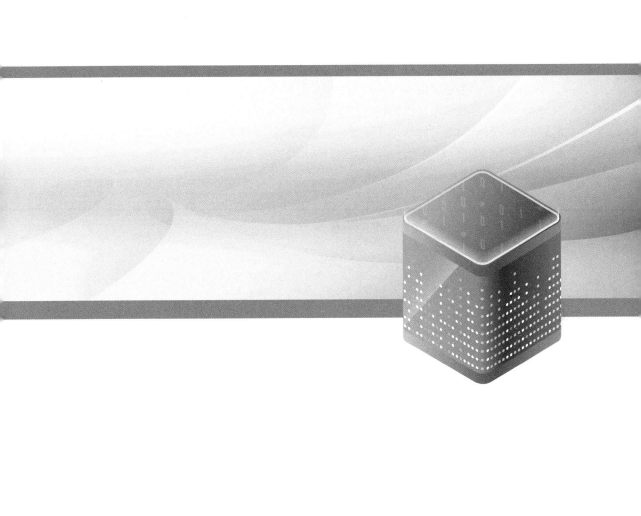

防火墙是一种专门用于实施隔离技术的网络设备，用来将内网与外网分开，可以防止外部用户以非法手段进入内部网络，保护内部网络免受非法用户的侵入，以此保护机构的资产。

防火墙通过安全区域来实施隔离，这个安全区域简称为区域（Zone）。在防火墙中，区域是一个接口或多个接口的组合，这些接口所连接的用户具有相同的安全属性，每个区域都有一个全局唯一的安全优先级。防火墙默认允许同一个区域内的数据流动，当数据需要在不同的区域间流动时，会触发防火墙的安全检查，并实施相应的安全策略。图 7-1 展示了防火墙安全区域的概念。

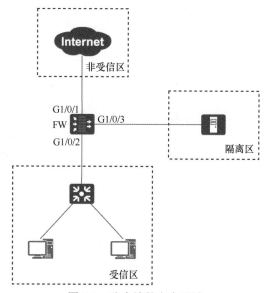

图 7-1　防火墙的安全区域

在图 7-1 所示的环境中，防火墙（即图中名为 FW 的设备，后文使用它的设备名 FW）的 G1/0/1 接口连接了互联网，因此该接口对应的安全区域应该为 untrust（非受信）区域，在配置中，工程师需要将该接口添加到 untrust 区域中。FW 的 G1/0/2 接口连接内网用户区域，工程师可以将该接口添加到 trust（受信）区域中。FW 的 G1/0/3 接口连接 dmz（隔离区），工程师可以将该接口添加到 dmz 中。

华为防火墙默认有 4 个安全区域：untrust、dmz、trust 和 local（本地）。工程师无法删除默认安全区域，也无法更改其安全优先级。默认安全区域的安全优先级见表 7-1。

表 7-1　默认安全区域的安全优先级

区域	安全优先级	说明
untrust	5	低安全级别区域
dmz	50	中等安全级别区域
trust	85	较高安全级别区域
local	100	最高安全级别区域，定义的是防火墙设备本身，如物理接口等

在对区域间的流量进行限制时，工程师需要配置与规则相匹配的安全策略。安全策略由匹配规则和动作组成，当防火墙接收到流量后，它会对流量的属性（五元组、用户、时间段等）进行识别，然后与安全策略的条件进行匹配。如果条件相匹配，则对此流量执行对应的动作。

表 7-2 展示了一个安全策略示例：允许 trust 区域中 10.0.10.0/24 网段的设备访问 untrust 区域中的任意目的 IP 地址，不对端口进行限制。

表 7-2　安全策略

策略名称	源安全区域	目的安全区域	源地址	目的地址	服务	应用	动作
to_Internet	trust	untrust	10.0.10.0/24	any	any	any	permit

本实验会通过部署了防火墙的网络环境，为读者展示与防火墙相关的重要基础知识点。

7.1　实验介绍

7.1.1　关于本实验

本实验会通过两个场景，帮助读者更直观地理解上述防火墙的基础概念，以及掌握华为防火墙的配置方法。

7.1.2　实验目的

- 掌握防火墙接口的配置。
- 掌握安全区域的划分配置。
- 掌握安全策略的配置。
- 查看防火墙会话信息。

7.1.3　实验组网介绍

在图 7-2 所示的拓扑中，FW 上除了默认安全区域外，还创建了安全区域 server，优先级为 70。在本章实验中，FW 的 G1/0/1 接口连接运营商提供的路由器（Internet），并用于连接互联网。G1/0/2 接口通过交换机 S1 连接用户终端设备（User_PC），并且 FW 作为 DHCP 服务器为 User_PC 分配 IP 地址。G1/0/3 接口连接企业内网的服务器群，工程师需要创建一个新的安全区域 server，并将该接口放入 server 区域中。在本实验中，我们在一台路由器上启用 FTP（文件传输协议）服务器功能，将其作为 FTP 服务器。G1/0/4 接口通过交换机 S2 连接 dmz，该区域中的 FTP 客户端（FTP_Client）需要访问 server 区域的 FTP 服务器（FTP_Server）。

表 7-3 列出了本章实验使用的网络地址规划。

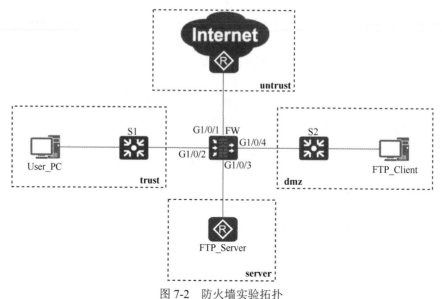

图 7-2 防火墙实验拓扑

表 7-3 本章实验使用的网络地址规划

设备	接口	IP 地址	子网掩码	默认网关
FW	G1/0/1	58.16.136.37	255.255.255.248	（去往互联网的下一跳地址）58.16.136.38
	G1/0/2	10.0.10.1	255.255.255.0	—
	G1/0/3	10.0.100.1	255.255.255.0	—
	G1/0/4	10.0.101.1	255.255.255.0	—
Internet	G0/0/0	58.16.136.38	255.255.255.248	—
	Loopback 0	8.8.8.8	255.255.255.255	—
User_PC	Eth0/0/1	DHCP	DHCP	DHCP
FTP_Server	G0/0/0	10.0.100.100	255.255.255.0	10.0.100.1
FTP_Client	Eth0/0/1	10.0.101.101	255.255.255.0	10.0.101.1

7.1.4 实验任务列表

配置任务 1：内外网间防火墙实验
配置任务 2：内网应用间防火墙实验

7.2 内外网间防火墙实验

在本实验任务中，网络工程师需要配置 FW，使其作为 DHCP 服务器为 trust 区域的终端设备分配 IP 地址等信息，并且作为终端设备的网关，为其提供上网服务。以 User_PC 设备为例，在其通过 FW 访问互联网时，FW 需要执行 NAT（网络地址转换），使用 G1/0/1

接口的 IP 地址作为转换后的公网 IP 地址。

为了便于测试，本实验要通过安全策略放行 local 区域到其他区域的访问，并且允许用户对防火墙的所有接口发起 ping 测试。

在首次登录华为防火墙设备时，工程师需要使用防火墙默认的用户名和密码进行登录，默认用户名为 admin，默认密码为 Admin@123。首次登录后，防火墙会提示工程师更改密码，在本实验中，我们将密码更改为 Huawei@123，详见例 7-1。

例 7-1　FW 的登录配置

```
Login authentication


Username:admin
Password:Admin@123
The password needs to be changed. Change now? [Y/N]: y
Please enter old password: Admin@123
Please enter new password: Huawei@123
Please confirm new password: Huawei@123

 Info: Your password has been changed. Save the change to survive a reboot.
***********************************************************************
*          Copyright (C) 2014-2018 Huawei Technologies Co., Ltd.      *
*                        All rights reserved.                         *
*                Without the owner's prior written consent,           *
*         no decompiling or reverse-engineering shall be allowed.     *
***********************************************************************


<USG6000V1>
```

为了清晰地显示出工程师输入的内容，例 7-1 中展示了密码，在真实环境中，防火墙不会显示工程师输入的密码字符。

登录成功并修改了密码后，工程师要根据表 7-3 完成防火墙各个接口的 IP 地址配置，允许 ping 这些接口，并且配置一条默认路由指向运营商。

在允许 ping 接口时，工程师需要在防火墙接口上配置 **service-manage** 命令。**service-manage** 负责在接口层面对防火墙进行安全防护，它决定了工程师是否能够通过该接口管理/访问防火墙，比如是否可以通过 ping、ssh、telnet、snmp 等方式管理/访问防火墙。华为防火墙的 G0/0/0 接口是设备的网管接口，该接口默认配置了 **service-manage ping permit** 和 **service-manage ssh permit** 等命令，工程师默认就可以通过该接口管理防火墙。对于其他接口来说，防火墙默认禁止工程师从这些接口进行管理/访问，因此我们在本实验中需要配置 **service-manage** 命令。

例 7-2 展示了 FW 上的接口和默认路由的配置。

例 7-2　FW 的接口和默认路由的配置

```
<USG6000V1>system-view
Enter system view, return user view with Ctrl+Z.
[USG6000V1]sysname FW
[FW]interface GigabitEthernet 1/0/1
[FW-GigabitEthernet1/0/1]ip address 58.16.136.37 29
[FW-GigabitEthernet1/0/1]service-manage ping permit
[FW-GigabitEthernet1/0/1]quit
[FW]interface GigabitEthernet 1/0/2
[FW-GigabitEthernet1/0/2]ip address 10.0.10.1 24
[FW-GigabitEthernet1/0/2]service-manage ping permit
[FW-GigabitEthernet1/0/2]quit
```

```
[FW]interface GigabitEthernet 1/0/3
[FW-GigabitEthernet1/0/3]ip address 10.0.100.1 24
[FW-GigabitEthernet1/0/3]service-manage ping permit
[FW-GigabitEthernet1/0/3]quit
[FW]interface GigabitEthernet 1/0/4
[FW-GigabitEthernet1/0/4]ip address 10.0.101.1 24
[FW-GigabitEthernet1/0/4]service-manage ping permit
[FW-GigabitEthernet1/0/4]quit
[FW]ip route-static 0.0.0.0 0.0.0.0 58.16.136.38
```

对于防火墙来说，在接口配置了 IP 地址还无法让接口开始正常工作，还需要将接口添加到相应的安全区域中。工程师可以使用以下命令将接口添加到安全区域。

- **firewall zone** *zone-name* [**id** *id*]：系统视图命令，进入指定的安全区域。*id* 表示安全区域的 ID，取值为 4～99。

- **add interface** *interface-type* { *interface-number* | *interface-number. subinterface-number* }：安全区域视图命令，将相应的接口添加到该安全区域中，可以是物理接口，也可以是逻辑接口。

在本实验中，我们要将 G1/0/1 接口添加到 untrust 区域，将 G1/0/2 接口添加到 trust 区域，例 7-3 展示了相关配置。

例 7-3　将接口添加到相应的安全区域中

```
[FW]firewall zone untrust
[FW-zone-untrust]add interface GigabitEthernet 1/0/1
[FW-zone-untrust]quit
[FW]firewall zone trust
[FW-zone-trust]add interface GigabitEthernet 1/0/2
```

在实验环境中，工程师可以登录并管理运营商提供的路由器，此时能够通过该路由器对 FW 的 G1/0/1 接口发起 ping 测试。例 7-4 展示了测试结果。

例 7-4　从运营商路由器发起 ping 测试

```
<Internet>ping 58.16.136.37
  PING 58.16.136.37: 56  data bytes, press CTRL_C to break
    Reply from 58.16.136.37: bytes=56 Sequence=1 ttl=255 time=50 ms
    Reply from 58.16.136.37: bytes=56 Sequence=2 ttl=255 time=10 ms
    Reply from 58.16.136.37: bytes=56 Sequence=3 ttl=255 time=10 ms
    Reply from 58.16.136.37: bytes=56 Sequence=4 ttl=255 time=10 ms
    Reply from 58.16.136.37: bytes=56 Sequence=5 ttl=255 time=10 ms

  --- 58.16.136.37 ping statistics ---
    5 packet(s) transmitted
    5 packet(s) received
    0.00% packet loss
    round-trip min/avg/max = 10/18/50 ms
```

在实际工作环境中，如果工程师没有运营商路由器的访问权限，则他可以针对防火墙的 local 区域设置安全策略，在本实验中，我们将以 local 为源区域，放行去往任意区域的任意流量，表 7-4 展示了相应的安全策略。也就是说，放行以防火墙本地接口为源去往任意其他区域的任意流量。在实际工作中，工程师需要针对实际情况对其他参数进行限制，以提高安全性。

表 7-4　安全策略（local_to_any）

策略名称	源安全区域	目的安全区域	源地址	目的地址	服务	应用	动作
local_to_any	local	any	any	any	any	any	permit

工程师可以使用以下命令配置安全策略。

- **security-policy**：系统视图命令，进入安全策略视图。在这个视图中，工程师可以进行安全策略规则的创建、复制、移动和重命名。
- **rule name** *rule-name*：安全策略视图命令，创建安全策略规则并进入安全策略规则视图。在这个视图中，工程师可以配置安全策略的核心元素（匹配条件和动作）以及策略标识。
- **source-zone** { *zone-name* &<1-6> | **any** }：安全策略规则视图命令，用来指定源安全区域。*zone-name* 必须为系统中已存在的安全区域名称，一次最多添加或删除 6 个安全区域。
- **destination-zone** { *zone-name* &<1-6> | **any** }：安全策略规则视图命令，用来指定目的安全区域。*zone-name* 必须为系统中已存在的安全区域名称，一次最多添加或删除 6 个安全区域。
- **action** { **permit** | **deny** }：安全策略规则视图命令，用来指定动作。**permit** 表示允许，**deny** 表示拒绝。

例 7-5 展示了防火墙上的相关配置。

例 7-5　配置安全策略 local_to_any

```
[FW]security-policy
[FW-policy-security]rule name local_to_any
[FW-policy-security-rule-local_to_any]source-zone local
[FW-policy-security-rule-local_to_any]destination-zone any
[FW-policy-security-rule-local_to_any]action permit
```

在例 7-5 的配置中，当目的区域为 any 时，工程师可以不指定目的区域，该命令在此仅为展示。配置完成后，我们就能够从 FW 对外发起 ping 测试了。例 7-6 展示了 FW 对运营商路由器的 ping 测试结果。

例 7-6　从 FW 发起 ping 测试

```
[FW]ping 58.16.136.38
 PING 58.16.136.38: 56  data bytes, press CTRL_C to break
   Reply from 58.16.136.38: bytes=56 Sequence=1 ttl=255 time=28 ms
   Reply from 58.16.136.38: bytes=56 Sequence=2 ttl=255 time=18 ms
   Reply from 58.16.136.38: bytes=56 Sequence=3 ttl=255 time=10 ms
   Reply from 58.16.136.38: bytes=56 Sequence=4 ttl=255 time=16 ms
   Reply from 58.16.136.38: bytes=56 Sequence=5 ttl=255 time=12 ms

 --- 58.16.136.38 ping statistics ---
   5 packet(s) transmitted
   5 packet(s) received
   0.00% packet loss
   round-trip min/avg/max = 10/16/28 ms
```

接下来，我们配置 DHCP，让 FW 能够为 User_PC 分配 IP 地址。本实验将使用接口地址池的方式为 User_PC 分配 IP 地址，并以 G1/0/2 接口 IP 地址作为网关，将 DNS 服务器地址设置为 8.8.8.8。在本实验环境中，DNS 服务器地址 8.8.8.8 是运营商路由器 Internet 上的 Loopback0 接口 IP 地址，以此 IP 地址模拟互联网中的主机。例 7-7 展示了 FW 上 DHCP 服务器的配置。

例 7-7　FW 上的 DHCP 服务器的配置

```
[FW]dhcp enable
Info: The operation may take a few seconds. Please wait for a moment.done.
[FW]interface GigabitEthernet 1/0/2
```

```
[FW-GigabitEthernet1/0/2]dhcp select interface
[FW-GigabitEthernet1/0/2]dhcp server ip-range 10.0.10.2 10.0.10.254
[FW-GigabitEthernet1/0/2]dhcp server gateway-list 10.0.10.1
[FW-GigabitEthernet1/0/2]dhcp server dns-list 8.8.8.8
```

配置完成后，我们可以将 User_PC 设置为通过 DHCP 获取 IP 地址等信息，待 User_PC 获得 IP 地址后，我们可以查看其 IP 地址信息，详见例 7-8。

例 7-8　查看 User_PC 的 IP 地址

```
User_PC>ipconfig

Link local IPv6 address...........: fe80::5689:98ff:fe29:57c9
IPv6 address......................: :: / 128
IPv6 gateway......................: ::
IPv4 address......................: 10.0.10.226
Subnet mask.......................: 255.255.255.0
Gateway...........................: 10.0.10.1
Physical address..................: 54-89-98-29-57-C9
DNS server........................: 8.8.8.8
```

确认 User_PC 获得了 IP 地址、网关地址、DNS 地址后，我们可以验证其与网关（图 7-2 中的 FW）之间的连通性，详见例 7-9。

例 7-9　验证 User_PC 与其网关的连通性

```
User_PC>ping 10.0.10.1

Ping 10.0.10.1: 32 data bytes, Press Ctrl_C to break
From 10.0.10.1: bytes=32 seq=1 ttl=255 time<1 ms
From 10.0.10.1: bytes=32 seq=2 ttl=255 time<1 ms
From 10.0.10.1: bytes=32 seq=3 ttl=255 time=16 ms
From 10.0.10.1: bytes=32 seq=4 ttl=255 time<1 ms
From 10.0.10.1: bytes=32 seq=5 ttl=255 time<1 ms

--- 10.0.10.1 ping statistics ---
  5 packet(s) transmitted
  5 packet(s) received
  0.00% packet loss
  round-trip min/avg/max = 0/3/16 ms
```

User_PC 获得了 IP 地址后，仍无法访问除了本地网段和网关地址之外的任何地址。我们需要按照实验要求，放行 trust 区域 IP 地址为 10.0.10.0/24 去往 untrust 区域的所有流量，表 7-5 列出了这个安全策略。

表 7-5　安全策略（trust_to_internet）

策略名称	源安全区域	目的安全区域	源地址	目的地址	服务	应用	动作
trust_to_internet	trust	untrust	10.0.10.0/24	any	any	any	permit

工程师可以使用以下命令在安全策略规则中设置源 IP 地址和目的 IP 地址。

- **source-address** *ipv4-address* { *ipv4-mask-length*　**mask** *mask-address* }：安全策略规则视图命令，用来设置源 IP 地址。
- **destination-address** *ipv4-address* { *ipv4-mask-length*　**mask** *mask-address* }：安全策略规则视图命令，用来设置目的 IP 地址。

例 7-10 展示了防火墙上的相关配置。

例 7-10　配置安全策略（trust_to_internet）

```
[FW]security-policy
[FW-policy-security]rule name trust_to_internet
[FW-policy-security-rule-trust_to_internet]source-zone trust
[FW-policy-security-rule-trust_to_internet]source-address 10.0.10.0 24
[FW-policy-security-rule-trust_to_internet]destination-zone untrust
[FW-policy-security-rule-trust_to_internet]action permit
```

现在，我们可以从 User_PC 对 8.8.8.8 发起 ping 测试，测试结果为可以 ping 通。同时我们在 FW G1/0/1 接口进行抓包，从抓包结果可以看出 ping 报文的源 IP 地址为 User_PC 的 IP 地址，如图 7-3 所示。

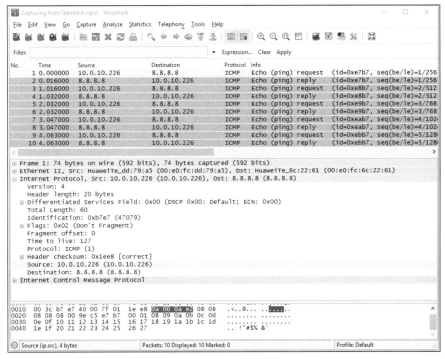

图 7-3　ping 抓包（源 IP 地址为 10.0.10.226）

在真实工作环境中，内网用户终端使用的私有 IP 地址是无法在公网上进行路由的，因此在这个环境中，FW 需要对 User_PC 的源地址执行源 NAT，使其能够使用 FW G1/0/1 接口的 IP 地址与互联网进行通信。

源 NAT 策略和安全策略具有相似的配置逻辑，以本实验要求为例，表 7-6 展示了源 NAT 策略，读者可以将其与表 7-5 中用于 User_PC 访问互联网的安全策略进行对比。

表 7-6　源 NAT 策略（easyip_for_internet）

策略名称	源安全区域	目的安全区域	源地址	目的地址	服务	应用	动作
easyip_for_internet	trust	untrust	10.0.10.0/24	any	any	any	easy-ip

工程师可以使用以下命令配置源 NAT 策略。

- **nat-policy**：系统视图命令，进入 NAT 策略视图。
- **rule name** *name*：NAT 策略视图命令，创建 NAT 策略规则并进入 NAT 策略规则视图。在这个视图中，工程师可以配置 NAT 策略的核心元素（匹配条件和动作），以及策略标识。

- **source-zone** *zone-name*：NAT 策略规则视图命令，用来指定源安全区域。
- **destination-zone** *zone-name*：NAT 策略规则视图命令，用来指定目的安全区域。
- **source-address** *ip-address mask-length*：NAT 策略规则视图命令，用来设置源 IP 地址。
- **action source-nat easy-ip**：NAT 策略规则视图命令，用来指定动作。

例 7-11 展示了防火墙上的相关配置。

例 7-11 配置源 NAT 策略（esayip_for_internet）

```
[FW]nat-policy
[FW-policy-nat]rule name easy_ip_for_internet
[FW-policy-nat-rule-easy_ip_for_internet]source-zone trust
[FW-policy-nat-rule-easy_ip_for_internet]source-address 10.0.10.0 24
[FW-policy-nat-rule-easy_ip_for_internet]destination-zone untrust
[FW-policy-nat-rule-easy_ip_for_internet]action source-nat easy-ip
```

配置完成后，我们可以再次从 User_PC 对 8.8.8.8 发起 ping 测试，测试结果为可以 ping 通。同时，我们仍在 FW G1/0/1 接口进行抓包，从抓包结果可以看出 ping 报文的源 IP 地址为 FW G1/0/1 接口的 IP 地址，如图 7-4 所示。

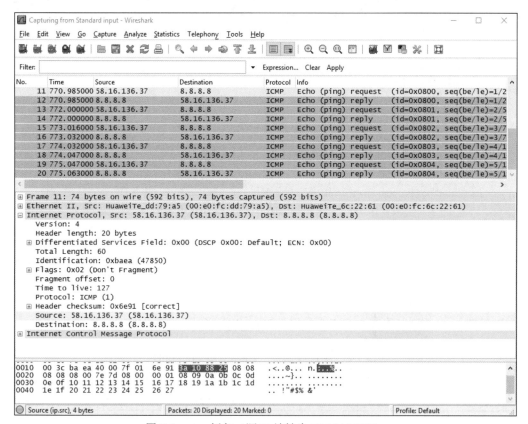

图 7-4　ping 抓包（源 IP 地址为 58.16.136.37）

工程师可以同时在 FW 上查看防火墙会话表，详见例 7-12。

例 7-12　查看 FW 上的防火墙会话表

```
[FW]display firewall session table
2023-05-16 07:20:57.290
 Current Total Sessions : 5
 icmp  VPN: public --> public   10.0.10.226:43053[58.16.136.37:2055] --> 8.8.8.8:2048
 icmp  VPN: public --> public   10.0.10.226:42797[58.16.136.37:2054] --> 8.8.8.8:2048
 icmp  VPN: public --> public   10.0.10.226:43565[58.16.136.37:2057] --> 8.8.8.8:2048
 icmp  VPN: public --> public   10.0.10.226:43309[58.16.136.37:2056] --> 8.8.8.8:2048
 icmp  VPN: public --> public   10.0.10.226:42541[58.16.136.37:2053] --> 8.8.8.8:2048
```

从例 7-12 的命令输出可以看出源地址进行了转换。ICMP 报文没有端口，但防火墙在生成 ICMP 流量所对应的会话表时会生成相应的端口号，以此来满足状态检测。

至此，本实验配置已完成，实现了 User_PC 访问互联网的需求。在使用源 NAT 对内部主机提供地址转换时，工程师可以配置仅转换源 IP 地址的 NAT No-PAT，以及同时转换源 IP 地址和源端口的 NAPT、Smart NAT、Esay IP 和三元组 NAT。不管是哪种源 NAT，其 NAT 策略的配置方法都一样，只是源 NAT 地址池略有区别。对其他源 NAT 配置感兴趣的读者可以查阅华为官方网站。

7.3　内网应用间防火墙实验

在本实验中，我们将对 FW 的 G1/0/3 和 G1/0/4 接口进行配置，使 server 区域中的 FTP_Server 能够对外提供服务，也就是需要在 FW 上配置 NAT Server 功能，使 FTP_Server 使用公网 IP 地址 58.16.136.33 向外提供 FTP 服务。另外，工程师还要使 dmz 中的 FTP_Client 能够访问 server 区域，但要求 FTP_Client 使用公网 IP 地址访问内部服务器，因此还需要在 FW 上配置源 NAT 功能，使 FTP_Client 使用公网 IP 地址 58.16.136.36。

工程师首先需要创建一个新的 server 区域，优先级为 70。工程师可以使用以下命令创建新的安全区域。

- **firewall zone name** *zone-name* [**id** *id*]：系统视图命令，用来创建安全区域并进入安全区域视图。*id* 表示安全区域的 ID，取值为 4～99，若工程师没有指定，默认自动递增。
- **set priority** *security-priority*：安全区域视图命令，用来设置此安全区域的优先级。优先级取值为 1～100，全局唯一。优先级值越大，优先级越高。

例 7-13 完成了 FW 上的区域配置。与本实验相关的 FW G1/0/3 和 G1/0/4 的接口配置已在例 7-2 中完成。

例 7-13　配置 FW 接口和区域

```
[FW]firewall zone dmz
[FW-zone-dmz]add interface GigabitEthernet 1/0/4
[FW-zone-dmz]quit
[FW]firewall zone name server
[FW-zone-server]set priority 70
[FW-zone-server]add interface GigabitEthernet 1/0/3
```

配置完成后，读者可以测试 FTP_Server 和 FTP_Client 与其网关之间的连通性，即 FW 的 G1/0/3 接口和 G1/0/4 接口的连通性。本实验不进行演示。

为了使内网用户（FTP_Client）能够使用公网 IP 地址 58.16.136.36，我们可以在 NAT

地址池中指定该 IP 地址，并在 NAT 策略中引用 NAT 地址池。工程师可以使用以下命令进行配置。

- **nat address-group** *group-name*：系统视图命令，用于创建并进入 NAT 地址池。
- **mode { no-pat | pat }**：NAT 地址池视图命令，用于设置 NAT 模式。**no-pat** 表示一对一转换，**pat** 表示端口转换。完整的命令语法可以参考华为官方网站。
- **section** [*index*] { *first-ipv4-address* [*last-ipv4-address*] }：NAT 地址池视图命令，用来设置地址池中可用的 IP 地址。

例 7-14 展示了 FW 上的 NAT 地址池配置，其中能够使用的 IP 地址为 58.16.136.36。

例 7-14 配置 NAT 地址池

```
[FW]nat address-group dmz
[FW-address-group-dmz]mode pat
[FW-address-group-dmz]section 58.16.136.36
```

接着，我们可以配置源 NAT 策略，按照实验要求，FTP_Client 在访问 FTP_Server 时需要进行源 NAT 转换，表 7-7 展示了针对 FTP_Client 的源 NAT 策略。

表 7-7 源 NAT 策略（dmz）

策略名称	源安全区域	目的安全区域	源地址	目的地址	服务	应用	动作
dmz	dmz	server	10.0.101.101/32	any	any	any	address-group dmz

例 7-15 展示了防火墙上的 NAT 策略配置。

例 7-15 配置源 NAT 策略（dmz）

```
[FW]nat-policy
[FW-policy-nat]rule name dmz
[FW-policy-nat-rule-dmz]source-zone dmz
[FW-policy-nat-rule-dmz]source-address 10.0.101.101 32
[FW-policy-nat-rule-dmz]destination-zone server
[FW-policy-nat-rule-dmz]action source-nat address-group dmz
```

按照实验要求，FTP_Client 能够访问 server 区域，表 7-8 列出了这个安全策略。

表 7-8 安全策略（dmz_to_ftp）

策略名称	源安全区域	目的安全区域	源地址	目的地址	服务	应用	动作
dmz_to_ftp	dmz	server	10.0.101.101/32	any	any	any	permit

例 7-16 展示了防火墙上的安全策略配置。

例 7-16 配置安全策略（dmz_to_ftp）

```
[FW]security-policy
[FW-policy-security]rule name dmz_to_ftp
[FW-policy-security-rule-dmz_to_ftp]source-zone dmz
[FW-policy-security-rule-dmz_to_ftp]source-address 10.0.101.101 32
[FW-policy-security-rule-dmz_to_ftp]destination-zone server
[FW-policy-security-rule-dmz_to_ftp]action permit
```

要想使 FTP_Server 能够使用公有 IP 地址 58.16.136.33 提供 FTP 服务，我们需要配置 NAT Server 策略，工程师可以使用以下命令进行配置。

- **nat server** *policy-name* **protocol** { **tcp** | **udp** } **global** *global-address global-port* **inside** *host-address host-port*：系统视图命令，用来指定 NAT Server 映射策略。完整命令语法可以参考华为官方网站。

例 7-17 展示了防火墙上的 NAT Server 配置。

例 7-17 配置 NAT Server

```
[FW]nat server policy_ftp protocol tcp global 58.16.136.33 ftp inside 10.0.100.100 ftp
```

配置完成后，我们可以查看防火墙上的 server-map，详见例 7-18。

例 7-18 查看 server-map

```
[FW]display firewall server-map
2023-05-16 09:49:56.970
 Current Total Server-map : 2
 Type: Nat Server,  ANY -> 58.16.136.33:21[10.0.100.100:21],  Zone:---,  protocol:tcp
 Vpn: public -> public

 Type: Nat Server Reverse,  10.0.100.100[58.16.136.33] -> ANY,  Zone:---,  protocol:tcp
 Vpn: public -> public,  counter: 1
```

从例 7-18 的命令输出可以看出，此时防火墙已经在 server-map 中记录了 NAT Server 的转换规则。当防火墙接收到报文时，会先检查是否命中会话表，如果没有命中会话表，防火墙会检查是否命中 server-map 表，命中 server-map 表的报文不受安全策略控制，防火墙会为命中 server-map 表的数据创建会话表。

FTP 为多通道协议（即通信过程中需要占用两个或两个以上端口的协议），在其工作过程中，FTP Client 和 FTP Server 之间会建立两条连接：控制连接和数据连接。对于多通道协议来说，除了部署 NAT 策略和安全策略外，还需要启用 NAT ALG。工程师可以使用以下命令进行配置。

- **firewall zone** *zone-name*：系统视图命令，用来进入指定的安全区域视图。
- **firewall interzone** *zone-name1 zone-name2*：系统视图命令，用来进入指定的安全域间视图。
- **detect ftp**：安全区域视图命令或安全域间视图命令，开启 FTP 的 NAT ALG 功能。

例 7-19 展示了防火墙上的 NAT ALG 配置。

例 7-19 配置 NAT ALG

```
[FW]firewall zone dmz
[FW-zone-dmz]detect ftp
[FW-zone-dmz]quit
[FW]firewall interzone dmz server
[FW-interzone-server-dmz]detect ftp
[FW-interzone-server-dmz]quit
```

配置完成后，我们可以从 FTP_Client 上对 58.16.136.33 发起 FTP 连接。在登录阶段，我们可以在 FW 上观察防火墙会话表，详见例 7-20。

例 7-20 查看 FW 上的防火墙会话表

```
[FW]display firewall session table
2023-05-16 08:43:01.530
 Current Total Sessions : 1
 ftp  VPN: public --> public  10.0.101.101:49584[58.16.136.36:2048] +-> 58.16.13
6.33:21[10.0.100.100:21]
```

从例 7-20 的命令输出可以看出防火墙在会话表中记录了 FTP 控制会话（目的端口为 21），并且源 IP 地址 10.0.101.101 被转换为 58.16.136.36，目的 IP 地址 58.16.136.33 被转换为 10.0.100.100。

接着，我们在 FTP_Client 上对 FTP_Server 中的文件进行修改，或者使用命令 **dir** 查看文件目录，以此产生数据流量，并再次观察 FW 上的会话表，详见例 7-21。

例 7-21　再次查看 FW 上的防火墙会话表

```
[FW]display firewall session table
2023-05-16 08:43:09.070
 Current Total Sessions : 2
 ftp-data  VPN: public --> public  10.0.100.100:20[58.16.136.33:20] --> 58.16.13
6.36:10000[10.0.101.101:50492]
 ftp  VPN: public --> public  10.0.101.101:49584[58.16.136.36:2048] +-> 58.16.13
6.33:21[10.0.100.100:21]
```

从例 7-21 的命令输出可以看出防火墙在会话表中添加了 FTP 数据会话（源端口为 20），并且源 IP 地址 10.0.100.100 被转换为 58.16.136.33，目的 IP 地址 58.16.136.36 被转换为 10.0.101.101。

最后，我们可以再次查看防火墙的 server-map，详见例 7-22。

例 7-22　再次查看 FW 上的 server-map

```
[FW]display firewall server-map
2023-05-16 10:18:13.680
 Current Total Server-map : 3
 Type: ASPF,  10.0.100.100[58.16.136.33] -> 58.16.136.36:10006[10.0.101.101:49519],  Zone:---
 Protocol: tcp(Appro: ftp-data),  Left-Time:00:00:12
 Vpn: public -> public

 Type: Nat Server,  ANY -> 58.16.136.33:21[10.0.100.100:21],  Zone:---,  protocol:tcp
 Vpn: public -> public

 Type: Nat Server Reverse,  10.0.100.100[58.16.136.33] -> ANY,  Zone:---,  protocol:tcp
 Vpn: public -> public,  counter: 1
```

从例 7-22 的阴影部分可以看出防火墙通过 ASPF（针对应用层的包过滤）功能自动检测了 FTP 报文的应用层信息，并根据应用层信息放开了 FTP 的数据流量访问规则，即生成了 server-map 表条目。

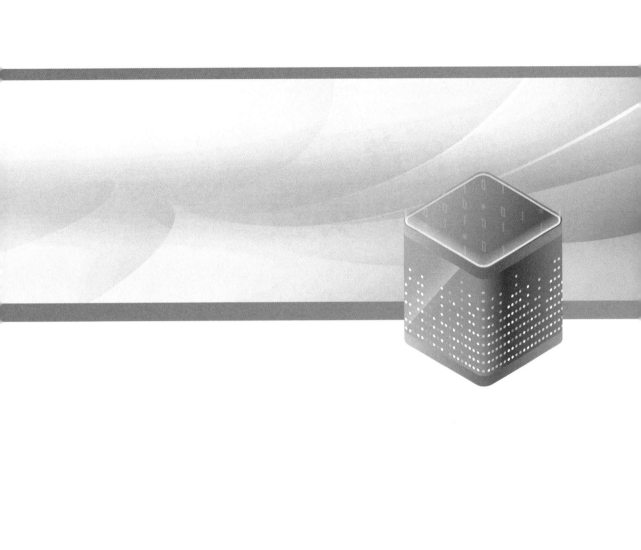

第8章
VRRP 实验

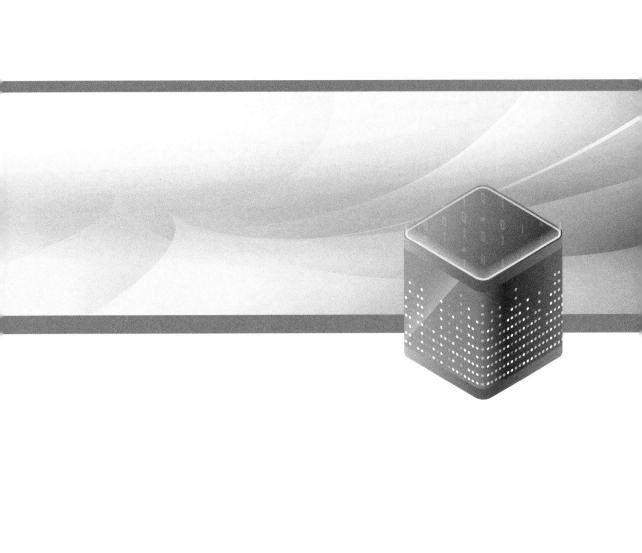

VRRP 的英文全称为 Virtual Router Redundancy Protocol，即虚拟路由器冗余协议。通过使用 VRRP，工程师可以将几台路由设备组成一台虚拟路由设备，并将这个虚拟路由设备作为终端用户的默认网关实现与外部网络的通信。如此部署的好处在于当一台物理网关设备发生故障时，VRRP 机制可以选举出新的物理设备作为网关来承载流量，而终端用户设备上的虚拟网关地址不需要改变。

在第 5 章的 RSTP 与 MSTP 实验中，读者已经掌握了如何通过实施 MSTP 来实现二层流量的负载分担和路径备份。本章实验会结合 VRRP 提供更完整的终端网关解决方案。

本实验中还会涉及 VRRP 与 BFD 的联动。BFD 可以以毫秒级的速度检测到网络中的中断现象并通知与之联动的协议进行响应。BFD 可以与静态路由和动态路由协议进行联动，也可以与 VRRP 联动。

图 8-1 展示了 MSTP、VRRP 和 BFD 如何运行在一个部署了核心层、汇聚层和接入层的网络环境中。

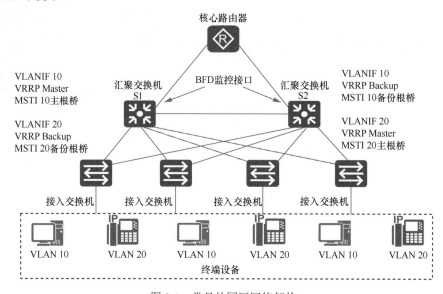

图 8-1　常见的园区网络架构

在图 8-1 所示的网络环境中，终端设备被划分到两个 VLAN 中：VLAN 10 和 VLAN 20。在交换网络层面，S1 和 S2 作为 VLAN 10 和 VLAN 20 的根桥，并根据图中所示划分了主备角色。核心层路由器是连接 Internet 的出口设备，汇聚层交换机 S1 和 S2 充当终端设备的网关，它们组成了 VRRP 组并且互为备份。

本实验会通过上述交换网络环境，为读者展示与 VRRP 相关的重要基础知识点。

8.1　实验介绍

8.1.1　关于本实验

本实验会通过一个常见的部署环境展示 VRRP 的配置、VRRP 与 MSTP 的配合，以及 VRRP 与 BFD 的联动。

8.1.2　实验目的

- 掌握 VRRP 的基本配置。
- 掌握 VRRP 与 MSTP 的协同工作。
- 掌握 VRRP 与 BFD 的联动配置。

8.1.3　实验组网介绍

本实验拓扑是对图 8-1 的简化，如图 8-2 所示。在这个实验中，我们仅关注汇聚交换机 S1 和 S2 上与 VRRP 实验相关的配置。

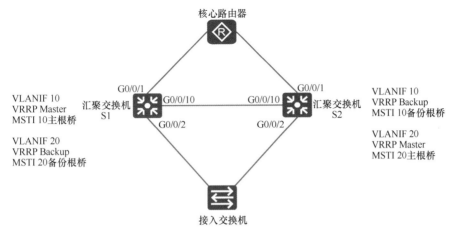

图 8-2　VRRP 实验拓扑

这个网络中有两个 VLAN：VLAN 10 和 VLAN 20，工程师需要针对每个 VLAN 部署一组 VRRP，使用与 VLAN ID 相同的数值作为 VRID。交换机 S1 作为 VLAN 10 的 VRRP Master，S2 作为 VLAN 20 的 VRRP Master。

在 MSTP 的部署中，工程师需要创建 MSTI 10 和 MSTI 20，并分别将 VLAN 10 映射到 MSTI 10，将 VLAN 20 映射到 MSTI 20。交换机 S1 作为 MSTI 10 的主根桥和 MSTI 20 的备份根桥，S2 作为 MSTI 10 的备份根桥和 MSTI 20 的主根桥。

表 8-1 列出了本章实验使用的网络地址规划。

表 8-1　本章实验使用的网络地址规划

设备	接口	IP 地址	子网掩码	默认网关
S1	VLANIF 10	10.0.10.252	255.255.255.0	—
	VLANIF 20	10.0.20.252	255.255.255.0	—
S2	VLANIF 10	10.0.10.253	255.255.255.0	—
	VLANIF 20	10.0.20.253	255.255.255.0	—
VRRP	VRID 10	10.0.10.254	255.255.255.0	—
	VRID 20	10.0.20.254	255.255.255.0	—

8.1.4 实验任务列表

配置任务 1：准备实验环境

配置任务 2：配置 VRRP 与 MSTP 协同工作

配置任务 3：配置 VRRP 与 BFD 的联动

8.2 准备实验环境

在本实验任务中，网络工程师需要完成 MSTP 的基本配置，配置命令的详细说明可以参考本书的第 5 章。

本实验将会对交换机 S1 和 S2 上的 MSTP 进行配置，为后续实验做好准备。例 8-1 和例 8-2 分别展示了交换机 S1 和 S2 的基础配置。

例 8-1　交换机 S1 的基础配置

```
[S1]vlan batch 10 20
Info: This operation may take a few seconds. Please wait for a moment...done.
[S1]interface GigabitEthernet 0/0/10
[S1-GigabitEthernet0/0/10]port link-type trunk
[S1-GigabitEthernet0/0/10]port trunk allow-pass vlan 10 20
[S1-GigabitEthernet0/0/10]quit
[S1]interface GigabitEthernet 0/0/2
[S1-GigabitEthernet0/0/2]port link-type trunk
[S1-GigabitEthernet0/0/2]port trunk allow-pass vlan 10 20
[S1-GigabitEthernet0/0/2]quit
[S1]stp region-configuration
[S1-mst-region]region-name HCIP
[S1-mst-region]revision-level 1
[S1-mst-region]instance 10 vlan 10
[S1-mst-region]instance 20 vlan 20
[S1-mst-region]active region-configuration
```

例 8-2　交换机 S2 的基础配置

```
[S2]vlan batch 10 20
Info: This operation may take a few seconds. Please wait for a moment...done.
[S2]interface GigabitEthernet 0/0/10
[S2-GigabitEthernet0/0/10]port link-type trunk
[S2-GigabitEthernet0/0/10]port trunk allow-pass vlan 10 20
[S2-GigabitEthernet0/0/10]quit
[S2]interface GigabitEthernet 0/0/2
[S2-GigabitEthernet0/0/2]port link-type trunk
[S2-GigabitEthernet0/0/2]port trunk allow-pass vlan 10 20
[S2-GigabitEthernet0/0/2]quit
[S2]stp region-configuration
[S2-mst-region]region-name HCIP
[S2-mst-region]region-level 1
[S2-mst-region]instance 10 vlan 10
[S2-mst-region]instance 20 vlan 20
[S2-mst-region]active region-configuration
```

配置完成后，我们可以先检查一下刚才的配置是否正确，例 8-3 以 S1 为例查看了 MSTP 实例与 VLAN 的映射关系。

例 8-3　查看 SMTP 实例与 VLAN 的映射关系

```
[S1]display stp region-configuration
 Oper configuration
   Format selector     :0
```

```
    Region name        :HCIP
    Revision level     :1

    Instance    VLANs Mapped
       0        1 to 9, 11 to 19, 21 to 4094
      10        10
      20        20
```

从例 8-3 命令输出的阴影部分我们可以看出，S1 上除了 Instance 0 外，还有 Instance 10 关联了 VLAN 10，Instance 20 关联了 VLAN 20。在使用与例 8-3 相同的命令确认了 S2 的配置也正确无误后，我们可以继续配置 MSTP 的主根桥和备份根桥。例 8-4 和例 8-5 分别展示了 S1 和 S2 的相关配置。

例 8-4　在 S1 上配置 MSTP

```
[S1]stp instance 10 root primary
[S1]stp instance 20 root secondary
```

例 8-5　在 S2 上配置 MSTP

```
[S2]stp instance 10 root secondary
[S2]stp instance 20 root primary
```

配置完成后，我们可以在 S1 和 S2 上查看当前的 STP 状态，例 8-6 在 S1 上分别查看了 instance 10 和 instance 20 的 STP 状态。

例 8-6　在 S1 上查看 STP 状态

```
[S1]display stp instance 10 brief
 MSTID  Port                         Role  STP State   Protection
  10    GigabitEthernet0/0/1         DESI  FORWARDING  NONE
  10    GigabitEthernet0/0/2         DESI  FORWARDING  NONE
  10    GigabitEthernet0/0/10        DESI  FORWARDING  NONE
[S1]display stp instance 20 brief
 MSTID  Port                         Role  STP State   Protection
  20    GigabitEthernet0/0/1         DESI  FORWARDING  NONE
  20    GigabitEthernet0/0/2         DESI  FORWARDING  NONE
  20    GigabitEthernet0/0/10        ROOT  FORWARDING  NONE
```

从例 8-6 中第一条命令的输出内容可以判断出当前 S1 是 instance 10 的根桥，从第二条命令的输出内容可以判断出 G0/0/10 端口连接的设备是 instance 20 的根桥，即 S2。

在 S2 上也可以看到相同的结论，详见例 8-7。

例 8-7　在 S2 上查看 STP 状态

```
[S2]display stp instance 10 brief
 MSTID  Port                         Role  STP State   Protection
  10    GigabitEthernet0/0/1         DESI  FORWARDING  NONE
  10    GigabitEthernet0/0/2         DESI  FORWARDING  NONE
  10    GigabitEthernet0/0/10        ROOT  FORWARDING  NONE
[S2]display stp instance 20 brief
 MSTID  Port                         Role  STP State   Protection
  20    GigabitEthernet0/0/1         DESI  FORWARDING  NONE
  20    GigabitEthernet0/0/2         DESI  FORWARDING  NONE
  20    GigabitEthernet0/0/10        DESI  FORWARDING  NONE
```

从例 8-7 中第一条命令的输出内容可以判断出 G0/0/10 端口连接的设备是 instance 10 的根桥，即 S1，从第二条命令的输出内容可以判断出当前 S1 是 instance 20 的根桥。

至此，实验环境的准备工作已经完成，可以开始配置 VRRP 了。

8.3 配置 VRRP 与 MSTP 协同工作

在本实验中，我们要配置 VRRP，并使其与 MSTP 的设计相符。对于第二层流量来说，VLAN 10 流量的主根桥为 S1，VLAN 20 的主根桥为 S2。也就是说在正常情况下，S1 负责传输 VLAN 10 的流量，S2 负责传输 VLAN 20 的流量。在通过 VRRP 备份组为终端设备提供冗余网关时，我们也可以在正常情况下将 S1 作为 VLAN 10 的网关，S2 作为 VLAN 10 的备份网关；将 S2 作为 VLAN 20 的网关，S1 作为 VLAN 20 的备份网关。

对于 VLAN 10 的终端设备来说，它们在访问外网时使用的网关 IP 地址为 10.0.10.254，该地址是 VRRP 虚拟路由器的 IP 地址。在这个 VRRP 备份组 10 中有两台 VRRP 路由器：S1 和 S2，S1 为 Master 路由器，S2 为 Backup 路由器。

对于 VLAN 20 的终端设备来说，它们在访问外网时使用的网关 IP 地址为 10.0.20.254，该地址是 VRRP 虚拟路由器的 IP 地址。在这个 VRRP 备份组 20 中也有两台 VRRP 路由器：S1 和 S2，S2 为 Master 路由器，S1 为 Backup 路由器。图 8-3 描绘了本实验要实现的效果。

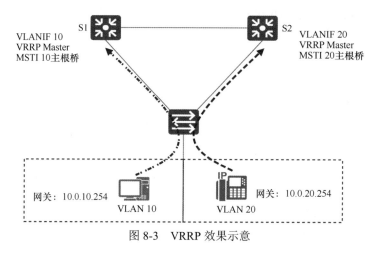

图 8-3　VRRP 效果示意

在配置 VRRP 之前，我们需要先在 S1 和 S2 上创建 VLANIF 10 和 VLANIF 20。例 8-8 例 8-9 和分别展示了 S1 和 S2 上的配置。

例 8-8　在 S1 上配置 VLANIF 接口

```
[S1]interface Vlanif 10
[S1-Vlanif10]ip address 10.0.10.252 24
[S1-Vlanif10]quit
[S1]interface Vlanif 20
[S1-Vlanif20]ip address 10.0.20.252 24
```

例 8-9　在 S2 上配置 VLANIF 接口

```
[S2]interface Vlanif 10
[S2-Vlanif10]ip address 10.0.10.253 24
[S2-Vlanif10]quit
[S2]interface Vlanif 20
[S2-Vlanif20]ip address 10.0.20.253 24
```

配置完成后，我们可以配置 VRRP 的基本功能。要想配置基于 IPv4 的 VRRP 基本功能，工程师需要使用以下命令完成不同参数的配置。

- **vrrp vrid** *virtual-router-id* **virtual-ip** *virtual-address*：接口视图命令，在接口上创建 VRRP 备份组并为备份组配置虚拟 IP 地址。在默认情况下，设备上没有 VRRP 备份组。**vrid** *virtual-router-id* 指定了 VRRP 备份组号，**virtual-ip** *virtual-address* 指定了 VRRP 备份组的虚拟 IP 地址。在本实验中，我们需要在 S1 和 S2 的 VLANIF 10 和 VLANIF 20 上配置该命令。
- **vrrp vrid** *virtual-router-id* **priority** *priority-value*：接口视图命令，配置 VRRP 路由器在备份组中的优先级。**vrid** *virtual-router-id* 指定了 VRRP 备份组号。**priority** *priority-value* 指定了优先级值，在默认情况下，优先级的取值是 100。数值越大，优先级越高。优先级值 0 被系统保留作为特殊用途；优先级值 255 保留给 IP 地址拥有者。通过命令可以配置的优先级取值范围是 1～254。

为了使 S1 成为 VRRP 备份组 10 的 Master，我们可以将其优先级值调整为 150。例 8-10 展示了 S1 上的 VRRP 配置。

例 8-10　在 S1 上配置 VRRP

```
[S1]interface Vlanif 10
[S1-Vlanif10]vrrp vrid 10 virtual-ip 10.0.10.254
[S1-Vlanif10]vrrp vrid 10 priority 150
[S1-Vlanif10]quit
[S1]interface Vlanif 20
[S1-Vlanif20]vrrp vrid 20 virtual-ip 10.0.20.254
```

为了使 S2 成为 VRRP 备份组 20 的 Master，我们可以将其优先级值调整为 150。例 8-11 展示了 S2 上的 VRRP 配置。

例 8-11　在 S2 上配置 VRRP

```
[S2]interface Vlanif 10
[S2-Vlanif10]vrrp vrid 10 virtual-ip 10.0.10.254
[S2-Vlanif10]quit
[S2]interface Vlanif 20
[S2-Vlanif20]vrrp vrid 20 virtual-ip 10.0.20.254
[S2-Vlanif20]vrrp vrid 20 priority 150
```

配置完成后，我们可以查看 VRRP 备份组的状态，详见例 8-12 和例 8-13。

例 8-12　在 S1 上查看 VRRP 备份组状态

```
[S1]display vrrp brief
VRID   State      Interface           Type       Virtual IP
----------------------------------------------------------------
10     Master     Vlanif10            Normal     10.0.10.254
20     Backup     Vlanif20            Normal     10.0.20.254
----------------------------------------------------------------
Total:2    Master:1    Backup:1    Non-active:0
```

例 8-13　在 S2 上查看 VRRP 备份组状态

```
[S2]display vrrp brief
VRID   State      Interface           Type       Virtual IP
----------------------------------------------------------------
10     Backup     Vlanif10            Normal     10.0.10.254
20     Master     Vlanif20            Normal     10.0.20.254
----------------------------------------------------------------
Total:2    Master:1    Backup:1    Non-active:0
```

从例 8-12 和例 8-13 的命令输出可以看出 S1 为 VRRP 备份组 10 的 Master，为 VRRP

备份组 20 的 Backup；S2 为 VRRP 备份组 20 的 Master，为 VRRP 备份组 10 的 Backup。

为了能够在网络出现故障时实现 VRRP 的快速切换，我们可以配置 BFD 与 VRRP 进行联动。

8.4　配置 BFD 与 VRRP 的联动

在本实验中，我们要在 S1 或 S2 出现故障时，使 VRRP 备份组能够在 1s 之内感知到故障并进行快速主备切换，以减少链路故障对于业务转发的影响。因此，工程师需要配置 BFD 单跳检测，并在启用了 VRRP 的接口上配置与 BFD 的联动。

要想配置 BFD 单跳检测，工程师需要配置以下命令。

- **bfd**：系统视图命令，用来在全局启用 BFD 功能并进入 BFD 视图。在默认情况下，全局 BFD 功能处于未启用状态。

- **bfd** *session-name* **bind peer-ip** *ip-address* [**vpn-instance** *vpn-name*] **interface** *interface-type interface-number* [**source-ip** *ip-address*]：接口视图命令，创建 BFD 会话。默认情况下未创建 BFD 会话。*session-name* 参数指定了 BFD 会话的名称。**peer-ip** *ip-address* 指定了 BFD 会话绑定的对端 IP 地址。**interface** *interface-type interface-number* 指定了绑定 BFD 会话的接口类型和接口编号。可选参数 **source-ip** *ip-address* 指定了 BFD 报文携带的源 IP 地址。

由于 VRRP 接口为三层接口并且配置了 IP 地址，因此我们需要使用本命令来创建 BFD 会话。如果需要在二层接口或未配置 IP 地址的三层接口上创建 BFD 会话，则需要使用命令 **bfd** *session-name* **bind** **peer-ip** **default-ip interface** *interface-type interface-number* [**source-ip** *ip-address*]。

- **discriminator** { **local** *discr-value* | **remote** *discr-value* }：BFD 会话视图命令，用来配置静态 BFD 会话的本地标识符和远端标识符。**local** *discr-value* 指定了 BFD 会话的本地标识符，取值范围为 1～8191。**remote** *discr-value* 指定了 BFD 会话的远端标识符，取值范围为 1～8191。标识符用来区分两台设备之间的多个 BFD 会话，对于静态 BFD 会话来说必须配置本地标识符和远端标识符，否则会话无法建立。BFD 会话的本地标识符和远端标识符是相互对应的，如果本地配置的远端标识符与对端配置的本地标识符不同，BFD 会话将无法建立。

- **min-rx-interval** *interval*：（可选）BFD 会话视图命令，用来指定 BFD 报文的接收间隔，默认间隔为 30ms。*interval* 指定了 BFD 报文期望的接收间隔时间，取值范围为 10～2000，单位是 ms。本实验会将 BFD 报文的接收间隔更改为 100ms。

- **min-tx-interval** *interval*：（可选）BFD 会话视图命令，用来指定 BFD 报文的发送间隔，默认间隔为 30ms。*interval* 指定了 BFD 报文期望的发送间隔时间，取值范围为 10～2000，单位是 ms。本实验会将 BFD 报文的发送间隔更改为 100ms。

在本实验中，我们要针对两个 VRRP 组分别配置 BFD，因此需要配置两个 BFD 会话，工程师将这两个 BFD 会话命名为 vrrp10 和 vrrp20。表 8-2 中展示了 S1 和 S2 上这两个 BFD 会话的标识符。本实验对 BFD 标识符的规划分为两部分：第 1 个数字对应 VRRP

组，1 对应 vrrp10，2 对应 vrrp20；后 3 个数字对应交换机本地 IP 地址的最后一个十进制数值。通过表 8-1 可以看出 S1 上 IP 地址的最后一位为 252，S2 为 253。以 S1 为例，对于 BFD 会话 vrrp10 来说，S1 的本地标识符为 1252，以此类推便可得出表 8-2 的内容。

表 8-2　BFD 标识符规划

设备	BFD 会话	本地标识符	远端标识符
S1	vrrp10	1252	1253
	vrrp20	2252	2253
S2	vrrp10	1253	1252
	vrrp20	2253	2252

例 8-14 和例 8-15 分别展示了 S1 和 S2 上的 BFD 会话配置。

例 8-14　在 S1 上配置 BFD 会话

```
[S1]bfd
[S1-bfd]quit
[S1]bfd vrrp10 bind peer 10.0.10.253 interface Vlanif 10
[S1-bfd-session-vrrp10]discriminator local 1252
[S1-bfd-session-vrrp10]discriminator remote 1253
[S1-bfd-session-vrrp10]min-tx-interval 100
[S1-bfd-session-vrrp10]min-rx-interval 100
[S1-bfd-session-vrrp10]commit
[S1-bfd-session-vrrp10]quit
[S1]bfd vrrp20 bind peer 10.0.20.253 interface Vlanif 20
[S1-bfd-session-vrrp20]discriminator local 2252
[S1-bfd-session-vrrp20]discriminator remote 2253
[S1-bfd-session-vrrp20]min-tx-interval 100
[S1-bfd-session-vrrp20]min-rx-interval 100
[S1-bfd-session-vrrp20]commit
```

例 8-15　在 S2 上配置 BFD 会话

```
[S2]bfd
[S2-bfd]quit
[S2]bfd vrrp10 bind peer 10.0.10.252 interface Vlanif 10
[S2-bfd-session-vrrp10]discriminator local 1253
[S2-bfd-session-vrrp10]discriminator remote 1252
[S2-bfd-session-vrrp10]min-tx-interval 100
[S2-bfd-session-vrrp10]min-rx-interval 100
[S2-bfd-session-vrrp10]commit
[S2-bfd-session-vrrp10]quit
[S2]bfd vrrp20 bind peer 10.0.20.252 interface Vlanif 20
[S2-bfd-session-vrrp20]discriminator local 2253
[S2-bfd-session-vrrp20]discriminator remote 2252
[S2-bfd-session-vrrp20]min-tx-interval 100
[S2-bfd-session-vrrp20]min-rx-interval 100
[S2-bfd-session-vrrp20]commit
```

配置完成后，我们可以查看 BFD 会话的状态，详见例 8-16。

例 8-16　在 S1 上查看 BFD 会话

```
[S1]display bfd session all
--------------------------------------------------------------------------------
Local Remote     PeerIpAddr      State     Type        InterfaceName
--------------------------------------------------------------------------------
1252  1253       10.0.10.253     Up        S_IP_IF     Vlanif10
2252  2253       10.0.20.253     Up        S_IP_IF     Vlanif20
--------------------------------------------------------------------------------
     Total UP/DOWN Session Number : 2/0
```

从例 8-16 所示的命令输出内容可以看出当前 S1 上有两个 BFD 会话，它们的状态都为 Up。工程师还可以查看它们的详细信息，详见例 8-17。

例 8-17 在 S1 上查看 BFD 会话详情

```
[S1]display bfd session static verbose
--------------------------------------------------------------------------
Session MIndex : 259        (One Hop) State : Up        Name : vrrp10
--------------------------------------------------------------------------
  Local Discriminator    : 1252            Remote Discriminator   : 1253
  Session Detect Mode    : Asynchronous Mode Without Echo Function
  BFD Bind Type          : Interface(Vlanif10)
  Bind Session Type      : Static
  Bind Peer IP Address   : 10.0.10.253
  NextHop Ip Address      : 10.0.10.253
  Bind Interface         : Vlanif10
  FSM Board Id           : 0               TOS-EXP                : 7
  Min Tx Interval (ms)   : 100             Min Rx Interval (ms)   : 100
  Actual Tx Interval (ms): 100             Actual Rx Interval (ms): 100
  Local Detect Multi     : 3               Detect Interval (ms)   : 300
  Echo Passive           : Disable         Acl Number             : -
  Destination Port       : 3784            TTL                    : 255
  Proc Interface Status  : Disable
  WTR Interval (ms)      : -
  Active Multi           : 3
  Last Local Diagnostic  : Neighbor Signaled Session Down(Receive AdminDown)
  Bind Application       : No Application Bind
  Session TX TmrID       : 1331            Session Detect TmrID   : 1332
  Session Init TmrID     : -               Session WTR TmrID      : -
  Session Echo Tx TmrID  : -
  PDT Index              : FSM-0 | RCV-0 | IF-0 | TOKEN-0
  Session Description    : -
  --------------------------------------------------------------------------


--------------------------------------------------------------------------
Session MIndex : 260        (One Hop) State : Up        Name : vrrp20
--------------------------------------------------------------------------
  Local Discriminator    : 2252            Remote Discriminator   : 2253
  Session Detect Mode    : Asynchronous Mode Without Echo Function
  BFD Bind Type          : Interface(Vlanif20)
  Bind Session Type      : Static
  Bind Peer IP Address   : 10.0.20.253
  NextHop Ip Address      : 10.0.20.253
  Bind Interface         : Vlanif20
  FSM Board Id           : 0               TOS-EXP                : 7
  Min Tx Interval (ms)   : 100             Min Rx Interval (ms)   : 100
  Actual Tx Interval (ms): 100             Actual Rx Interval (ms): 100
  Local Detect Multi     : 3               Detect Interval (ms)   : 300
  Echo Passive           : Disable         Acl Number             : -
  Destination Port       : 3784            TTL                    : 255
  Proc Interface Status  : Disable
  WTR Interval (ms)      : -
  Active Multi           : 3
  Last Local Diagnostic  : Neighbor Signaled Session Down(Receive AdminDown)
  Bind Application       : No Application Bind
  Session TX TmrID       : 1329            Session Detect TmrID   : 1330
  Session Init TmrID     : -               Session WTR TmrID      : -
  Session Echo Tx TmrID  : -
  PDT Index              : FSM-0 | RCV-0 | IF-0 | TOKEN-0
  Session Description    : -
  --------------------------------------------------------------------------

   Total UP/DOWN Session Number : 2/0
```

例 8-17 中的命令可以展示更丰富的信息，比如工程师指定的报文发送和接收时间间隔。

接下来，工程师需要配置 VRRP 与 BFD 的联动。以 S1 为例，它通过对 BFD 会话的监视，发现 S2 的 VLANIF 20 接口不可达之后，可以立即将自己的 VRRP 优先级值增加 100，使自己能够快速成为 VLAN 20 的 Master 设备，接管 VLAN 20 的流量。类似的，

S2 需要监视 S1 的 VLANIF 10 接口，并在其不可达时增加自己的 VRRP 优先级值。

工程师需要使用以下命令来配置 VRRP 与 BFD 的联动。读者可以参考华为官方网站查询完整的命令语法。

vrrp vrid *virtual-router-id* **track bfd-session** *bfd-session-id* [**increased** *value- increased* | **reduced** *value-reduced*]：接口视图命令，用来使 VRRP 能够通过联动 BFD 会话状态实现快速的主备切换。在默认情况下，该功能未启用。**vrid** *virtual-router-id* 指定了 VRRP 备份组号，取值范围为 1～255。**bfd-session** *bfd-session-id* 指定了被监视的 BFD 会话的本地标识符，取值范围为 1～8191。**increased** *value-increased* 指定了当被监视的 BFD 会话状态变为 Down 时，VRRP 优先级增加的数值，取值范围为 1～255，增加后的优先级值最高为 254。**reduced** *value-reduced* 指定了当被监视的 BFD 会话状态变为 Down 时，优先级降低的数值，取值范围为 1～255，降低后的优先级值最低为 1。在默认情况下，当被监视的 BFD 会话变为 Down 时，优先级的数值降低为 0。

例 8-18 和例 8-19 分别展示了如何在 S1 和 S2 上配置 VRRP 与 BFD 联动。

例 8-18 在 S1 上配置 VRRP 与 BFD 的联动

```
[S1]interface Vlanif 20
[S1-Vlanif20]vrrp vrid 20 track bfd-session 2252 increased 100
```

例 8-19 在 S2 上配置 VRRP 与 BFD 的联动

```
[S2]interface Vlanif 10
[S2-Vlanif10]vrrp vrid 10 track bfd-session 1253 increased 100
```

配置完成后，我们可以进行 VRRP 切换测试。本实验会将 S2 的 VLANIF 20 关闭，查看 S1 上的 VRRP 切换。我们可以先确认 S1 上的 BFD 会话状态和 VRRP 状态，详见例 8-20。

例 8-20 在 S1 上查看 BFD 会话状态和 VRRP 状态

```
[S1]display bfd session all
-----------------------------------------------------------------------------
Local Remote      PeerIpAddr       State    Type       InterfaceName
-----------------------------------------------------------------------------
1252  1253        10.0.10.253      Up       S_IP_IF    Vlanif10
2252  2253        10.0.20.253      Up       S_IP_IF    Vlanif20
-----------------------------------------------------------------------------
     Total UP/DOWN Session Number : 2/0
[S1]display vrrp brief
VRID  State        Interface          Type    Virtual IP
-----------------------------------------------------------------------------
10    Master       Vlanif10           Normal  10.0.10.254
20    Backup       Vlanif20           Normal  10.0.20.254
-----------------------------------------------------------------------------
Total:2    Master:1    Backup:1    Non-active:0
```

从例 8-20 的第一个阴影部分可以确认当前与 VLANIF 20 联动的 BFD 会话状态为 Up，从第二个阴影部分可以确认当前 S1 为 VRRP 20 的 Backup 设备。

我们关闭 S2 的 VLANIF 20 接口，读者可以在 VLANIF 20 接口视图下使用命令 **shutdown**，本实验不展示这部分配置。例 8-21 展示了当工程师输入命令 **shutdown** 后，在 S1 上观察到的日志消息。

例 8-21 关闭 S2 VLANIF 20 接口后 S1 上的日志消息

```
[S1]
Apr 21 2023 04:44:44-08:00 S1 %%01BFD/4/STACHG_TODWN(l)[1]:BFD session changed to Down.
```

```
(SlotNumber=0, Discriminator=2252, Diagnostic=DetectDown, Applications=VRRP, ProcessPST=
False, BindInterfaceName=Vlanif20, InterfacePhysicalState=Up, In terfaceProtocolState=Up)
Apr 21 2023 04:44:44-08:00 S1 %%01VRRP/4/STATEWARNINGEXTEND(l)[2]:Virtual Router state
BACKUP changed to MASTER, because of track BFD session. (Interface=Vlanif 20, VrId=20,
InetType=IPv4)
```

　　第一条日志消息提示了 BFD 会话的状态变为 Down，1s 不到的时间第二条日志消息就提示了 VRRP 的切换，S1 从 VRRP 20 的 Backup 状态切换为 Master。我们再次查看 S1 上的 BFD 会话状态和 VRRP 状态，详见例 8-22。

　　例 8-22　再次在 S1 上查看 BFD 会话状态和 VRRP 状态

```
[S1]display bfd session all
--------------------------------------------------------------------------------
Local Remote     PeerIpAddr      State     Type       InterfaceName
--------------------------------------------------------------------------------

1252  1253       10.0.10.253     Up        S_IP_IF    Vlanif10
2252  2253       10.0.20.253     Down      S_IP_IF    Vlanif20
--------------------------------------------------------------------------------
     Total UP/DOWN Session Number : 1/1
[S1]display vrrp brief
VRID  State     Interface          Type      Virtual IP
--------------------------------------------------------------------------------
10    Master    Vlanif10           Normal    10.0.10.254
20    Master    Vlanif20           Normal    10.0.20.254
--------------------------------------------------------------------------------
Total:2   Master:2   Backup:0   Non-active:0
```

　　对比例 8-20 中的输出内容我们可以很快发现第一个阴影部分的 Up 变为了 Down，第二个阴影部分的 Backup 变为了 Master。我们可以查看 VRRP 20 的详细信息，详见例 8-23。

　　例 8-23　在 S1 上查看 VRRP 20 的详细信息

```
[S1]display vrrp 20
  Vlanif20 | Virtual Router 20
  State : Master
  Virtual IP : 10.0.20.254
  Master IP : 10.0.20.252
  PriorityRun : 200
  PriorityConfig : 100
  MasterPriority : 200
  Preempt : YES   Delay Time : 0 s
  TimerRun : 1 s
  TimerConfig : 1 s
  Auth type : NONE
  Virtual MAC : 0000-5e00-0114
  Check TTL : YES
  Config type : normal-vrrp
  Track BFD : 2252  Priority increased : 100
  BFD-session state : DOWN
  Create time : 2023-04-19 01:25:50 UTC-08:00
  Last change time : 2023-04-21 04:44:44 UTC-08:00
```

　　从例 8-23 的第一个阴影行可以看出 S1 为 Master 设备，第二个阴影行显示出当前 Master 的优先级值是 200，第三个阴影行显示出 VRRP 联动的 BFD 会话为 2252，并且与之相关的动作是将优先级值增加 100，最后一个阴影行显示出此时该 BFD 会话的状态为 DOWN。

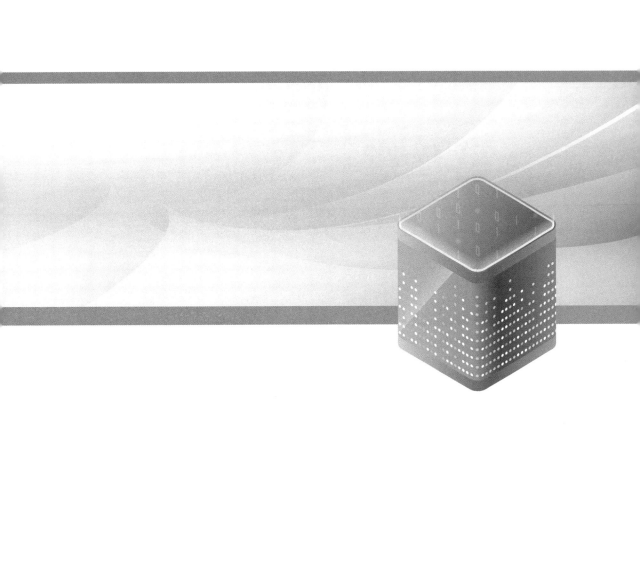

第9章
DHCP 实验

本章主要内容

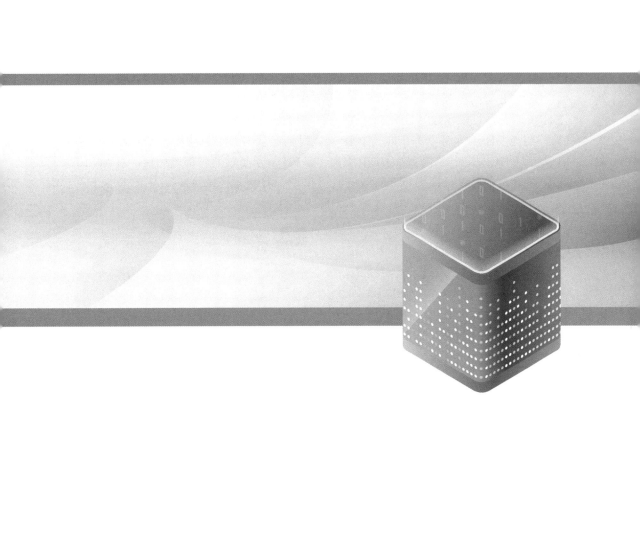

DHCP 的全称为 Dynamic Host Configuration Protocol，即动态主机配置协议。通过使用 DHCP，网络中的主机可以动态获得 IP 地址、子网掩码、默认网关地址、DNS 服务器地址等信息，使工程师能够对主机 IP 地址进行集中管理和配置。

DHCP 有两种部署场景：当 DHCP 客户端与 DHCP 服务器连接在同一个 IP 网段时，DHCP 服务器可以接收到 DHCP 客户端以广播形式发送的 DHCP Discover 报文。当 DHCP 客户端与 DHCP 服务器不在同一个 IP 网段时，必须由 DHCP 中继设备来转发 DHCP 客户端和 DHCP 服务器之间的 DHCP 报文。图 9-1 展示了这两种部署场景，VLAN 10 中的 DHCP 客户端可以直接从 DHCP 服务器获取 IP 地址信息，VLAN 20 中的 DHCP 客户端需要通过 DHCP 中继的帮助，才能从 DHCP 服务器获取 IP 地址。

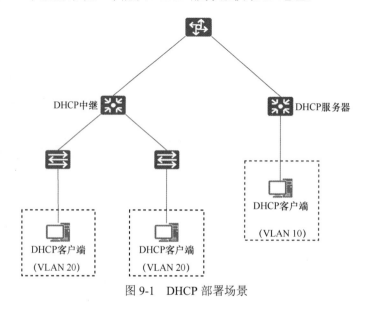

图 9-1　DHCP 部署场景

在无 DHCP 中继的部署场景中，当 DHCP 客户端首次接入网络时，DHCP 客户端与 DHCP 服务器的报文交互过程如图 9-2 所示。

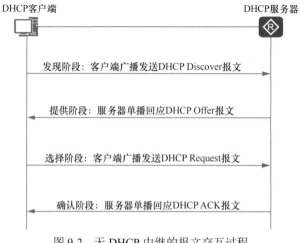

图 9-2　无 DHCP 中继的报文交互过程

在有 DHCP 中继的部署场景中，当 DHCP 客户端首次接入网络时，DHCP 客户端与 DHCP 服务器的报文交互过程如图 9-3 所示。

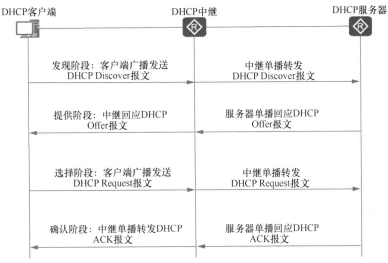

图 9-3　有 DHCP 中继的报文交互过程

DHCP 提供了两种 IP 地址分配策略：动态分配和静态分配。

- 动态分配：DHCP 客户端会获得一个有租期的 IP 地址。工程师可以根据实际情况调整租期的时长，比如在办公环境中，可以将员工的 IP 地址租期设置为 9h，将访客的 IP 地址租期设置为 2h。当网络中的主机仅需临时接入网络，或者当网络中需要联网的主机数量大于可用 IP 地址数量且主机仅需临时连接时，工程师可以使用 DHCP 动态分配 IP 地址。

- 静态分配：DHCP 客户端会获得一个工程师指定的固定 IP 地址。静态分配的 IP 地址没有租期限制，并且该 DHCP 客户端总是会获得相同的 IP 地址。当工程师为网络中的服务型网络设备分配 IP 地址时，可以使用 DHCP 静态分配，比如为打印机、服务器等设备分配 IP 地址。

在本实验中，我们将在华为交换机上配置 DHCP 服务器和 DHCP 中继，并观察 IP 地址的获取过程。

9.1　实验介绍

9.1.1　关于本实验

本实验会通过一个简单的部署环境展示 DHCP 服务器和 DHCP 中继的配置。

9.1.2　实验目的

- 掌握 DHCP 服务器的配置。

- 掌握 DHCP 中继的配置。
- 观察 DHCP 的工作过程。

9.1.3　实验组网介绍

在图 9-4 中，交换机 S1 作为网络中的 DHCP 服务器，直接为 PC1 提供 IP 地址信息。交换机 S2 作为 DHCP 中继，为 PC2 和 PC3 与 DHCP 服务器之间的通信提供服务。交换机 S1 也充当 VLAN 10 的网关，交换机 S2 充当 VLAN 20 和 VLAN 30 的网关。

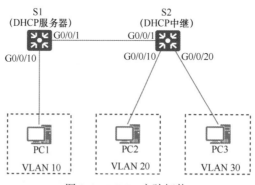

图 9-4　DHCP 实验拓扑

在这个拓扑环境中，S1 和 S2 之间的端口配置为 Trunk 端口，放行所有 VLAN。S1 和 S2 上连接 PC 的端口配置为 Access 端口，并相应地配置 PVID，比如 S1 的 G0/0/10 端口的 PVID 为 10。

S1 和 S2 之间通过 VLANIF 12 进行三层通信。S1 上需要创建 VLAN 12 和 VLAN 10，创建相应的 VLANIF 接口并指定 IP 地址。S2 上需要创建 VLAN 12、VLAN 20 和 VLAN 30，创建相应的 VLANIF 接口并指定 IP 地址。

本实验仅关注 DHCP 功能，并不考虑终端 PC 之间的通信。

表 9-1 列出了本章实验使用的网络地址规划。

表 9-1　本章实验使用的网络地址规划

设备	接口	IP 地址	子网掩码	默认网关
S1	VLANIF 10	10.0.10.254	255.255.255.0	—
	VLANIF 12	10.0.12.1	255.255.255.0	—
S2	VLANIF 12	10.0.12.2	255.255.255.0	—
	VLANIF 20	10.0.20.254	255.255.255.0	—
	VLANIF 30	10.0.30.254	255.255.255.0	—
PC1	Eth0/0/1	DHCP	DHCP	DHCP
PC2	Eth0/0/1	DHCP	DHCP	DHCP
PC3	Eth0/0/1	DHCP	DHCP	DHCP

9.1.4　实验任务列表

配置任务 1：准备实验环境

配置任务 2：配置 DHCP 服务器（为 PC1 分配 IP 地址）

配置任务 3：配置 DHCP 中继（为 PC2 分配 IP 地址）

配置任务 4：配置 DHCP 静态分配（为 PC3 分配 IP 地址）

9.2　准备实验环境

在这个实验中，我们要在交换机 S1 和 S2 上完成物理端口和虚拟接口的配置。例 9-1 和例 9-2 分别展示了 S1 和 S2 上的配置。

例 9-1　交换机 S1 的基础配置

```
[S1]vlan batch 10 12
Info: This operation may take a few seconds. Please wait for a moment...done.
[S1]interface Vlanif 10
[S1-Vlanif10]ip address 10.0.10.254 24
[S1-Vlanif10]quit
[S1]interface Vlanif 12
[S1-Vlanif12]ip address 10.0.12.1 24
[S1-Vlanif12]quit
[S1]interface GigabitEthernet 0/0/1
[S1-GigabitEthernet0/0/1]port link-type trunk
[S1-GigabitEthernet0/0/1]port trunk allow-pass vlan all
[S1-GigabitEthernet0/0/1]quit
[S1]interface GigabitEthernet 0/0/10
[S1-GigabitEthernet0/0/10]port link-type access
[S1-GigabitEthernet0/0/10]port default vlan 10
```

例 9-2　交换机 S2 的基础配置

```
[S2]vlan batch 12 20 30
Info: This operation may take a few seconds. Please wait for a moment...done.
[S2]interface Vlanif 12
[S2-Vlanif12]ip address 10.0.12.2 24
[S2-Vlanif12]quit
[S2]interface Vlanif 20
[S2-Vlanif20]ip address 10.0.20.254 24
[S2-Vlanif20]quit
[S2]interface Vlanif 30
[S2-Vlanif30]ip address 10.0.30.254 24
[S2-Vlanif30]quit
[S2]interface GigabitEthernet 0/0/1
[S2-GigabitEthernet0/0/1]port link-type trunk
[S2-GigabitEthernet0/0/1]port trunk allow-pass vlan all
[S2-GigabitEthernet0/0/1]quit
[S2]interface GigabitEthernet 0/0/10
[S2-GigabitEthernet0/0/10]port link-type access
[S2-GigabitEthernet0/0/10]port default vlan 20
[S2-GigabitEthernet0/0/10]quit
[S2]interface GigabitEthernet 0/0/20
[S2-GigabitEthernet0/0/20]port link-type access
[S2-GigabitEthernet0/0/20]port default vlan 30
```

配置完成后，我们可以在 S2 上对 S1 的 IP 地址 10.0.12.1 发起 ping 测试，以确认两台交换机之间的连通性，详见例 9-3。

例 9-3 检查交换机之间的连通性

```
[S2]ping 10.0.12.1
  PING 10.0.12.1: 56  data bytes, press CTRL_C to break
    Reply from 10.0.12.1: bytes=56 Sequence=1 ttl=255 time=50 ms
    Reply from 10.0.12.1: bytes=56 Sequence=2 ttl=255 time=50 ms
    Reply from 10.0.12.1: bytes=56 Sequence=3 ttl=255 time=50 ms
    Reply from 10.0.12.1: bytes=56 Sequence=4 ttl=255 time=50 ms
    Reply from 10.0.12.1: bytes=56 Sequence=5 ttl=255 time=50 ms

  --- 10.0.12.1 ping statistics ---
    5 packet(s) transmitted
    5 packet(s) received
    0.00% packet loss
    round-trip min/avg/max = 50/50/50 ms
```

至此，我们就完成并验证了两台交换机之间的基础配置和连通性，可以开始进行 DHCP 的配置了。

9.3 配置 DHCP 服务器（为 PC1 分配 IP 地址）

在这个实验中，我们要通过配置使终端设备 PC1 能够获得 IP 地址等信息。

根据设计，PC1 属于 VLAN 10，它应该获得 10.0.10.0/24 网段中的 IP 地址，指定 IP 地址租期为 2 天，并且 DHCP 服务器还需要向 PC1 提供其网关地址 10.0.10.254，以及 DNS 服务器地址 10.0.10.254。在这个实验中，交换机 S1 作为 DHCP 服务器要使用基于接口地址池的方式为 PC1 提供上述信息。

工程师可以使用以下命令完成本实验。

- **dhcp enable**：系统视图命令，在全局开启 DHCP 功能。在默认情况下，DHCP 功能处于关闭状态。这是将设备作为 DHCP 服务器的前提，全局开启 DHCP 功能后，再启用基于接口地址池或基于全局地址池的 DHCP 服务器功能。
- **dhcp select interface**：接口视图命令，启用基于接口地址池的 DHCP 服务器功能。在默认情况下，接口下未启用基于接口地址池的 DHCP 服务器功能。如果设备作为 DHCP 服务器要为多个接口连接的客户端提供 DHCP 服务，则需要分别在多个接口上重复执行此命令来启用基于接口的 DHCP 服务器功能。
- **dhcp server lease** { **day** *day* [**hour** *hour* [**minute** *minute*]] | **unlimited** }：（可选）接口视图命令，指定 IP 地址租期。在默认情况下，IP 地址的租期为 1 天。
- **dhcp server dns-list** *ip-address* &<1-8>：（可选）接口视图命令，指定要分配给 DHCP 客户端的 DNS 服务器地址，最多可以配置 8 个 DNS 服务器地址。在默认情况下，接口地址池下未配置 DNS 服务器地址。

例 9-4 展示了交换机 S1 上的相关配置。

例 9-4 基于接口地址池的 DHCP 服务器配置

```
[S1]dhcp enable
Info: The operation may take a few seconds. Please wait for a moment.done.
[S1]interface Vlanif 10
[S1-Vlanif10]dhcp select interface
[S1-Vlanif10]dhcp server lease day 2
[S1-Vlanif10]dhcp server dns-list 10.0.10.254
```

配置完成后，我们就可以将 PC1 设置为通过 DHCP 的方式获取 IP 地址信息，在此之前，我们可以在 S1 上启用调试功能，以观察 DHCP 服务器为其客户端提供 IP 地址的全过程。例 9-5 展示了启用调试功能的命令。

例 9-5　在 S1 上启用调试功能

```
<S1>terminal debugging
Info: Current terminal debugging is on.
<S1>terminal monitor
Info: Current terminal monitor is on.
<S1>debugging dhcp server info
<S1>debugging dhcp server packet
```

现在，我们可以将 PC1 设置为通过 DHCP 的方式获取 IP 地址信息，例 9-6 展示了 S1 上输出的调试信息。

例 9-6　S1 上的调试信息

```
<S1>
May  7 2023 16:00:52.570.1-08:00 S1 DHCP/7/DEBUG:[dhcps-info]:Receives DHCP DISC
OVER message from interface Vlanif10.(chaddr=5489-9850-7378, ciaddr=0.0.0.0, gia
ddr=0.0.0.0, serverid=0.0.0.0, reqipp=0.0.0.0, vrf=0, leasetime=0)

May  7 2023 16:00:52.570.2-08:00 S1 DHCP/7/DEBUG:[dhcps-info]:Get interface info
rmation. (mainIp=10.0.10.254, router=10.0.10.254, mask=255.255.255.0)

May  7 2023 16:00:52.570.3-08:00 S1 DHCP/7/DEBUG:[dhcps-info]:Assigned ip addres
s 10.0.10.253 for 5489-9850-7378.

May  7 2023 16:00:52.570.4-08:00 S1 DHCP/7/DEBUG:[dhcps-info]:Start ping thread
to detect ip address 10.0.10.253 .

May  7 2023 16:00:53.70.1-08:00 S1 DHCP/7/DEBUG:[dhcps-pkt]:Ping packet send suc
ceed.(target ip =10.0.10.253, source ip=10.0.10.254, vrf=0)

May  7 2023 16:00:53.580.1-08:00 S1 DHCP/7/DEBUG:[dhcps-pkt]:Ping packet send su
cceed.(target ip =10.0.10.253, source ip=10.0.10.254, vrf=0)

May  7 2023 16:00:54.80.1-08:00 S1 DHCP/7/DEBUG:[dhcps-pkt]:Detect none ip confl
ict and send offer to client. (ciaddr=10.0.10.253, chaddr=5489-9850-7378)

May  7 2023 16:00:54.550.1-08:00 S1 DHCP/7/DEBUG:[dhcps-info]:Receives DHCP REQU
EST message from interface Vlanif10.(chaddr=5489-9850-7378, ciaddr=0.0.0.0, giad
dr=0.0.0.0, serverid=10.0.10.254, reqipp=10.0.10.253, vrf=0, leasetime=0)

May  7 2023 16:00:54.550.2-08:00 S1 DHCP/7/DEBUG:[dhcps-pkt]:Process request_of_
selecting message.

May  7 2023 16:00:54.550.3-08:00 S1 DHCP/7/DEBUG:[dhcps-info]:Get interface info
rmation. (mainIp=10.0.10.254, router=10.0.10.254, mask=255.255.255.0)

May  7 2023 16:00:54.550.4-08:00 S1 DHCP/7/DEBUG:[dhcps-pkt]:Send ACK packet. (S
erverMac=4c1f-cc5b-27cd, ServerIp=10.0.10.254, AssignedIp=10.0.10.253, Ciaddr=0.
0.0.0, Giaddr=0.0.0.0, Chaddr=5489-9850-7378, PVLAN=10, CVLAN=0)
```

例 9-6 中的 4 个阴影部分分别对应了 DHCP 工作流程中的 Discover、Offer、Request 和 ACK。

- 第 1 个阴影行对应着 DHCP Discover 消息，由 DHCP 客户端（PC1）以广播形式发送到网络中，以请求 IP 地址信息。
- 第 2 个阴影行对应着 DHCP Offer 消息，由 DHCP 服务器（S1）以单播形式对 Discover 消息进行回应，该消息的目的 IP 地址为服务器即将分配的 IP 地址（10.0.10.253），目的 MAC 地址为客户端（PC1）的 MAC 地址。
- 第 3 个阴影行对应着 DHCP Request 消息，由 DHCP 客户端（PC1）以广播形式发送到网络中，以请求使用 DHCP Offer 中提供的 IP 地址。

- 第 4 个阴影行对应着 DHCP ACK 消息，由 DHCP 服务器（S1）以单播形式对 Request 消息进行回应，允许客户端使用该 IP 地址。

最后，我们在 PC1 上确认它获得的 IP 地址信息，详见例 9-7。

例 9-7　PC1 获得的 IP 地址信息

```
PC1>ipconfig

Link local IPv6 address...........: fe80::5689:98ff:fe50:7378
IPv6 address......................: :: / 128
IPv6 gateway......................: ::
IPv4 address......................: 10.0.10.253
Subnet mask.......................: 255.255.255.0
Gateway...........................: 10.0.10.254
Physical address..................: 54-89-98-50-73-78
DNS server........................: 10.0.10.254
```

至此，在无中继部署场景中基于接口地址池的 DHCP 配置就完成了。在下面的实验中，我们将进行基于全局地址池的 DHCP 配置。

9.4　配置 DHCP 中继（为 PC2 分配 IP 地址）

在这个实验中，我们要通过配置使终端设备 PC2 能够获得 IP 地址等信息。

根据设计，PC2 属于 VLAN 20，它应该获得 10.0.20.0/24 网段中的 IP 地址，指定 IP 地址租期为 2 天，并且 DHCP 服务器还需要向 PC2 提供其网关地址 10.0.20.254，以及 DNS 服务器地址 10.0.20.254。在这个实验中，交换机 S1 作为 DHCP 服务器要使用基于全局地址池的方式为 PC2 提供上述信息，交换机 S2 作为 DHCP 中继为 DHCP 客户端与服务器之间的通信提供支持。

工程师可以在 DHCP 服务器上使用以下命令完成本实验。

- **dhcp enable**：系统视图命令，在全局开启 DHCP 功能。在默认情况下，DHCP 功能处于关闭状态。这是将设备作为 DHCP 服务器的前提，全局开启 DHCP 功能后，再启用基于接口地址池或基于全局地址池的 DHCP 服务器功能。

- **dhcp select global**：接口视图命令，启用基于全局地址池的 DHCP 服务器功能。在默认情况下，接口下未启用基于全局地址池的 DHCP 服务器功能。在本实验中，我们要将 S1 的 VLANIF 12 接口作为 DHCP 服务器，因此需要在该接口下配置此命令。

- **ip pool** *ip-pool-name*：系统视图命令，创建全局地址池，并进入全局地址池视图。在默认情况下，设备上没有创建任何全局地址池。

- **network** *ip-address* [**mask** { *mask* | *mask-length* }]：全局地址池视图命令，指定了可动态分配的 IP 地址范围。一个地址池中只能配置一个地址段，通过设定掩码长度可以控制地址范围的大小。在全局地址池中指定可动态分配的 IP 地址范围时，应保证该地址范围与 DHCP 服务器接口或 DHCP 中继接口的 IP 地址属于相同网段，以免分配错误的 IP 地址。

- **lease** { **day** *day* [**hour** *hour* [**minute** *minute*]] | **unlimited** }：（可选）全局地址池视图命令，指定 IP 地址租期。在默认情况下，IP 地址的租期为 1 天。

- **gateway-list** *ip-address* &<1-8>：（可选）全局地址池视图命令，指定 DHCP 客户端的网关地址，最多可以配置 8 个网关地址。在默认情况下，IP 地址池下未配置网关地址。
- **dns-list** *ip-address* &<1-8>：（可选）全局地址池视图命令，指定要分配给 DHCP 客户端的 DNS 服务器地址，最多可以配置 8 个 DNS 服务器地址。在默认情况下，IP 地址池下未配置 DNS 服务器地址。

例 9-8 展示了在 9.3 节的配置基础上交换机 S1 上的相关配置。

例 9-8 基于全局地址池的 DHCP 服务器配置

```
[S1]interface Vlanif 12
[S1-Vlanif12]dhcp select global
[S1-Vlanif12]quit
[S1]ip pool For_vlan20
Info:It's successful to create an IP address pool.
[S1-ip-pool-for_vlan20]network 10.0.20.0 mask 24
[S1-ip-pool-for_vlan20]lease day 2
[S1-ip-pool-for_vlan20]gateway-list 10.0.20.254
[S1-ip-pool-for_vlan20]dns-list 10.0.20.254
[S1-ip-pool-for_vlan20]quit
[S1]ip route-static 10.0.20.0 24 10.0.12.2
```

配置完成后，我们可以查看 IP 地址池的配置情况，详见例 9-9。

例 9-9 查看 S1 上的 IP 地址池

```
[S1]display ip pool name For_vlan20
 Pool-name        : for_vlan20
 Pool-No          : 1
 Lease            : 2 Days 0 Hours 0 Minutes
 Domain-name      : -
 DNS-server0      : 10.0.20.254
 NBNS-server0     : -
 Netbios-type     : -
 Position         : Local          Status        : Unlocked
 Gateway-0        : 10.0.20.254
 Mask             : 255.255.255.0
 VPN instance     : --
 --------------------------------------------------------------------
       Start          End        Total  Used  Idle(Expired) Conflict Disable
 --------------------------------------------------------------------
     10.0.20.1   10.0.20.254    253    0       253(0)          0        0
 --------------------------------------------------------------------
```

从例 9-9 的命令输出可以看出地址池 For_vlan20 中共有 253 个可分配的 IP 地址（Total），这是因为设备会将工程师指定的网关地址排除在可分配的 IP 地址的范围外。

例 9-8 的最后一条命令指定了前往终端 PC 网段的路由，我们还可以在 S1 上对这条路由进行测试，即对 S2 上的 10.0.20.254 地址进行 ping 测试，详见例 9-10。

例 9-10 测试 S1 与 VLAN 20 网段的连通性

```
[S1]ping 10.0.20.254
 PING 10.0.20.254: 56  data bytes, press CTRL_C to break
   Reply from 10.0.20.254: bytes=56 Sequence=1 ttl=255 time=30 ms
   Reply from 10.0.20.254: bytes=56 Sequence=2 ttl=255 time=40 ms
   Reply from 10.0.20.254: bytes=56 Sequence=3 ttl=255 time=50 ms
   Reply from 10.0.20.254: bytes=56 Sequence=4 ttl=255 time=30 ms
   Reply from 10.0.20.254: bytes=56 Sequence=5 ttl=255 time=50 ms

 --- 10.0.20.254 ping statistics ---
   5 packet(s) transmitted
   5 packet(s) received
   0.00% packet loss
   round-trip min/avg/max = 30/40/50 ms
```

至此，DHCP 服务器端的配置已完成。

工程师可以在 DHCP 中继上使用以下命令完成本实验。

- **dhcp enable**：系统视图命令，在全局开启 DHCP 功能。在默认情况下，DHCP 功能处于关闭状态。这是将设备作为 DHCP 中继的前提，全局开启 DHCP 功能后，再配置 DHCP 中继的相关功能。
- **dhcp select relay**：接口视图命令，在接口上启用 DHCP 中继功能。在默认情况下，接口上未启用 DHCP 中继功能。
- **dhcp relay server-ip** *ip-address*：接口视图命令，指定 DHCP 服务器的 IP 地址。在默认情况下，接口上未指定 DHCP 服务器的 IP 地址。

例 9-11 展示了在 9.3 节的配置基础上交换机 S2 上的相关配置。

例 9-11　S2 上的 DHCP 中继的相关配置

```
[S2]dhcp enable
Info: The operation may take a few seconds. Please wait for a moment.done.
[S2]interface Vlanif 20
[S2-Vlanif20]dhcp select relay
[S2-Vlanif20]dhcp relay server-ip 10.0.12.1
```

配置完成后，我们可以查看 DHCP 中继的配置结果，详见例 9-12。

例 9-12　查看 S2 上的 DHCP 中继配置

```
[S2]display dhcp relay all
DHCP relay agent running information of interface Vlanif20 :
Server IP address [01] : 10.0.12.1
Gateway address in use : 10.0.20.254
```

配置完成后，我们就可以将 PC2 设置为通过 DHCP 的方式获取 IP 地址信息，在此之前我们可以在 S2 上启用调试功能，以观察 DHCP 中继工作的全过程。例 9-13 展示了启用调试功能的命令。

例 9-13　在 S2 上启用调试功能

```
<S2>terminal debugging
Info: Current terminal debugging is on.
<S2>terminal monitor
Info: Current terminal monitor is on.
<S2>debugging dhcp relay info
<S2>debugging dhcp relay packet
```

现在，我们可以将 PC2 设置为通过 DHCP 的方式获取 IP 地址信息，例 9-14 展示了 S2 上输出的调试信息。

例 9-14　S2 上的调试信息

```
<S2>
May  8 2023 03:16:18.850.1-08:00 S2 DHCP/7/DEBUG:[dhcpr-pkt]:Receives DHCP DISCO
VER message from interface Vlanif20.

May  8 2023 03:16:18.850.2-08:00 S2 DHCP/7/DEBUG:[dhcpr-info]:srcip:0.0.0.0 dsti
p:255.255.255.255 vpnid:0

May  8 2023 03:16:18.850.3-08:00 S2 DHCP/7/DEBUG:[dhcpr-info]:msgtype:BOOT-REQUE
ST dhcp msgtype:DHCP DISCOVER bflag:uc chaddr:5489-9842-6b1e ciaddr:0.0.0.0 reqi
p:0.0.0.0 giaddr:0.0.0.0 serverid:0.0.0.0

May  8 2023 03:16:18.850.4-08:00 S2 DHCP/7/DEBUG:[dhcpr-info]:Select 10.0.20.254
 as giaddr.

May  8 2023 03:16:18.850.5-08:00 S2 DHCP/7/DEBUG:[dhcpr-pkt]:Relay DHCP DISCOVER
```

```
 to server 10.0.12.1.

May  8 2023 03:16:20.360.1-08:00 S2 DHCP/7/DEBUG:[dhcpr-pkt]:Receives DHCP OFFER
 message from interface Vlanif12.

May  8 2023 03:16:20.360.2-08:00 S2 DHCP/7/DEBUG:[dhcpr-info]:srcip:10.0.12.1 ds
tip:10.0.20.254 vpnid:0

May  8 2023 03:16:20.360.3-08:00 S2 DHCP/7/DEBUG:[dhcpr-info]:msgtype:BOOT-REPLY
 dhcp msgtype:DHCP OFFER bflag:uc chaddr:5489-9842-6b1e ciaddr:0.0.0.0 reqip:0.0
.0.0 giaddr:10.0.20.254 serverid:10.0.12.1

May  8 2023 03:16:20.360.4-08:00 S2 DHCP/7/DEBUG:[dhcpr-pkt]:Unicast DHCP OFFER
to client. (Chaddr=5489-9842-6b1e, Ciaddr=10.0.20.253)

May  8 2023 03:16:20.860.1-08:00 S2 DHCP/7/DEBUG:[dhcpr-pkt]:Receives DHCP REQUE
ST message from interface Vlanif20.

May  8 2023 03:16:20.860.2-08:00 S2 DHCP/7/DEBUG:[dhcpr-info]:srcip:0.0.0.0 dsti
p:255.255.255.255 vpnid:0

May  8 2023 03:16:20.860.3-08:00 S2 DHCP/7/DEBUG:[dhcpr-info]:msgtype:BOOT-REQUE
ST dhcp msgtype:DHCP REQUEST bflag:uc chaddr:5489-9842-6b1e ciaddr:0.0.0.0 reqip
:10.0.20.253 giaddr:0.0.0.0 serverid:10.0.12.1

May  8 2023 03:16:20.860.4-08:00 S2 DHCP/7/DEBUG:[dhcpr-info]:Select 10.0.20.254
 as giaddr.

May  8 2023 03:16:20.860.5-08:00 S2 DHCP/7/DEBUG:[dhcpr-pkt]:Relay DHCP REQUEST
to server 10.0.12.1.

May  8 2023 03:16:20.890.1-08:00 S2 DHCP/7/DEBUG:[dhcpr-pkt]:Receives DHCP ACK m
essage from interface Vlanif12.

May  8 2023 03:16:20.890.2-08:00 S2 DHCP/7/DEBUG:[dhcpr-info]:srcip:10.0.12.1 ds
tip:10.0.20.254 vpnid:0

May  8 2023 03:16:20.890.3-08:00 S2 DHCP/7/DEBUG:[dhcpr-info]:msgtype:BOOT-REPLY
 dhcp msgtype:DHCP ACK bflag:uc chaddr:5489-9842-6b1e ciaddr:0.0.0.0 reqip:0.0.0
.0 giaddr:10.0.20.254 serverid:10.0.12.1

May  8 2023 03:16:20.890.4-08:00 S2 DHCP/7/DEBUG:[dhcpr-pkt]:Unicast DHCP ACK to
 client. (Chaddr=5489-9842-6b1e, Ciaddr=10.0.20.253)
```

　　例 9-14 中的 8 个阴影部分分别对应了 DHCP 工作流程中的 Discover、Offer、Request 和 ACK。

- 第 1 和第 2 个阴影行对应着 DHCP Discover 消息，前者由 DHCP 客户端（PC2）发送到网络中，以请求 IP 地址信息；后者由 DHCP 中继（S2）转发给 DHCP 服务器（S1）。
- 第 3 和第 4 个阴影行对应着 DHCP Offer 消息，前者由 DHCP 服务器（S1）对 Discover 消息进行回应，提供 IP 地址信息；后者由 DHCP 中继（S2）以单播形式转发给 DHCP 客户端（PC2）。
- 第 5 和第 6 个阴影行对应着 DHCP Request 消息，前者由 DHCP 客户端（PC2）发送到网络中，以请求使用 DHCP Offer 中提供的 IP 地址；后者由 DHCP 中继（S2）转发给 DHCP 服务器（S1）。
- 第 7 和第 8 个阴影行对应着 DHCP ACK 消息，前者由 DHCP 服务器（S1）对 Request 消息进行回应，允许客户端使用该 IP 地址；后者由 DHCP 中继（S2）以单播形式转发给 DHCP 客户端（PC2）。

最后，我们在 PC2 上确认它获得的 IP 地址信息，详见例 9-15。

例 9-15　PC2 获得的 IP 地址信息

```
PC2>ipconfig

Link local IPv6 address...........: fe80::5689:98ff:fe42:6b1e
IPv6 address......................: :: / 128
IPv6 gateway......................: ::
IPv4 address......................: 10.0.20.253
Subnet mask.......................: 255.255.255.0
Gateway...........................: 10.0.20.254
Physical address..................: 54-89-98-42-6B-1E
DNS server........................: 10.0.20.254
```

实验完成后，我们需要在交换机 S2 上使用用户视图命令 **undo debugging all** 关闭已开启的调试消息。

至此，在有中继部署场景中基于全局地址池的 DHCP 动态分配的配置已完成。在下面的实验中，我们将进行 DHCP 静态分配的配置。

9.5　配置 DHCP 静态分配（为 PC3 分配 IP 地址）

在这个实验中，我们要通过配置使终端设备 PC3 能够获得 IP 地址等信息。

根据设计，PC3 属于 VLAN 30，它应该获得 10.0.30.0/24 网段中的 IP 地址，并且我们要指定其 IP 地址为 10.0.30.30，指定 IP 地址租期为 2 天，并且 DHCP 服务器还需要向 PC3 提供其网关地址 10.0.30.254，以及 DNS 服务器地址 10.0.30.254。在这个实验中，交换机 S1 作为 DHCP 服务器要使用基于全局地址池的方式为 PC3 提供上述信息，交换机 S2 作为 DHCP 中继为 DHCP 客户端与服务器之间的通信提供支持。

工程师可以在 DHCP 服务器上使用以下命令完成本实验。

- **dhcp enable**：系统视图命令，在全局开启 DHCP 功能。在默认情况下，DHCP 功能处于关闭状态。这是将设备作为 DHCP 服务器的前提，全局开启 DHCP 功能后，再启用基于接口地址池或基于全局地址池的 DHCP 服务器功能。

- **dhcp select global**：接口视图命令，启用基于全局地址池的 DHCP 服务器功能。在默认情况下，接口下未启用基于全局地址池的 DHCP 服务器功能。在本实验中，我们要将 S1 的 VLANIF 12 接口作为 DHCP 服务器，因此需要在该接口下配置此命令。

- **ip pool** *ip-pool-name*：系统视图命令，创建全局地址池，并进入全局地址池视图。在默认情况下，设备上没有创建任何全局地址池。

- **network** *ip-address* [**mask** { *mask* | *mask-length* }]：全局地址池视图命令，指定了可动态分配的 IP 地址范围。一个地址池中只能配置一个地址段，通过设定掩码长度可以控制地址范围的大小。在全局地址池中指定可动态分配的 IP 地址范围时，应保证该地址范围与 DHCP 服务器接口或 DHCP 中继接口的 IP 地址属于相同网段，以免分配错误的 IP 地址。

- **lease** { **day** *day* [**hour** *hour* [**minute** *minute*]] | **unlimited** }：（可选）全局地址池视图命令，指定 IP 地址租期。在默认情况下，IP 地址的租期为 1 天。

- **gateway-list** *ip-address* &<1-8>：（可选）全局地址池视图命令，指定 DHCP 客户端的网关地址，最多可以配置 8 个网关地址。在默认情况下，IP 地址池下未配置网关地址。
- **dns-list** *ip-address* &<1-8>：（可选）全局地址池视图命令，指定要分配给 DHCP 客户端的 DNS 服务器地址，最多可以配置 8 个 DNS 服务器地址。在默认情况下，IP 地址池下未配置 DNS 服务器地址。
- **static-bind ip-address** *ip-address* **mac-address** *mac-address*：（可选）全局地址池视图命令，为特定的 DHCP 客户端分配固定的 IP 地址。

在配置之前，我们需要先确认 DHCP 客户端 PC3 的 MAC 地址，本实验中的 PC3 使用的是 Windows 系统，我们可以在 PC3 的命令提示符中输入命令 **ipconfig/all** 进行查看。Windows 系统中的具体操作步骤以及其他操作系统中 MAC 地址的查看方法超出了本实验的范围，对此感兴趣的读者可以在网络上进行搜索。例 9-16 展示了基于 9.4 节的配置基础，交换机 S1 上的相关配置。

例 9-16　基于全局地址池的 DHCP 静态分配配置

```
[S1]ip pool For_vlan30
Info:It's successful to create an IP address pool.
[S1-ip-pool-for_vlan30]network 10.0.30.0 mask 24
[S1-ip-pool-for_vlan30]lease day 2
[S1-ip-pool-for_vlan30]gateway-list 10.0.30.254
[S1-ip-pool-for_vlan30]dns-list 10.0.20.254
[S1-ip-pool-for_vlan30]static-bind ip-address 10.0.30.30 mac-address 5489-98A2-3711
[S1-ip-pool-for_vlan30]quit
[S1]ip route-static 10.0.30.0 24 10.0.12.2
```

配置完成后，我们可以查看 IP 地址池的配置情况，详见例 9-17。

例 9-17　查看 S1 上的 IP 地址池

```
[S1]display ip pool name For_vlan30
  Pool-name       : for_vlan30
  Pool-No         : 2
  Lease           : 2 Days 0 Hours 0 Minutes
  Domain-name     : -
  DNS-server0     : 10.0.20.254
  NBNS-server0    : -
  Netbios-type    : -
  Position        : Local           Status         : Unlocked
  Gateway-0       : 10.0.30.254
  Mask            : 255.255.255.0
  VPN instance    : --
  -----------------------------------------------------------------------------
       Start            End      Total  Used  Idle(Expired)  Conflict  Disable
  -----------------------------------------------------------------------------
     10.0.30.1     10.0.30.254     253    1       252(0)          0         0
  -----------------------------------------------------------------------------
```

从例 9-17 的命令输出可以看出地址池 For_vlan30 中共有 253 个可分配的 IP 地址（Total），这是因为设备会将工程师指定的网关地址排除在可分配的 IP 地址的范围外。并且该地址池中有一个已使用（Used）的 IP 地址，即工程师为 PC3 静态分配的 IP 地址。

例 9-16 的最后一条命令指定了前往终端 PC3 网段的路由，我们还可以在 S1 上对这条路由进行测试，即对 S2 上的 10.0.30.254 地址进行 ping 测试，详见例 9-18。

例 9-18　测试 S1 与 VLAN 30 网段的连通性

```
[S1]ping 10.0.30.254
  PING 10.0.30.254: 56  data bytes, press CTRL_C to break
    Reply from 10.0.30.254: bytes=56 Sequence=1 ttl=255 time=50 ms
    Reply from 10.0.30.254: bytes=56 Sequence=2 ttl=255 time=10 ms
    Reply from 10.0.30.254: bytes=56 Sequence=3 ttl=255 time=30 ms
    Reply from 10.0.30.254: bytes=56 Sequence=4 ttl=255 time=10 ms
    Reply from 10.0.30.254: bytes=56 Sequence=5 ttl=255 time=30 ms

  --- 10.0.30.254 ping statistics ---
    5 packet(s) transmitted
    5 packet(s) received
    0.00% packet loss
    round-trip min/avg/max = 10/26/50 ms
```

至此，DHCP 服务器端的配置已完成。

工程师可以在 DHCP 中继上使用以下命令完成本实验。

- **dhcp enable**：系统视图命令，在全局开启 DHCP 功能。在默认情况下，DHCP 功能处于关闭状态。这是将设备作为 DHCP 中继的前提，全局开启 DHCP 功能后，再配置 DHCP 中继的相关功能。
- **dhcp select relay**：接口视图命令，在接口上启用 DHCP 中继功能。在默认情况下，接口上未启用 DHCP 中继功能。
- **dhcp relay server-ip** *ip-address*：接口视图命令，指定 DHCP 服务器的 IP 地址。在默认情况下，接口上未指定 DHCP 服务器的 IP 地址。

例 9-19 展示了基于 9.4 节的配置基础，交换机 S2 上的相关配置。

例 9-19　DHCP 中继的相关配置

```
[S2]interface Vlanif 30
[S2-Vlanif30]dhcp select relay
[S2-Vlanif30]dhcp relay server-ip 10.0.12.1
```

配置完成后，我们可以查看 DHCP 中继的配置结果，详见例 9-20。

例 9-20　S2 上的 DHCP 中继的配置结果

```
[S2]display dhcp relay all
 DHCP relay agent running information of interface Vlanif20 :
 Server IP address [01] : 10.0.12.1
 Gateway address in use : 10.0.20.254

 DHCP relay agent running information of interface Vlanif30 :
 Server IP address [01] : 10.0.12.1
 Gateway address in use : 10.0.30.254
```

配置完成后，我们就可以将 PC3 设置为通过 DHCP 的方式获取 IP 地址信息，在此之前我们可以在 S2 上启用调试功能，以观察 DHCP 中继工作的全过程。例 9-21 再次展示了启用调试功能的命令。

例 9-21　在 S2 上启用调试功能

```
<S2>terminal debugging
Info: Current terminal debugging is on.
<S2>terminal monitor
Info: Current terminal monitor is on.
<S2>debugging dhcp relay info
<S2>debugging dhcp relay packet
```

现在，我们可以将 PC2 设置为通过 DHCP 的方式获取 IP 地址信息，例 9-22 展示了 S2 上输出的调试信息。

例 9-22　S2 上的调试信息

```
<S2>
May  8 2023 03:46:06.990.1-08:00 S2 DHCP/7/DEBUG:[dhcpr-pkt]:Receives DHCP DISCO
VER message from interface Vlanif30.

May  8 2023 03:46:06.990.2-08:00 S2 DHCP/7/DEBUG:[dhcpr-info]:srcip:0.0.0.0 dsti
p:255.255.255.255 vpnid:0

May  8 2023 03:46:06.990.3-08:00 S2 DHCP/7/DEBUG:[dhcpr-info]:msgtype:BOOT-REQUE
ST dhcp msgtype:DHCP DISCOVER bflag:uc chaddr:5489-98a2-3711 ciaddr:0.0.0.0 reqi
p:0.0.0.0 giaddr:0.0.0.0 serverid:0.0.0.0

May  8 2023 03:46:06.990.4-08:00 S2 DHCP/7/DEBUG:[dhcpr-info]:Select 10.0.30.254
 as giaddr.

May  8 2023 03:46:06.990.5-08:00 S2 DHCP/7/DEBUG:[dhcpr-pkt]:Relay DHCP DISCOVER
 to server 10.0.12.1.

May  8 2023 03:46:07.0.1-08:00 S2 DHCP/7/DEBUG:[dhcpr-pkt]:Receives DHCP OFFER m
essage from interface Vlanif12.

May  8 2023 03:46:07.0.2-08:00 S2 DHCP/7/DEBUG:[dhcpr-info]:srcip:10.0.12.1 dsti
p:10.0.30.254 vpnid:0

May  8 2023 03:46:07.0.3-08:00 S2 DHCP/7/DEBUG:[dhcpr-info]:msgtype:BOOT-REPLY d
hcp msgtype:DHCP OFFER bflag:uc chaddr:5489-98a2-3711 ciaddr:0.0.0.0 reqip:0.0.0
.0 giaddr:10.0.30.254 serverid:10.0.12.1

May  8 2023 03:46:07.0.4-08:00 S2 DHCP/7/DEBUG:[dhcpr-pkt]:Unicast DHCP OFFER to
 client. (Chaddr=5489-98a2-3711, Ciaddr=10.0.30.30)

May  8 2023 03:46:08.990.1-08:00 S2 DHCP/7/DEBUG:[dhcpr-pkt]:Receives DHCP REQUE
ST message from interface Vlanif30.

May  8 2023 03:46:08.990.2-08:00 S2 DHCP/7/DEBUG:[dhcpr-info]:srcip:0.0.0.0 dsti
p:255.255.255.255 vpnid:0

May  8 2023 03:46:08.990.3-08:00 S2 DHCP/7/DEBUG:[dhcpr-info]:msgtype:BOOT-REQUE
ST dhcp msgtype:DHCP REQUEST bflag:uc chaddr:5489-98a2-3711 ciaddr:0.0.0.0 reqip
:10.0.30.30 giaddr:0.0.0.0 serverid:10.0.12.1

May  8 2023 03:46:08.990.4-08:00 S2 DHCP/7/DEBUG:[dhcpr-info]:Select 10.0.30.254
 as giaddr.

May  8 2023 03:46:08.990.5-08:00 S2 DHCP/7/DEBUG:[dhcpr-pkt]:Relay DHCP REQUEST
to server 10.0.12.1.

May  8 2023 03:46:09.0.1-08:00 S2 DHCP/7/DEBUG:[dhcpr-pkt]:Receives DHCP ACK mes
sage from interface Vlanif12.

May  8 2023 03:46:09.0.2-08:00 S2 DHCP/7/DEBUG:[dhcpr-info]:srcip:10.0.12.1 dsti
p:10.0.30.254 vpnid:0

May  8 2023 03:46:09.0.3-08:00 S2 DHCP/7/DEBUG:[dhcpr-info]:msgtype:BOOT-REPLY d
hcp msgtype:DHCP ACK bflag:uc chaddr:5489-98a2-3711 ciaddr:0.0.0.0 reqip:0.0.0.0
 giaddr:10.0.30.254 serverid:10.0.12.1

May  8 2023 03:46:09.0.4-08:00 S2 DHCP/7/DEBUG:[dhcpr-pkt]:Unicast DHCP ACK to c
lient. (Chaddr=5489-98a2-3711, Ciaddr=10.0.30.30)
```

　　例 9-22 中的 8 个阴影部分分别对应了 DHCP 工作流程中的 Discover、Offer、Request 和 ACK。

- 第 1 个和第 2 个阴影行对应着 DHCP Discover 消息，前者由 DHCP 客户端（PC3）发送到网络中，以请求 IP 地址信息；后者由 DHCP 中继（S2）转发给 DHCP 服务器（S1）。
- 第 3 个和第 4 个阴影行对应着 DHCP Offer 消息，前者由 DHCP 服务器（S1）对 Discover 消息进行回应，提供 IP 地址信息；后者由 DHCP 中继（S2）以单播形式转发给 DHCP 客户端（PC3）。

- 第 5 个和第 6 个阴影行对应着 DHCP Request 消息，前者由 DHCP 客户端（PC3）发送到网络中，以请求使用 DHCP Offer 中提供的 IP 地址；后者由 DHCP 中继（S2）转发给 DHCP 服务器（S1）。
- 第 7 个和第 8 个阴影行对应着 DHCP ACK 消息，前者由 DHCP 服务器（S1）对 Request 消息进行回应，允许客户端使用该 IP 地址；后者由 DHCP 中继（S2）以单播形式转发给 DHCP 客户端（PC3）。

最后，我们在 PC3 上确认它获得的 IP 地址信息，详见例 9-23。

例 9-23　PC3 获得的 IP 地址信息

```
PC3>ipconfig

Link local IPv6 address...........: fe80::5689:98ff:fea2:3711
IPv6 address.....................: :: / 128
IPv6 gateway.....................: ::
IPv4 address.....................: 10.0.30.30
Subnet mask......................: 255.255.255.0
Gateway..........................: 10.0.30.254
Physical address.................: 54-89-98-A2-37-11
DNS server.......................: 10.0.20.254
```

从例 9-23 可以看出 PC3 获得的 IP 地址为 10.0.30.30，即工程师静态指定的 IP 地址。至此，在有中继部署场景中基于全局地址池的 DHCP 静态分配的配置已完成。

最后，我们需要在交换机 S1 和 S2 上使用用户视图的命令 **undo debugging all** 关闭已开启的调试消息。

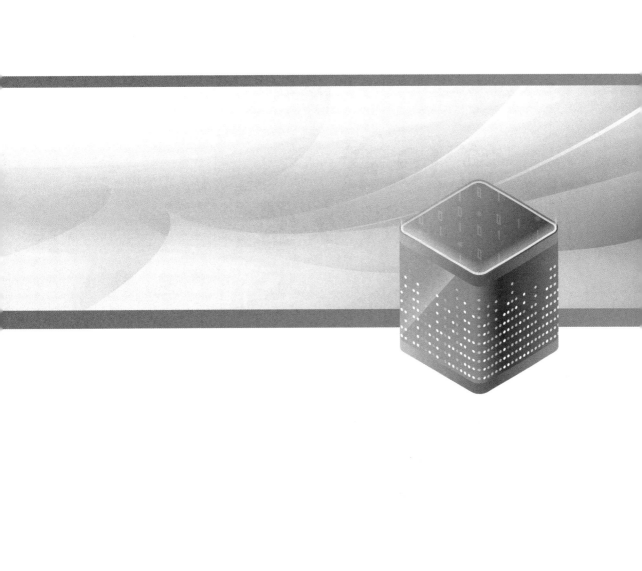

第 10 章
WLAN 实验

本章主要内容

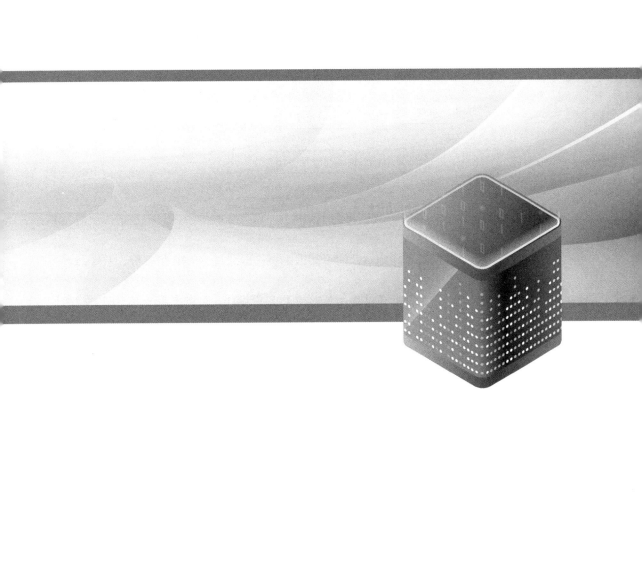

图 10-1 展示了本实验会使用到的一些模板之间的引用关系。

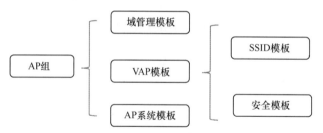

图 10-1   本实验涉及的模板引用关系

在本章的第 1 个实验中，我们将会重点关注 WLAN 的漫游，其中包括二层漫游和三层漫游、AC 内漫游和 AC 间漫游。

本章的后 3 个实验着重考虑 AC 的可靠性配置，即通过 VRRP 热备份、双链路热备和 N+1 备份实现 AC 的可靠性。

在第 2 个实验中，工程师通过使用 VRRP 热备份设计，可以在不改变组网方式的情况下，使用 VRRP 备份组将多台 AC 虚拟成一台 AC。在 VRRP 备份组中，AC 的状态分为初始状态（Initialize）、活动状态（Master）和备份状态（Backup），在正常情况下，只有处于 Master 状态的 AC 才可以转发那些发送到虚拟 IP 地址的报文，这台 AC 也被作为主用设备。当主用设备出现故障时，处于 Backup 状态的备用设备会无缝接管前主用设备的功能，并进入 Master 状态，成为新的主用设备，实现流量的无缝切换。图 10-2 为 VRRP 热备份设计。

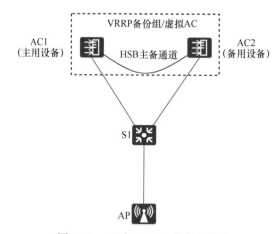

图 10-2   AC 间 VRRP 热备份设计

图 10-2 中的 HSB（双机热备份）是华为的主备公共机制，也是 AC VRRP 的配置关键点。VRRP 备份组中的 Master 设备与 Backup 设备之间会建立 HSB 主备通道，将 Master 上的业务信息实时备份到 Backup 设备上，以确保 Master 设备出现故障时，Backup 设备能够无缝切换为新的 Master 设备。AP 仅与虚拟 IP 地址建立一条 CAPWAP（无线接入点的控制和配置协议）通道。

第 3 个实验要介绍双链路热备设计，双链路热备是指 AP 分别与主用 AC 和备用 AC

建立 CAPWAP 通道，主备 AC 之间建立 HSB 主备通道用来同步 AP 和 STA 信息。当主用 AC 发生故障后，AP 会切换到备用链路上，备用 AC 则会接替工作。在主备切换过程中，STA 不会感知到故障的发生。图 10-3 展示了双链路热备设计。

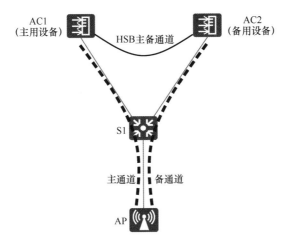

图 10-3　双链路热备设计

第 4 个实验名为 N+1 备份，即多台主 AC 可以共用同一个备 AC。这种场景对于 AP 来说仍然是一个主 AC 和一个备 AC。图 10-4 展示了 N+1 设计。

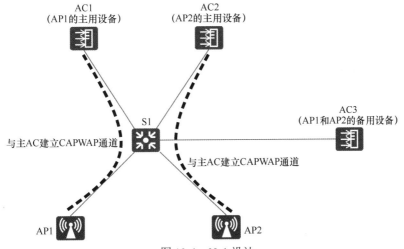

图 10-4　N+1 设计

在图 10-4 所示的 N+1 环境中，AP1 的主 AC 为 AC1，备 AC 为 AC3；AP2 的主 AC 为 AC2，备 AC 为 AC3。AP 会与其主 AC 建立 CAPWAP 通道，不与备 AC 建立 CAPWAP 通道。当 AP 检测出其与主 AC 之间的链路出现问题时，才会与备 AC 建立 CAPWAP 通道。与备 AC 建立了 CAPWAP 通道后，备 AC 会重新下发配置给 AP。为了确保备 AC 下发给 AP 的 WLAN 业务配置与主 AC 下发的配置相同，工程师要在主备 AC 上配置相同的 WLAN 业务配置。

本章会通过 4 个实验分别展示 WLAN 漫游配置和 3 种类型的 AC 高可靠性配置。

10.1　实验介绍

10.1.1　关于本实验

本章实验会通过一个 WLAN 漫游环境复习 WLAN 的基础配置，并展示 WLAN 漫游的配置。接着本章还会使用同一个实验拓扑，展示 VRRP 热备份、双链路热备和 $N+1$ 备份的配置。

10.1.2　实验目的

- 将 AP 注册到 AC 上。
- 使 AC 下发 WLAN 业务参数至 AP。
- 使 STA 通过 AP 连接到 WLAN。
- 实现 STA 的 AC 间漫游。
- 实现 AC 间 VRRP 热备份。
- 实现双链路热备。
- 实现 $N+1$ 备份。

10.1.3　实验组网介绍

本章每个实验所使用的 IP 地址信息略有不同，每个实验中会提供具体信息。

10.1.4　实验任务列表

配置任务 1：实现 AC 间漫游
配置任务 2：实现 AC 间 VRRP 热备份
配置任务 3：实现双链路热备
配置任务 4：实现 $N+1$ 备份

10.2　实现 AC 间漫游

在大型的 WLAN 组网规划设计中，工程师根据需要可能会部署多台 AC，并且为了不影响用户的使用体验，需要实现 AC 间的漫游。我们将通过 4 个步骤完成本实验的配置：基础网络配置、AC1 的 WLAN 配置、AC2 的 WLAN 配置以及 AC 间漫游。

在图 10-5 所示的拓扑环境中，假设该机构对 WLAN 进行了扩容，已有的 AC1 和 AP1/AP2 不足以提供 WLAN 服务，机构添加了 AC2 并由其纳管 AP3。

AC1 纳管 AP1 和 AP2，AP1 和 AP2 使用完全相同的配置，为 WLAN 终端提供相同的 IP 网段和相同的 SSID 及认证参数，使 WLAN 终端能够在 AP1 和 AP2 之间实现二层漫游。AC2 纳管 AP3，WLAN 终端在连接到 AP3 时会使用与 AP1 和 AP2 相同的 SSID

和认证参数，但会获得不同的 IP 网段的 IP 地址，WLAN 终端能够在 AP3 与 AP2 之间实现三层漫游。

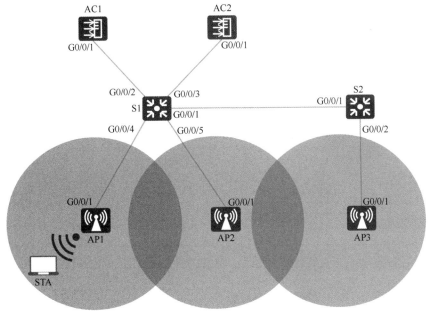

图 10-5　WLAN 实验拓扑

　　交换机 S1 作为 DHCP 服务器，为 AP 分配管理 IP 地址，为 WLAN 终端分配业务 IP 地址。AP 与 AC 分别规划在不同的 IP 网段中，AP 通过 DHCP 报文中的 Option 43 获取 AC 的 IP 地址。AP 的管理 VLAN 和业务 VLAN 分别如下。

- AP1：管理 VLAN 10，业务 VLAN 11。
- AP2：管理 VLAN 10，业务 VLAN 11。
- AP3：管理 VLAN 20，业务 VLAN 21。

　　交换机 S1 是所有 AP 的管理流量网关和业务流量网关，交换机 S2 在二层上透传 AP3 的管理报文和业务报文。

　　表 10-1 列出了本章实验使用的网络地址规划。

表 10-1　本章实验使用的网络地址规划

设备	接口	IP 地址	子网掩码	默认网关
AC1	VLANIF 100	10.0.100.100	255.255.255.0	—
AC2	VLANIF 200	10.0.200.200	255.255.255.0	—
S1	VLANIF 10	10.0.10.1	255.255.255.0	—
	VLANIF 11	10.0.11.1	255.255.255.0	—
	VLANIF 20	10.0.20.1	255.255.255.0	—
	VLANIF 21	10.0.21.1	255.255.255.0	—
	VLANIF 100	10.0.100.1	255.255.255.0	—
	VLANIF 200	10.0.200.1	255.255.255.0	—

续表

设备	接口	IP 地址	子网掩码	默认网关
AP1	G0/0/1	DHCP	DHCP	DHCP
AP2	G0/0/1	DHCP	DHCP	DHCP
AP3	G0/0/1	DHCP	DHCP	DHCP
STA	WLAN 接口	DHCP	DHCP	DHCP

表 10-2 和表 10-3 给出了 AC（AC1、AC2）的数据规划。

表 10-2　AC1 的数据规划

配置项	配置参数
AP 组	名称：hcip-ap-group
	应用的模板：域管理模板为 hcip-domain、VAP 模板为 hcip-vap
域管理模板	名称：hcip-domain
	国家/地区码：cn
SSID 模板	名称：hcip-ssid
	SSID 名称：hcip-wlan
安全模板	名称：hcip-security
	安全策略：WPA-WPA2+PSK+AES
	密码：Huawei@123
VAP 模板	名称：hcip-vap
	转发模式：直接转发
	业务 VLAN：VLAN 11
	应用的模板：SSID 模板为 hcip-ssid、安全模板为 hcip-security

表 10-3　AC2 的数据规划

配置项	配置参数
AP 组	名称：hcip-ap-group
	应用的模板：域管理模板为 hcip-domain、VAP 模板为 hcip-vap
域管理模板	名称：hcip-domain
	国家/地区码：cn
SSID 模板	名称：hcip-ssid
	SSID 名称：hcip-wlan
安全模板	名称：hcip-security
	安全策略：WPA-WPA2+PSK+AES
	密码：Huawei@123
VAP 模板	名称：hcip-vap
	转发模式：直接转发
	业务 VLAN：VLAN 21
	应用的模板：SSID 模板为 hcip-ssid、安全模板为 hcip-security

10.2.1　配置基础网络

在这个实验中，我们需要完成有线侧的网络配置，其中包括交换机（S1 和 S2）和 AC（AC1 和 AC2）上的 VLAN 创建、物理端口配置，以及虚拟接口的创建和配置。

- S1 上需要实现以下配置。
  - ○ S1 上需要创建 VLAN 10、VLAN 11、VLAN 20、VLAN 21、VLAN 100 和 VLAN 200，并针对上述 VLAN 创建 VLANIF 接口并提供网关功能。
  - ○ S1 连接 AC1 的端口需要放行 VLAN 100 的流量，连接 AC2 的端口需要放行 VLAN 200 的流量，连接 AP1 和 AP2 的端口需要放行 VLAN 10 和 VLAN 11 的流量（将 PVID 设置为 VLAN 10），连接 S2 的端口需要放行 VLAN 20 和 VLAN 21 的流量。
  - ○ 启用 DHCP 服务器功能，为 AP 提供 IP 地址和 AC 地址，为 STA 提供 IP 地址和 DNS 地址。
- S2 上需要实现以下配置。
  - ○ S2 上需要创建 VLAN 20 和 VLAN 21。
  - ○ S2 连接 AP3 的端口需要放行 VLAN 20 和 VLAN 21 的流量（将 PVID 设置为 VLAN 20），连接 S1 的端口需要放行 VLAN 20 和 VLAN 21 的流量。
- AC1 上需要实现以下配置。
  - ○ AC1 上需要创建 VLAN 100，并创建 VLANIF 100 接口。
  - ○ AC1 连接 S1 的端口需要放行 VLAN 100 的流量。
  - ○ 配置默认路由并指向 S1 的 VLANIF 100 接口的 IP 地址。
- AC2 上需要实现以下配置。
  - ○ AC2 上需要创建 VLAN 200，并创建 VLANIF 200 接口。
  - ○ AC2 连接 S1 的端口需要放行 VLAN 200 的流量。
  - ○ 配置默认路由并指向 S1 的 VLANIF 200 接口的 IP 地址。

当 AC 与 AP 属于同一个 IP 网段时，AP 可以通过广播方式发现 AC，不需要在 DHCP 消息中配置 Option 43 字段。如果配置了 Option 43 字段，AP 会优先以单播的方式向 Option 43 中指定的 AC 发送发现请求消息，当未收到响应时，AC 会再通过广播方式发现 AC。

在本实验环境中，交换机 S1 会作为 DHCP 服务器向 AP 分配 IP 地址信息，并且 AC 与 AP 不在同一个 IP 网段中。在这种情况下，工程师需要通过 Option 43 字段为 AP 指定 AC 的 IPv4 地址，否则 AP 无法发现 AC。工程师可以使用以下命令进行配置，完整的命令语法可以参考华为官方网站。

- **option 43 { sub-option 1 hex** *hex-string* **| sub-option 2 ip-address** *ip-address* **&<1-8> | sub- option 3 ascii** *ascii-string* **}**：IP 地址池视图命令，用来为 AP 指定 AC 的 IPv4 地址。3 个子选项的作用是相同的，工程师可以选择其一进行配置。

除上述命令外，读者应该可以独立完成其他需求的配置，本章不再分别介绍这些配置所需的命令，仅展示配置结果。例 10-1 和例 10-2 分别展示了交换机 S1 和 S2 上的基础配置。

例 10-1 交换机 S1 的基础配置

```
[S1]vlan batch 10 11 20 21 100 200
Info: This operation may take a few seconds. Please wait for a moment...done.
[S1]interface GigabitEthernet 0/0/1
[S1-GigabitEthernet0/0/1]port link-type trunk
[S1-GigabitEthernet0/0/1]port trunk allow-pass vlan 20 to 21
[S1-GigabitEthernet0/0/1]quit
[S1]interface GigabitEthernet 0/0/2
[S1-GigabitEthernet0/0/2]port link-type trunk
[S1-GigabitEthernet0/0/2]port trunk allow-pass vlan 100
[S1-GigabitEthernet0/0/2]quit
[S1]interface GigabitEthernet 0/0/3
[S1-GigabitEthernet0/0/3]port link-type trunk
[S1-GigabitEthernet0/0/3]port trunk allow-pass vlan 200
[S1-GigabitEthernet0/0/3]quit
[S1]interface GigabitEthernet 0/0/4
[S1-GigabitEthernet0/0/4]port link-type trunk
[S1-GigabitEthernet0/0/4]port trunk pvid vlan 10
[S1-GigabitEthernet0/0/4]port trunk allow-pass vlan 10 to 11
[S1-GigabitEthernet0/0/4]quit
[S1]interface GigabitEthernet 0/0/5
[S1-GigabitEthernet0/0/5]port link-type trunk
[S1-GigabitEthernet0/0/5]port trunk pvid vlan 10
[S1-GigabitEthernet0/0/5]port trunk allow-pass vlan 10 to 11
[S1-GigabitEthernet0/0/5]quit
[S1]dhcp enable
Info: The operation may take a few seconds. Please wait for a moment.done.
[S1]ip pool ap1
Info:It's successful to create an IP address pool.
[S1-ip-pool-ap1]gateway-list 10.0.10.1
[S1-ip-pool-ap1]network 10.0.10.0 mask 24
[S1-ip-pool-ap1]option 43 sub-option 2 ip-address 10.0.100.100
[S1-ip-pool-ap1]quit
[S1]ip pool ap3
Info:It's successful to create an IP address pool.
[S1-ip-pool-ap3]gateway-list 10.0.20.1
[S1-ip-pool-ap3]network 10.0.20.0 mask 24
[S1-ip-pool-ap3]option 43 sub-option 2 ip-address 10.0.200.200
[S1-ip-pool-ap3]quit
[S1]ip pool sta_ap1
Info:It's successful to create an IP address pool.
[S1-ip-pool-sta_ap1]gateway-list 10.0.11.1
[S1-ip-pool-sta_ap1]network 10.0.11.0 mask 24
[S1-ip-pool-sta_ap1]dns-list 10.0.11.1
[S1-ip-pool-sta_ap1]quit
[S1]ip pool sta_ap3
Info:It's successful to create an IP address pool.
[S1-ip-pool-sta_ap3]gateway-list 10.0.21.1
[S1-ip-pool-sta_ap3]network 10.0.21.0 mask 24
[S1-ip-pool-sta_ap3]dns-list 10.0.21.1
[S1-ip-pool-sta_ap3]quit
[S1]interface Vlanif 10
[S1-Vlanif10]ip address 10.0.10.1 24
[S1-Vlanif10]dhcp select global
[S1-Vlanif10]quit
[S1]interface Vlanif 11
[S1-Vlanif11]ip address 10.0.11.1 24
[S1-Vlanif11]dhcp select global
[S1-Vlanif11]quit
[S1]interface Vlanif 20
[S1-Vlanif20]dhcp select global
[S1-Vlanif20]ip address 10.0.20.1 24
[S1-Vlanif20]quit
[S1]interface Vlanif 21
[S1-Vlanif21]ip address 10.0.21.1 24
[S1-Vlanif21]dhcp select global
[S1-Vlanif21]quit
```

```
[S1]interface Vlanif 100
[S1-Vlanif100]ip address 10.0.100.1 24
[S1-Vlanif100]quit
[S1]interface Vlanif 200
[S1-Vlanif200]ip address 10.0.200.1 24
```

例 10-2　交换机 S2 的基础配置

```
[S2]vlan batch 20 21
Info: This operation may take a few seconds. Please wait for a moment...done.
[S2]interface GigabitEthernet 0/0/1
[S2-GigabitEthernet0/0/1]port link-type trunk
[S2-GigabitEthernet0/0/1]port trunk allow-pass vlan 20 to 21
[S2-GigabitEthernet0/0/1]quit
[S2]interface GigabitEthernet 0/0/2
[S2-GigabitEthernet0/0/2]port link-type trunk
[S2-GigabitEthernet0/0/2]port trunk pvid vlan 20
[S2-GigabitEthernet0/0/2]port trunk allow-pass vlan 20 to 21
```

例 10-3 和例 10-4 分别展示了 AC1 和 AC2 上的基础配置。

例 10-3　AC1 的基础配置

```
[AC1]vlan batch 100
Info: This operation may take a few seconds. Please wait for a moment...done.
[AC1]interface GigabitEthernet 0/0/1
[AC1-GigabitEthernet0/0/1]port link-type trunk
[AC1-GigabitEthernet0/0/1]port trunk allow-pass vlan 100
[AC1-GigabitEthernet0/0/1]quit
[AC1]interface Vlanif 100
[AC1-Vlanif100]ip address 10.0.100.100 24
[AC1-Vlanif100]quit
[AC1]ip route-static 0.0.0.0 0.0.0.0 10.0.100.1
```

例 10-4　AC2 的基础配置

```
[AC2]vlan batch 200
Info: This operation may take a few seconds. Please wait for a moment...done.
[AC2]interface GigabitEthernet 0/0/1
[AC2-GigabitEthernet0/0/1]port link-type trunk
[AC2-GigabitEthernet0/0/1]port trunk allow-pass vlan 200
[AC2-GigabitEthernet0/0/1]quit
[AC2]interface Vlanif 200
[AC2-Vlanif200]ip address 10.0.200.200 24
[AC2-Vlanif200]quit
[AC2]ip route-static 0.0.0.0 0.0.0.0 10.0.200.1
```

配置完成后，我们可以对 AC 与 S1 之间的连通性进行测试，例 10-5 和例 10-6 分别对此进行了测试。

例 10-5　测试 AC1 与 S1 的连通性

```
[AC1]ping 10.0.100.1
  PING 10.0.100.1: 56  data bytes, press CTRL_C to break
    Reply from 10.0.100.1: bytes=56 Sequence=1 ttl=255 time=110 ms
    Reply from 10.0.100.1: bytes=56 Sequence=2 ttl=255 time=10 ms
    Reply from 10.0.100.1: bytes=56 Sequence=3 ttl=255 time=20 ms
    Reply from 10.0.100.1: bytes=56 Sequence=4 ttl=255 time=10 ms
    Reply from 10.0.100.1: bytes=56 Sequence=5 ttl=255 time=10 ms

  --- 10.0.100.1 ping statistics ---
    5 packet(s) transmitted
    5 packet(s) received
    0.00% packet loss
    round-trip min/avg/max = 10/32/110 ms
```

例 10-6　测试 AC2 与 S1 的连通性

```
[AC2]ping 10.0.200.1
  PING 10.0.200.1: 56  data bytes, press CTRL_C to break
    Reply from 10.0.200.1: bytes=56 Sequence=1 ttl=255 time=80 ms
```

```
  Reply from 10.0.200.1: bytes=56 Sequence=2 ttl=255 time=10 ms
  Reply from 10.0.200.1: bytes=56 Sequence=3 ttl=255 time=20 ms
  Reply from 10.0.200.1: bytes=56 Sequence=4 ttl=255 time=20 ms
  Reply from 10.0.200.1: bytes=56 Sequence=5 ttl=255 time=10 ms

--- 10.0.200.1 ping statistics ---
  5 packet(s) transmitted
  5 packet(s) received
  0.00% packet loss
  round-trip min/avg/max = 10/28/80 ms
```

连通性测试成功后，我们就可以开始配置 WLAN 了。

10.2.2　配置 AC1 上的 WLAN 业务

在这个实验中，我们需要对 AC1 进行配置，在 AC1 上完成与 WLAN 相关的参数配置并实现 AP1 和 AP2 的上线。在本实验的拓扑和配置环境中，AP1 和 AP2 成功注册到 AC1 并且获得了正确的参数后，就可以向 STA 提供 WLAN 服务了，并且不需要额外配置，STA 可以在 AP1 和 AP2 之间实现漫游。

在本实验中，我们需要在 AC1 上配置下列 WLAN 参数。

① 选择 AC 的 CAPWAP 源接口。

② 域管理模板。

③ 创建 AP 组。

④ 创建安全模板。

⑤ 创建 SSID 模板。

⑥ 创建 VAP 模板。

⑦ 添加 AP。

⑧ 连接 STA 并进行漫游测试。

下面，我们详细介绍每个步骤的配置方法。

① 选择 AC 的 CAPWAP 源接口。工程师要在 AC 上至少指定一个 VLANIF 接口或 Loopback 接口作为 CAPWAP 源接口，用于 AC 与其纳管的 AP 之间进行通信。AP 会学习到这些接口下配置的 IP 地址后才能够与 AC 建立 CAPWAP 通道。

- **capwap source interface** { **vlanif** *vlan-id* | **loopback** *loopback-number* }：系统视图命令，用来指定 AC 的 CAPWAP 源接口。在本实验中，AC1 使用 VLANIF 100 接口作为其源接口。

例 10-7 展示了 AC1 上 CAPWAP 源接口的配置。

例 10-7　指定 AC1 的 CAPWAP 源接口

```
[AC1]capwap source interface Vlanif 100
```

配置完成后，我们可以通过命令查看 CAPWAP 源接口的配置，详见例 10-8。

例 10-8　指定 AC1 的源接口

```
[AC1]display capwap configuration
-----------------------------------------------------------
 Source interface                           : vlanif100
 Source ip-address                          : -
 Echo interval(seconds)                     : 25
 Echo times                                 : 6
 Control priority(server to client)         : 7
 Control priority(client to server)         : 7
 Control-link DTLS encrypt                  : disable
 DTLS PSK value                             : ******
```

```
PSK mandatroy match switch                    : disable
Control-link inter-controller DTLS encrypt    : disable
Inter-controller DTLS PSK value               : ******
IPv6 status                                   : disable
Message-integrity PSK value                   : ******
Message-integrity check switch                : enable
-----------------------------------------------------------------
```

从例 10-8 的阴影行可以确认 AC1 的源接口被设置为 VLANIF 100。

② 创建域管理模板。创建域管理模板，并在 AP 组中引用该模板。域管理模板提供了对 AP 的国家/地区码、调优信道集合和调优带宽等的配置。

- **regulatory-domain-profile name** *profile-name*：WLAN 视图命令，用来创建域管理模板并进入域管理模板视图。在默认情况下，系统上存在名为 **default** 的域管理模板。
- **country-code** *country-code*：域管理模板视图命令，用来配置国家/地区码。在默认情况下，设备的国家/地区码标识为 "CN"。在域模板下修改国家/地区码后，会自动重启引用了该域模板的 AP。

例 10-9 展示了 AC1 上域管理模板的配置。

例 10-9　配置域管理模板

```
[AC1]wlan
[AC1-wlan-view]regulatory-domain-profile name hcip-domain
[AC1-wlan-regulate-domain-hcip-domain]country-code cn
Info: The current country code is same with the input country code.
```

配置完成后，我们可以通过命令查看域管理模板中的参数，详见例 10-10。

例 10-10　查看域管理模板

```
[AC1]display regulatory-domain-profile name hcip-domain
----------------------------------------------------------
Profile name          : hcip-domain
Country code          : CN
2.4G dca channel-set  : 1,6,11
5G dca bandwidth      : 20mhz
5G dca channel-set    : 149,153,157,161,165
Wideband switch       : disable
----------------------------------------------------------
```

从例 10-10 的阴影行可以确认域管理模板 hcip-domain 的国家/地区码为 CN。

③ 创建 AP 组。每个 AP 都会加入且只能加入一个 AP 组，在一个 AP 组中的多个 AP 将使用相同的配置。如果工程师没有手动将 AP 添加到指定的 AP 组中，AP 会自动加入名为 **default** 的默认 AP 组中。默认的 AP 组不能被删除，但其参数可以被更改。

- **ap-group name** *group-name*：WLAN 视图命令，用来创建并进入 AP 组视图。创建了 AP 组后，工程师还需要将 AP 加入 AP 组中，AP 才能使用该 AP 组中的配置。
- **regulatory-domain-profile** *profile-name*：AP 组视图命令，用来在 AP 组中引用域管理模板。在默认情况下，AP 组中引用了名为 **default** 的域管理模板。
- **vap-profile** *profile-name* **wlan** *wlan-id* { **radio** { *radio-id* | **all** } }：AP 组视图命令，用来将指定的 VAP 模板引用到射频。在默认情况下，射频下未引用 VAP 模板。

例 10-11 展示了 AC1 上 AP 组的配置。

例 10-11　创建 AP 组

```
[AC1]wlan
[AC1-wlan-view]ap-group name hcip-ap-group
Info: This operation may take a few seconds. Please wait for a moment.done.
[AC1-wlan-ap-group-hcip-ap-group]regulatory-domain-profile hcip-domain
Warning: Modifying the country code will clear channel, power and antenna gain c
onfigurations of the radio and reset the AP. Continue?[Y/N]:y
```

　　创建 AP 组后，我们还需要在 AP 组中引入 VAP 模板，该命令会在 VAP 模板部分展示。

　　④ 创建安全模板。创建安全模板，并在 VAP 模板中引用该模板。安全模板中配置了 WLAN 安全策略，可以对 STA 进行身份验证，对用户的报文进行加密，保护 WLAN 和用户的安全。WLAN 安全策略支持开放认证、WEP、WPA/WPA2-PSK、WPA/WPA2-802.1X、WAPI-PSK 和 WAPI-证书。

- **security-profile name** *profile-name*：WLAN 视图命令，用来创建安全模板并进入安全模板视图。在默认情况下，系统已经创建名称为 **default**、**default-wds** 和 **default-mesh** 的安全模板。

- **security wpa2 psk** { **pass-phrase** | **hex** } *key-value* **aes**：安全模板视图命令，用来配置安全模板所使用的安全策略。

　　例 10-12 展示了 AC1 上安全模板的配置。

例 10-12　配置安全模板

```
[AC1]wlan
[AC1-wlan-view]security-profile name hcip-security
[AC1-wlan-sec-prof-hcip-security]security wpa2 psk pass-phrase Huawei@123 aes
```

　　配置完成后，我们可以通过命令查看安全模板中的参数，详见例 10-13。

例 10-13　查看安全模板

```
[AC1]display security-profile name hcip-security
------------------------------------------------------------
Security policy              : WPA2 PSK
Encryption                   : AES
PMF                          : disable
------------------------------------------------------------
WEP's configuration
Key 0                        : *****
Key 1                        : *****
Key 2                        : *****
Key 3                        : *****
Default key ID               : 0
------------------------------------------------------------
WPA/WPA2's configuration
PTK update                   : disable
PTK update interval(s)       : 43200
------------------------------------------------------------
WAPI's configuration
CA certificate filename      : -
ASU certificate filename     : -
AC certificate filename      : -
AC private key filename      : -
Authentication server IP     : -
WAI timeout(s)               : 60
BK update interval(s)        : 43200
BK lifetime threshold(%)     : 70
USK update method            : Time-based
USK update interval(s)       : 86400
MSK update method            : Time-based
MSK update interval(s)       : 86400
Cert auth retrans count      : 3
USK negotiate retrans count  : 3
MSK negotiate retrans count  : 3
------------------------------------------------------------
```

从例 10-13 的第 1 个阴影行可以确认安全模板中的安全策略为 WPA2 PSK,第 2 个阴影行可以确认加密方式为 AES。

⑤ 创建 SSID 模板。创建 SSID 模板,并在 VAP 模板中引用该模板。SSID 模板中主要配置了 WLAN 的 SSID 名称和其他功能,其中包括隐藏 SSID 功能、单个 VAP 下能够关联成功的最大用户数量、用户数量达到最大时自动隐藏 SSID、STA 关联老化时间等。

- **ssid-profile name** *profile-name*:WLAN 视图命令,用来创建 SSID 模板并进入 SSID 模板视图。在默认情况下,系统上存在名为 **default** 的 SSID 模板。
- **ssid** *ssid*:SSID 模板视图命令,用来配置 SSID 名称。在默认情况下,SSID 模板中的 SSID 为 HUAWEI-WLAN。*ssid* 为文本类型,区分大小写,可输入的字符串长度为 1~32 字符,支持中文字符,也支持中英文字符混合,不支持制表符。
- **ssid-hide enable**:SSID 模板视图命令,使能在 Beacon 帧中隐藏 SSID 的功能。默认情况下未使能该功能。
- **max-sta-number** *max-sta-number*:SSID 模板视图命令,用来配置单个 VAP 下能够关联成功的最大用户数。在默认情况下,单个 VAP 下能够关联成功的最大用户数为 64。为展示配置命令,本实验将该参数设置为 10,读者在实验环境和实际工作中要根据实际需要设置该参数。
- **reach-max-sta hide-ssid disable**:SSID 模板视图命令,用来使能用户数达到最大时自动隐藏 SSID 的功能。在默认情况下,使能用户数达到最大时自动隐藏 SSID 的功能,即当 WLAN 下接入的用户数达到最大时,SSID 会被隐藏,新用户将无法搜索到 SSID。
- **association-timeout** *association-timeout*:SSID 模板视图命令,用来配置 STA 关联老化时间。在默认情况下,STA 关联老化时间为 5min。若 AP 连续一段时间内未收到用户的任何数据报文,当时间到达配置老化时间后,用户下线。为展示配置命令,本实验将该参数设置为 10min,读者在实验环境和实际工作中要根据实际需要设置该参数。

例 10-14 展示了 AC1 上 SSID 模板的配置。

例 10-14　配置 SSID 模板

```
[AC1]wlan
[AC1-wlan-view]ssid-profile name hcip-ssid
[AC1-wlan-ssid-prof-hcip-ssid]ssid hcip-wlan
Info: This operation may take a few seconds, please wait.done.
[AC1-wlan-ssid-prof-hcip-ssid]max-sta-numbe 10
Warning: This action may cause service interruption. Continue?[Y/N]y
[AC1-wlan-ssid-prof-hcip-ssid]association-timeout 10
Warning: This action may cause service interruption. Continue?[Y/N]y
```

配置完成后,我们可以通过命令查看 SSID 模板中的参数,详见例 10-15。

例 10-15　查看 SSID 模板

```
[AC1]display ssid-profile name hcip-ssid
-------------------------------------------------------------
Profile ID                  : 1
SSID                        : hcip-wlan
SSID hide                   : disable
Association timeout(min)    : 10
Max STA number              : 10
Reach max STA SSID hide     : enable
```

```
Legacy station                : enable
DTIM interval                 : 1
Beacon 2.4G rate(Mbps)        : 1
Beacon 5G rate(Mbps)          : 6
Deny-broadcast-probe          : disable
Probe-response-retry num      : 1
802.11r                       : disable
  802.11r authentication      : -
  Reassociation timeout (s)   : -
QOS CAR inbound CIR(kbit/s)   : -
QOS CAR inbound PIR(kbit/s)   : -
QOS CAR inbound CBS(byte)     : -
QOS CAR inbound PBS(byte)     : -
QOS CAR outbound CIR(kbit/s)  : -
QOS CAR outbound PIR(kbit/s)  : -
QOS CAR outbound CBS(byte)    : -
QOS CAR outbound PBS(byte)    : -
U-APSD                        : disable
Active dull client            : disable
MU-MIMO                       : disable
-------------------------------------------------------------------
WMM EDCA client parameters:
-------------------------------------------------------------------
       ECWmax  ECWmin  AIFSN   TXOPLimit
AC_VO  3       2       2       47
AC_VI  4       3       2       94
AC_BE  10      4       3       0
AC_BK  10      4       7       0
-------------------------------------------------------------------
```

从例 10-15 的第 1 个阴影行可以确认工程师配置的 SSID 为 hcip-wlan，从第 2 个阴影行可以确认 STA 关联老化时间已经被更改为 10min，从第 3 个阴影行可以确认 STA 最大数量已经被更改为 10 个。

⑥ 创建 VAP 模板。创建 VAP 模板，并在 AP 组模板中引用该模板。VAP 模板中配置了各种参数，为 STA 提供无线接入服务。

- **vap-profile name** *profile-name*：WLAN 视图命令，用来创建 VAP 模板并进入 VAP 模板视图。在默认情况下，系统上存在名为 **default** 的 VAP 模板。
- **forward-mode** { **direct-forward** | **tunnel** }：VAP 模板视图命令，用来配置 VAP 模板下的数据转发方式。在默认情况下，VAP 模板下的数据转发方式为直接转发。
- **service-vlan** { **vlan-id** *vlan-id* | **vlan-pool** *pool-name* }：VAP 模板视图命令，用来配置 VAP 的业务 VLAN。在默认情况下，VAP 的业务 VLAN 为 VLAN1。
- **security-profile** *profile-name*：VAP 模板视图命令，用来引用安全模板。在默认情况下，VAP 模板引用了名称为 **default** 的安全模板。
- **ssid-profile** *profile-name*：VAP 模板视图命令，用来引用 SSID 模板。在默认情况下，VAP 模板下引用名为 **default** 的 SSID 模板。

例 10-16 展示了 AC1 上的 VAP 模板的配置。

例 10-16 配置 VAP 模板

```
[AC1]wlan
[AC1-wlan-view]vap-profile name hcip-vap
[AC1-wlan-vap-prof-hcip-vap]forward-mode direct-forward
[AC1-wlan-vap-prof-hcip-vap]service-vlan vlan-id 11
Info: This operation may take a few seconds, please wait.done.
[AC1-wlan-vap-prof-hcip-vap]security-profile hcip-security
Info: This operation may take a few seconds, please wait.done.
[AC1-wlan-vap-prof-hcip-vap]ssid-profile hcip-ssid
Info: This operation may take a few seconds, please wait.done.
```

配置完成后，我们可以通过命令查看 VAP 模板中的参数，详见例 10-17。

例 10-17　查看 VAP 模板

```
[AC1]display vap-profile name hcip-vap
--------------------------------------------------------------------------------

Profile ID                                      : 1
Service mode                                    : enable
Type                                            : service
Forward mode                                    : direct-forward
mDNS centralized-control                        : disable
Offline management                              : disable
Service VLAN ID                                 : 11
Service VLAN Pool                               : -
Permit VLAN ID                                  : -
Auto off service switch                         : disable
Auto off starttime                              : -
Auto off endtime                                : -
Auto off time-range                             :
STA access mode                                 : disable
STA blacklist profile                           :
STA whitelist profile                           :
VLAN mobility group                             : 1
Band steer                                      : enable
Learn client address                            : enable
Learn client DHCP strict                        : disable
Learn client DHCP blacklist                     : disable
Learn client DHCPv6 strict                      : disable
Learn client DHCPv6 blacklist                   : disable
IP source check                                 : disable
ARP anti-attack check                           : disable
DHCP option82 insert                            : disable
DHCP option82 remote id format                  : Insert AP-MAC
DHCP option82 circuit id format                 : Insert AP-MAC
DHCP trust port                                 : disable
ND trust port                                   : disable
Zero roam                                       : disable
Beacon multicast unicast                        : disable
Anti-attack broadcast-flood                     : enable
  Anti-attack broadcast-flood sta-rate-threshold: 10
  Anti-attack broadcast-flood blacklist         : disable
Anti-attack ARP flood                           : enable
  Anti-attack ARP flood sta-rate-threshold      : 5
  Anti-attack ARP flood blacklist               : disable
Anti-attack ND flood                            : enable
  Anti-attack ND flood sta-rate-threshold       : 16
  Anti-attack ND flood blacklist                : disable
Anti-attack IGMP flood                          : enable
  Anti-attack IGMP flood sta-rate-threshold     : 4
  Anti-attack IGMP flood blacklist              : disable
SSID profile                                    : hcip-ssid
Security profile                                : hcip-security
Traffic profile                                 : default
Authentication profile                          :
SAC profile                                     :
Hotspot2.0 profile                              :
User profile                                    :
UCC profile                                     :
Home agent                                      : ap
Layer3 roam                                     : enable
--------------------------------------------------------------------------------
```

从例 10-17 的第 1 个阴影行可以确认转发模式为直接转发，从第 2 个阴影行可以确认业务 VLAN 为 VLAN 11，从第 3 个阴影行可以确认引用的 SSID 模板为 hcip-ssid，从第 4 个阴影行可以确认引用的安全模板为 hcip-security。

创建并配置完 VAP 模板后，我们就可以在 AP 组中引用该模板，详见例 10-18。

例 10-18 在 AP 组中引用 VAP 模板

```
[AC1]wlan
[AC1-wlan-view]ap-group name hcip-ap-group
[AC1-wlan-ap-group-hcip-ap-group]vap-profile hcip-vap wlan 1 radio all
Info: This operation may take a few seconds, please wait...done.
```

配置完成后，我们可以通过命令查看 AP 组中的参数，详见例 10-19。

例 10-19 查看 AP 组

```
[AC1]display ap-group name hcip-ap-group
-------------------------------------------------------------------------
AP system profile           : default
Regulatory domain profile   : hcip-domain
WIDS profile                : default
BLE profile                 :
Site code                   :
AP wired port profile
 Interface FE0              : default
 Interface FE1              : default
 Interface FE2              : default
 Interface FE3              : default
 Interface GE0              : default
 Interface GE1              : default
 Interface GE2              : default
 Interface GE3              : default
 Interface GE4              : default
 Interface GE5              : default
 Interface GE6              : default
 Interface GE7              : default
 Interface GE8              : default
 Interface GE9              : default
 Interface GE10             : default
 Interface GE11             : default
 Interface GE12             : default
 Interface GE13             : default
 Interface GE14             : default
 Interface GE15             : default
 Interface GE16             : default
 Interface GE17             : default
 Interface GE18             : default
 Interface GE19             : default
 Interface GE20             : default
 Interface GE21             : default
 Interface GE22             : default
 Interface GE23             : default
 Interface GE24             : default
 Interface GE25             : default
 Interface GE26             : default
 Interface GE27             : default
 Interface MultiGE0         : default
 Interface Eth-trunk0       : default
Radio 0
 Radio 2.4G profile         : default
 Radio 5G profile           : default
 VAP profile
  WLAN  1                   : hcip-vap
 Mesh profile               :
 WDS profile                :
 Mesh whitelist profile     :
 WDS whitelist profile      :
 Location profile           :
 Radio switch               : enable
 Channel                    : -
 Channel bandwidth          : 20mhz
 EIRP(dBm)                  : 127
 Antenna gain(dB)           : -
```

```
Coverage distance(100 m)    : 3
Work mode                   : normal
Radio frequency             : 2.4G
Spectrum analysis           : disable
WIDS device detect          : disable
WIDS attack detect          : -
WIDS contain switch         : disable
Radio 1
 Radio 5G profile           : default
 VAP profile
  WLAN   1                  : hcip-vap
Mesh profile                :
WDS profile                 :
Mesh whitelist profile      :
WDS whitelist profile       :
Location profile            :
Radio switch                : enable
Channel                     : -
Channel bandwidth           : 20mhz
EIRP(dBm)                   : 127
Antenna gain(dB)            : -
Coverage distance(100 m)    : 3
Work mode                   : normal
Radio frequency             : 5G
Spectrum analysis           : disable
WIDS device detect          : disable
WIDS attack detect          : -
WIDS contain switch         : disable
Radio 2
 Radio 2.4G profile         : default
 Radio 5G profile           : default
 VAP profile
  WLAN   1                  : hcip-vap
Mesh profile                :
WDS profile                 :
Mesh whitelist profile      :
WDS whitelist profile       :
Location profile            :
Radio switch                : enable
Channel                     : -
Channel bandwidth           : 20mhz
EIRP(dBm)                   : 127
Antenna gain(dB)            : -
Coverage distance(100 m)    : 3
Work mode                   : normal
Radio frequency             : 5G
Spectrum analysis           : disable
WIDS device detect          : disable
WIDS attack detect          : -
WIDS contain switch         : disable
Card 1
 Serial profile             : preset-enjoyor-toeap
 Iot profile                :
 UDP Port                   : -
 TCP Port                   : -
Card 2
 Serial profile             : preset-enjoyor-toeap
 Iot profile                :
 UDP Port                   : -
 TCP Port                   : -
Card 3
 Serial profile             : preset-enjoyor-toeap
 Iot profile                :
 UDP Port                   : -
 TCP Port                   : -
```

从例 10-19 的第 1 个阴影行可以确认引用的域管理模板为 hcip-domain，其他 3 个阴影部分可以确认引用的 VAP 模板为 hcip-vap。

⑦ 添加 AP。在 WLAN 视图中，工程师可以在 AC 上离线导入 AP，有 3 种认证模式可选。

- **ap auth-mode {mac-auth | no-auth | sn-auth}**：WLAN 视图命令，用来指定 AP 的认证模式，必选关键字分别为使用 MAC 地址认证、不认证以及使用序列号认证。在默认情况下，AP 认证模式为 MAC 地址认证。

- **ap-id** *ap-id* {**ap-mac** *ap-mac* | **ap-sn** *ap-sn* | **ap-mac** *ap-mac* **ap-sn** *ap-sn* }：WLAN 视图命令，用来离线添加 AP 设备或进入 AP 视图。在添加 AP 时，必须输入 AP 的 MAC 地址、序列号，或者同时输入 MAC 地址和序列号。如果设置了 MAC 认证，则必须输入 MAC 地址；如果设置了序列号认证，则必须输入序列号。如需进入 AP 视图，只需要输入 AP ID 即可。

- **ap-name** *ap-name*：AP 视图命令，用来为 AP 设置可识别的名称。一般来说，工程师可以根据 AP 所在位置来进行设置。如果没有为 AP 配置名称，则 AP 上线后会使用 MAC 地址作为名称。

- **ap-group** *ap-group*：AP 视图命令，用来指定 AP 所属的 AP 组。每个 AP 都存在于一个 AP 组中，如果没有明确配置的话，AP 会自动加入名为 **default** 的默认 AP 组中。

例 10-20 展示了在 AC1 上离线添加 AP 的配置，我们使用 MAC 地址认证的方式，工程师需要提前记录 AP 的 MAC 地址。

例 10-20   添加 AP1 和 AP2

```
[AC1]wlan
[AC1-wlan-view]ap auth-mode mac-auth
[AC1-wlan-view]ap-id 0 ap-mac 00e0-fc8c-7820
[AC1-wlan-ap-0]ap-name ap1
[AC1-wlan-ap-0]ap-group hcip-ap-group
Warning: This operation may cause AP reset. If the country code changes, it will
 clear channel, power and antenna gain configurations of the radio, Whether to c
ontinue? [Y/N]:y
Info: This operation may take a few seconds. Please wait for a moment.. done.
[AC1-wlan-ap-0]ap-id 1 ap-mac 00e0-fc50-2440
[AC1-wlan-ap-1]ap-name ap2
[AC1-wlan-ap-1]ap-group hcip-ap-group
Warning: This operation may cause AP reset. If the country code changes, it will
 clear channel, power and antenna gain configurations of the radio, Whether to c
ontinue? [Y/N]:y
Info: This operation may take a few seconds. Please wait for a moment.. done.
```

配置完成后，我们可以启动 AP1 和 AP2，待 AP1 和 AP2 工作稳定后，我们可以在 AC1 上通过命令查看 AP，详见例 10-21。

例 10-21   查看 AP 上线状态

```
[AC1]display ap all
Info: This operation may take a few seconds. Please wait for a moment.done.
Total AP information:
nor  : normal           [2]
--------------------------------------------------------------------------------
ID   MAC            Name Group     IP           Type            State STA Uptime
--------------------------------------------------------------------------------
0    00e0-fc8c-7820 ap1  hcip-ap-group 10.0.10.254 AirEngine5760-10 nor   0   3M:31S
1    00e0-fc50-2440 ap2  hcip-ap-group 10.0.10.253 AirEngine5760-10 nor   0   35S
--------------------------------------------------------------------------------
Total: 2
```

从例 10-21 的命令输出中可以看到两个 AP，阴影部分 nor 表示 AP 成功上线并正常工作。

⑧ 连接 STA 并进行漫游测试。当多台 AP 满足以下条件时，无须额外配置，STA 就可以在这些 AP 之间实现漫游。

- 关联在同一个 AC 上。
- 配置了相同的 SSID。
- 配置了相同的安全策略。
- 如果 AC 上配置了 NAC（网络访问控制）业务，则要确保为各个 AP 下发了相同的认证策略和授权策略。

在本实验环境中，STA 可以在 AP1 和 AP2 之间漫游。我们可以开启 STA，并让其连接到 AP1，在 AC1 上可以通过命令观察到这个 STA，详见例 10-22。

例 10-22　查看 STA 在线状态

```
[AC1]display station ssid hcip-wlan
Rf/WLAN: Radio ID/WLAN ID
Rx/Tx: link receive rate/link transmit rate(Mbps)
--------------------------------------------------------------------------------
STA MAC         AP ID Ap name  Rf/WLAN  Band  Type  Rx/Tx    RSSI  VLAN  IP address
--------------------------------------------------------------------------------
5489-9867-7775  0     ap1      0/1      2.4G  11n   3/8      -70   11    10.0.11.254
--------------------------------------------------------------------------------
Total: 1 2.4G: 1 5G: 0
```

从例 10-22 的命令输出可以看出 STA 通过 2.4 GHz 连接到了 AP1。此时，我们让其移动到 AP1 与 AP2 共同的覆盖范围，并逐渐靠近 AP2，远离 AP1。当 STA 漫游到了 AP2 时，我们可以通过命令追踪 STA 的漫游记录，详见例 10-23。

例 10-23　查看 STA 的漫游记录

```
[AC1]display station roam-track sta-mac 5489-9867-7775
Access SSID:hcip-wlan
Rx/Tx: link receive rate/link transmit rate(Mbps)
z: Zero Roam c:PMK Cache Roam r:802.11r Roam
--------------------------------------------------------------------------------
L2/L3           AC IP                    AP name          Radio ID
BSSID           TIME                     In/Out RSSI      Out Rx/Tx
--------------------------------------------------------------------------------
--              10.0.100.100             ap1              1
00e0-fc8c-7830  2023/05/12 12:18:47      -51/-48          0/0
L2              10.0.100.100             ap2              0
00e0-fc50-2440  2023/05/12 12:25:27      -58/-            -/-
--------------------------------------------------------------------------------
Number: 1
```

从例 10-23 的命令输出可以看出 STA 从 AP1 漫游到了 AP2，阴影部分指示出漫游类型为 L2（二层）漫游。此时，我们可以再次查看 STA 的在线状态，详见例 10-24。

例 10-24　再次查看 STA 的在线状态

```
[AC1]display station ssid hcip-wlan
Rf/WLAN: Radio ID/WLAN ID
Rx/Tx: link receive rate/link transmit rate(Mbps)
--------------------------------------------------------------------------------
STA MAC         AP ID Ap name  Rf/WLAN  Band  Type  Rx/Tx    RSSI  VLAN  IP address
--------------------------------------------------------------------------------
5489-9867-7775  1     ap2      0/1      2.4G  11n   3/8      -70   11    10.0.11.253
--------------------------------------------------------------------------------
Total: 1 2.4G: 1 5G: 0
```

从例 10-24 的命令输出可以看出 STA 通过 2.4 GHz 连接到了 AP2。

10.2.3　配置 AC2 上的 WLAN 业务

在这个实验中，我们要对 AC2 进行配置，所需命令与 AC1 完全相同，除了业务 VLAN 和 AP3 相关的参数有所不同外，AC2 上的各种参数也与 AC1 相同。

读者可以尝试自行配置，本实验不再对每条命令进行介绍，仅展示 AC2 的完整配置，详见例 10-25。

例 10-25　AC2 上的 WLAN 配置

```
[AC2]capwap source interface Vlanif 200
[AC2]wlan
[AC2-wlan-view]regulatory-domain-profile name hcip-domain
[AC2-wlan-regulate-domain-hcip-domain]country-code cn
Info: The current country code is same with the input country code.
[AC2-wlan-regulate-domain-hcip-domain]quit
[AC2-wlan-view]security-profile name hcip-security
[AC2-wlan-sec-prof-hcip-security]security wpa2 psk pass-phrase Huawei@123 aes
[AC2-wlan-sec-prof-hcip-security]quit
[AC2-wlan-view]ssid-profile name hcip-ssid
[AC2-wlan-ssid-prof-hcip-ssid]ssid hcip-wlan
Info: This operation may take a few seconds, please wait.done.
[AC2-wlan-ssid-prof-hcip-ssid]max-sta-number 10
Warning: This action may cause service interruption. Continue?[Y/N]y
[AC2-wlan-ssid-prof-hcip-ssid]association-timeout 10
Warning: This action may cause service interruption. Continue?[Y/N]y
[AC2-wlan-ssid-prof-hcip-ssid]quit
[AC2-wlan-view]vap-profile name hcip-vap
[AC2-wlan-vap-prof-hcip-vap]forward-mode direct-forward
[AC2-wlan-vap-prof-hcip-vap]service-vlan vlan-id 21
Info: This operation may take a few seconds, please wait.done.
[AC2-wlan-vap-prof-hcip-vap]security-profile hcip-security
Info: This operation may take a few seconds, please wait.done.
[AC2-wlan-vap-prof-hcip-vap]ssid-profile hcip-ssid
Info: This operation may take a few seconds, please wait.done.
[AC2-wlan-vap-prof-hcip-vap]quit
[AC2-wlan-view]ap-group name hcip-ap-group
Info: This operation may take a few seconds. Please wait for a moment.done.
[AC2-wlan-ap-group-hcip-ap-group]regulatory-domain-profile hcip-domain
Warning: Modifying the country code will clear channel, power and antenna gain c
onfigurations of the radio and reset the AP. Continue?[Y/N]:y
[AC2-wlan-ap-group-hcip-ap-group]vap-profile hcip-vap wlan 1 radio all
Info: This operation may take a few seconds, please wait...done.
[AC2-wlan-ap-group-hcip-ap-group]quit
[AC2-wlan-view]ap auth-mode mac-auth
[AC2-wlan-view]ap-id 0 ap-mac 00e0-fc15-4540
[AC2-wlan-ap-0]ap-name ap3
[AC2-wlan-ap-0]ap-group hcip-ap-group
Warning: This operation may cause AP reset. If the country code changes, it will
 clear channel, power and antenna gain configurations of the radio, Whether to c
ontinue? [Y/N]:y
Info: This operation may take a few seconds. Please wait for a moment.. done.
```

配置完成后，我们可以启动 AP3，待 AP3 工作稳定后，我们可以在 AC2 上通过命令查看 AP，详见例 10-26。

例 10-26　查看 AP 上线状态

```
[AC2]display ap all
Info: This operation may take a few seconds. Please wait for a moment.done.
Total AP information:
nor  : normal          [1]
--------------------------------------------------------------------------------
ID   MAC            Name Group        IP           Type          State STA Uptime
--------------------------------------------------------------------------------
0    00e0-fc15-4540 ap3  hcip-ap-group 10.0.20.254 AirEngine5760-10 nor  0   1M:54S
--------------------------------------------------------------------------------
Total: 1
```

从例 10-26 的命令输出中可以看到 AP3，阴影部分 nor 表示 AP 成功上线并正常工作。接下来我们可以配置 AC 间的漫游。

10.2.4 实现 AC 间漫游

要想在多个 AC 间实现漫游且网络业务不中断，参与漫游的各个 AP 需要满足以下条件。

- 关联在不同的 AC 上。
- 配置了相同的 SSID。
- 配置了相同的安全策略。
- 如果 AC 上配置了 NAC（网络准入控制）业务，要确保为各个 AP 下发了相同的认证策略和授权策略。

在 WLAN 中，STA 只能在同一个漫游组内的 AC 间进行漫游。因此，我们必须配置的参数为漫游组，工程师可以指定漫游组服务器，也可以不指定漫游组服务器。这两种配置方式的区别在于指定漫游组服务器时，需要在漫游组服务器上配置漫游组，并在漫游组中添加成员 AC，其他漫游组成员 AC 上需要指定漫游组服务器，然后漫游组服务器会将漫游组配置信息下发到成员 AC。不指定漫游组服务器时，工程师需要在漫游组内的每个 AC 上配置漫游组，并添加成员 AC。本实验将使用不指定漫游组服务器的配置方式。

工程师需要使用以下命令来配置漫游组。

- **mobility-group name** *group-name*：WLAN 视图命令，用来创建并进入漫游组。
- **member** { **ip-address** *ipv4-address* | **ipv6-address** *ipv6-address* }
  [**description** *description*]：漫游组视图命令，用来向漫游组中添加成员 AC。在默认情况下，系统没有向漫游组中添加成员。此处添加的 AC 的 IP 地址为 AC 的源 IP 地址。

在配置漫游组之前，我们需要检查 AC 源接口之间的连通性，确保 AC1 的源接口能够 ping 通 AC2 的源接口，反之亦然。例 10-27 展示了测试结果。

例 10-27 检查 AC 间的连通性

```
[AC1]ping -a 10.0.100.100 10.0.200.200
  PING 10.0.200.200: 56  data bytes, press CTRL_C to break
    Reply from 10.0.200.200: bytes=56 Sequence=1 ttl=254 time=20 ms
    Reply from 10.0.200.200: bytes=56 Sequence=2 ttl=254 time=40 ms
    Reply from 10.0.200.200: bytes=56 Sequence=3 ttl=254 time=30 ms
    Reply from 10.0.200.200: bytes=56 Sequence=4 ttl=254 time=40 ms
    Reply from 10.0.200.200: bytes=56 Sequence=5 ttl=254 time=10 ms

  --- 10.0.200.200 ping statistics ---
    5 packet(s) transmitted
    5 packet(s) received
    0.00% packet loss
    round-trip min/avg/max = 10/28/40 ms
```

例 10-28 和例 10-29 分别展示了 AC1 和 AC2 上的漫游组配置。

例 10-28 在 AC1 上配置漫游组

```
[AC1]wlan
[AC1-wlan-view]mobility-group name hcip-mobility
[AC1-mc-mg-hcip-mobility]member ip-address 10.0.100.100
[AC1-mc-mg-hcip-mobility]member ip-address 10.0.200.200
```

例 10-29　在 AC2 上配置漫游组

```
[AC2]wlan
[AC2-wlan-view]mobility-group name hcip-mobility
[AC2-mc-mg-hcip-mobility]member ip-address 10.0.100.100
[AC2-mc-mg-hcip-mobility]member ip-address 10.0.200.200
```

配置完成后，我们可以检查漫游组的状态，以 AC1 为例，例 10-30 展示了相关命令输出。

例 10-30　查看 AC1 的漫游组状态

```
[AC1]display mobility-group name hcip-mobility
-------------------------------------------------------------------------------
State         IP address                        Description
-------------------------------------------------------------------------------
normal        10.0.100.100                      -
normal        10.0.200.200                      -
-------------------------------------------------------------------------------
Total: 2
```

例 10-30 展示了漫游组成员，即 AC1 和 AC2，从阴影部分可以确认它们的状态都为正常（normal）。接下来我们可以对 STA 的漫游进行测试。

我们查看 AC1 上的 STA 信息，详见例 10-31。

例 10-31　查看 AC1 上的 STA 在线状态

```
[AC1]display station ssid hcip-wlan
Rf/WLAN: Radio ID/WLAN ID
Rx/Tx: link receive rate/link transmit rate(Mbps)
-------------------------------------------------------------------------------
STA MAC        AP ID Ap name  Rf/WLAN  Band  Type  Rx/Tx  RSSI  VLAN  IP address
-------------------------------------------------------------------------------
5489-9867-7775  1    ap2      0/1      2.4G  11n   3/8    -70   11    10.0.11.253
-------------------------------------------------------------------------------
Total: 1 2.4G: 1 5G: 0
```

从例 10-31 的命令输出可以看出此时 STA 通过 AP2 连接到网络中。此时，我们让其移动到 AP2 与 AP3 共同的覆盖范围，并逐渐靠近 AP3，远离 AP2。当 STA 漫游到了 AP3 时，我们可以在 AC2 上通过命令追踪 STA 的漫游记录，详见例 10-32。

例 10-32　在 AC2 上查看 STA 的漫游记录

```
[AC2]display station roam-track sta-mac 5489-9867-7775
Access SSID:hcip-wlan
Rx/Tx: link receive rate/link transmit rate(Mbps)
z: Zero Roam c:PMK Cache Roam r:802.11r Roam
-------------------------------------------------------------------------------
L2/L3          AC IP              AP name          Radio ID
BSSID          TIME               In/Out RSSI      Out Rx/Tx
-------------------------------------------------------------------------------
--             10.0.100.100       ap1              1
00e0-fc8c-7830 2023/05/12 12:18:47 -51/-48         0/0
L2             10.0.100.100       ap2              0
00e0-fc50-2440 2023/05/12 12:25:27 -51/-48         0/0
L3             10.0.200.200       ap3              0
00e0-fc15-4540 2023/05/12 16:12:28 -58/-           -/-
-------------------------------------------------------------------------------
Number: 2
```

从例 10-32 的命令输出可以看出 STA 从 AP2 漫游到了 AP3，阴影部分指示出漫游类型为 L3（三层）漫游。此时，我们可以在 AC2 上查看 STA 的在线状态，详见例 10-33。

例 10-33　在 AC2 上查看 STA 的在线状态

```
[AC2]display station ssid hcip-wlan
Rf/WLAN: Radio ID/WLAN ID
```

```
Rx/Tx: link receive rate/link transmit rate(Mbps)
--------------------------------------------------------------------------
STA MAC         AP ID Ap name   Rf/WLAN  Band  Type  Rx/Tx  RSSI  VLAN  IP address
--------------------------------------------------------------------------
5489-9867-7775  0     ap3       0/1      2.4G  11n   3/8    -70   11    10.0.11.253
--------------------------------------------------------------------------
Total: 1 2.4G: 1 5G: 0
```

从例 10-33 的命令输出可以看出 STA 通过 2.4 GHz 连接到了 AP3。

10.3　实现 AC 间 VRRP 热备份

在 10.2 节的实验中，AC1 和 AC2 分别负责纳管不同的 AP，AC1 纳管 AP1 和 AP2，AC2 纳管 AP3。当 AC1 或 AC2 出现故障无法纳管 AP 时，AP 无法注册到另一台工作正常的 AC，无法实现可靠性管理。在本实验中，我们将使用图 10-6 所示的拓扑，采用 VRRP 热备份技术，将 AC1 与 AC2 组成 HSB 备份组，其中 AC1 为主用设备，AC2 为备用设备。AP1、AP2 和 AP3 由 AC1 和 AC2 以主备方式进行纳管。

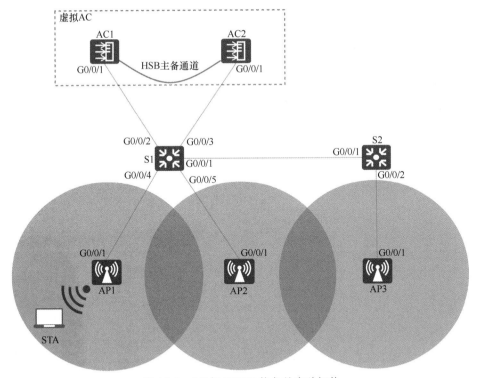

图 10-6　AC 间 VRRP 热备份实验拓扑

本实验所使用的参数设置与 10.2 节大致相同，交换机 S1 作为 DHCP 服务器，为 AP 分配管理 IP 地址，为 WLAN 终端分配业务 IP 地址。AP 与 AC 分别规划在不同的 IP 网段中，AP 通过 DHCP 报文中的 Option 43 获取 AC 的 IP 地址。需要注意的是，在部署了 VRRP 热备份的环境中，AP 通过 Option 43 获取的 IP 地址为 VRRP 虚拟 IP 地址。在本实验中，AP 的管理 VLAN 和业务 VLAN 分别如下。

- 管理 VLAN：VLAN 10。
- 业务 VLAN：VLAN 11。

交换机 S1 是所有 AP 的管理流量网关和业务流量网关，交换机 S2 在二层上透传 AP3 的管理报文和业务报文。

表 10-4 列出了本章实验使用的网络地址规划。

表 10-4　本章实验使用的网络地址规划

设备	接口	IP 地址	子网掩码	默认网关
AC1	VLANIF 100	10.0.100.101	255.255.255.0	—
AC2	VLANIF 100	10.0.100.102	255.255.255.0	—
VRRP 虚拟 IP	VRRP 虚拟 IP	10.0.100.100	255.255.255.0	—
	VLANIF 10	10.0.10.1	255.255.255.0	—
S1	VLANIF 11	10.0.11.1	255.255.255.0	—
	VLANIF 100	10.0.100.1	255.255.255.0	—
AP1	G0/0/1	DHCP	DHCP	DHCP
AP2	G0/0/1	DHCP	DHCP	DHCP
AP3	G0/0/1	DHCP	DHCP	DHCP
STA	WLAN 接口	DHCP	DHCP	DHCP

表 10-5 总结了 AC 的数据规划，AC1 与 AC2 上部署完全相同的配置参数。

表 10-5　AC 的数据规划

配置项	配置参数
AP 组	名称：hcip-ap-group
	应用的模板：域管理模板为 hcip-domain、VAP 模板为 hcip-vap
域管理模板	名称：hcip-domain
	国家/地区码：cn
SSID 模板	名称：hcip-ssid
	SSID 名称：hcip-wlan
安全模板	名称：hcip-security
	安全策略：WPA-WPA2+PSK+AES
	密码：Huawei@123
VAP 模板	名称：hcip-vap
	转发模式：直接转发
	业务 VLAN：VLAN 11
	应用的模板：SSID 模板为 hcip-ssid、安全模板为 hcip-security

本实验将会展示完整的实验配置，但不对基础网络配置和 WLAN 业务配置的命令进行详细解释，对这部分的配置仍不够熟悉的读者可以参考 10.2 节的实验内容。

10.3.1　配置基础网络

在这个实验中，我们需要完成有线侧的网络配置，其中包括交换机（S1 和 S2）和 AC（AC1 和 AC2）上的 VLAN 创建、物理端口配置，以及虚拟接口的创建和配置。

- S1 上需要实现以下配置：
  - S1 上需要创建 VLAN 10、VLAN 11 和 VLAN 100，并针对上述 VLAN 创建 VLANIF 接口并提供网关功能；
  - S1 连接 AC1 和 AC2 的端口需要放行 VLAN 100 的流量，连接 AP1 和 AP2 的端口需要放行 VLAN 10 和 VLAN 11 的流量（将 PVID 设置为 VLAN 10），连接 S2 的端口需要放行 VLAN 10 和 VLAN 11 的流量；
  - 启用 DHCP 服务器功能，为 AP 提供 IP 地址和 AC 地址（本实验中需要提供 VRRP 虚拟 IP 地址），为 STA 提供 IP 地址和 DNS 地址。
- S2 上需要实现以下配置：
  - S2 上需要创建 VLAN 10 和 VLAN 11；
  - S2 连接 AP3 的端口需要放行 VLAN 10 和 VLAN 11 的流量（将 PVID 设置为 VLAN 10），连接 S1 的端口需要放行 VLAN 10 和 VLAN 11 的流量。
- AC1 上需要实现以下配置：
  - AC1 上需要创建 VLAN 100，并创建 VLANIF 100 接口；
  - AC1 连接 S1 的端口需要放行 VLAN 100 的流量；
  - 配置默认路由并指向 S1 的 VLANIF 100 接口的 IP 地址。
- AC2 上需要实现以下配置：
  - AC2 上需要创建 VLAN 100，并创建 VLANIF 100 接口；
  - AC2 连接 S1 的端口需要放行 VLAN 100 的流量；
  - 配置默认路由并指向 S1 的 VLANIF 100 接口的 IP 地址。

在本实验环境中，交换机 S1 会作为 DHCP 服务器向 AP 分配 IP 地址信息，并且 AC 与 AP 不在同一个 IP 网段中。在这种情况下，工程师需要通过 Option 43 字段为 AP 指定 AC 的 IPv4 地址，否则 AP 无法发现 AC。需要注意的是，在 VRRP 热备份部署中，管理员需要指定 VRRP 虚拟 IP 地址作为 AC 的 IP 地址，本例中即为 10.0.100.100。

本章不再分别介绍这些配置所需的命令，仅展示配置结果。例 10-34 和例 10-35 分别展示了交换机 S1 和 S2 上的基础配置。

例 10-34　交换机 S1 的基础配置

```
[S1]vlan batch 10 11 100
Info: This operation may take a few seconds. Please wait for a moment...done.
[S1]interface GigabitEthernet 0/0/1
[S1-GigabitEthernet0/0/1]port link-type trunk
[S1-GigabitEthernet0/0/1]port trunk allow-pass vlan 10 to 11
[S1-GigabitEthernet0/0/1]quit
[S1]interface GigabitEthernet 0/0/2
[S1-GigabitEthernet0/0/2]port link-type trunk
[S1-GigabitEthernet0/0/2]port trunk allow-pass vlan 100
[S1-GigabitEthernet0/0/2]quit
[S1]interface GigabitEthernet 0/0/3
[S1-GigabitEthernet0/0/3]port link-type trunk
[S1-GigabitEthernet0/0/3]port trunk allow-pass vlan 100
[S1-GigabitEthernet0/0/3]quit
```

```
[S1]interface GigabitEthernet 0/0/4
[S1-GigabitEthernet0/0/4]port link-type trunk
[S1-GigabitEthernet0/0/4]port trunk pvid vlan 10
[S1-GigabitEthernet0/0/4]port trunk allow-pass vlan 10 to 11
[S1-GigabitEthernet0/0/4]quit
[S1]interface GigabitEthernet 0/0/5
[S1-GigabitEthernet0/0/5]port link-type trunk
[S1-GigabitEthernet0/0/5]port trunk pvid vlan 10
[S1-GigabitEthernet0/0/5]port trunk allow-pass vlan 10 to 11
[S1-GigabitEthernet0/0/5]quit
[S1]dhcp enable
Info: The operation may take a few seconds. Please wait for a moment.done.
[S1]ip pool ap
Info:It's successful to create an IP address pool.
[S1-ip-pool-ap]gateway-list 10.0.10.1
[S1-ip-pool-ap]network 10.0.10.0 mask 24
[S1-ip-pool-ap]option 43 sub-option 2 ip-address 10.0.100.100
[S1-ip-pool-ap]quit
[S1]ip pool sta
Info:It's successful to create an IP address pool.
[S1-ip-pool-sta]gateway-list 10.0.11.1
[S1-ip-pool-sta]network 10.0.11.0 mask 24
[S1-ip-pool-sta]dns-list 10.0.11.1
[S1-ip-pool-sta]quit
[S1]interface Vlanif 10
[S1-Vlanif10]ip address 10.0.10.1 24
[S1-Vlanif10]dhcp select global
[S1-Vlanif10]quit
[S1]interface Vlanif 11
[S1-Vlanif11]ip address 10.0.11.1 24
[S1-Vlanif11]dhcp select global
[S1-Vlanif11]quit
[S1]interface Vlanif 100
[S1-Vlanif100]ip address 10.0.100.1 24
```

例 10-35   交换机 S2 的基础配置

```
[S2]vlan batch 10 11
Info: This operation may take a few seconds. Please wait for a moment...done.
[S2]interface GigabitEthernet 0/0/1
[S2-GigabitEthernet0/0/1]port link-type trunk
[S2-GigabitEthernet0/0/1]port trunk allow-pass vlan 10 to 11
[S2-GigabitEthernet0/0/1]quit
[S2]interface GigabitEthernet 0/0/2
[S2-GigabitEthernet0/0/2]port link-type trunk
[S2-GigabitEthernet0/0/2]port trunk pvid vlan 10
[S2-GigabitEthernet0/0/2]port trunk allow-pass vlan 10 to 11
```

例 10-36 和例 10-37 分别展示了 AC1 和 AC2 上的基础配置。

例 10-36   AC1 的基础配置

```
[AC1]vlan batch 100
Info: This operation may take a few seconds. Please wait for a moment...done.
[AC1]interface GigabitEthernet 0/0/1
[AC1-GigabitEthernet0/0/1]port link-type trunk
[AC1-GigabitEthernet0/0/1]port trunk allow-pass vlan 100
[AC1-GigabitEthernet0/0/1]quit
[AC1]interface Vlanif 100
[AC1-Vlanif100]ip address 10.0.100.101 24
[AC1-Vlanif100]quit
[AC1]ip route-static 0.0.0.0 0.0.0.0 10.0.100.1
```

例 10-37   AC2 的基础配置

```
[AC2]vlan batch 100
Info: This operation may take a few seconds. Please wait for a moment...done.
[AC2]interface GigabitEthernet 0/0/1
[AC2-GigabitEthernet0/0/1]port link-type trunk
[AC2-GigabitEthernet0/0/1]port trunk allow-pass vlan 100
[AC2-GigabitEthernet0/0/1]quit
[AC2]interface Vlanif 100
[AC2-Vlanif100]ip address 10.0.100.102 24
[AC2-Vlanif100]quit
[AC2]ip route-static 0.0.0.0 0.0.0.0 10.0.100.1
```

配置完成后，我们可以对 AC 与 S1 之间的连通性进行测试，例 10-38 和例 10-39 分别对此进行了测试。

例 10-38　测试 AC1 与 S1 的连通性

```
[AC1]ping 10.0.100.1
 PING 10.0.100.1: 56  data bytes, press CTRL_C to break
   Reply from 10.0.100.1: bytes=56 Sequence=1 ttl=255 time=30 ms
   Reply from 10.0.100.1: bytes=56 Sequence=2 ttl=255 time=1 ms
   Reply from 10.0.100.1: bytes=56 Sequence=3 ttl=255 time=10 ms
   Reply from 10.0.100.1: bytes=56 Sequence=4 ttl=255 time=10 ms
   Reply from 10.0.100.1: bytes=56 Sequence=5 ttl=255 time=10 ms

 --- 10.0.100.1 ping statistics ---
   5 packet(s) transmitted
   5 packet(s) received
   0.00% packet loss
   round-trip min/avg/max = 1/12/30 ms
```

例 10-39　测试 AC2 与 S1 的连通性

```
[AC2]ping 10.0.100.1
 PING 10.0.100.1: 56  data bytes, press CTRL_C to break
   Reply from 10.0.100.1: bytes=56 Sequence=1 ttl=255 time=20 ms
   Reply from 10.0.100.1: bytes=56 Sequence=2 ttl=255 time=20 ms
   Reply from 10.0.100.1: bytes=56 Sequence=3 ttl=255 time=1 ms
   Reply from 10.0.100.1: bytes=56 Sequence=4 ttl=255 time=20 ms
   Reply from 10.0.100.1: bytes=56 Sequence=5 ttl=255 time=10 ms

 --- 10.0.100.1 ping statistics ---
   5 packet(s) transmitted
   5 packet(s) received
   0.00% packet loss
   round-trip min/avg/max = 1/14/20 ms
```

连通性测试成功后，我们就可以开始配置 WLAN 了。

10.3.2　配置基础 WLAN 业务

在本实验中，我们将按照表 10-5 所示的配置参数完成 AC1 和 AC2 上的 WLAN 业务配置，配置项与例 10-25 大致相同。唯一需要注意的是，此时我们先不指定 CAPWAP 源 IP 地址，待完成 VRRP 双机热备份配置后再指定，并且在指定 CAPWAP 源 IP 地址时需要指定 VRRP 虚拟 IP 地址（10.0.100.100），而不是 AC1 和 AC2 VLANIF 100 接口的 IP 地址。

例 10-40 和例 10-41 分别展示了 AC1 和 AC2 上的这部分配置，AC1 和 AC2 上的配置相同。

例 10-40　AC1 上的 WLAN 配置

```
[AC1]wlan
[AC1-wlan-view]regulatory-domain-profile name hcip-domain
[AC1-wlan-regulate-domain-hcip-domain]country-code cn
[AC1-wlan-regulate-domain-hcip-domain]quit
[AC1-wlan-view]security-profile name hcip-security
[AC1-wlan-sec-prof-hcip-security]security wpa2 psk pass-phrase Huawei@123 aes
[AC1-wlan-sec-prof-hcip-security]quit
[AC1-wlan-view]ssid-profile name hcip-ssid
[AC1-wlan-ssid-prof-hcip-ssid]ssid hcip-wlan
[AC1-wlan-ssid-prof-hcip-ssid]max-sta-number 10
Warning: This action may cause service interruption. Continue?[Y/N]y
[AC1-wlan-ssid-prof-hcip-ssid]association-timeout 10
Warning: This action may cause service interruption. Continue?[Y/N]y
[AC1-wlan-ssid-prof-hcip-ssid]quit
[AC1-wlan-view]vap-profile name hcip-vap
```

```
[AC1-wlan-vap-prof-hcip-vap]forward-mode direct-forward
[AC1-wlan-vap-prof-hcip-vap]service-vlan vlan-id 11
[AC1-wlan-vap-prof-hcip-vap]security-profile hcip-security
[AC1-wlan-vap-prof-hcip-vap]ssid-profile hcip-ssid
[AC1-wlan-vap-prof-hcip-vap]quit
[AC1-wlan-view]ap-group name hcip-ap-group
[AC1-wlan-ap-group-hcip-ap-group]regulatory-domain-profile hcip-domain
Warning: Modifying the country code will clear channel, power and antenna gain
configurations of the radio and reset the AP. Continue?[Y/N]:y
[AC1-wlan-ap-group-hcip-ap-group]vap-profile hcip-vap wlan 1 radio all
[AC1-wlan-ap-group-hcip-ap-group]quit
[AC1-wlan-view]ap auth-mode mac-auth
[AC1-wlan-view]ap-id 1 ap-mac 00E0-FC05-55A0
[AC1-wlan-ap-1]ap-name ap1
[AC1-wlan-ap-1]ap-group hcip-ap-group
Warning: This operation may cause AP reset. If the country code changes, it will
clear channel, power and antenna gain configurations of the radio, Whether to
continue? [Y/N]:y
[AC1-wlan-ap-1]quit
[AC1-wlan-view]ap-id 2 ap-mac 00E0-FC97-0C10
[AC1-wlan-ap-2]ap-name ap2
[AC1-wlan-ap-2]ap-group hcip-ap-group
Warning: This operation may cause AP reset. If the country code changes, it will
clear channel, power and antenna gain configurations of the radio, Whether to
continue? [Y/N]:y
[AC1-wlan-ap-2]quit
[AC1-wlan-view]ap-id 3 ap-mac 00E0-FCBE-2440
[AC1-wlan-ap-3]ap-name ap3
[AC1-wlan-ap-3]ap-group hcip-ap-group
Warning: This operation may cause AP reset. If the country code changes, it will
clear channel, power and antenna gain configurations of the radio, Whether to
continue? [Y/N]:y
```

例 10-41 AC2 上的 WLAN 配置

```
[AC2]wlan
[AC2-wlan-view]regulatory-domain-profile name hcip-domain
[AC2-wlan-regulate-domain-hcip-domain]country-code cn
[AC2-wlan-regulate-domain-hcip-domain]quit
[AC2-wlan-view]security-profile name hcip-security
[AC2-wlan-sec-prof-hcip-security]security wpa2 psk pass-phrase Huawei@123 aes
[AC2-wlan-sec-prof-hcip-security]quit
[AC2-wlan-view]ssid-profile name hcip-ssid
[AC2-wlan-ssid-prof-hcip-ssid]ssid hcip-wlan
[AC2-wlan-ssid-prof-hcip-ssid]max-sta-number 10
Warning: This action may cause service interruption. Continue?[Y/N]y
[AC2-wlan-ssid-prof-hcip-ssid]association-timeout 10
Warning: This action may cause service interruption. Continue?[Y/N]y
[AC2-wlan-ssid-prof-hcip-ssid]quit
[AC2-wlan-view]vap-profile name hcip-vap
[AC2-wlan-vap-prof-hcip-vap]forward-mode direct-forward
[AC2-wlan-vap-prof-hcip-vap]service-vlan vlan-id 11
[AC2-wlan-vap-prof-hcip-vap]security-profile hcip-security
[AC2-wlan-vap-prof-hcip-vap]ssid-profile hcip-ssid
[AC2-wlan-vap-prof-hcip-vap]quit
[AC2-wlan-view]ap-group name hcip-ap-group
[AC2-wlan-ap-group-hcip-ap-group]regulatory-domain-profile hcip-domain
Warning: Modifying the country code will clear channel, power and antenna gain
configurations of the radio and reset the AP. Continue?[Y/N]:y
[AC2-wlan-ap-group-hcip-ap-group]vap-profile hcip-vap wlan 1 radio all
[AC2-wlan-ap-group-hcip-ap-group]quit
[AC2-wlan-view]ap auth-mode mac-auth
[AC2-wlan-view]ap-id 1 ap-mac 00E0-FC05-55A0
[AC2-wlan-ap-1]ap-name ap1
[AC2-wlan-ap-1]ap-group hcip-ap-group
Warning: This operation may cause AP reset. If the country code changes, it will
clear channel, power and antenna gain configurations of the radio, Whether to
continue? [Y/N]:y
[AC2-wlan-ap-1]quit
[AC2-wlan-view]ap-id 2 ap-mac 00E0-FC97-0C10
[AC2-wlan-ap-2]ap-name ap2
```

```
[AC2-wlan-ap-2]ap-group hcip-ap-group
Warning: This operation may cause AP reset. If the country code changes, it will
clear channel, power and antenna gain configurations of the radio, Whether to
continue? [Y/N]:y
[AC2-wlan-ap-2]quit
[AC2-wlan-view]ap-id 3 ap-mac 00E0-FCBE-2440
[AC2-wlan-ap-3]ap-name ap3
[AC2-wlan-ap-3]ap-group hcip-ap-group
Warning: This operation may cause AP reset. If the country code changes, it will
clear channel, power and antenna gain configurations of the radio, Whether to
continue? [Y/N]:y
```

我们虽然完成了 WLAN 的业务配置，但 AP 还不能上线，AC 上指定的 CAPWAP 地址为 VRRP 虚拟 IP 地址，因此我们还需要在 AC 上完成 VRRP 相关配置，让 AC 能够使用 VRRP 虚拟 IP 地址提供 CAPWAP 服务。

10.3.3　配置 VRRP 双机热备份

在本实验中，我们的目的是让 AC1 和 AC2 组成 HSB 备份组，以 AC1 为主用设备，AC2 为备用设备，为 AP 提供服务。工程师可以按照下列 5 个步骤完成 VRRP 的配置。

① 配置 VRRP 备份组。

② 配置 HSB 主备服务。

③ 创建 HSB 备份组。

④ 将相关业务与 HSB 组进行绑定。

⑤ 使能 HSB 备份组。

最后不要忘记补全 CAPWAP 源 IP 地址的配置。下面，我们详细介绍每个步骤的配置方法。

1. 配置 VRRP 备份组

在这个步骤中，我们要完成 VRRP 基本功能的配置，其中包括创建 VRRP 备份组、设置 AC 在备份组中的优先级，以及配置一些可选参数。VRRP 备份组的配置是在提供 CAPWAP 服务的接口（本实验环境中即为 AC1 和 AC2 的 VLANIF 100 接口）下完成的。

工程师可以使用以下命令创建 VRRP 备份组。

- **vrrp vrid** *virtual-router-id* **virtual-ip** *virtual-address*：VLANIF 接口视图命令，创建 VRRP 备份组并为备份组配置虚拟 IP 地址。*virtual-router-id* 为备份组 ID，取值范围为 1～255。在同一个备份组中的两台设备必须配置相同的备份组 ID，即 AC1 与 AC2 的备份组 ID 必须相同。当网络中存在多个 VRRP 备份组时，不同 AC 上的不同备份组的 ID 不能重复，否则会导致虚拟 MAC 地址冲突。*virtual-address* 为 VRRP 虚拟 IP 地址，虚拟 IP 地址必须与 VLANIF 接口属于同一个网段。本实验将备份组 ID 设置为 1，虚拟 IP 地址设置为 10.0.100.100。
- **vrrp vrid** *virtual-router-id* **priority** *priority-value*：VLANIF 接口视图命令，配置 AC 在 VRRP 备份组中的优先级。*priority-value* 为优先级，取值范围为 1～254，在默认情况下优先级值为 100，数值越大，优先级越高。优先级 0 被系统保留为特殊用途；优先级值 255 保留给 IP 地址拥有者，IP 地址拥有者的优先级不受该命令配置的影响。当优先级值相同时，VRRP 备份组所在接口的主 IP 地址较大的

AC 会成为 Master 设备。本实验将 AC1 作为主用设备，调整其优先级值为 110，不改变 AC2 的优先级值。

上述两条命令为创建和配置 VRRP 备份组所必须的命令，接下来我们介绍一些可选配置命令及其参数，其中包括指定 VRRP 的版本，以及 VRRP 的各种时间参数。

- （可选）**vrrp version { v2 | v3 }**：系统视图命令，配置当前设备的 VRRP 版本号。在默认情况下，VRRP 版本号为 2。VRRP 备份组内的设备需要运行相同版本的 VRRP，若 VRRP 备份组内的 AC 上配置了不同版本的 VRRP，则可能会导致 VRRP 报文无法互通。本实验不对 VRRP 版本进行更改。

- （可选）**vrrp vrid** *virtual-router-id* **timer advertise** *advertise-interval*：VLANIF 接口视图命令，配置发送 VRRP 通告报文的时间间隔。*advertise-interval* 为时间间隔，取值范围为 1～255，在默认情况下，发送 VRRP 通告报文的时间间隔是 2s。本实验将该参数调整为 5s。

- （可选）**vrrp vrid** *virtual-router-id* **preempt-mode timer delay** *delay-value*：VLANIF 接口视图命令，配置 VRRP 备份组中 AC 的抢占延迟时间。*delay-value* 为抢占延迟时间，取值范围为 0～3600，在默认情况下，抢占延迟时间为 0，即立即抢占。使用命令 **vrrp vrid** *virtual-router-id* **preempt-mode disable** 可以切换为非抢占模式，只要 Master 设备没有出现故障，其他 AC 即使优先级更高也不会抢占为新的 Master。工程师在 VRRP 备份组中为各 AC 设置抢占延迟时间时，建议将 Backup 设备配置为立即抢占，将 Master 设备配置为延时抢占并指定延迟时间。这样设计的目的是为了在网络环境不稳定时，为上下行链路的状态恢复提供一定的等待时间，避免出现双 Master 设备的情况，以及避免主备双方频繁抢占导致 AP 学习到错误的 Master 设备地址。本实验将 AC2 配置为立即抢占，将 AC1 的抢占延迟时间设置为 600s（即 10min）。

- （可选）**vrrp gratuitous-arp timeout** *time*：系统视图命令，配置 Master 设备发送免费 ARP 报文的超时时间。*time* 为超时时间，取值范围为 30～1200，在默认情况下，Master 每隔 120s 发送一次免费 ARP 报文。在配置该参数时，要确保该参数小于用户侧设备 MAC 地址表项的老化时间。本实验将该参数调整为 60s。

- （可选）**vrrp recover-delay** *delay-value*：系统视图命令，配置 VRRP 备份组的状态恢复延迟时间。*delay-value* 为恢复延迟时间，取值范围为 0～60，在默认情况下，VRRP 备份组状态恢复延迟时间为 0。当 VRRP 备份组中的设备重启时可能会出现 VRRP 状态震荡，因此建议工程师根据组网情况配置一定的状态恢复延迟时间。本实验将该参数调整为 30s。

例 10-42 和例 10-43 分别展示了 AC1 和 AC2 中的 VRRP 备份组配置。

例 10-42 AC1 上的 VRRP 备份组配置

```
[AC1]interface vlanif 100
[AC1-Vlanif100]vrrp vrid 1 virtual-ip 10.0.100.100
[AC1-Vlanif100]vrrp vrid 1 priority 110
[AC1-Vlanif100]vrrp vrid 1 timer advertise 5
[AC1-Vlanif100]vrrp vrid 1 preempt-mode timer delay 600
[AC1-Vlanif100]quit
[AC1]vrrp gratuitous-arp timeout 60
[AC1]vrrp recover-delay 30
```

例 10-43　AC2 上的 VRRP 备份组配置

```
[AC2]interface vlanif 100
[AC2-Vlanif100]vrrp vrid 1 virtual-ip 10.0.100.100
[AC2-Vlanif100]vrrp vrid 1 timer advertise 5
[AC2-Vlanif100]quit
[AC2]vrrp gratuitous-arp timeout 60
[AC2]vrrp recover-delay 30
```

配置完成后，我们可以通过命令查看 VRRP 备份组的配置信息，例 10-44 和例 10-45 分别展示了 AC1 和 AC2 上的命令输出。

例 10-44　查看 AC1 的 VRRP 备份组

```
[AC1]display vrrp
 Vlanif100 | Virtual Router 1
   State : Master
   Virtual IP : 10.0.100.100
   Master IP : 10.0.100.101
   PriorityRun : 110
   PriorityConfig : 110
   MasterPriority : 110
   Preempt : YES   Delay Time : 600 s
   TimerRun : 5 s
   TimerConfig : 5 s
   Auth type : NONE
   Virtual MAC : 0000-5e00-0101
   Check TTL : YES
   Config type : normal-vrrp
   Backup-forward : disabled
   Create time : 2023-06-26 14:43:17 UTC-05:13
   Last change time : 2023-06-26 14:43:57 UTC-05:13
```

例 10-45　查看 AC2 的 VRRP 备份组

```
[AC2]display vrrp
 Vlanif100 | Virtual Router 1
   State : Backup
   Virtual IP : 10.0.100.100
   Master IP : 10.0.100.101
   PriorityRun : 100
   PriorityConfig : 100
   MasterPriority : 110
   Preempt : YES   Delay Time : 0 s
   TimerRun : 5 s
   TimerConfig : 5 s
   Auth type : NONE
   Virtual MAC : 0000-5e00-0101
   Check TTL : YES
   Config type : normal-vrrp
   Backup-forward : disabled
   Create time : 2023-06-26 14:45:47 UTC-05:13
   Last change time : 2023-06-26 14:45:47 UTC-05:13
```

通过对比例 10-44 和例 10-45 的命令输出我们可以从第 1 个阴影行确认当前 AC1 为 Master，AC2 为 Backup，下面两行内容显示了 VRRP 虚拟 IP 地址为 10.0.100.100，以及当前的 Master 设备 IP 地址为 10.0.100.101，即 AC1 的 VLANIF 100 接口 IP 地址。

第 2 个阴影行显示了当前每台设备的 VRRP 优先级，从命令输出内容可以看出 AC1 的优先级值为 110，AC2 的优先级值为 100（默认值）。下面两行内容显示了两台设备上的 VRRP 优先级（与阴影行的优先级值相同），以及当前 Master 设备的 VRRP 优先级（110）。

第 3 个阴影行是有关抢占的信息，可以看出 AC1 和 AC2 都启用了抢占功能，并且 AC1 上设置了抢占延迟时间为 600s，而 AC2 则是立即抢占。

第 4 个阴影行显示出这个 VRRP 备份组的类型。其共有 3 种取值：normal-vrrp 指的是普通 VRRP 备份组，admin-vrrp 为管理 VRRP 备份组，member-vrrp 为业务 VRRP 备份组（也称为成员 VRRP 备份组）。

每个 VRRP 备份组都要维护自己的状态机，当单台设备上有多个 VRRP 备份组时，配置使用管理 VRRP 备份组可以减少 VRRP 报文对带宽的占用。管理员可以将普通 VRRP 备份组更改为管理 VRRP 备份组，成员 VRRP 备份组需要与管理 VRRP 备份组相绑定，并且仅能与一个管理 VRRP 备份组相绑定。管理员可以使用以下命令设置管理 VRRP 备份组，以及将成员 VRRP 备份组绑定到一个管理 VRRP 备份组。

- **admin-vrrp vrid** *virtual-router-id*：VLANIF 接口视图命令，将该 VRRP 备份组配置为管理 VRRP 备份组。在默认情况下，没有指定管理 VRRP 备份组。*virtual-router-id* 为管理 VRRP 备份组号，取值范围为 1～255，更改后的 **display vrrp** 命令中的 Config type 会变为 admin-vrrp。

- **vrrp vrid** *virtual-router-id1* **track admin-vrrp interface** *interface-type interface-number* **vrid** *virtual-router-id2* **unflowdown**：将成员 VRRP 备份组与管理 VRRP 备份组相绑定。*virtual-router-id1* 为业务（成员）VRRP 备份组号，取值范围为 1～255。*virtual-router-id2* 为管理 VRRP 备份组号，取值范围为 1～255。*interface-type interface-number* 指定的是管理 VRRP 备份组所在的接口类型和接口编号。**unflowdown** 指的是当管理 VRRP 处于非 Master 状态时，与其绑定的业务 VRRP 所在接口的状态不会变为 Down。配置了此命令后，**display vrrp** 命令中的 Config type 会变为 member-vrrp。

由于本实验不涉及多 VRRP 备份组的配置，因此不对上述两条命令进行演示。

2. 配置 HSB 主备服务

HSB 主备服务负责建立主备备份通道，即在两个互为备份的 AC 之间建立 HSB 主备通道（可参考图 10-6），HSB 主备通道还负责维护主备通道的链路状态，为其他业务提供报文的收发服务，并在链路发生故障时通知主备业务备份组进行相应的处理。HSB 备份组需要绑定 HSB 主备服务后才能够实现双机热备份功能。HSB 备份组的配置在后续步骤中进行展示。

工程师可以使用以下命令对 HSB 主备服务进行配置。

- **hsb-service** *service-index*：系统视图命令，创建 HSB 主备服务并进入 HSB 主备服务视图。在默认情况下，未创建 HSB 主备服务。*service-index* 指定了主备服务编号，取值为 0。

- **service-ip-port local-ip** { *local-ipv4-address* | *local-ipv6-address* } **peer-ip** { *peer-ipv4-address* | *peer-ipv6-address* } **local-data-port** *local-port* **peer-data-port** *peer-port*：HSB 主备服务视图命令，配置建立 HSB 主备备份通道的 IP 地址和端口号。在默认情况下，未配置 HSB 主备备份通道的 IP 地址和端口号。**local-ip** { *local-ipv4-address* | *local-ipv6-address* } 指定了 HSB 主备服务绑定的本端 IPv4 地址或 IPv6 地址，以 AC1 为例，本端 IP 地址为 10.0.100.101。**peer-ip** { *peer-ipv4-address* | *peer-ipv6-address* } 指定了 HSB 主备服务绑定的对端 IPv4 地址或 IPv6 地址，以 AC1 为例，对端 IP 地址为 10.0.100.102。**local-data-port** *local-port* 指定了 HSB 主备服务的本端端口号，取

值范围为 10240～49152。**peer-data-port** *peer-port* 指定了 HSB 主备服务的对端端口号，取值范围为 10240～49152。本实验对本端和远端都选择使用端口号 10241。

- （可选）**service-keep-alive　detect retransmit** *retransmit-times* **interval** *interval-value*：HSB 主备服务视图命令，配置 HSB 主备服务检测报文的重传次数和发送间隔。在默认情况下，报文的重传次数为 5，发送间隔为 3s。*retransmit-times* 指定了 HSB 主备服务检测报文的重传次数，取值范围为 1～20。*interval-value* 指定了 HSB 主备服务检测报文的重传间隔，取值范围为 1～10，单位为秒。主备两端的重传次数和发送间隔参数配置必须一致。本实验将重传次数配置为 3，将发送间隔配置为 5s。

例 10-46 和例 10-47 分别展示了 AC1 和 AC2 上的 HSB 主备服务配置。

例 10-46　AC1 上的 HSB 主备服务配置

```
[AC1]hsb-service 0
[AC1-hsb-service-0]service-ip-port local-ip 10.0.100.101 peer-ip 10.0.100.102 local-data-
port 10241 peer-data-port 10241
[AC1-hsb-service-0]service-keep-alive detect retransmit 3 interval 5
```

例 10-47　AC2 上的 HSB 主备服务配置

```
[AC2]hsb-service 0
[AC2-hsb-service-0]service-ip-port local-ip 10.0.100.102 peer-ip 10.0.100.101 local-data-
port 10241 peer-data-port 10241
[AC2-hsb-service-0]service-keep-alive detect retransmit 3 interval 5
```

配置完成后，我们可以通过命令查看 HSB 主备服务的配置信息，例 10-48 和例 10-49 分别展示了 AC1 和 AC2 上的命令输出。

例 10-48　查看 AC1 的 HSB 主备服务

```
[AC1]display hsb-service 0
Hot Standby Service Information:
-------------------------------------------------------------
 Local IP Address        : 10.0.100.101
 Peer IP Address         : 10.0.100.102
 Source Port             : 10241
 Destination Port        : 10241
 Keep Alive Times        : 3
 Keep Alive Interval     : 5
 Service State           : Connected
 Service Batch Modules   :
-------------------------------------------------------------
```

例 10-49　查看 AC2 的 HSB 主备服务

```
[AC2]display hsb-service 0
Hot Standby Service Information:
-------------------------------------------------------------
 Local IP Address        : 10.0.100.102
 Peer IP Address         : 10.0.100.101
 Source Port             : 10241
 Destination Port        : 10241
 Keep Alive Times        : 3
 Keep Alive Interval     : 5
 Service State           : Connected
 Service Batch Modules   :
-------------------------------------------------------------
```

从例 10-48 和例 10-49 的命令输出内容中我们可以清晰地看到工程师配置的本端和远端 IP 地址、本端和远端端口号、重传次数和发送间隔。另一个重要的信息是阴影行突出显示的主备服务状态。状态共有 3 种类型：Connected 为已连接，Disconnected 为未连接，Not Valid 为未配置。

3. 创建 HSB 备份组

HSB 相关功能的配置是在 HSB 备份组中完成的，HSB 备份组负责通知各个业务模块进行批量备份、实时备份和状态同步。各个业务备份功能依赖于业务备份组提供的状态协商和事件通知机制，实现业务信息的主备同步。

在这个步骤中，我们要创建 HSB 备份组，并在其中绑定主备服务和 VRRP 备份组。工程师可以使用以下命令进行配置。

- **hsb-group** *group-index*：系统视图命令，创建 HSB 备份组并进入 HSB 备份组视图。在默认情况下，设备上未创建 HSB 备份组。*group-index* 指定了主备备份组编号，取值为 0。

- **bind-service** *service-index*：HSB 备份组视图命令，在 HSB 备份组中绑定 HSB 主备服务。在默认情况下，HSB 备份组未绑定 HSB 主备服务。*service-index* 指定了主备服务编号，取值为 0。

- **track vrrp vrid** *virtual-router-id* **interface** *interface-type interface-number*：HSB 备份组视图命令，在 HSB 备份组中绑定 IPv4 VRRP 备份组。在默认情况下，HSB 备份组未绑定 IPv4 VRRP 备份组。*virtual-router-id* 指定了 IPv4 VRRP 备份组编号，取值范围为 1～255。*interface-type interface-number* 指定了 VRRP 备份组所在的接口类型和接口编号。

例 10-50 和例 10-51 分别展示了 AC1 和 AC2 上的 HSB 备份组配置。

例 10-50　AC1 上的 HSB 备份组配置

```
[AC1]hsb-group 0
[AC1-hsb-group-0]bind-service 0
[AC1-hsb-group-0]track vrrp vrid 1 interface Vlanif100
```

例 10-51　AC2 上的 HSB 备份组配置

```
[AC2]hsb-group 0
[AC2-hsb-group-0]bind-service 0
[AC2-hsb-group-0]track vrrp vrid 1 interface Vlanif100
```

配置完成后，我们可以通过命令 **display hsb-group 0** 来查看 HSB 备份组的配置信息，待后两个步骤配置完成后一并查看 HSB 备份组的完整配置信息。

4. 将相关业务与 HSB 组进行绑定

HSB 备份组可以绑定不同的业务功能，为这些业务功能提供主备备份服务，从而提高这些业务功能的可靠性。工程师可以将 3 种业务绑定到 HSB 备份组：NAC、DHCP 和 WLAN。工程师可以使用以下命令进行配置。

- **hsb-service-type access-user hsb-group** *group-index*：系统视图命令，将 NAC 业务绑定到 HSB 备份组。在默认情况下，系统中没有配置 NAC 业务绑定 HSB 备份组。*group-index* 指定了 HSB 备份组的组号，取值为 0。

- **hsb-service-type dhcp hsb-group** *group-index*：系统视图命令，将 DHCP 业务绑定到 HSB 备份组。在默认情况下，系统中没有配置 DHCP 业务绑定 HSB 备份组。*group-index* 指定了 HSB 备份组的组号，取值为 0。

- **hsb-service-type ap hsb-group** *group-index*：系统视图命令，将 WLAN 业务绑定到

HSB 备份组。在默认情况下，系统中没有配置 WLAN 业务绑定 HSB 备份组。*group-index* 指定了 HSB 备份组的组号，取值为 0。

例 10-52 和例 10-53 分别展示了 AC1 和 AC2 上的业务绑定配置。

例 10-52　AC1 上的业务绑定配置

```
[AC1]hsb-service-type access-user hsb-group 0
[AC1]hsb-service-type dhcp hsb-group 0
[AC1]hsb-service-type ap hsb-group 0
```

例 10-53　AC2 上的业务绑定配置

```
[AC2]hsb-service-type access-user hsb-group 0
[AC2]hsb-service-type dhcp hsb-group 0
[AC2]hsb-service-type ap hsb-group 0
```

至此，所有参数配置完毕，工程师可以通过最后一步启用 HSB 备份组激活服务。

5. 使能 HSB 备份组

HSB 备份组使能后，工程师对 HSB 备份组的相关配置才会生效，HSB 备份组才会在状态发生变化时通知相应的业务模块进行处理。在 HSB 备份组配置完成后，工程师需要在 HSB 备份组下使能 HSB 主备备份功能。

HSB 备份组使能后不能进行业务功能与 HSB 备份组相绑定的操作，因此工程师需要在使能 HSB 备份组前进行业务功能的绑定。

要想使能 HSB 备份组，工程师可以使用以下命令。

- **hsb enable**：HSB 备份组视图命令，在 HSB 备份组下使能 HSB 主备备份功能。在默认情况下，HSB 主备备份功能未使能。

例 10-54 和例 10-55 分别展示了 AC1 和 AC2 上使能 HSB 备份组的配置。

例 10-54　AC1 上使能 HSB 备份组

```
[AC1]hsb-group 0
[AC1-hsb-group-0]hsb enable
```

例 10-55　AC2 上使能 HSB 备份组

```
[AC2]hsb-group 0
[AC2-hsb-group-0]hsb enable
```

现在，我们可以查看 HSB 备份组的完整配置信息了，例 10-56 和例 10-57 分别展示了 AC1 和 AC2 上的命令输出。

例 10-56　查看 AC1 的 HSB 备份组

```
[AC1]display hsb-group 0
Hot Standby Group Information:
-------------------------------------------------------
  HSB-group ID                 : 0
  Vrrp Group ID                : 1
  Vrrp Interface               : Vlanif100
  Service Index                : 0
  Group Vrrp Status            : Master
  Group Status                 : Active
  Group Backup Process         : Realtime
  Peer Group Device Name       : AC6005
  Peer Group Software Version  : V200R007C10SPC300B220
  Group Backup Modules         : Access-user
                                 DHCP
                                 AP
-------------------------------------------------------
```

例 10-57　查看 AC2 的 HSB 备份组

```
[AC2]display hsb-group 0
Hot Standby Group Information:
-------------------------------------------------------------
  HSB-group ID                 : 0
  Vrrp Group ID                : 1
  Vrrp Interface               : Vlanif100
  Service Index                : 0
  Group Vrrp Status            : Backup
  Group Status                 : Inactive
  Group Backup Process         : Realtime
  Peer Group Device Name       : AC6005
  Peer Group Software Version  : V200R007C10SPC300B220
  Group Backup Modules         : Access-user
                                 DHCP
                                 AP
-------------------------------------------------------------
```

从例 10-56 和例 10-57 的命令输出内容可以看出工程师在步骤③和步骤④中配置的参数，比如 VRRP 备份组 1 和 VRRP 接口 Vlanif100，以及绑定的业务（NAC、DHCP 和 AP）。读者可以额外注意阴影行的状态。

第 1 个阴影行展示的是 HSB 备份组下 VRRP 组的主备状态。其中，Master 表示主用设备状态，Backup 表示备用设备状态，Initialize 表示初始化状态，None 表示独立运行状态。

第 2 个阴影行展示的是 HSB 备份组的状态。其中，Active 表示激活状态，Inactive 表示未激活状态，Independent 表示独立运行状态，Switching 表示主备切换状态。

第 3 个阴影行展示的是 HSB 备份组的流程状态。其中，Realtime 表示实时备份状态，Independent 表示独立备份状态，Batch-Started 表示批量备份开始协商状态，Batch-Deleting 表示批量删除状态，Batch-Delete-End 表示批量删除结束状态，Batch-Adding 表示批量备份状态，Switching 表示主备切换状态。

至此 VRRP 双机热备份配置已完成，我们现在可以补全 CAPWAP 源 IP 地址的配置，例 10-58 和例 10-59 分别展示了 AC1 和 AC2 上的相关命令。

例 10-58　在 AC1 上配置 CAPWAP 源 IP 地址

```
[AC1]capwap source ip-address 10.0.100.100
```

例 10-59　在 AC2 上配置 CAPWAP 源 IP 地址

```
[AC2]capwap source ip-address 10.0.100.100
```

现在我们可以将 STA 开机，使其通过 AP1 连接到 WLAN，并开始测试 VRRP 热备份的效果。

我们可以在 AC1 和 AC2 上分别查看 AP 的状态，例 10-60 和例 10-61 分别在 AC1 和 AC2 上查看了 AP。

例 10-60　在 AC1 上查看 AP

```
[AC1]display ap all
Info: This operation may take a few seconds. Please wait for a moment.done.
Total AP information:
nor  : normal          [3]
-------------------------------------------------------------------------------
ID   MAC            Name Group          IP            Type            State STA Uptime
-------------------------------------------------------------------------------
1    00e0-fc05-55a0 ap1  hcip-ap-group  10.0.10.254   AirEngine5760-10 nor   1   13M:37S
2    00e0-fc97-0c10 ap2  hcip-ap-group  10.0.10.253   AirEngine5760-10 nor   0   10M:37S
3    00e0-fcbe-2440 ap3  hcip-ap-group  10.0.10.252   AirEngine5760-10 nor   0   7M:38S
-------------------------------------------------------------------------------
Total: 3
```

例 10-61　在 AC2 上查看 AP

```
[AC2]display ap all
Info: This operation may take a few seconds. Please wait for a moment.done.
Total AP information:
stdby: standby          [3]
--------------------------------------------------------------------------------
ID   MAC            Name Group         IP          Type            State STA Uptime
--------------------------------------------------------------------------------
1    00e0-fc05-55a0 ap1  hcip-ap-group 10.0.10.254 AirEngine5760-10 stdby 1   -
2    00e0-fc97-0c10 ap2  hcip-ap-group 10.0.10.253 AirEngine5760-10 stdby 0   -
3    00e0-fcbe-2440 ap3  hcip-ap-group 10.0.10.252 AirEngine5760-10 stdby 0   -
--------------------------------------------------------------------------------
Total: 3
```

从例 10-60 的命令输出中可以看出当前 3 台 AP 都已注册在 AC1 上，并且 AP1 上已有一台 STA。从例 10-61 的命令输出中可以看出此时在 AC2 上的 3 台 AP 的状态为备份（stdby），同时 AC2 也知道在 AP1 上已有一台 STA，这个信息是通过 HSB 备份通道实时同步过来的。

我们还可以在 AC1 和 AC2 上查看 STA 的信息，详见例 10-62 和例 10-63。

例 10-62　在 AC1 上查看 STA

```
[AC1]display station all
Rf/WLAN: Radio ID/WLAN ID
Rx/Tx: link receive rate/link transmit rate(Mbps)
--------------------------------------------------------------------------------
STA MAC         AP ID Ap name Rf/WLAN Band Type Rx/Tx   RSSI VLAN IP address  SSID
--------------------------------------------------------------------------------
5489-989d-4bcb  1     ap1     0/1     2.4G 11n  3/8     -70  11   10.0.11.254 hcip-
wlan
--------------------------------------------------------------------------------
Total: 1 2.4G: 1 5G: 0
```

例 10-63　在 AC2 上查看 STA

```
[AC2]display station all
Rf/WLAN: Radio ID/WLAN ID
Rx/Tx: link receive rate/link transmit rate(Mbps)
--------------------------------------------------------------------------------
STA MAC         AP ID Ap name Rf/WLAN Band Type Rx/Tx   RSSI VLAN IP address  SSID
--------------------------------------------------------------------------------
5489-989d-4bcb  1     ap1     0/1     2.4G 11n  3/8     -70  11   10.0.11.254 hcip-
wlan
--------------------------------------------------------------------------------
Total: 1 2.4G: 1 5G: 0
```

从例 10-62 和例 10-63 的内容中可以看到相同的信息，即已有一个 STA 注册在 AP1 上。

我们可以使用接口视图命令 **shutdown** 将 AC1 的 G0/0/1 接口暂时关闭，以此模拟 AC1 的故障。关闭后我们在 AC2 上再次查看 AP 的状态，详见例 10-64。

例 10-64　将 AC1 下线后在 AC2 上查看 AP

```
[AC2]display ap all
Info: This operation may take a few seconds. Please wait for a moment.done.
Total AP information:
nor : normal            [3]
--------------------------------------------------------------------------------
ID   MAC            Name Group         IP          Type            State STA Uptime
--------------------------------------------------------------------------------
1    00e0-fc05-55a0 ap1  hcip-ap-group 10.0.10.254 AirEngine5760-10 nor   1   44M:31S
2    00e0-fc97-0c10 ap2  hcip-ap-group 10.0.10.253 AirEngine5760-10 nor   0   41M:31S
3    00e0-fcbe-2440 ap3  hcip-ap-group 10.0.10.252 AirEngine5760-10 nor   0   38M:32S
--------------------------------------------------------------------------------
Total: 3
```

从例 10-64 的命令输出内容可以看出此时 AC2 上的 3 台 AP 的状态已变为正常（nor）。

我们还可以查看 AC2 上的 VRRP 状态，详见例 10-65。

例 10-65 在 AC2 上查看 VRRP 状态

```
[AC2]display vrrp
  Vlanif100 | Virtual Router 1
    State : Master
    Virtual IP : 10.0.100.100
    Master IP : 10.0.100.102
    PriorityRun : 100
    PriorityConfig : 100
    MasterPriority : 100
    Preempt : YES    Delay Time : 0 s
    TimerRun : 5 s
    TimerConfig : 5 s
    Auth type : NONE
    Virtual MAC : 0000-5e00-0101
    Check TTL : YES
    Config type : normal-vrrp
    Backup-forward : disabled
    Create time : 2023-06-28 13:43:09 UTC-05:13
    Last change time : 2023-06-28 14:32:32 UTC-05:13
```

从例 10-65 的阴影行可以看出此时 AC2 已成为 Master，相应的 Master IP 也变为了 AC2 VLANIF 100 接口的 IP 地址 10.0.100.102。同时，我们还可以查看此时 AC2 上的 HSB 备份组状态，详见例 10-66。

例 10-66 在 AC2 上查看 HSB 备份组状态

```
<AC2>display hsb-group 0
Hot Standby Group Information:
--------------------------------------------------------------
  HSB-group ID                 : 0
  Vrrp Group ID                : 1
  Vrrp Interface               : Vlanif100
  Service Index                : 0
  Group Vrrp Status            : Master
  Group Status                 : Independent
  Group Backup Process         : Independent
  Peer Group Device Name       : -
  Peer Group Software Version  : -
  Group Backup Modules         : Access-user
                                 DHCP
                                 AP
--------------------------------------------------------------
```

从例 10-66 所示的第一个阴影行可以看出当前 AC2 的 HSB 备份组状态已变为 Master，并且 HSB 备份组状态为 Independent。

读者可以在自己的实验环境中将 AC1 G0/0/1 接口开启并观察 AC1 和 AC2 的状态。AC1 会先进入 VRRP 备份状态，在 600s 后进行抢占。在 AC2 和 AC1 的主备切换过程中，AP 和 STA 的连接不会受到任何影响。

10.4 实现双链路热备

双链路热备的配置是结合了双链路冷备和 HSB 主备通道配置。

在双链路冷备的环境中，AP 会同时与主 AC 和备 AC 建立 CAPWAP 通道，因此主 AC 和备 AC 都可以看到 AP 的状态，但备 AC 无法看到 STA 的状态。双链路备份环境中的主备切换是由 AP 触发的，当 AP 检测到其与主 AC 之间的链路出现问题时，它会触发主备切换，使备 AC 接替服务。但这时 STA 与 AP 的连接会断开，STA 需要重新与 AP 建立连接。

双链路热备通过将双链路冷备与 HSB 主备通道相结合，能够在故障切换的过程中，保持 STA 的连接状态，使 WLAN 终端用户感知不到故障的发生。与 VRRP 双机热备的配置不同的是，此时我们不使用 HSB 备份组，也就是说，业务绑定的不是 HSB 备份组，而是让业务直接绑定 HSB 服务。

在本实验中，我们将使用图 10-7 所示的拓扑，采用双链路热备技术，AC1 为主用设备，AC2 为备用设备。AP 分别与主 AC1 和备 AC2 建立 CAPWAP 通道，并定期交互 CAPWAP 报文来检测链路状态。当 AP 检测到其与主 AC 之间的链路发生故障时，AP 会通知备 AC 进行主备切换，备 AC 成为主 AC 并接管 STA 的无线接入服务。

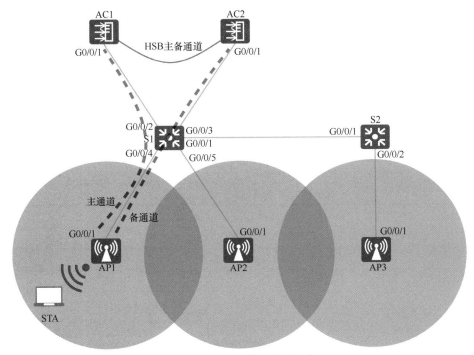

图 10-7　双链路热备实验拓扑

本实验所使用的参数设置与 10.2 节大致相同，交换机 S1 作为 DHCP 服务器，为 AP 分配管理 IP 地址，为 WLAN 终端分配业务 IP 地址。AP 与 AC 分别规划在不同的 IP 网段中，AP 通过 DHCP 报文中的 Option 43 获取 AC 的 IP 地址。需要注意的是，在部署了双链路热备份的环境中，AP 会通过 Option 43 获取两个 IP 地址，分别为主 AC 的 IP 地址和备 AC 的 IP 地址。在本实验中，AP 的管理 VLAN 和业务 VLAN 分别如下。

- 管理 VLAN：VLAN 10。
- 业务 VLAN：VLAN 11。

交换机 S1 是所有 AP 的管理流量网关和业务流量网关，交换机 S2 在二层上透传 AP3 的管理报文和业务报文。

表 10-6 列出了本章实验使用的网络地址规划。

表 10-6　本章实验使用的网络地址规划

设备	接口	IP 地址	子网掩码	默认网关
AC1	VLANIF 100	10.0.100.101	255.255.255.0	—
AC2	VLANIF 100	10.0.100.102	255.255.255.0	—
S1	VLANIF 10	10.0.10.1	255.255.255.0	—
	VLANIF 11	10.0.11.1	255.255.255.0	—
	VLANIF 100	10.0.100.1	255.255.255.0	—
AP1	G0/0/1	DHCP	DHCP	DHCP
AP2	G0/0/1	DHCP	DHCP	DHCP
AP3	G0/0/1	DHCP	DHCP	DHCP
STA	WLAN 接口	DHCP	DHCP	DHCP

表 10-7 总结了 AC 的数据规划，AC1 与 AC2 上配置参数略有不同。

表 10-7　AC 的数据规划

配置项	配置参数
AP 组	名称：hcip-ap-group
	应用的模板：域管理模板为 hcip-domain、VAP 模板为 hcip-vap
域管理模板	名称：hcip-domain
	国家/地区码：cn
SSID 模板	名称：hcip-ssid
	SSID 名称：hcip-wlan
安全模板	名称：hcip-security
	安全策略：WPA-WPA2+PSK+AES
	密码：Huawei@123
VAP 模板	名称：hcip-vap
	转发模式：直接转发
	业务 VLAN：VLAN 11
	应用的模板：SSID 模板为 hcip-ssid、安全模板为 hcip-security
AP 系统模板（AC1）	名称：hcip-ap-system
	主 AC：10.0.100.101
	备 AC：10.0.100.102
AP 系统模板（AC2）	名称：hcip-ap-system
	主 AC：10.0.100.102
	备 AC：10.0.100.101

　　本实验将会展示完整的实验配置，但不对基础网络配置和 WLAN 业务配置的命令进行详细解释。

10.4.1　基础网络配置

　　在这个实验中，我们需要完成有线侧的网络配置，其中包括交换机（S1 和 S2）和

AC（AC1 和 AC2）上的 VLAN 创建、物理端口配置，以及虚拟接口的创建和配置。

- S1 上需要实现以下配置：
  - S1 上需要创建 VLAN 10、VLAN 11 和 VLAN 100，并针对上述 VLAN 创建 VLANIF 接口并提供网关功能；
  - S1 连接 AC1 和 AC2 的端口需要放行 VLAN 100 的流量，连接 AP1 和 AP2 的端口需要放行 VLAN 10 和 VLAN 11 的流量（将 PVID 设置为 VLAN 10），连接 S2 的端口需要放行 VLAN 10 和 VLAN 11 的流量；
  - 启用 DHCP 服务器功能，为 AP 提供 IP 地址和 AC 地址，为 STA 提供 IP 地址和 DNS 地址。
- S2 上需要实现以下配置：
  - S2 上需要创建 VLAN 10 和 VLAN 11；
  - S2 连接 AP3 的端口需要放行 VLAN 10 和 VLAN 11 的流量（将 PVID 设置为 VLAN 10），连接 S1 的端口需要放行 VLAN 10 和 VLAN 11 的流量。
- AC1 上需要实现以下配置：
  - AC1 上需要创建 VLAN 100，并创建 VLANIF 100 接口；
  - AC1 连接 S1 的端口需要放行 VLAN 100 的流量；
  - 配置默认路由并指向 S1 的 VLANIF 100 接口的 IP 地址。
- AC2 上需要实现以下配置：
  - AC2 上需要创建 VLAN 100，并创建 VLANIF 100 接口；
  - AC2 连接 S1 的端口需要放行 VLAN 100 的流量；
  - 配置默认路由并指向 S1 的 VLANIF 100 接口的 IP 地址。

在本实验环境中，交换机 S1 作为 DHCP 服务器向 AP 分配 IP 地址，并且 AC 与 AP 不在同一个 IP 网段中。在这种情况下，工程师需要通过 Option 43 字段为 AP 指定 AC 的 IPv4 地址，否则 AP 无法发现 AC。需要注意的是，在部署了双链路热备份的环境中，AP 会通过 Option 43 获取两个 IP 地址，分别为主 AC 的 IP 地址和备 AC 的 IP 地址，本例中为 10.0.100.101 和 10.0.100.102。

本章不再分别介绍这些配置所需的命令，仅展示配置结果。例 10-67 和例 10-68 分别展示了交换机 S1 和 S2 上的基础配置。

例 10-67　交换机 S1 的基础配置

```
[S1]vlan batch 10 11 100
Info: This operation may take a few seconds. Please wait for a moment...done.
[S1]interface GigabitEthernet 0/0/1
[S1-GigabitEthernet0/0/1]port link-type trunk
[S1-GigabitEthernet0/0/1]port trunk allow-pass vlan 10 to 11
[S1-GigabitEthernet0/0/1]quit
[S1]interface GigabitEthernet 0/0/2
[S1-GigabitEthernet0/0/2]port link-type trunk
[S1-GigabitEthernet0/0/2]port trunk allow-pass vlan 100
[S1-GigabitEthernet0/0/2]quit
[S1]interface GigabitEthernet 0/0/3
[S1-GigabitEthernet0/0/3]port link-type trunk
[S1-GigabitEthernet0/0/3]port trunk allow-pass vlan 100
[S1-GigabitEthernet0/0/3]quit
[S1]interface GigabitEthernet 0/0/4
[S1-GigabitEthernet0/0/4]port link-type trunk
[S1-GigabitEthernet0/0/4]port trunk pvid vlan 10
```

```
[S1-GigabitEthernet0/0/4]port trunk allow-pass vlan 10 to 11
[S1-GigabitEthernet0/0/4]quit
[S1]interface GigabitEthernet 0/0/5
[S1-GigabitEthernet0/0/5]port link-type trunk
[S1-GigabitEthernet0/0/5]port trunk pvid vlan 10
[S1-GigabitEthernet0/0/5]port trunk allow-pass vlan 10 to 11
[S1-GigabitEthernet0/0/5]quit
[S1]dhcp enable
Info: The operation may take a few seconds. Please wait for a moment.done.
[S1]ip pool ap
Info:It's successful to create an IP address pool.
[S1-ip-pool-ap]gateway-list 10.0.10.1
[S1-ip-pool-ap]network 10.0.10.0 mask 24
[S1-ip-pool-ap]option 43 sub-option 2 ip-address 10.0.100.101 10.0.100.102
[S1-ip-pool-ap]quit
[S1]ip pool sta
Info:It's successful to create an IP address pool.
[S1-ip-pool-sta]gateway-list 10.0.11.1
[S1-ip-pool-sta]network 10.0.11.0 mask 24
[S1-ip-pool-sta]dns-list 10.0.11.1
[S1-ip-pool-sta]quit
[S1]interface Vlanif 10
[S1-Vlanif10]ip address 10.0.10.1 24
[S1-Vlanif10]dhcp select global
[S1-Vlanif10]quit
[S1]interface Vlanif 11
[S1-Vlanif11]ip address 10.0.11.1 24
[S1-Vlanif11]dhcp select global
[S1-Vlanif11]quit
[S1]interface Vlanif 100
[S1-Vlanif100]ip address 10.0.100.1 24
```

例 10-68   交换机 S2 的基础配置

```
[S2]vlan batch 10 11
Info: This operation may take a few seconds. Please wait for a moment...done.
[S2]interface GigabitEthernet 0/0/1
[S2-GigabitEthernet0/0/1]port link-type trunk
[S2-GigabitEthernet0/0/1]port trunk allow-pass vlan 10 to 11
[S2-GigabitEthernet0/0/1]quit
[S2]interface GigabitEthernet 0/0/2
[S2-GigabitEthernet0/0/2]port link-type trunk
[S2-GigabitEthernet0/0/2]port trunk pvid vlan 10
[S2-GigabitEthernet0/0/2]port trunk allow-pass vlan 10 to 11
```

例 10-69 和例 10-70 分别展示了 AC1 和 AC2 上的基础配置。

例 10-69   AC1 上的基础配置

```
[AC1]vlan batch 100
Info: This operation may take a few seconds. Please wait for a moment...done.
[AC1]interface GigabitEthernet 0/0/1
[AC1-GigabitEthernet0/0/1]port link-type trunk
[AC1-GigabitEthernet0/0/1]port trunk allow-pass vlan 100
[AC1-GigabitEthernet0/0/1]quit
[AC1]interface Vlanif 100
[AC1-Vlanif100]ip address 10.0.100.101 24
[AC1-Vlanif100]quit
[AC1]ip route-static 0.0.0.0 0.0.0.0 10.0.100.1
```

例 10-70   AC2 上的基础配置

```
[AC2]vlan batch 100
Info: This operation may take a few seconds. Please wait for a moment...done.
[AC2]interface GigabitEthernet 0/0/1
[AC2-GigabitEthernet0/0/1]port link-type trunk
[AC2-GigabitEthernet0/0/1]port trunk allow-pass vlan 100
[AC2-GigabitEthernet0/0/1]quit
[AC2]interface Vlanif 100
[AC2-Vlanif100]ip address 10.0.100.102 24
[AC2-Vlanif100]quit
[AC2]ip route-static 0.0.0.0 0.0.0.0 10.0.100.1
```

配置完成后，我们可以对 AC 与 S1 之间的连通性进行测试，例 10-71 和例 10-72 分别对此进行了测试。

例 10-71　测试 AC1 与 S1 的连通性

```
[AC1]ping 10.0.100.1
 PING 10.0.100.1: 56  data bytes, press CTRL_C to break
   Reply from 10.0.100.1: bytes=56 Sequence=1 ttl=255 time=100 ms
   Reply from 10.0.100.1: bytes=56 Sequence=2 ttl=255 time=20 ms
   Reply from 10.0.100.1: bytes=56 Sequence=3 ttl=255 time=10 ms
   Reply from 10.0.100.1: bytes=56 Sequence=4 ttl=255 time=20 ms
   Reply from 10.0.100.1: bytes=56 Sequence=5 ttl=255 time=10 ms

 --- 10.0.100.1 ping statistics ---
   5 packet(s) transmitted
   5 packet(s) received
   0.00% packet loss
   round-trip min/avg/max = 10/32/100 ms
```

例 10-72　测试 AC2 与 S1 的连通性

```
[AC2]ping 10.0.100.1
 PING 10.0.100.1: 56  data bytes, press CTRL_C to break
   Reply from 10.0.100.1: bytes=56 Sequence=1 ttl=255 time=100 ms
   Reply from 10.0.100.1: bytes=56 Sequence=2 ttl=255 time=20 ms
   Reply from 10.0.100.1: bytes=56 Sequence=3 ttl=255 time=1 ms
   Reply from 10.0.100.1: bytes=56 Sequence=4 ttl=255 time=20 ms
   Reply from 10.0.100.1: bytes=56 Sequence=5 ttl=255 time=1 ms

 --- 10.0.100.1 ping statistics ---
   5 packet(s) transmitted
   5 packet(s) received
   0.00% packet loss
   round-trip min/avg/max = 1/28/100 ms
```

连通性测试成功后，我们就可以开始配置 WLAN 了。

10.4.2　配置基础 WLAN 业务

在本实验中，我们将按照表 10-7 所示的配置参数完成 AC1 和 AC2 上的 WLAN 业务配置，配置项与例 10-25 大致相同。例 10-73 和例 10-74 分别展示了 AC1 和 AC2 上的 WLAN 配置，AC1 和 AC2 上的配置相同。

例 10-73　AC1 上的 WLAN 配置

```
[AC1]capwap source interface vlanif 100
[AC1]wlan
[AC1-wlan-view]regulatory-domain-profile name hcip-domain
[AC1-wlan-regulate-domain-hcip-domain]country-code cn
[AC1-wlan-regulate-domain-hcip-domain]quit
[AC1-wlan-view]security-profile name hcip-security
[AC1-wlan-sec-prof-hcip-security]security wpa2 psk pass-phrase Huawei@123 aes
[AC1-wlan-sec-prof-hcip-security]quit
[AC1-wlan-view]ssid-profile name hcip-ssid
[AC1-wlan-ssid-prof-hcip-ssid]ssid hcip-wlan
[AC1-wlan-ssid-prof-hcip-ssid]max-sta-number 10
Warning: This action may cause service interruption. Continue?[Y/N]y
[AC1-wlan-ssid-prof-hcip-ssid]association-timeout 10
Warning: This action may cause service interruption. Continue?[Y/N]y
[AC1-wlan-ssid-prof-hcip-ssid]quit
[AC1-wlan-view]vap-profile name hcip-vap
[AC1-wlan-vap-prof-hcip-vap]forward-mode direct-forward
[AC1-wlan-vap-prof-hcip-vap]service-vlan vlan-id 11
[AC1-wlan-vap-prof-hcip-vap]security-profile hcip-security
[AC1-wlan-vap-prof-hcip-vap]ssid-profile hcip-ssid
[AC1-wlan-vap-prof-hcip-vap]quit
[AC1-wlan-view]ap-group name hcip-ap-group
```

```
[AC1-wlan-ap-group-hcip-ap-group]regulatory-domain-profile hcip-domain
Warning: Modifying the country code will clear channel, power and antenna gain
configurations of the radio and reset the AP. Continue?[Y/N]:y
[AC1-wlan-ap-group-hcip-ap-group]vap-profile hcip-vap wlan 1 radio all
[AC1-wlan-ap-group-hcip-ap-group]quit
[AC1-wlan-view]ap auth-mode mac-auth
[AC1-wlan-view]ap-id 1 ap-mac 00E0-FC84-04F0
[AC1-wlan-ap-1]ap-name ap1
[AC1-wlan-ap-1]ap-group hcip-ap-group
Warning: This operation may cause AP reset. If the country code changes, it will
clear channel, power and antenna gain configurations of the radio, Whether to
continue? [Y/N]:y
[AC1-wlan-ap-1]quit
[AC1-wlan-view]ap-id 2 ap-mac 00E0-FC4A-5BE0
[AC1-wlan-ap-2]ap-name ap2
[AC1-wlan-ap-2]ap-group hcip-ap-group
Warning: This operation may cause AP reset. If the country code changes, it will
clear channel, power and antenna gain configurations of the radio, Whether to
continue? [Y/N]:y
[AC1-wlan-ap-2]quit
[AC1-wlan-view]ap-id 3 ap-mac 00E0-FCA3-2890
[AC1-wlan-ap-3]ap-name ap3
[AC1-wlan-ap-3]ap-group hcip-ap-group
Warning: This operation may cause AP reset. If the country code changes, it will
clear channel, power and antenna gain configurations of the radio, Whether to
continue? [Y/N]:y
```

例 10-74　AC2 上的 WLAN 配置

```
[AC2]capwap source interface vlanif 100
[AC2]wlan
[AC2-wlan-view]regulatory-domain-profile name hcip-domain
[AC2-wlan-regulate-domain-hcip-domain]country-code cn
[AC2-wlan-regulate-domain-hcip-domain]quit
[AC2-wlan-view]security-profile name hcip-security
[AC2-wlan-sec-prof-hcip-security]security wpa2 psk pass-phrase Huawei@123 aes
[AC2-wlan-sec-prof-hcip-security]quit
[AC2-wlan-view]ssid-profile name hcip-ssid
[AC2-wlan-ssid-prof-hcip-ssid]ssid hcip-wlan
[AC2-wlan-ssid-prof-hcip-ssid]max-sta-number 10
Warning: This action may cause service interruption. Continue?[Y/N]y
[AC2-wlan-ssid-prof-hcip-ssid]association-timeout 10
Warning: This action may cause service interruption. Continue?[Y/N]y
[AC2-wlan-ssid-prof-hcip-ssid]quit
[AC2-wlan-view]vap-profile name hcip-vap
[AC2-wlan-vap-prof-hcip-vap]forward-mode direct-forward
[AC2-wlan-vap-prof-hcip-vap]service-vlan vlan-id 11
[AC2-wlan-vap-prof-hcip-vap]security-profile hcip-security
[AC2-wlan-vap-prof-hcip-vap]ssid-profile hcip-ssid
[AC2-wlan-vap-prof-hcip-vap]quit
[AC2-wlan-view]ap-group name hcip-ap-group
[AC2-wlan-ap-group-hcip-ap-group]regulatory-domain-profile hcip-domain
Warning: Modifying the country code will clear channel, power and antenna gain
configurations of the radio and reset the AP. Continue?[Y/N]:y
[AC2-wlan-ap-group-hcip-ap-group]vap-profile hcip-vap wlan 1 radio all
[AC2-wlan-ap-group-hcip-ap-group]quit
[AC2-wlan-view]ap auth-mode mac-auth
[AC2-wlan-view]ap-id 1 ap-mac 00E0-FC84-04F0
[AC2-wlan-ap-1]ap-name ap1
[AC2-wlan-ap-1]ap-group hcip-ap-group
Warning: This operation may cause AP reset. If the country code changes, it will
clear channel, power and antenna gain configurations of the radio, Whether to
continue? [Y/N]:y
[AC2-wlan-ap-1]quit
[AC2-wlan-view]ap-id 2 ap-mac 00E0-FC4A-5BE0
[AC2-wlan-ap-2]ap-name ap2
[AC2-wlan-ap-2]ap-group hcip-ap-group
Warning: This operation may cause AP reset. If the country code changes, it will
clear channel, power and antenna gain configurations of the radio, Whether to
```

```
continue? [Y/N]:y
[AC2-wlan-ap-2]quit
[AC2-wlan-view]ap-id 3 ap-mac 00E0-FCA3-2890
[AC2-wlan-ap-3]ap-name ap3
[AC2-wlan-ap-3]ap-group hcip-ap-group
Warning: This operation may cause AP reset. If the country code changes, it will
clear channel, power and antenna gain configurations of the radio, Whether to
continue? [Y/N]:y
```

至此，我们完成了 WLAN 业务的配置，接下来完成双链路热备份的配置。

10.4.3　双链路冷备配置

在本实验中，我们要在主 AC 和备 AC 上分别指定对方 AC 的 IP 地址，并且通过优先级的配置使 AC1 成为主 AC，使 AC2 成为备 AC。

工程师可以按照下列 4 个步骤完成双链路冷备的配置。

① 配置 AP 系统模板。

② 引用 AP 系统模板。

③（可选）使能全局回切功能。

④ 使能双链路备份功能。

下面我们详细介绍每个步骤的配置方法。

1．配置 AP 系统模板

工程师可以使用以下命令配置 AP 系统模板。

- **ap-system-profile name** *profile-name*：WLAN 视图命令，创建 AP 系统模板并进入 AP 系统模板视图。在默认情况下，系统上存在名为 **default** 的 AP 系统模板。*profile-name* 指定了 AP 系统模板的名称。在创建了 AP 系统模板后，工程师需要在 AP 视图或 AP 组视图下引用该模板。

- **primary-access** { **ip-address** *ip-address* | **ipv6-address** *ipv6-address* }：AP 系统视图命令，配置主 AC 的 IP 地址。在默认情况下，未配置主 AC 的 IP 地址。在 N+1 备份的应用场景中，AP 在上线过程中会尝试与主 AC 进行关联并建立 CAPWAP 通道。在本实验中，AC1 上的主 AC 的 IP 地址为 10.0.100.101，AC2 上的主 AC 的 IP 地址为 10.0.100.102。

- **backup-access** { **ip-address** *ip-address* | **ipv6-address** *ipv6-address* }：AP 系统视图命令，配置备 AC 的 IP 地址。在默认情况下，未配置备 AC 的 IP 地址。在本实验中，AC1 上的备 AC 的 IP 地址为 10.0.100.102，AC2 上的备 AC 的 IP 地址为 10.0.100.101。

例 10-75 和例 10-76 分别展示了 AC1 和 AC2 上的 AP 系统模板配置。

例 10-75　AC1 上的 AP 系统模板配置

```
[AC1]wlan
[AC1-wlan-view]ap-system-profile name hcip-ap-system
[AC1-wlan-ap-system-prof-hcip-ap-system]primary-access ip-address 10.0.100.101
Warning: This action will take effect after resetting AP.
[AC1-wlan-ap-system-prof-hcip-ap-system]backup-access ip-address 10.0.100.102
Warning: This action will take effect after resetting AP.
```

例 10-76　AC2 上的 AP 系统模板配置

```
[AC2]wlan
[AC2-wlan-view]ap-system-profile name hcip-ap-system
[AC2-wlan-ap-system-prof-hcip-ap-system]primary-access ip-address 10.0.100.102
```

```
Warning: This action will take effect after resetting AP.
[AC2-wlan-ap-system-prof-hcip-ap-system]backup-access ip-address 10.0.100.101
Warning: This action will take effect after resetting AP.
```

配置完成后，我们可以通过命令查看 AP 系统模板中配置的主备 AC 信息，例 10-77 以 AC1 为例展示了命令输出。

例 10-77　查看 AC1 的 AP 系统模板

```
[AC1]display ap-system-profile name hcip-ap-system
-------------------------------------------------------------------------
AC priority                                    : -
Protect AC IP address                          : -
Primary AC                                     : 10.0.100.101
Backup AC                                      : 10.0.100.102
（省略部分输出内容）
```

为了突出重点，例 10-77 省略了一些命令输出内容，从阴影部分的输出内容可以看到主 AC 的 IP 地址（10.0.100.101）和备 AC 的 IP 地址（10.0.100.102）。

2．引用 AP 系统模板

在配置 AP 系统模板后，工程师需要在 AP 视图或 AP 组视图中引用 AP 系统模板。本实验将在 AP 组视图中进行引用。工程师可以使用以下命令引用 AP 系统视图。

- **ap-system-profile** *profile-name*：AP 视图或 AP 组视图命令，引用指定的 AP 系统模板。在默认情况下，AP 组下引用名为 **default** 的 AP 系统模板，AP 下未引用 AP 系统模板。*profile-name* 指定了 AP 系统模板的名称，在引用前必须先创建 AP 系统模板。

例 10-78 和例 10-79 分别展示了 AC1 和 AC2 上的相关配置。

例 10-78　AC1 上的引用 AP 系统模板的配置

```
[AC1]wlan
[AC1-wlan-view]ap-group name hcip-ap-group
[AC1-wlan-ap-group-hcip-ap-group]ap-system-profile hcip-ap-system
```

例 10-79　AC2 上的引用 AP 系统模板的配置

```
[AC2]wlan
[AC2-wlan-view]ap-group name hcip-ap-group
[AC2-wlan-ap-group-hcip-ap-group]ap-system-profile hcip-ap-system
```

3．（可选）使能全局回切功能

工程师可以在备 AC 上使能全局回切功能。在默认情况下，全局回切功能处于使能状态，因此在这个步骤中不需要执行任何命令。我们仍会在配置中包含以下命令，仅作为展示之用。

- **undo ac protect restore disable**：WLAN 视图命令，使能全局回切功能。在默认情况下，全局回切功能处于使能状态。

我们只需在备 AC 上配置该命令，由于 AC1 和 AC2 互为主备，因此需要在 AC1 和 AC2 上都配置该命令，例 10-80 和例 10-81 分别展示了 AC1 和 AC2 上的相关配置。

例 10-80　在 AC1 上使能全局回切功能

```
[AC1]wlan
[AC1-wlan-view]undo ac protect restore disable
Info: Protect restore has already enabled.
```

例 10-81　在 AC2 上使能全局回切功能

```
[AC2]wlan
[AC2-wlan-view]undo ac protect restore disable
Info: Protect restore has already enabled.
```

4. 使能双链路备份功能

双链路备份功能与 10.5 节中将要介绍的 *N*+1 备份功能互斥。工程师可以使用以下命令使能双链路备份功能。

- **ac protect enable**：WLAN 视图命令，使能全局双链路备份功能，同时去使能 *N*+1 备份功能。在默认情况下，全局双链路备份功能未使能，*N*+1 备份功能使能。

例 10-82 和例 10-83 分别展示了 AC1 和 AC2 上的相关配置。

例 10-82　在 AC1 上使能双链路备份功能

```
[AC1]wlan
[AC1-wlan-view]ac protect enable
Warning: This operation maybe cause AP reset, continue?[Y/N]:y
Info: This operation may take a few seconds. Please wait for a moment.done.
Info: Capwap echo interval has changed to default value 25, capwap echo times
to 3.
```

例 10-83　在 AC2 上使能双链路备份功能

```
[AC2]wlan
[AC1-wlan-view]ac protect enable
Warning: This operation maybe cause AP reset, continue?[Y/N]:y
Info: This operation may take a few seconds. Please wait for a moment.done.
Info: Capwap echo interval has changed to default value 25, capwap echo times
to 3.
```

配置完成后，我们可以通过命令查看双链路的配置信息，例 10-84 和例 10-85 分别展示了 AC1 和 AC2 上的命令输出。

例 10-84　查看 AC1 的双链路信息

```
[AC1]display ac protect
------------------------------------------------------------
Protect state            : enable
Protect AC               : -
Priority                 : 0
Protect restore          : enable
Coldbackup kickoff station: disable
------------------------------------------------------------
```

例 10-85　查看 AC2 的双链路信息

```
[AC2]display ac protect
------------------------------------------------------------
Protect state            : enable
Protect AC               : -
Priority                 : 0
Protect restore          : enable
Coldbackup kickoff station: disable
------------------------------------------------------------
```

例 10-84 和例 10-85 中的阴影部分展示出双链路备份功能已使能。

现在我们可以将 AP 和 STA 开机，使 AP 与 AC1 和 AC2 建立 CAPWAP 通道，使 STA 通过 AP1 连接到 WLAN，并开始测试双链路冷备的效果。如果读者在配置双链路冷备命令之前已经开启了 AP，现在需要将 AP 重启，以便让 AC 将主备信息下发给 AP。读者可以在 AC1 上使用 WLAN 视图命令 **ap-reset all** 来重启所有 AP。

我们在 AC1 和 AC2 上分别查看 AP 的状态，例 10-86 和例 10-87 分别在 AC1 和 AC2 上查看了 AP。

例 10-86　在 AC1 上查看 AP

```
[AC1]display ap all
Info: This operation may take a few seconds. Please wait for a moment.done.
Total AP information:
```

```
nor  : normal          [3]
-----------------------------------------------------------------------------------
ID   MAC            Name Group       IP           Type              State STA Uptime
-----------------------------------------------------------------------------------
1    00e0-fc84-04f0 ap1  hcip-ap-group 10.0.10.254 AirEngine5760-10 nor   1   1M:42S
2    00e0-fc4a-5be0 ap2  hcip-ap-group 10.0.10.253 AirEngine5760-10 nor   0   1M:42S
3    00e0-fca3-2890 ap3  hcip-ap-group 10.0.10.252 AirEngine5760-10 nor   0   1M:42S
-----------------------------------------------------------------------------------
Total: 3
```

例 10-87　在 AC2 上查看 AP

```
[AC2]display ap all
Info: This operation may take a few seconds. Please wait for a moment.done.
Total AP information:
stdby: standby         [3]
-----------------------------------------------------------------------------------
ID   MAC            Name Group       IP           Type              State STA Uptime
-----------------------------------------------------------------------------------
1    00e0-fc84-04f0 ap1  hcip-ap-group 10.0.10.254 AirEngine5760-10 stdby 0   -
2    00e0-fc4a-5be0 ap2  hcip-ap-group 10.0.10.253 AirEngine5760-10 stdby 0   -
3    00e0-fca3-2890 ap3  hcip-ap-group 10.0.10.252 AirEngine5760-10 stdby 0   -
-----------------------------------------------------------------------------------
Total: 3
```

　　从例 10-86 的命令输出中可以看出当前 3 台 AP 都已注册在 AC1 上，并且 AP1 上已有一台 STA。从例 10-87 的命令输出中可以看出此时在 AC2 上 3 台 AP 的状态为备份（命令输出中显示为 stdby），并且当前 AC2 并不知道在 AP1 上已有一台 STA，因为这个信息需要通过 HSB 备份通道同步过来，而双链路冷备配置中并没有配置 HSB 备份通道。我们继续验证双链路冷备的效果，后续实验会在此基础上添加 HSB 备份通道的配置，将实验环境升级为双链路热备部署。

　　我们来看 AC1 和 AC2 上的 STA 信息，详见例 10-88 和例 10-89。

例 10-88　在 AC1 上查看 STA

```
[AC1]display station all
Rf/WLAN: Radio ID/WLAN ID
Rx/Tx: link receive rate/link transmit rate(Mbps)
-----------------------------------------------------------------------------------
STA MAC        AP ID Ap name  Rf/WLAN  Band  Type Rx/Tx  RSSI VLAN IP address  SSID
-----------------------------------------------------------------------------------
5489-98d2-5af5 1     ap1      0/1      2.4G  11n  3/8    -70  11   10.0.11.254 hcip-
wlan
-----------------------------------------------------------------------------------
Total: 1 2.4G: 1 5G: 0
```

例 10-89　在 AC2 上查看 STA

```
[AC2]display station all
Rf/WLAN: Radio ID/WLAN ID
Rx/Tx: link receive rate/link transmit rate(Mbps)
-----------------------------------------------------------------------------------
STA MAC   AP ID Ap name  Rf/WLAN  Band  Type  Rx/Tx    RSSI  VLAN  IP address  SSID
-----------------------------------------------------------------------------------
-----------------------------------------------------------------------------------
Total: 0 2.4G: 0 5G: 0
```

　　从例 10-88 中可以看到已有一个 STA 注册在 AP1 上，但例 10-89 中并没有看到 AP1 上的 STA。

　　我们可以使用接口视图命令 **shutdown** 将 AC1 的 G0/0/1 接口暂时关闭，以此模拟 AC1 的故障。关闭接口后在 AC2 上再次查看 AP 的状态，详见例 10-90。

例 10-90　将 AC1 下线后在 AC2 上查看 AP

```
[AC2]display ap all
Info: This operation may take a few seconds. Please wait for a moment.done.
Total AP information:
nor  : normal          [3]
ID   MAC           Name Group        IP           Type            State STA Uptime
------------------------------------------------------------------------------
1    00e0-fc84-04f0 ap1  hcip-ap-group 10.0.10.254 AirEngine5760-10 nor   0   1M:57S
2    00e0-fc4a-5be0 ap2  hcip-ap-group 10.0.10.253 AirEngine5760-10 nor   0   1M:57S
3    00e0-fca3-2890 ap3  hcip-ap-group 10.0.10.252 AirEngine5760-10 nor   0   1M:57S
------------------------------------------------------------------------------
Total: 3
```

从例 10-90 的命令输出内容可以看出此时 AC2 上的 3 台 AP 的状态已变为正常（nor），但之前注册在 AP1 上的 STA 已掉线。

在双链路冷备环境中，对于认证方式为开放系统认证的 STA 来说，AC 的主备切换不会导致 STA 掉线，STA 不需要重新上线，但对于其他认证方式的 STA，则需要重新上线。

我们在 AC1 的 G0/0/1 接口上使用命令 **undo shutdown** 开启该端口，AC1 会先成为备 AC，再通过全局回切功能重新成为主 AC。本实验不对此步骤进行演示，待 AC1 再次成为主 AC 后，我们继续后续的实验。

10.4.4　双链路热备配置

在 10.3.3 小节中我们曾经配置过 HSB 主备服务，当时我们先后配置了 HSB 主备服务和 HSB 备份组，然后将业务与 HSB 备份组进行绑定。在本实验中，我们先配置 HSB 主备服务，然后将业务直接与 HSB 主备服务进行绑定，即：

① 配置 HSB 主备服务；

② 将相关业务与 HSB 主备服务进行绑定。

1. 配置 HSB 主备服务

HSB 主备服务负责建立主备备份通道，即在两个互为备份的 AC 之间建立 HSB 主备通道（可参考图 10-7），HSB 主备通道还负责维护主备通道的链路状态，为其他业务提供报文的收发服务，并在链路发生故障时通知与之关联的业务进行相应的处理。

工程师可以使用以下命令对 HSB 主备服务进行配置。

- **hsb-service** *service-index*：系统视图命令，创建 HSB 主备服务并进入 HSB 主备服务视图。在默认情况下，未创建 HSB 主备服务。*service-index* 指定了主备服务编号，取值为 0。

- **service-ip-port local-ip** { *local-ipv4-address* | *local-ipv6-address* } **peer-ip** { *peer-ipv4-address* | *peer-ipv6-address* } **local-data-port** *local-port* **peer-data-port** *peer-port*：HSB 主备服务视图命令，配置建立 HSB 主备备份通道的 IP 地址和端口号。在默认情况下，未配置 HSB 主备备份通道的 IP 地址和端口号。**local-ip** { *local-ipv4- address* | *local-ipv6-address* } 指定了 HSB 主备服务绑定的本端 IPv4 地址或 IPv6 地址，以 AC1 为例，本端 IP 地址为 10.0.100.101。**peer-ip** { *peer-ipv4-address* | *peer-ipv6- address* } 指定了 HSB 主备服务绑定的对端 IPv4 地址或 IPv6 地址，以 AC1 为例，对端 IP 地址为 10.0.100.102。**local-data-port** *local-port* 指定了 HSB 主备服务的本端端口号，取值范围为 10240～49152。**peer-data-port** *peer-port* 指定了 HSB 主备服务的对端端口号，取值范围为 10240～49152。本实验对本端和远端都选择使用端口号 10241。

- （可选）**service-keep-alive detect retransmit** *retransmit-times* **interval** *interval-value*：HSB 主备服务视图命令，配置 HSB 主备服务检测报文的重传次数和发送间隔。在默认情况下，报文的重传次数为 5，发送间隔为 3s。*retransmit-times* 指定了 HSB 主备服务检测报文的重传次数，取值范围为 1~20。*interval-value* 指定了 HSB 主备服务检测报文的重传间隔，取值范围为 1~10，单位为秒。主备两端的重传次数和发送间隔参数配置必须一致。本实验将重传次数配置为 3，将发送间隔配置为 5s。

例 10-91 和例 10-92 分别展示了 AC1 和 AC2 中的 HSB 主备服务配置。

例 10-91　AC1 上的 HSB 主备服务配置

```
[AC1]hsb-service 0
[AC1-hsb-service-0]service-ip-port local-ip 10.0.100.101 peer-ip 10.0.100.102
local-data-port 10241 peer-data-port 10241
[AC1-hsb-service-0]service-keep-alive detect retransmit 3 interval 5
```

例 10-92　AC2 上的 HSB 主备服务配置

```
[AC2]hsb-service 0
[AC2-hsb-service-0]service-ip-port local-ip 10.0.100.102 peer-ip 10.0.100.101
local-data-port 10241 peer-data-port 10241
[AC2-hsb-service-0]service-keep-alive detect retransmit 3 interval 5
```

配置完成后，我们可以通过命令查看 HSB 主备服务的配置信息，例 10-93 和例 10-94 分别展示了 AC1 和 AC2 上的命令输出。

例 10-93　查看 AC1 的 HSB 主备服务

```
[AC1]display hsb-service 0
Hot Standby Service Information:
--------------------------------------------------------------
  Local IP Address       : 10.0.100.101
  Peer IP Address        : 10.0.100.102
  Source Port            : 10241
  Destination Port       : 10241
  Keep Alive Times       : 3
  Keep Alive Interval    : 5
  Service State          : Connected
  Service Batch Modules  :
--------------------------------------------------------------
```

例 10-94　查看 AC2 的 HSB 主备服务

```
[AC2]display hsb-service 0
Hot Standby Service Information:
--------------------------------------------------------------
  Local IP Address       : 10.0.100.102
  Peer IP Address        : 10.0.100.101
  Source Port            : 10241
  Destination Port       : 10241
  Keep Alive Times       : 3
  Keep Alive Interval    : 5
  Service State          : Connected
  Service Batch Modules  :
--------------------------------------------------------------
```

从例 10-93 和例 10-94 的命令输出内容中我们可以看到工程师配置的本端和远端 IP 地址、本端和远端端口号、重传次数和发送间隔，主备服务状态为已连接（Connected）。

2. 将相关业务与 HSB 主备服务进行绑定

工程师可以将 NAC 和 WLAN 两种业务直接绑定到 HSB 主备服务。工程师可以使用以下命令进行配置。

- **hsb-service-type access-user hsb-service** *service-index*：系统视图命令，将 NAC 业务绑定到 HSB 主备服务。在默认情况下，系统中没有配置 NAC 业务绑定 HSB

主备服务。*service-index* 指定了 HSB 主备服务号，取值为 0。

- **hsb-service-type ap hsb-service** *service-index*：系统视图命令，将 WLAN 业务绑定到 HSB 主备服务。在默认情况下，系统中没有配置 WLAN 业务绑定 HSB 主备服务。*service-index* 指定了 HSB 主备服务号，取值为 0。

例 10-95 和例 10-96 分别展示了 AC1 和 AC2 上的业务绑定配置。

例 10-95　AC1 上的业务绑定配置

```
[AC1]hsb-service-type access-user hsb-service 0
[AC1]hsb-service-type ap hsb-service 0
```

例 10-96　AC2 上的业务绑定配置

```
[AC2]hsb-service-type access-user hsb-service 0
[AC2]hsb-service-type ap hsb-service 0
```

绑定完成后，我们可以再次查看 HSB 主备服务的建立情况，详见例 10-97 和例 10-98。

例 10-97　查看 AC1 的 HSB 主备服务

```
[AC1]display hsb-service 0
Hot Standby Service Information:
-----------------------------------------------------------
  Local IP Address        : 10.0.100.101
  Peer IP Address         : 10.0.100.102
  Source Port             : 10241
  Destination Port        : 10241
  Keep Alive Times        : 3
  Keep Alive Interval     : 5
  Service State           : Connected
  Service Batch Modules   : Access-user
                            AP
-----------------------------------------------------------
```

例 10-98　查看 AC2 的 HSB 主备服务

```
[AC2]display hsb-service 0
Hot Standby Service Information:
-----------------------------------------------------------
  Local IP Address        : 10.0.100.102
  Peer IP Address         : 10.0.100.101
  Source Port             : 10241
  Destination Port        : 10241
  Keep Alive Times        : 3
  Keep Alive Interval     : 5
  Service State           : Connected
  Service Batch Modules   : Access-user
                            AP
-----------------------------------------------------------
```

如例 10-97 和例 10-98 所示，HSB 主备服务中绑定了 NAC 和 AP 业务，我们可以对双链路热备部署进行测试。

我们查看 AC1 上的 AP 信息，在此之前不要忘记将 STA 重新连接上线，详见例 10-99。

例 10-99　在 AC1 上查看 AP 信息

```
[AC1]display ap all
Info: This operation may take a few seconds. Please wait for a moment.done.
Total AP information:
nor : normal            [3]
--------------------------------------------------------------------------------
ID   MAC            Name Group        IP           Type            State STA Uptime
--------------------------------------------------------------------------------
1    00e0-fc84-04f0 ap1  hcip-ap-group 10.0.10.254 AirEngine5760-10 nor  1   26M:23S
2    00e0-fc4a-5be0 ap2  hcip-ap-group 10.0.10.253 AirEngine5760-10 nor  0   26M:23S
3    00e0-fca3-2890 ap3  hcip-ap-group 10.0.10.252 AirEngine5760-10 nor  0   26M:23S
--------------------------------------------------------------------------------
Total: 3
```

从例 10-99 的命令输出中可以看出此时在 AC1 上的 3 台 AP 的状态都为正常（nor），并且 AP1 上连接了一台 STA。下面，我们在 AC2 上查看 AP 信息，详见例 10-100。

例 10-100　在 AC2 上查看 AP 信息

```
[AC2]display ap all
Info: This operation may take a few seconds. Please wait for a moment.done.
Total AP information:
stdby: standby          [3]
--------------------------------------------------------------------------------
ID   MAC            Name Group        IP          Type               State STA Uptime
--------------------------------------------------------------------------------
1    00e0-fc84-04f0 ap1  hcip-ap-group 10.0.10.254 AirEngine5760-10 stdby 1   -
2    00e0-fc4a-5be0 ap2  hcip-ap-group 10.0.10.253 AirEngine5760-10 stdby 0   -
3    00e0-fca3-2890 ap3  hcip-ap-group 10.0.10.252 AirEngine5760-10 stdby 0   -
--------------------------------------------------------------------------------
Total: 3
```

从例 10-100 的命令输出可以看出此时在 AC2 上的 3 台 AP 的状态都为备份（stdby），并且 AC2 已知 AP1 上连接了一台 STA。

下面，我们分别在 AC1 和 AC2 上查看 STA 的信息，详见例 10-101 和例 10-102。

例 10-101　在 AC1 上查看 STA

```
[AC1]display station all
Rf/WLAN: Radio ID/WLAN ID
Rx/Tx: link receive rate/link transmit rate(Mbps)
--------------------------------------------------------------------------------
STA MAC          AP ID Ap name Rf/WLAN Band Type Rx/Tx RSSI VLAN  IP address    SSID
--------------------------------------------------------------------------------
5489-98d2-5af5 1    ap1     0/1     2.4G 11n  3/8  -70  11    10.0.11.254 hcip-wlan
--------------------------------------------------------------------------------
Total: 1 2.4G: 1 5G: 0
```

例 10-102　在 AC2 上查看 STA

```
[AC2]display station all
Rf/WLAN: Radio ID/WLAN ID
Rx/Tx: link receive rate/link transmit rate(Mbps)
--------------------------------------------------------------------------------
STA MAC          AP ID Ap name Rf/WLAN Band Type Rx/Tx RSSI VLAN  IP address    SSID
--------------------------------------------------------------------------------
5489-98d2-5af5 1    ap1     0/1     2.4G 11n  3/8  -70  11    10.0.11.254 hcip-wlan
--------------------------------------------------------------------------------
Total: 1 2.4G: 1 5G: 0
```

从例 10-101 和例 10-102 的命令输出可以看出此时 AC2 上也可以看到这台已上线的 STA 信息，双链路热备配置已完成，此时我们将 AC1 的 G0/0/1 接口关闭，引发主备切换，STA 不会感知到任何故障。我们来验证这个过程，首先使用接口视图命令 **shutdown** 关闭 AC1 的 G0/0/1 接口，使 AC2 切换成为主 AC，详见例 10-103。

例 10-103　将 AC1 下线后在 AC2 上查看 AP

```
[AC2]display ap all
Info: This operation may take a few seconds. Please wait for a moment.done.
Total AP information:
nor : normal            [3]
--------------------------------------------------------------------------------
ID   MAC            Name Group        IP          Type               State STA Uptime
--------------------------------------------------------------------------------
1    00e0-fc84-04f0 ap1  hcip-ap-group 10.0.10.254 AirEngine5760-10 nor   1   34S
2    00e0-fc4a-5be0 ap2  hcip-ap-group 10.0.10.253 AirEngine5760-10 nor   0   34S
3    00e0-fca3-2890 ap3  hcip-ap-group 10.0.10.252 AirEngine5760-10 nor   0   34S
--------------------------------------------------------------------------------
Total: 3
```

从例 10-103 的命令输出内容中可以看出此时在 AC2 上的 3 台 AP 的状态已变为正常（nor），并且 AP1 上的 STA 仍在线。

我们查看 AC2 上的 HSB 主备服务状态，详见例 10-104。

例 10-104　将 AC1 下线后在 AC2 上查看 HSB 主备服务

```
[AC2]display hsb-service 0
Hot Standby Service Information:
-----------------------------------------------------------
  Local IP Address        : 10.0.100.102
  Peer IP Address         : 10.0.100.101
  Source Port             : 10241
  Destination Port        : 10241
  Keep Alive Times        : 3
  Keep Alive Interval     : 5
  Service State           : Disconnected
  Service Batch Modules   : Access-user
                            AP
-----------------------------------------------------------
```

从例 10-104 的阴影行可以看出此时 HSB 主备服务的状态为未连接（Disconnected）。

读者可以在自己的实验环境中将 AC1 G0/0/1 接口开启并观察 AC1 和 AC2 的状态。AC1 会先成为备 AC，再通过全局回切功能重新成为主 AC。在 AC2 和 AC1 的主备切换过程中，AP 和 STA 的连接不会受到任何影响。

10.5　实现 N+1 备份

N+1 备份的组网设计中会有两台以上 AC，但每个 AP 仅使用一个主 AC 和一个备 AC，因此本实验将使用此组网设计的最小规模来演示其配置，相信读者掌握了最小规模的配置后，也可以轻松地驾驭更大规模网络的部署。

在本实验中，我们将使用图 10-8 所示的实验拓扑，采用 N+1 备份技术，AC1 为主用设备，纳管 AP1，AC2 也为主用设备，纳管 AP2，AC3 分别是 AC1 和 AC2 的备用设备。

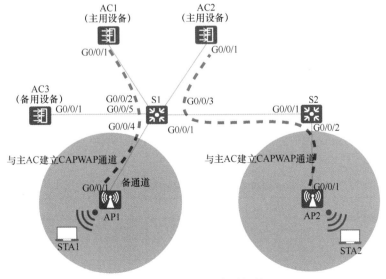

图 10-8　N+1 备份实验拓扑

本实验将交换机 S1 作为 DHCP 服务器，为 AP 分配管理 IP 地址，为 WLAN 终端分配业务 IP 地址。AP 与 AC 分别规划在不同的 IP 网段中，AP 通过 DHCP 报文中的 Option 43 获取 AC 的 IP 地址。需要注意的是，在部署了 N+1 备份的环境中，AP 会通过 Option 43 获取两个 IP 地址，分别为主 AC 的 IP 地址和备 AC 的 IP 地址。在本实验中，AP 的管理 VLAN 和业务 VLAN 分别如下。

- AP1：管理 VLAN 10，业务 VLAN 11。
- AP2：管理 VLAN 20，业务 VLAN 21。

交换机 S1 是所有 AP 的管理流量网关和业务流量网关，交换机 S2 在二层上透传 AP3 的管理报文和业务报文。

表 10-8 列出了本章实验使用的网络地址规划。

表 10-8　本章实验使用的网络地址规划

设备	接口	IP 地址	子网掩码	默认网关
AC1	VLANIF 100	10.0.100.100	255.255.255.0	—
AC2	VLANIF 200	10.0.200.200	255.255.255.0	—
AC3	VLANIF 50	10.0.50.50	255.255.255.0	—
S1	VLANIF 10	10.0.10.1	255.255.255.0	—
	VLANIF 11	10.0.11.1	255.255.255.0	—
	VLANIF 20	10.0.20.1	255.255.255.0	—
	VLANIF 21	10.0.21.1	255.255.255.0	—
	VLANIF 50	10.0.50.1	255.255.255.0	—
	VLANIF 100	10.0.100.1	255.255.255.0	—
	VLANIF 200	10.0.200.1	255.255.255.0	—
AP1	G0/0/1	DHCP	DHCP	DHCP
AP2	G0/0/1	DHCP	DHCP	DHCP
AP3	G0/0/1	DHCP	DHCP	DHCP
STA1	WLAN 接口	DHCP	DHCP	DHCP
STA2	WLAN 接口	DHCP	DHCP	DHCP

表 10-9、表 10-10 和表 10-11 总结了 AC 的数据规划。

表 10-9　AC1 的数据规划

配置项	配置参数
AP 组	名称：hcip-ap-group-1
	应用的模板：域管理模板为 hcip-domain、VAP 模板为 hcip-vap-1、AP 系统模板为 hcip-ap-system-1
域管理模板	名称：hcip-domain
	国家/地区码：cn
SSID 模板	名称：hcip-ssid
	SSID 名称：hcip-wlan

续表

配置项	配置参数
安全模板	名称：hcip-security
	安全策略：WPA-WPA2+PSK+AES
	密码：Huawei@123
VAP 模板	名称：hcip-vap-1
	转发模式：直接转发
	业务 VLAN：VLAN 11
	应用的模板：SSID 模板为 hcip-ssid、安全模板为 hcip-security
AP 系统模板	名称：hcip-ap-system-1
	主 AC：10.0.100.100
	备 AC：10.0.50.50

表 10-10　AC2 的数据规划

配置项	配置参数
AP 组	名称：hcip-ap-group-2
	应用的模板：域管理模板为 hcip-domain、VAP 模板为 hcip-vap-2、AP 系统模板为 hcip-ap-system-2
域管理模板	名称：hcip-domain
	国家/地区码：cn
SSID 模板	名称：hcip-ssid
	SSID 名称：hcip-wlan
安全模板	名称：hcip-security
	安全策略：WPA-WPA2+PSK+AES
	密码：Huawei@123
VAP 模板	名称：hcip-vap-2
	转发模式：直接转发
	业务 VLAN：VLAN 21
	应用的模板：SSID 模板为 hcip-ssid、安全模板为 hcip-security
AP 系统模板	名称：hcip-ap-system-2
	主 AC：10.0.200.200
	备 AC：10.0.50.50

表 10-11　AC3 的数据规划

配置项	配置参数
AP 组 1	名称：hcip-ap-group-1
	应用的模板：域管理模板为 hcip-domain、VAP 模板为 hcip-vap-1、AP 系统模板为 hcip-ap-system-1
AP 组 2	名称：hcip-ap-group-2
	应用的模板：域管理模板为 hcip-domain、VAP 模板为 hcip-vap-2、AP 系统模板为 hcip-ap-system-2

配置项	配置参数
域管理模板	名称：hcip-domain
	国家/地区码：cn
SSID 模板	名称：hcip-ssid
	SSID 名称：hcip-wlan
安全模板	名称：hcip-security
	安全策略：WPA-WPA2+PSK+AES
	密码：Huawei@123
VAP 模板 1	名称：hcip-vap-1
	转发模式：直接转发
	业务 VLAN：VLAN 11
	应用的模板：SSID 模板为 hcip-ssid、安全模板为 hcip-security
VAP 模板 2	名称：hcip-vap-2
	转发模式：直接转发
	业务 VLAN：VLAN 21
	应用的模板：SSID 模板为 hcip-ssid、安全模板为 hcip-security
AP 系统模板 1	名称：hcip-ap-system-1
	主 AC：10.0.100.100
	备 AC：10.0.50.50
AP 系统模板 2	名称：hcip-ap-system-2
	主 AC：10.0.200.200
	备 AC：10.0.50.50

本实验将会展示完整的实验配置，但不对基础网络配置和 WLAN 业务配置的命令进行详细解释。

10.5.1　基础网络配置

在这个实验中，我们需要完成有线侧的网络配置，其中包括交换机（S1 和 S2）和 AC（AC1、AC2 和 AC3）上的 VLAN 创建、物理端口配置，以及虚拟接口的创建和配置。

- S1 上需要实现以下配置：
  - S1 上需要创建 VLAN 10、VLAN 11、VLAN 20、VLAN 21、VLAN 50、VLAN 100 和 VLAN 200，并针对上述 VLAN 创建 VLANIF 接口并提供网关功能；
  - S1 连接 AC1 的端口需要放行 VLAN 100 的流量，连接 AC2 的端口需要放行 VLAN 200 的流量，连接 AC3 的端口需要放行 VLAN 50 的流量，连接 AP1 的端口需要放行 VLAN 10 和 VLAN 11 的流量（将 PVID 设置为 VLAN 10），连接 S2 的端口需要放行 VLAN 20 和 VLAN 21 的流量；
  - 启用 DHCP 服务器功能，为 AP 提供 IP 地址和 AC 地址，为 STA 提供 IP 地址和 DNS 地址。
- S2 上需要实现以下配置：
  - S2 上需要创建 VLAN 20 和 VLAN 21；

　　o S2 连接 AP2 的端口需要放行 VLAN 20 和 VLAN 21 的流量（将 PVID 设置为 VLAN 20），连接 S1 的端口需要放行 VLAN 20 和 VLAN 21 的流量。
- AC1 上需要实现以下配置：
  - o AC1 上需要创建 VLAN 100，并创建 VLANIF 100 接口；
  - o AC1 连接 S1 的端口需要放行 VLAN 100 的流量；
  - o 配置默认路由并指向 S1 的 VLANIF 100 接口的 IP 地址。
- AC2 上需要实现以下配置：
  - o AC2 上需要创建 VLAN 200，并创建 VLANIF 200 接口；
  - o AC2 连接 S1 的端口需要放行 VLAN 200 的流量；
  - o 配置默认路由并指向 S1 的 VLANIF 200 接口的 IP 地址。
- AC3 上需要实现以下配置：
  - o AC3 上需要创建 VLAN 50，并创建 VLANIF 50 接口；
  - o AC3 连接 S1 的端口需要放行 VLAN 50 的流量；
  - o 配置默认路由并指向 S1 的 VLANIF 50 接口 IP 地址。

　　在本实验环境中，交换机 S1 会作为 DHCP 服务器向 AP 分配 IP 地址信息，并且 AC 与 AP 不在同一个 IP 网段中。在这种情况下，工程师需要通过 Option 43 字段为 AP 指定 AC 的 IPv4 地址，否则 AP 无法发现 AC。需要注意的是，在部署了 $N+1$ 备份的环境中，AP 会通过 Option 43 获取两个 IP 地址，分别为主 AC 的 IP 地址和备 AC 的 IP 地址。在本例中，AC1 需要向 AP1 提供的地址为 10.0.100.100 和 10.0.50.50，AC2 需要向 AP2 提供的地址为 10.0.200.200 和 10.0.50.50。

　　本章不再分别介绍这些配置所需的命令，仅展示配置结果。例 10-105 和例 10-106 分别展示了交换机 S1 和 S2 上的基础配置。

　　例 10-105　交换机 S1 的基础配置

```
[S1]vlan batch 10 11 20 21 50 100 200
[S1]interface GigabitEthernet 0/0/1
[S1-GigabitEthernet0/0/1]port link-type trunk
[S1-GigabitEthernet0/0/1]port trunk allow-pass vlan 20 to 21
[S1-GigabitEthernet0/0/1]quit
[S1]interface GigabitEthernet 0/0/2
[S1-GigabitEthernet0/0/2]port link-type trunk
[S1-GigabitEthernet0/0/2]port trunk allow-pass vlan 100
[S1-GigabitEthernet0/0/2]quit
[S1]interface GigabitEthernet 0/0/3
[S1-GigabitEthernet0/0/3]port link-type trunk
[S1-GigabitEthernet0/0/3]port trunk allow-pass vlan 200
[S1-GigabitEthernet0/0/3]quit
[S1]interface GigabitEthernet 0/0/4
[S1-GigabitEthernet0/0/4]port link-type trunk
[S1-GigabitEthernet0/0/4]port trunk pvid vlan 10
[S1-GigabitEthernet0/0/4]port trunk allow-pass vlan 10 to 11
[S1-GigabitEthernet0/0/4]quit
[S1]interface GigabitEthernet 0/0/5
[S1-GigabitEthernet0/0/5]port link-type trunk
[S1-GigabitEthernet0/0/5]port trunk allow-pass vlan 50
[S1-GigabitEthernet0/0/5]quit
[S1]dhcp enable
[S1]ip pool ap1
[S1-ip-pool-ap1]gateway-list 10.0.10.1
[S1-ip-pool-ap1]network 10.0.10.0 mask 24
```

```
[S1-ip-pool-ap1]option 43 sub-option 2 ip-address 10.0.100.100 10.0.50.50
[S1-ip-pool-ap1]quit
[S1]ip pool ap2
[S1-ip-pool-ap2]gateway-list 10.0.20.1
[S1-ip-pool-ap2]network 10.0.20.0 mask 24
[S1-ip-pool-ap2]option 43 sub-option 2 ip-address 10.0.200.200 10.0.50.50
[S1-ip-pool-ap2]quit
[S1]ip pool sta1
[S1-ip-pool-sta1]gateway-list 10.0.11.1
[S1-ip-pool-sta1]network 10.0.11.0 mask 24
[S1-ip-pool-sta1]dns-list 10.0.11.1
[S1-ip-pool-sta1]quit
[S1]ip pool sta2
[S1-ip-pool-sta2]gateway-list 10.0.21.1
[S1-ip-pool-sta2]network 10.0.21.0 mask 24
[S1-ip-pool-sta2]dns-list 10.0.21.1
[S1-ip-pool-sta2]quit
[S1]interface Vlanif 10
[S1-Vlanif10]ip address 10.0.10.1 24
[S1-Vlanif10]dhcp select global
[S1-Vlanif10]quit
[S1]interface Vlanif 11
[S1-Vlanif11]ip address 10.0.11.1 24
[S1-Vlanif11]dhcp select global
[S1-Vlanif11]quit
[S1]interface Vlanif 20
[S1-Vlanif20]ip address 10.0.20.1 24
[S1-Vlanif20]dhcp select global
[S1-Vlanif20]quit
[S1]interface Vlanif 21
[S1-Vlanif21]ip address 10.0.21.1 24
[S1-Vlanif21]dhcp select global
[S1-Vlanif21]quit
[S1]interface Vlanif 50
[S1-Vlanif50]ip address 10.0.50.1 24
[S1-Vlanif50]quit
[S1]interface Vlanif 100
[S1-Vlanif100]ip address 10.0.100.1 24
[S1-Vlanif100]quit
[S1]interface Vlanif 200
[S1-Vlanif200]ip address 10.0.200.1 24
```

例 10-106　交换机 S2 的基础配置

```
[S2]vlan batch 20 21
[S2]interface GigabitEthernet 0/0/1
[S2-GigabitEthernet0/0/1]port link-type trunk
[S2-GigabitEthernet0/0/1]port trunk allow-pass vlan 20 to 21
[S2-GigabitEthernet0/0/1]quit
[S2]interface GigabitEthernet 0/0/2
[S2-GigabitEthernet0/0/2]port link-type trunk
[S2-GigabitEthernet0/0/2]port trunk pvid vlan 20
[S2-GigabitEthernet0/0/2]port trunk allow-pass vlan 20 to 21
```

例 10-107、例 10-108 和例 10-109 分别展示了 AC1、AC2 和 AC3 上的基础配置。

例 10-107　AC1 的基础配置

```
[AC1]vlan batch 100
[AC1]interface GigabitEthernet 0/0/1
[AC1-GigabitEthernet0/0/1]port link-type trunk
[AC1-GigabitEthernet0/0/1]port trunk allow-pass vlan 100
[AC1-GigabitEthernet0/0/1]quit
[AC1]interface Vlanif 100
[AC1-Vlanif100]ip address 10.0.100.100 24
[AC1-Vlanif100]quit
[AC1]ip route-static 0.0.0.0 0.0.0.0 10.0.100.1
```

例 10-108　AC2 的基础配置

```
[AC2]vlan batch 200
[AC2]interface GigabitEthernet 0/0/1
[AC2-GigabitEthernet0/0/1]port link-type trunk
[AC2-GigabitEthernet0/0/1]port trunk allow-pass vlan 200
[AC2-GigabitEthernet0/0/1]quit
[AC2]interface Vlanif 200
[AC2-Vlanif100]ip address 10.0.200.200 24
[AC2-Vlanif100]quit
[AC2]ip route-static 0.0.0.0 0.0.0.0 10.0.200.1
```

例 10-109　AC3 的基础配置

```
[AC3]vlan batch 50
[AC3]interface GigabitEthernet 0/0/1
[AC3-GigabitEthernet0/0/1]port link-type trunk
[AC3-GigabitEthernet0/0/1]port trunk allow-pass vlan 50
[AC3-GigabitEthernet0/0/1]quit
[AC3]interface Vlanif 50
[AC3-Vlanif50]ip address 10.0.50.50 24
[AC3-Vlanif50]quit
[AC3]ip route-static 0.0.0.0 0.0.0.0 10.0.50.1
```

配置完成后，我们对 AC 与 S1 之间的连通性进行测试，详见例 10-110、例 10-111
和例 10-112。

例 10-110　测试 AC1 与 S1 的连通性

```
[AC1]ping 10.0.100.1
  PING 10.0.100.1: 56  data bytes, press CTRL_C to break
    Reply from 10.0.100.1: bytes=56 Sequence=1 ttl=255 time=10 ms
    Reply from 10.0.100.1: bytes=56 Sequence=2 ttl=255 time=20 ms
    Reply from 10.0.100.1: bytes=56 Sequence=3 ttl=255 time=10 ms
    Reply from 10.0.100.1: bytes=56 Sequence=4 ttl=255 time=10 ms
    Reply from 10.0.100.1: bytes=56 Sequence=5 ttl=255 time=10 ms

  --- 10.0.100.1 ping statistics ---
    5 packet(s) transmitted
    5 packet(s) received
    0.00% packet loss
    round-trip min/avg/max = 10/12/20 ms
```

例 10-111　测试 AC2 与 S1 的连通性

```
[AC2]ping 10.0.200.1
  PING 10.0.200.1: 56  data bytes, press CTRL_C to break
    Reply from 10.0.200.1: bytes=56 Sequence=1 ttl=255 time=20 ms
    Reply from 10.0.200.1: bytes=56 Sequence=2 ttl=255 time=10 ms
    Reply from 10.0.200.1: bytes=56 Sequence=3 ttl=255 time=10 ms
    Reply from 10.0.200.1: bytes=56 Sequence=4 ttl=255 time=20 ms
    Reply from 10.0.200.1: bytes=56 Sequence=5 ttl=255 time=10 ms

  --- 10.0.200.1 ping statistics ---
    5 packet(s) transmitted
    5 packet(s) received
    0.00% packet loss
    round-trip min/avg/max = 10/14/20 ms
```

例 10-112　测试 AC3 与 S1 的连通性

```
[AC3]ping 10.0.50.1
  PING 10.0.50.1: 56  data bytes, press CTRL_C to break
    Reply from 10.0.50.1: bytes=56 Sequence=1 ttl=255 time=30 ms
    Reply from 10.0.50.1: bytes=56 Sequence=2 ttl=255 time=10 ms
    Reply from 10.0.50.1: bytes=56 Sequence=3 ttl=255 time=10 ms
    Reply from 10.0.50.1: bytes=56 Sequence=4 ttl=255 time=20 ms
    Reply from 10.0.50.1: bytes=56 Sequence=5 ttl=255 time=20 ms

  --- 10.0.50.1 ping statistics ---
    5 packet(s) transmitted
    5 packet(s) received
    0.00% packet loss
    round-trip min/avg/max = 10/18/30 ms
```

连通性测试成功后，我们就可以开始配置 WLAN 了。

10.5.2　基础 WLAN 业务配置

在本实验中，我们将按照表 10-9、表 10-10 和表 10-11 所示的配置参数完成 AC1、AC2 和 AC3 上的 WLAN 业务配置。例 10-113、例 10-114 和例 10-115 分别展示了 AC1、AC2 和 AC3 上的 WLAN 配置。

例 10-113　AC1 上的 WLAN 配置

```
[AC1]capwap source interface vlanif 100
[AC1]wlan
[AC1-wlan-view]regulatory-domain-profile name hcip-domain
[AC1-wlan-regulate-domain-hcip-domain]country-code cn
[AC1-wlan-regulate-domain-hcip-domain]quit
[AC1-wlan-view]security-profile name hcip-security
[AC1-wlan-sec-prof-hcip-security]security wpa2 psk pass-phrase Huawei@123 aes
[AC1-wlan-sec-prof-hcip-security]quit
[AC1-wlan-view]ssid-profile name hcip-ssid
[AC1-wlan-ssid-prof-hcip-ssid]ssid hcip-wlan
[AC1-wlan-ssid-prof-hcip-ssid]max-sta-number 10
Warning: This action may cause service interruption. Continue?[Y/N]y
[AC1-wlan-ssid-prof-hcip-ssid]association-timeout 10
Warning: This action may cause service interruption. Continue?[Y/N]y
[AC1-wlan-ssid-prof-hcip-ssid]quit
[AC1-wlan-view]vap-profile name hcip-vap-1
[AC1-wlan-vap-prof-hcip-vap-1]forward-mode direct-forward
[AC1-wlan-vap-prof-hcip-vap-1]service-vlan vlan-id 11
[AC1-wlan-vap-prof-hcip-vap-1]security-profile hcip-security
[AC1-wlan-vap-prof-hcip-vap-1]ssid-profile hcip-ssid
[AC1-wlan-vap-prof-hcip-vap-1]quit
[AC1-wlan-view]ap-group name hcip-ap-group-1
[AC1-wlan-ap-group-hcip-ap-group-1]regulatory-domain-profile hcip-domain
Warning: Modifying the country code will clear channel, power and antenna gain
configurations of the radio and reset the AP. Continue?[Y/N]:y
[AC1-wlan-ap-group-hcip-ap-group-1]vap-profile hcip-vap wlan 1 radio all
[AC1-wlan-ap-group-hcip-ap-group-1]quit
[AC1-wlan-view]ap auth-mode mac-auth
[AC1-wlan-view]ap-id 1 ap-mac 00E0-FC38-74A0
[AC1-wlan-ap-1]ap-name ap1
[AC1-wlan-ap-1]ap-group hcip-ap-group-1
Warning: This operation may cause AP reset. If the country code changes, it will
clear channel, power and antenna gain configurations of the radio, Whether to
continue? [Y/N]:y
```

例 10-114　AC2 上的 WLAN 配置

```
[AC2]capwap source interface vlanif 200
[AC2]wlan
[AC2-wlan-view]regulatory-domain-profile name hcip-domain
[AC2-wlan-regulate-domain-hcip-domain]country-code cn
[AC2-wlan-regulate-domain-hcip-domain]quit
[AC2-wlan-view]security-profile name hcip-security
[AC2-wlan-sec-prof-hcip-security]security wpa2 psk pass-phrase Huawei@123 aes
[AC2-wlan-sec-prof-hcip-security]quit
[AC2-wlan-view]ssid-profile name hcip-ssid
[AC2-wlan-ssid-prof-hcip-ssid]ssid hcip-wlan
[AC2-wlan-ssid-prof-hcip-ssid]max-sta-number 10
Warning: This action may cause service interruption. Continue?[Y/N]y
[AC2-wlan-ssid-prof-hcip-ssid]association-timeout 10
Warning: This action may cause service interruption. Continue?[Y/N]y
[AC2-wlan-ssid-prof-hcip-ssid]quit
[AC2-wlan-view]vap-profile name hcip-vap-2
[AC2-wlan-vap-prof-hcip-vap-2]forward-mode direct-forward
[AC2-wlan-vap-prof-hcip-vap-2]service-vlan vlan-id 21
[AC2-wlan-vap-prof-hcip-vap-2]security-profile hcip-security
[AC2-wlan-vap-prof-hcip-vap-2]ssid-profile hcip-ssid
[AC2-wlan-vap-prof-hcip-vap-2]quit
```

```
[AC2-wlan-view]ap-group name hcip-ap-group-2
[AC2-wlan-ap-group-hcip-ap-group-2]regulatory-domain-profile hcip-domain
Warning: Modifying the country code will clear channel, power and antenna gain
configurations of the radio and reset the AP. Continue?[Y/N]:y
[AC2-wlan-ap-group-hcip-ap-group-2]vap-profile hcip-vap wlan 1 radio all
[AC2-wlan-ap-group-hcip-ap-group-2]quit
[AC2-wlan-view]ap auth-mode mac-auth
[AC2-wlan-view]ap-id 2 ap-mac 00E0-FC98-8050
[AC2-wlan-ap-2]ap-name ap2
[AC2-wlan-ap-2]ap-group hcip-ap-group-2
Warning: This operation may cause AP reset. If the country code changes, it will
clear channel, power and antenna gain configurations of the radio, Whether to
continue? [Y/N]:y
```

例 10-115 AC3 上的 WLAN 配置

```
[AC3]capwap source interface vlanif 50
[AC3]wlan
[AC3-wlan-view]regulatory-domain-profile name hcip-domain
[AC3-wlan-regulate-domain-hcip-domain]country-code cn
[AC3-wlan-regulate-domain-hcip-domain]quit
[AC3-wlan-view]security-profile name hcip-security
[AC3-wlan-sec-prof-hcip-security]security wpa2 psk pass-phrase Huawei@123 aes
[AC3-wlan-sec-prof-hcip-security]quit
[AC3-wlan-view]ssid-profile name hcip-ssid
[AC3-wlan-ssid-prof-hcip-ssid]ssid hcip-wlan
[AC3-wlan-ssid-prof-hcip-ssid]max-sta-number 10
Warning: This action may cause service interruption. Continue?[Y/N]y
[AC3-wlan-ssid-prof-hcip-ssid]association-timeout 10
Warning: This action may cause service interruption. Continue?[Y/N]y
[AC3-wlan-ssid-prof-hcip-ssid]quit
[AC3-wlan-view]vap-profile name hcip-vap-1
[AC3-wlan-vap-prof-hcip-vap-1]forward-mode direct-forward
[AC3-wlan-vap-prof-hcip-vap-1]service-vlan vlan-id 11
[AC3-wlan-vap-prof-hcip-vap-1]security-profile hcip-security
[AC3-wlan-vap-prof-hcip-vap-1]ssid-profile hcip-ssid
[AC3-wlan-vap-prof-hcip-vap-1]quit
[AC3-wlan-view]vap-profile name hcip-vap-2
[AC3-wlan-vap-prof-hcip-vap-2]forward-mode direct-forward
[AC3-wlan-vap-prof-hcip-vap-2]service-vlan vlan-id 21
[AC3-wlan-vap-prof-hcip-vap-2]security-profile hcip-security
[AC3-wlan-vap-prof-hcip-vap-2]ssid-profile hcip-ssid
[AC3-wlan-vap-prof-hcip-vap-2]quit
[AC3-wlan-view]ap-group name hcip-ap-group-1
[AC3-wlan-ap-group-hcip-ap-group-1]regulatory-domain-profile hcip-domain
Warning: Modifying the country code will clear channel, power and antenna gain
configurations of the radio and reset the AP. Continue?[Y/N]:y
[AC3-wlan-ap-group-hcip-ap-group-1]vap-profile hcip-vap-1 wlan 1 radio all
[AC3-wlan-ap-group-hcip-ap-group-1]quit
[AC3-wlan-view]ap-group name hcip-ap-group-2
[AC3-wlan-ap-group-hcip-ap-group-2]regulatory-domain-profile hcip-domain
Warning: Modifying the country code will clear channel, power and antenna gain
configurations of the radio and reset the AP. Continue?[Y/N]:y
[AC3-wlan-ap-group-hcip-ap-group-2]vap-profile hcip-vap-2 wlan 1 radio all
[AC3-wlan-ap-group-hcip-ap-group-2]quit
[AC3-wlan-view]ap auth-mode mac-auth
[AC3-wlan-view]ap-id 1 ap-mac 00E0-FC38-74A0
[AC3-wlan-ap-1]ap-name ap1
[AC3-wlan-ap-1]ap-group hcip-ap-group-1
Warning: This operation may cause AP reset. If the country code changes, it will
clear channel, power and antenna gain configurations of the radio, Whether to
continue? [Y/N]:y
[AC3-wlan-view]ap-id 2 ap-mac 00E0-FC98-8050
[AC3-wlan-ap-2]ap-name ap2
[AC3-wlan-ap-2]ap-group hcip-ap-group-2
Warning: This operation may cause AP reset. If the country code changes, it will
clear channel, power and antenna gain configurations of the radio, Whether to
continue? [Y/N]:y
```

至此，我们完成了 WLAN 业务的配置，接下来完成双链路热备配置。

10.5.3　N+1 备份配置

读者可以将本实验的配置与 10.4.3 小节的配置进行对比。在本实验中，我们要在 AC 上进行配置，使 AC 在向 AP 下发配置时指明主 AC 和备 AC 的 IP 地址，此时我们需要创建 AP 系统模板，并在其中指明主 AC 和备 AC 的 IP 地址。配置完成后，我们还需要在 AP 组或 AP 配置中引用上述创建的 AP 系统模板，才能使 AP 系统模板中的配置生效，本实验将在 AP 组中引用 AP 系统模板。

我们可以按照下列 4 个步骤完成 N+1 备份的配置。

① 配置 AP 系统模板。

② 引用 AP 系统模板。

③ （可选）使能全局回切功能。

④ 使能 N+1 备份功能。

1. 配置 AP 系统模板

我们可以使用以下命令配置 AP 系统模板。

- **ap-system-profile name** *profile-name*：WLAN 视图命令，创建 AP 系统模板并进入 AP 系统模板视图。在默认情况下，系统上存在名为 **default** 的 AP 系统模板。*profile-name* 指定了 AP 系统模板的名称。在创建了 AP 系统模板后，我们需要在 AP 视图或 AP 组视图下引用该模板。

- **primary-access** { **ip-address** *ip-address* | **ipv6-address** *ipv6-address* }：AP 系统视图命令，配置主 AC 的 IP 地址。在默认情况下，未配置主 AC 的 IP 地址。在 N+1 备份的应用场景中，AP 在上线过程中会尝试与主 AC 进行关联并建立 CAPWAP 通道。

- **backup-access** { **ip-address** *ip-address* | **ipv6-address** *ipv6-address* }：AP 系统视图命令，配置备 AC 的 IP 地址。在默认情况下，未配置备 AC 的 IP 地址。

例 10-116、例 10-117 和例 10-118 分别展示了 AC1、AC2 和 AC3 上的 AP 系统模板的配置。

例 10-116　AC1 上的 AP 系统模板的配置

```
[AC1]wlan
[AC1-wlan-view]ap-system-profile name hcip-ap-system-1
[AC1-wlan-ap-system-prof-hcip-ap-system-1]primary-access ip-address 10.0.100.100
Warning: This action will take effect after resetting AP.
[AC1-wlan-ap-system-prof-hcip-ap-system-1]backup-access ip-address 10.0.50.50
Warning: This action will take effect after resetting AP.
```

例 10-117　AC2 上的 AP 系统模板的配置

```
[AC2]wlan
[AC2-wlan-view]ap-system-profile name hcip-ap-system-2
[AC2-wlan-ap-system-prof-hcip-ap-system-2]primary-access ip-address 10.0.200.200
Warning: This action will take effect after resetting AP.
[AC2-wlan-ap-system-prof-hcip-ap-system-2]backup-access ip-address 10.0.50.50
Warning: This action will take effect after resetting AP.
```

例 10-118　AC3 上的 AP 系统模板的配置

```
[AC3]wlan
[AC3-wlan-view]ap-system-profile name hcip-ap-system-1
[AC3-wlan-ap-system-prof-hcip-ap-system-1]primary-access ip-address 10.0.100.100
Warning: This action will take effect after resetting AP.
[AC3-wlan-ap-system-prof-hcip-ap-system-1]backup-access ip-addres 10.0.50.50
Warning: This action will take effect after resetting AP.
```

```
[AC3-wlan-ap-system-prof-hcip-ap-system-1]quit
[AC3-wlan-view]ap-system-profile name hcip-ap-system-2
[AC3-wlan-ap-system-prof-hcip-ap-system-2]primary-access ip-address 10.0.200.200
Warning: This action will take effect after resetting AP.
[AC3-wlan-ap-system-prof-hcip-ap-system-2]backup-access ip-addres 10.0.50.50
Warning: This action will take effect after resetting AP.
```

配置完成后，我们可以通过命令查看 AP 系统模板中配置的主备 AC 信息，例 10-119 以 AC3 为例展示了命令输出。

例 10-119　查看 AC3 的 AP 系统模板

```
[AC3]display ap-system-profile name hcip-ap-system-1
------------------------------------------------------------------------
AC priority                                    : -
Protect AC IP address                          : -
Primary AC                                     : 10.0.100.100
Backup AC                                      : 10.0.50.50
（省略部分输出内容）
[AC3]display ap-system-profile name hcip-ap-system-2
------------------------------------------------------------------------
AC priority                                    : -
Protect AC IP address                          : -
Primary AC                                     : 10.0.200.200
Backup AC                                      : 10.0.50.50
（省略部分输出内容）
```

为了突出重点，例 10-119 省略了一些命令输出内容，从阴影部分可以分别看到 AP 系统模板 hcip-ap-system-1 和 hcip-ap-system-2 的主 AC 的 IP 地址和备 AC 的 IP 地址。

2. 引用 AP 系统模板

在配置 AP 系统模板后，工程师需要在 AP 视图或 AP 组视图中引用 AP 系统模板。本实验将在 AP 组视图中进行引用。工程师可以使用以下命令引用 AP 系统视图。

- **ap-system-profile** *profile-name*：AP 视图或 AP 组视图命令，引用指定的 AP 系统模板。在默认情况下，AP 组下引用名为 **default** 的 AP 系统模板，AP 下未引用 AP 系统模板。*profile-name* 指定了 AP 系统模板的名称，在引用前必须先创建 AP 系统模板。

例 10-120、例 10-121 和例 10-122 分别展示了 AC1、AC2 和 AC3 上的相关配置。

例 10-120　AC1 上的引用 AP 系统模板的配置

```
[AC1]wlan
[AC1-wlan-view]ap-group name hcip-ap-group-1
[AC1-wlan-ap-group-hcip-ap-group-1]ap-system-profile hcip-ap-system-1
```

例 10-121　AC2 上的引用 AP 系统模板的配置

```
[AC2]wlan
[AC2-wlan-view]ap-group name hcip-ap-group-2
[AC2-wlan-ap-group-hcip-ap-group-2]ap-system-profile hcip-ap-system-2
```

例 10-122　AC3 上的引用 AP 系统模板的配置

```
[AC3]wlan
[AC3-wlan-view]ap-group name hcip-ap-group-1
[AC3-wlan-ap-group-hcip-ap-group-1]ap-system-profile hcip-ap-system-1
[AC3-wlan-ap-group-hcip-ap-group-1]quit
[AC3-wlan-view]ap-group name hcip-ap-group-2
[AC3-wlan-ap-group-hcip-ap-group-2]ap-system-profile hcip-ap-system-2
```

3.（可选）使能全局回切功能

工程师可以在备 AC 上使能全局回切功能。在默认情况下，全局回切功能处于使能状态，因此这个步骤中不需要执行任何命令。我们仍会在配置中包含以下命令，仅作为展示之用。

- **undo ac protect restore disable**：WLAN 视图命令，使能全局回切功能。在默认情况下，全局回切功能处于使能状态。

我们只需在备 AC 上配置该命令，因此只需要在 AC3 上配置该命令，例 10-123 展示了 AC3 上的相关配置。

例 10-123 在 AC3 上使能全局回切功能

```
[AC3]wlan
[AC3-wlan-view]undo ac protect restore disable
Info: Protect restore has already enabled.
```

4．使能 N+1 备份功能

在 10.4.3 小节实验中，我们使用命令 **ac protect enable** 使能全局双链路备份功能，同时去使能 N+1 备份功能。在默认情况下，全局双链路备份功能未使能，N+1 备份功能使能，因此这个步骤中不需要执行任何命令。我们仍会在配置中包含以下命令，仅作为展示之用。

- **undo ac protect enable**：WLAN 视图命令，使能 N+1 备份功能，同时去使能全局双链路备份功能。在默认情况下，N+1 备份功能使能，全局双链路备份功能未使能。

例 10-124、例 10-125 和例 10-126 分别展示了 AC1、AC2 和 AC3 上的相关配置。

例 10-124 在 AC1 上使能 N+1 备份功能

```
[AC1]wlan
[AC1-wlan-view]undo ac protect enable
Info: Backup function has already disabled.
```

例 10-125 在 AC2 上使能 N+1 备份功能

```
[AC2]wlan
[AC2-wlan-view]undo ac protect enable
Info: Backup function has already disabled.
```

例 10-126 在 AC3 上使能 N+1 备份功能

```
[AC3]wlan
[AC3-wlan-view]undo ac protect enable
Info: Backup function has already disabled.
```

配置完成后，我们使用命令检查 AC1、AC2 和 AC3 上的配置，详见例 10-127、例 10-128 和例 10-129。

例 10-127 在 AC1 上查看 N+1 备份功能

```
[AC1]display ac protect
------------------------------------------------------------
Protect state          : disable
Protect AC             : -
Priority               : 0
Protect restore        : enable
Coldbackup kickoff station: disable
------------------------------------------------------------
```

例 10-128 在 AC2 上查看 N+1 备份功能

```
[AC2]display ac protect
------------------------------------------------------------
Protect state          : disable
Protect AC             : -
Priority               : 0
Protect restore        : enable
Coldbackup kickoff station: disable
------------------------------------------------------------
```

例 10-129　在 AC3 上查看 N+1 备份功能

```
[AC3]display ac protect
------------------------------------------------------------
Protect state          : disable
Protect AC             : -
Priority               : 0
Protect restore        : enable
Coldbackup kickoff station: disable
------------------------------------------------------------
```

例 10-127、例 10-128 和例 10-129 的阴影行显示出保护状态为未使能（disable），从这个状态我们可以确认 N+1 备份功能已使能。

现在我们可以将 AP 和 STA 开机，使 AP1 与 AC1 建立 CAPWAP 通道，AP2 与 AC2 建立 CAPWAP 通道，使 STA1 和 STA2 分别通过 AP1 和 AP2 连接到 WLAN，并开始测试 N+1 备份的效果。如果读者在此前已经开启了 AP，现在需要将 AP 重启，以便让 AC 将正确的主备信息下发给 AP。读者可以使用 WLAN 视图命令 **ap-reset all** 来重启所有 AP。

我们以 AC1 为例来验证 N+1 配置的效果。首先，我们在 AC1 和 AC3 上查看 AP 的状态，详见例 10-130 和例 10-131。

例 10-130　在 AC1 上查看 AP

```
[AC1]display ap all
Info: This operation may take a few seconds. Please wait for a moment.done.
Total AP information:
nor : normal           [1]
-------------------------------------------------------------------------------
ID   MAC            Name Group          IP           Type            State STA Uptime
-------------------------------------------------------------------------------
1    00e0-fc38-74a0 ap1  hcip-ap-group-1 10.0.10.254 AirEngine5760-10 nor   1   35S
-------------------------------------------------------------------------------
Total: 1
```

例 10-131　在 AC3 上查看 AP

```
[AC3]display ap all
Info: This operation may take a few seconds. Please wait for a moment.done.
Total AP information:
idle : idle            [2]
-------------------------------------------------------------------------------
ID   MAC            Name Group          IP           Type            State STA Uptime
-------------------------------------------------------------------------------
1    00e0-fc38-74a0 ap1  hcip-ap-group-1 -            -               idle  0   -
2    00e0-fc98-8050 ap2  hcip-ap-group-2 -            -               idle  0   -
-------------------------------------------------------------------------------
Total: 2
```

从例 10-130 的命令输出中可以看出当前 AP1 已注册在 AC1 上，并且 AP1 上已有一台 STA。从例 10-131 的命令输出中可以看出此时在 AC3 上的两台 AP 的状态为空闲（idle），因为在 N+1 备份的场景中，AP 仅会与主 AC 建立 CAPWAP 通道。

接着，我们来看看 AC1 上的 STA 信息，详见例 10-132。

例 10-132　在 AC1 上查看 STA

```
[AC1]display station all
Rf/WLAN: Radio ID/WLAN ID
Rx/Tx: link receive rate/link transmit rate(Mbps)
-------------------------------------------------------------------------------
STA MAC         AP ID Ap name Rf/WLAN Band Type Rx/Tx   RSSI  VLAN  IP address  SSID
-------------------------------------------------------------------------------
5489-9872-29ee  1     ap1     0/1     2.4G 11n  3/8     -70   11    10.0.11.254 hcip-
wlan
-------------------------------------------------------------------------------
Total: 1 2.4G: 1 5G: 0
```

从例 10-132 中可以看到已有一个 STA 注册在 AP1 上。

我们可以使用接口视图命令 **shutdown** 将 AC1 和 AC2 的 G0/0/1 接口暂时关闭，以此模拟主 AC 的故障。关闭 AC1 和 AC2 的 G0/0/1 的接口后在 AC3 上再次查看 AP 的状态，详见例 10-133。

例 10-133　将 AC1 和 AC2 下线后在 AC3 上查看 AP

```
[AC3]display ap all
Info: This operation may take a few seconds. Please wait for a moment.done.
Total AP information:
idle : idle             [1]
nor  : normal           [1]
-------------------------------------------------------------------------------
ID   MAC             Name Group        IP           Type             State STA Uptime
-------------------------------------------------------------------------------
1    00e0-fc38-74a0  ap1  hcip-ap-group-1 10.0.10.254 AirEngine5760-10 nor   1   8M:49S
2    00e0-fc98-8050  ap2  hcip-ap-group-2 10.0.20.254 AirEngine5760-10 nor   1   2M:8S
-------------------------------------------------------------------------------
Total: 2
```

从例 10-133 的命令输出内容可以看出此时 AC3 上的 AP1 和 AP2 的状态已变为正常（nor）。

读者可以在 AC1 和 AC2 的 G0/0/1 接口上使用命令 **undo shutdown** 开启端口，AC1 和 AC2 会先分别成为 AP1 和 AP2 的备 AC，再通过全局回切功能重新成为主 AC。本实验不对此步骤进行演示。